Andreas Daum | Jürgen Petzold | Matthias Pletke

BWL für Juristen

W0462970

Andreas Daum | Jürgen Petzold |
Matthias Pletke

BWL für Juristen

Eine praxisnahe Einführung in die betriebswirtschaftlichen Grundlagen

GABLER

Bibliografische Information Der Deutschen Nationalbibliothek
Die Deutsche Nationalbibliothek verzeichnet diese Publikation in der Deutschen Nationalbibliografie; detaillierte bibliografische Daten sind im Internet über <http://dnb.d-nb.de> abrufbar.

Prof. Dr. Andreas Daum ist Professor für BWL und Controlling an der FH Hannover.

Dipl.-Oek. Jürgen Petzold ist geschäftsführender Gesellschafter der Petzold Consulting Unternehmensberatung mit den Schwerpunkten Strategie- und Controllingberatung sowie Dozent an verschiedenen Hochschulen.

Prof. Dr. Matthias Pletke lehrt Personalwirtschaft und Arbeitsrecht an der Fachhochschule Hannover und ist als Unternehmens- und Personalberater tätig.

1. Auflage 2007

Alle Rechte vorbehalten
© Betriebswirtschaftlicher Verlag Dr. Th. Gabler | GWV Fachverlage GmbH, Wiesbaden 2007

Lektorat: Jutta Hauser-Fahr | Renate Schilling

Der Gabler Verlag ist ein Unternehmen von Springer Science+Business Media.
www.gabler.de

Das Werk einschließlich aller seiner Teile ist urheberrechtlich geschützt. Jede Verwertung außerhalb der engen Grenzen des Urheberrechtsgesetzes ist ohne Zustimmung des Verlags unzulässig und strafbar. Das gilt insbesondere für Vervielfältigungen, Übersetzungen, Mikroverfilmungen und die Einspeicherung und Verarbeitung in elektronischen Systemen.

Die Wiedergabe von Gebrauchsnamen, Handelsnamen, Warenbezeichnungen usw. in diesem Werk berechtigt auch ohne besondere Kennzeichnung nicht zu der Annahme, dass solche Namen im Sinne der Warenzeichen- und Markenschutz-Gesetzgebung als frei zu betrachten wären und daher von jedermann benutzt werden dürften.

Umschlaggestaltung: Ulrike Weigel, www.CorporateDesignGroup.de
Druck und buchbinderische Verarbeitung: Wilhelm & Adam, Heusenstamm
Gedruckt auf säurefreiem und chlorfrei gebleichtem Papier
Printed in Germany

ISBN 978-3-409-12353-2

Vorwort

In der Praxis der internationalen Geschäftswelt rücken die Bereiche Betriebswirtschaft und Jura enger zusammen. Auf dieses sich ändernde Umfeld und die daraus abgeleiteten Anforderungen müssen Juristen sowie Betriebswirtschaftler vorbereitet sein, wollen sie im internationalen Wettbewerb bestehen. Immer häufiger wird der Jurist im Beruf mit der Beurteilung betriebswirtschaftlicher Fallgestaltungen konfrontiert. Oftmals fehlt jedoch das hierzu erforderliche Grundlagenwissen.

Lehrbücher, die sich ausschließlich mit der Betriebswirtschaftslehre beschäftigen, gibt es in großer Zahl. Nur sehr wenige Werke gehen bisher auf die speziellen Interessen der Juristin und des Juristen an der Schnittstelle zur Betriebswirtschaftslehre ein. Das vorliegende Buch soll diese Lücke schließen. Unser Ziel ist es, die notwendigen betriebswirtschaftlichen Grundlagen einfach und praxisnah zu vermitteln, so dass die Leserin und der Leser in die Lage versetzt werden, diese in ihrem Alltag gewinnbringend einzusetzen.

Bedanken möchten wir uns bei Herrn stud.cand. Gero Baier und Herrn stud.cand. Johannes Wilke für ihre Unterstützung bei der Text- und Grafikgestaltung.

Wir wünschen allen Leserinnen und Lesern eine kurzweilige und gleichfalls gewinnbringende Lektüre. Über Rückmeldungen und Anmerkungen würden wir uns freuen.

ANDREAS DAUM, JÜRGEN PETZOLD, MATTHIAS PLETKE

andreas.daum@fh-hannover.de

juergen.petzold@petzold-consulting.com

matthias.pletke@fh-hannover.de

Inhaltsverzeichnis

1 Grundlagen der Betriebswirtschaftslehre

1.1 Betriebswirtschaftslehre aus der Sicht des Juristen

Betriebswirtschaftslehre und Rechtswissenschaften, die beide den Geisteswissenschaften zugeordnet sind, weisen zahlreiche Bezugspunkte auf. Die juristischen Normen bilden häufig den rechtlichen Rahmen für das unternehmerische Handeln. So werden die Marketingaktivitäten einer Unternehmung insbesondere durch das Gesetz gegen den unlauteren Wettbewerb und das Markengesetz geschützt und gleichzeitig begrenzt. Das Handels- bzw. Vertragsrecht liefert die Grundlagen für die rechtliche Gestaltung der Beschaffungs- und Vertriebsaktivitäten. Das Gesellschaftsrecht bietet den Unternehmungen zahlreiche Varianten, in welcher Rechtsform sie am Marktgeschehen teilnehmen können. Das Arbeitsrecht schließlich bildet den rechtlichen Rahmen für das Personalmanagement.

Die enge Verflechtung von Betriebswirtschaftslehre und Jura (vgl. hierzu Abbildung 1-1) macht es für jeden Juristen erforderlich, dass seine Entscheidungen und Bewertungen nicht nur juristisch, sondern auch betriebswirtschaftlich fundiert sein müssen. Dies gilt sowohl für den Unternehmens- und Verbandsjuristen, als auch für den Wirtschaftsanwalt.

Die juristische Ausbildung sieht – trotz aller Reformbemühungen, die Juristen praxisnäher auszubilden – regelmäßig keine Pflicht-, sondern allenfalls Wahlpflichtveranstaltungen aus dem Bereich der Wirtschaftswissenschaften vor.[1]

Die Juristen sind daher zumeist selbst darauf angewiesen, sich zumindest Grundlagenkenntnisse der Betriebswirtschaftslehre anzueignen.[2]

---

1 Vgl. z.B. § 3 der Verordnung des baden-württembergischen Justizministeriums über die Ausbildung und Prüfung der Juristen.

2 Zahlreiche Hochschulen haben den betriebswirtschaftlichen Ausbildungsbedarf erkannt und bieten Graduiertenstudiengänge an. Die Fachhochschule Kiel etwa bietet einen Masterstudiengang „BWL für Juristen" an. Einer zunehmenden Internationalisierung trägt der international ausgerichtete Studiengang „Master of Law and Business" Rechnung, der gemeinsam von der Bucerius Law School und der WHU – Otto Beisheim School of Management betrieben wird. Etabliert haben sich zudem grundständige wirtschaftsrechtliche Studiengänge, wie sie bspw. die Fachhochschule Schmalkalden anbietet. Trotz der Kritik an der angeblichen juristischen „Schmalspurausbildung", bestehen für die Absolventen gute Berufsaussichten.

Abbildung 1-1: *Der Jurist im Spannungsfeld der Betriebswirtschaftslehre*

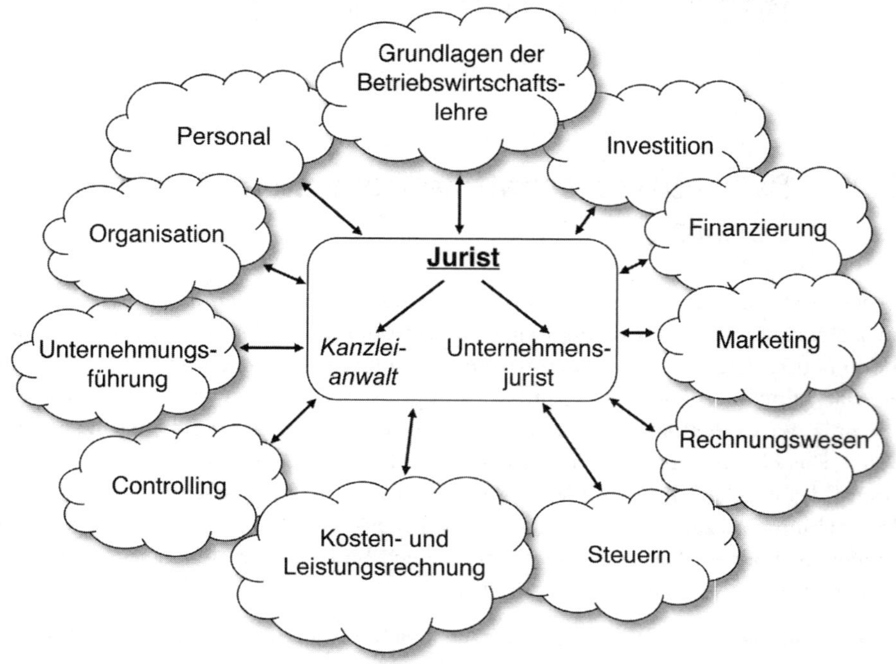

1.2 Die Rechtspersönlichkeit

1.2.1 Der Betriebs- und Unternehmungsbegriff

In der Betriebswirtschaftslehre wird zwischen dem Begriff des „Betriebs" und dem der „Unternehmung" (bzw. des „Unternehmens")[3] unterschieden. Für beide Begriffe gibt es eine Vielzahl von Definitionen. Diese definitorischen Ansätze sind keinesfalls sinnlos. Sie haben sehr viel mit dem Selbstverständnis der Betriebswirtschaftslehre zu tun. Für die Zwecke dieses Werkes wurden folgende Definitionen gewählt:

Ein **Betrieb** ist eine planvoll organisierte Wirtschaftseinheit, von der Sachgüter und Dienstleistungen erstellt und abgesetzt werden.

[3] Im Folgenden werden die Begriffe „Unternehmen" und „Unternehmung" als Synonyme aufgefasst.

Eine **Unternehmung** ist eine rechtlich, wirtschaftlich und finanziell selbstständige Wirtschaftseinheit mit einer eigenen Unternehmungsleitung, in der Güter bzw. Dienstleistungen beschafft, verwertet, verwaltet und abgesetzt werden.

Vor dem Hintergrund dieser Definitionen ist der Betrieb der Oberbegriff für Unternehmungen, öffentliche Betriebe und Verwaltungen.[4] Diesen Sachverhalt verdeutlicht Abbildung 1-2 (vgl. Schierenbeck 2003, S. 23).

Abbildung 1-2: *Die Abgrenzung von Betrieben und Unternehmungen*

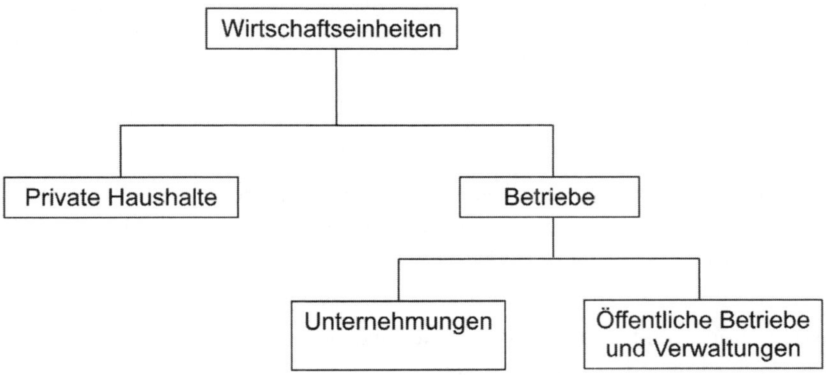

1.2.2 Die Unternehmung als Rechtssubjekt

Die Unternehmung ist als Trägerin von Rechten und Adressat von Pflichten rechtsfähig. Insbesondere Kapitalgesellschaften sind, als juristische Personen somit grundsätzlich Rechtssubjekte bzw. Rechtspersönlichkeiten. Im weiteren Sinne kann die Unternehmung als die juristische Gesamtheit einer erwerbswirtschaftlichen Einheit betrachtet werde. Dabei ist zu beachten, dass nicht jede Rechtsform notwendigerweise ein eigenes Rechtssubjekt ist. So konnte beispielsweise die BGB-Gesellschaft in der Vergangenheit nicht als solche, sondern nur als Gruppe ihrer Mitglieder Verträge schließen. Nach der Änderung der Rechtsprechung des BGH aus dem Jahr 2001 (BGH NJW 2002 1207) wird die BGB-Gesellschaft im Wesentlichen der offenen Handelsgesellschaft (oHG) gleichgestellt und besitzt somit auch Rechtsfähigkeit.

4 Die betriebswirtschaftlichen Definitionen unterscheiden sich stark von den arbeitsrechtlichen Begriffsbestimmungen (Vgl. hierzu den Betriebsbegriff in § 1 Abs. 1 BetrVG).

Betriebe können sowohl private als auch öffentliche Unternehmungen und Verwaltungen sein.

Private Unternehmungen erhalten ihre finanziellen Mittel i.d.R. von Privatpersonen. Sie streben nach Gewinnerzielung und tragen ein unternehmerisches Risiko. Kennzeichnend für private Unternehmungen sind die Chance des wirtschaftlichen Erfolges aber auch das Risiko des Misserfolges.

Öffentliche Unternehmungen erhalten ihre finanziellen Mittel von Gebietskörperschaften, wie beispielsweise dem Bund, den Ländern oder den Gemeinden. Basierend auf ihrer gemeinwirtschaftlichen Zielsetzung wirtschaften sie nach dem Prinzip der Kostendeckung bzw. der Verlustminimierung. Öffentliche Unternehmungen können eine eigene Rechtspersönlichkeit haben. Dies ist beispielsweise bei Sparkassen der Fall. Ohne eigene Rechtspersönlichkeit war beispielsweise die Bundesbahn (nach früherer Rechtslage).

Vor diesem Hintergrund lassen sich private und öffentliche Unternehmungen wie in Abbildung 1-3 gezeigt unterteilen (vgl. Olfert/Rahn 2005, S. 37).

Ausnahmen bzw. Mischformen zwischen privaten und öffentlichen Unternehmungen bilden hier beispielsweise die Stadttheater GmbH (Stadttheater Gießen GmbH) und die Stadtwerke AG (Bsp. Stadtwerke Hannover AG), die häufig von Kommunen betrieben werden.

Unternehmungen bilden die rechtliche und finanzielle Seite von Einzelwirtschaften. In modernen marktwirtschaftlichen Systemen existieren sie nicht in einem staats- bzw. reglementierungsfreien Raum. Wirtschaftliches Handeln ist hier vielmehr begrenzt durch einen von Staatsgewalt, Verfassung und Rechtsordnung gezogenen Rahmen.

Solange bestimmte marktwirtschaftliche Grundprinzipien, wie:

- Freie wirtschaftliche Betätigung,
- Vertragsfreiheit,
- Freie Preisbildung auf den Märkten und
- Anerkennung und Sicherung des Privateigentums

in ihrer Substanz gewährleistet sind und der Staat diese Freiheiten nur dort begrenzt, wo der Wettbewerbsmechanismus zu allgemein unerwünschten Ergebnissen führt, kann von einer im Prinzip marktwirtschaftlichen Ordnung gesprochen werden. In dieser Wirtschaftsordnung gilt für die Unternehmungen das Autonomieprinzip.[5]

[5] Unter Autonomieprinzip wird in den Wirtschaftswissenschaften die Selbstbestimmung einer Unternehmung über ihren Wirtschaftsplan verstanden. D.h. die Unternehmung bestimmt Angebot und Preise als Reaktionen auf die Nachfrage und den Markt. Sie entscheidet also selbst, was sie produziert und für welchen Preis sie ihre Produkte und Dienstleistungen verkauft. Dieses Prinzip gilt nur in der Marktwirtschaft. Planwirtschaften hingegen haben einen zentra-

Abbildung 1-3: *Private und öffentliche Unternehmungen*[6]

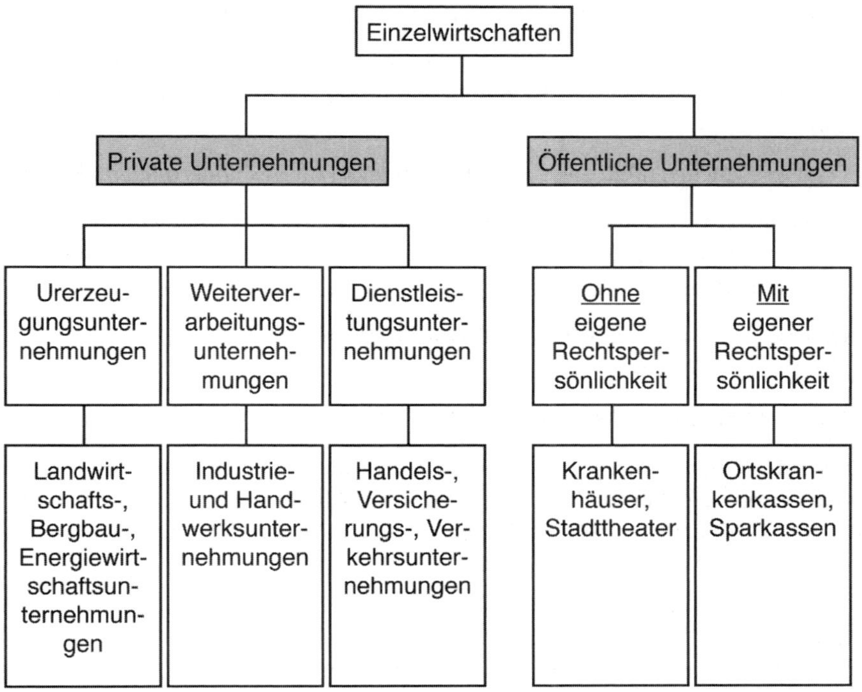

Die Marktwirtschaft in ihrer reinsten Form, in der das erwerbswirtschaftliche Prinzip, d.h. das Streben nach Gewinnmaximierung gilt, hat jedoch Schwächen. Diese liegen in:

- (Unternehmungs-)Konzentrationstendenzen mit dem Ziel der Wettbewerbseinschränkung,
- Zum Teil erheblichen Einkommensunterschieden,
- Einer ungleichen Vermögensverteilung und

len Volkswirtschaftsplan, in dem Angebot und Preise (meistens staatlich) festgelegt werden. In diesem Fall wird von einem politisch determinierten Wirtschaftsplan und dem so genannten Organprinzip gesprochen.

6 Ohne private und öffentliche Haushalte. Vgl. zu den privaten und öffentlichen Haushalten Abbildung 1-5.

- Konjunkturelle Schwankungen, bedingt durch Diskrepanzen zwischen Angebot und Nachfrage. Dies führt in Zeiten der Hochkonjunktur zu Preissteigerungen, Überbeschäftigung und Geldentwertung. In Zeiten der Rezession entsteht Massenarbeitslosigkeit mit all ihren ökonomischen und sozialen Problemen.

Vor diesem Hintergrund unterliegen Unternehmungen im Rahmen einer sozialen Marktwirtschaft gewissen Beschränkungen in Bezug auf ihre Autonomien. Im Einzelnen sind dies:

- Das Gesetz gegen Wettbewerbsbeschränkungen (zur Verhinderung von Kartellen),
- Gesetzliche Umverteilungs- und Einkommenssicherungsmaßnahmen (z.B. die Einkommenssteuerprogression, Vermögensbildungsgesetze und arbeitsrechtliche Schutzvorschriften) und
- Diverse wirtschafts- und steuerpolitische Maßnahmen.

1.2.3 Die Einzelwirtschaft als Erfahrungsobjekt

Betriebe, Unternehmung, private Haushalte und die öffentliche Verwaltung gehören zu der Gruppe der Einzelwirtschaften. Wird die Abbildung 1.3 um den Bereich der privaten und öffentlichen Haushalte erweitert, ergibt sich der folgende Zusammenhang (vgl. Olfert/Rahn 2005, S. 37):

Abbildung 1-4: *Einzelwirtschaften*

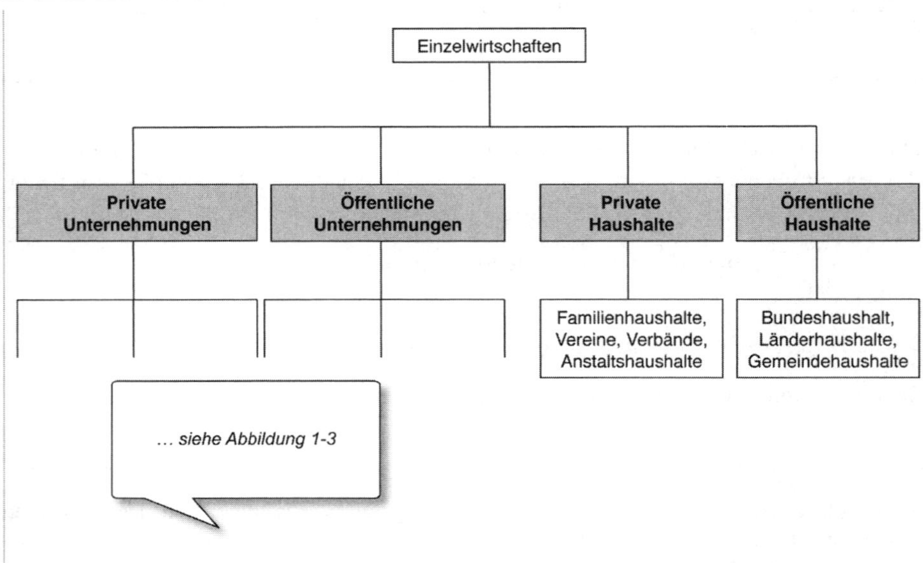

Einzelwirtschaften sind dadurch gekennzeichnet, dass sie, unter Einschränkungen, selbstständig Entscheidungen über die Verwendung knapper Güter[7] treffen. Sie bilden das Erfahrungsobjekt der Betriebswirtschaftslehre,[8] und stellen den realen Ausgangspunkt bzw. den Hintergrund des Erkenntnisstrebens dieser wissenschaftlichen Disziplin dar. In den folgenden Betrachtungen werden wir uns ausschließlich auf Unternehmungen, nicht aber auf Haushalte und die öffentliche Verwaltung beziehen.

Im Rahmen des betriebswirtschaftlichen Erkenntnisstrebens muss weiter differenziert werden. Weitere Ansatzpunkte für die Analyse von Faktoren, die das Unternehmungsgeschehen prägen, sind die folgenden:

1. Wechselseitige Beziehungen zwischen der Unternehmung und der Umwelt

   Unternehmungen und ihre Umwelt üben zahlreiche wechselseitige Einflüsse aufeinander aus. D.h., die Unternehmung ist einerseits Umwelteinflüssen ausgesetzt und versucht andererseits auf die Umwelt einzuwirken.[9] So beeinflussen auf der einen Seite die Kundenwünsche die Produktgestaltung der Unternehmung. Auf der anderen Seite versucht die Unternehmung, u.a. durch gezielte Marketingmaßnahmen, die Bedürfnisse der Kunden zu ihren Gunsten zu steuern.

2. Ziele und Betriebszweck

   Das Unternehmungsgeschehen ist in erster Linie durch die Summe der Zielvorstellungen und durch den Betriebszweck (z.B. Gütertransport) gekennzeichnet. Die Ziele werden von den Unternehmungseignern, dem Management und den Mitarbeitern gemeinsam verfolgt. Die unterschiedlichen und zum Teil divergierenden Ziele bedürfen einer intensiven Koordination, zur Lösung von Zielkonflikten.

3. Unternehmungsausstattung

   Gemeint ist hiermit die Ausstattung der Unternehmung mit Immobilien, Maschinen, Finanzmitteln, Arbeitskräften, etc.). Diese Ausstattung determiniert das Unternehmungsgeschehen in einem starken Ausmaß.

4. Soziale Beziehungen

   Im Zentrum der Betrachtung dieses Faktors stehen die geplanten und ungeplanten sozialen Beziehungen, der in der Unternehmung Tätigen. Diese beeinflussen das Unternehmungsgeschehen ebenfalls stark.

---

7 Der Begriff „knappe Güter" umfasst in dem hier dargestellten Zusammenhang auch immaterielle Güter (z.B. Dienstleistungen).

8 Die oben angeführten Definitionen von Betrieb und Unternehmung definieren das Erfahrungsobjekt der Betriebswirtschaftslehre.

9 Vgl. hierzu Abbildung 1-6.

Abbildung 1-5: *Wechselwirkungen zwischen der Unternehmung und seiner Umwelt*

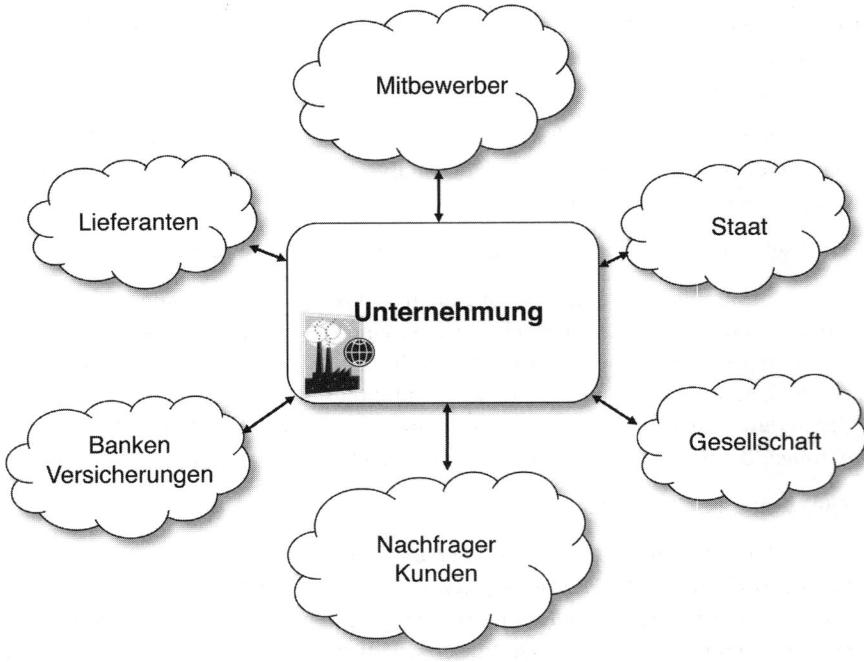

5. Informationssysteme

   Analysiert wird der Informationsaustausch in der Unternehmung und mit seiner Umwelt. Informationen dienen der Entscheidungsvorbereitung und -kontrolle. Ein Informationssystem beinhaltet alle Regeln und Einrichtungen zur Beschaffung, zur Speicherung, zur Auswertung und zum Austausch von Informationen.

6. Fähigkeiten der wirtschaftenden Menschen

   Der Idealfall ist der „homo oeconomicus", der durch seine Fähigkeit zur Ausschöpfung aller objektiv zur Verfügung stehenden Informationen und Fähigkeiten, dass Unternehmungsgeschehen positiv beeinflusst.[10]

[10] In manchen Kreisen gilt der „homo oeconomicus" als ein überkommenes Arbeitnehmerbild. Festzuhalten bleibt allerdings, dass dieser Typus des Menschen, ein Träger individueller Präferenzen ist, anhand derer er unter Ausnutzung aller verfügbaren Möglichkeiten seine Entscheidungen trifft. Jede seiner Handlungen werde allein durch die Maximierung des persönlichen Nutzens auf Basis rationaler Überlegungen determiniert, so die Theorie. Das allgemeine Konzept des „homo oeconomicus" nimmt Präferenzen als gegeben hin und macht keine Annahmen über ihren konkreten Inhalt.

7. Funktionen innerhalb der Unternehmung

   Zu den regelmäßig in einer Unternehmung vorzufindenden Funktionen zählen:

   - Investition,
   - Finanzierung,
   - Leistungsverwertung (Absatz inkl. Marketing),
   - Rechnungswesen,
   - Kosten- und Leistungsrechnung,
   - Controlling,
   - Unternehmungsführung und –organisation,
   - Personalwesen,
   - Güterbeschaffung,
   - Leistungserstellung (Produktion) und
   - Lagerung.

   Die Art und Qualität in der diese Funktionen wahrgenommen werden, entscheiden mit über den ökonomischen Erfolg der Unternehmung.

   Güterbeschaffung, Leistungserstellung und Lagerung bilden zusammen den Kernprozess. Die übrigen Funktionen zählen zu den Unterstützungsfunktionen. Diese werden in den folgenden Kapiteln detailliert betrachtet.

1.2.4 Die Entscheidungen als Erkenntnisobjekt

Das betriebswirtschaftliche Erkenntnisstreben richtet sich selten auf das Erfahrungsobjekt – die Einzelwirtschaft – als eine Einheit. Die betriebswirtschaftliche Forschung stellt vielmehr dem real existierenden Erfahrungsobjekt ein gedankliches Konstrukt an die Seite. Dieses Konstrukt ist eher geeignet die betriebswirtschaftlichen Erkenntnisse zu liefern. Bei diesem Konstrukt, das als Erkenntnisobjekt bezeichnet wird, handelt es sich um ein besonderes Merkmal bzw. eine nähere Beschreibung des Erfahrungsobjektes. Ein richtig ausgewähltes Erkenntnisobjekt unterstützt das Vordringen zum Kern der Forschung. Der moderne entscheidungsorientierte Ansatz der Betriebswirtschaftslehre beinhaltet die realitätsnahe Berücksichtigung konkreter Entscheidungssituationen und eine Öffnung hin zu sozialwissenschaftlichen Fragestellungen.

Wird die Unternehmung als Kombination von Produktionsfaktoren aufgefasst, mit der seine Eigentümer bestimmte Ziele (z.B. Einkommensmaximierung, Erringen wirtschaftlicher Macht) realisieren wollen, so sind Gegenstand einer solchen Betriebswirtschaftslehre alle Entscheidungen über den Einsatz von Mitteln, mit denen diese Ziele optimal realisiert werden können. Somit gelten als Erkenntnisobjekt der Betriebswirtschaftslehre die in den Einzelwirtschaften getroffenen Entscheidungen über die Verwendung knapper Güter.

Im Zentrum der betriebswirtschaftlichen Forschung stehen Entscheidungen, in Form einer Zusammenstellung alternativer Handlungsmöglichkeiten sowie deren Bewertung im Hinblick auf das angestrebte Ziel und die Auswahl der besten Handlungsmöglichkeit. Juristische Gesichtpunkte einzelwirtschaftlicher Entscheidungen sind für die Betriebswirtschaftslehre einerseits insoweit von Belang, als sie für die Entscheidung restriktiven Charakter haben. Dies gilt, soweit rechtliche Regelungen den eigenen Handlungsspielraum begrenzen. Rechtliche Regelungen können andererseits aber auch einen Schutz der eigenen betriebswirtschaftlichen Interessen bedeuten. Dies gilt z.B. für den Schutz von Marken und sonstigen Kennzeichen nach dem Markengesetz von 1995. Durch eine entsprechende Eintragung beim Patent- und Markenamt in München (für deutsche Anmeldungen) oder beim Harmonisierungsamt für den Binnenmark der Europäischen Union in Alikante (für europäische Anmeldungen), wird die eigene Marke geschützt und die Handlungsmöglichkeiten dritter eingeschränkt.

Eine Zusammenfassung der Betrachtungen zur Unternehmung als Erfahrungsobjekt und zu Entscheidungen als Erkenntnisobjekt liefert Abbildung 1-6:

Abbildung 1-6: *Unternehmung als Erfahrungsobjekt - Entscheidungen als Erkenntnisobjekt*

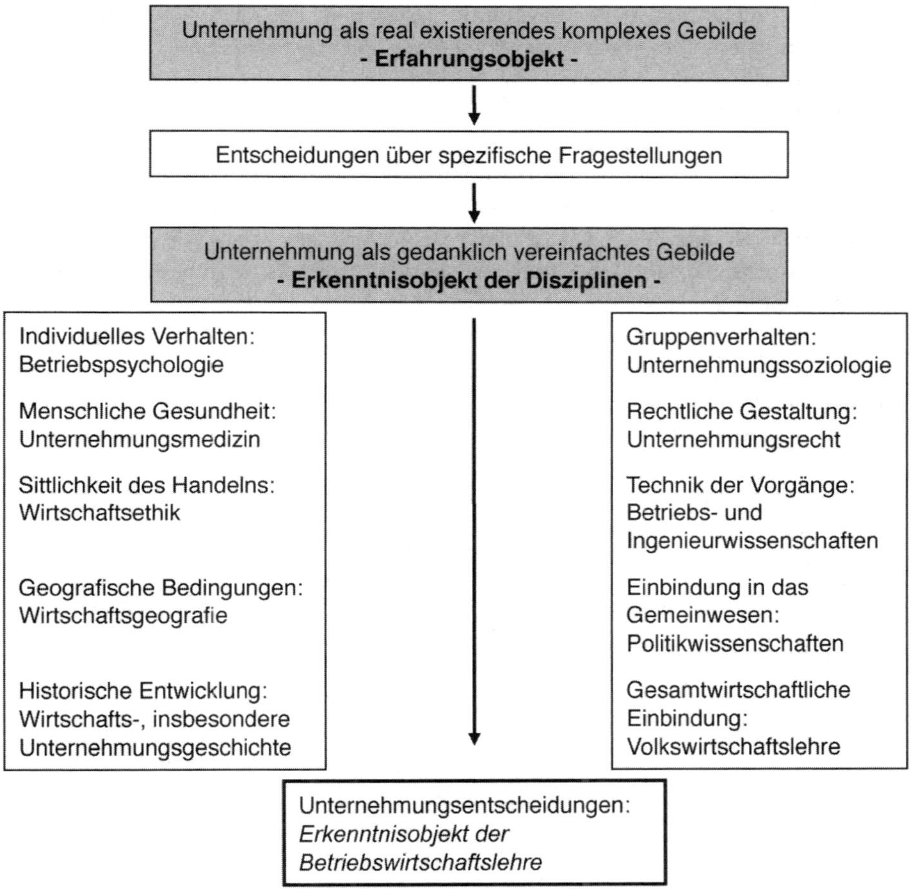

1.3 Der Gegenstand der Betriebswirtschaftslehre

1.3.1 Die Rechtswissenschaften und ihre Nachbardisziplinen

Die moderne Betriebswirtschaftslehre versteht sich als interdisziplinäre Wissenschaft. So werden in ihre Betrachtungen nicht nur Erkenntnisse der Unternehmungsforschung einbezogen, sondern sie berücksichtig zudem Erkenntnisse anderer Wissenschaftsbereiche. Hierzu zählen neben den Rechtswissenschaften die Soziologie und die Psychologie. Die Betriebswirtschaftslehre ist wie in Abbildung 1-8 gezeigt in die Wissenschaften eingeordnet (vgl. Olfert/Rahn 2005, S. 23).

Da jede Unternehmung in eine bestimmte Rechtsordnung eingebettet ist, bestehen enge Beziehungen und Wechselwirkungen zur Rechtswissenschaft. Die Unternehmung ist nicht nur eine wirtschaftliche, sondern auch eine durch die Rechtsordnung reglementierte organisatorische Einheit. Alle rechtlichen Problemstellungen, die in der Unternehmung auftreten, gehören zum Objekt der Rechtswissenschaften und werden mit den Methoden und der Begriffsbildung dieser Wissenschaft behandelt. Bestimmte Rechtsnormen, z.B. die Vorschriften über die Rechtsformen, über die Gestaltung von Gesellschaftsverträgen, über den Abschluss von Verträgen sowie die Bestimmungen des Wettbewerbs., Sozial-, Arbeits-, Steuer- und Bilanzrechts lösen bestimmte betriebliche Entscheidungen aus.

Abbildung 1-7: *Die Betriebswirtschaftslehre und ihre Nachbardisziplinen*

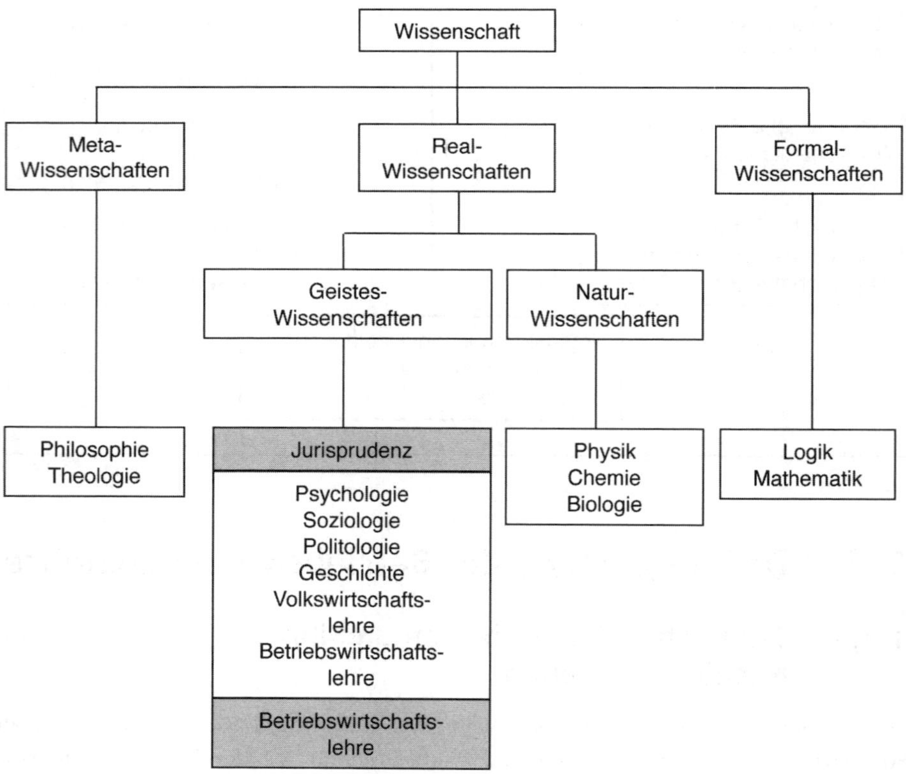

Sobald zu erwarten ist, dass aus fachfremden Problemen wirtschaftliche Konsequenzen erwachsen, bedient sich die Betriebswirtschaftslehre der Erkenntnisse ihrer Nachbardisziplinen. Hierzu zählen, neben den oben genannten auch die Ingenieurwissenschaften, die (Arbeits-)Medizin, die Mathematik und die Philosophie.

Als Geisteswissenschaft umfasst die Betriebswirtschaftslehre die in Abbildung 1-8 dargestellten Bereiche (vgl. Olfert/Rahn 2005, S. 23):

Abbildung 1-8: *Bereiche der Betriebswirtschaftslehre*

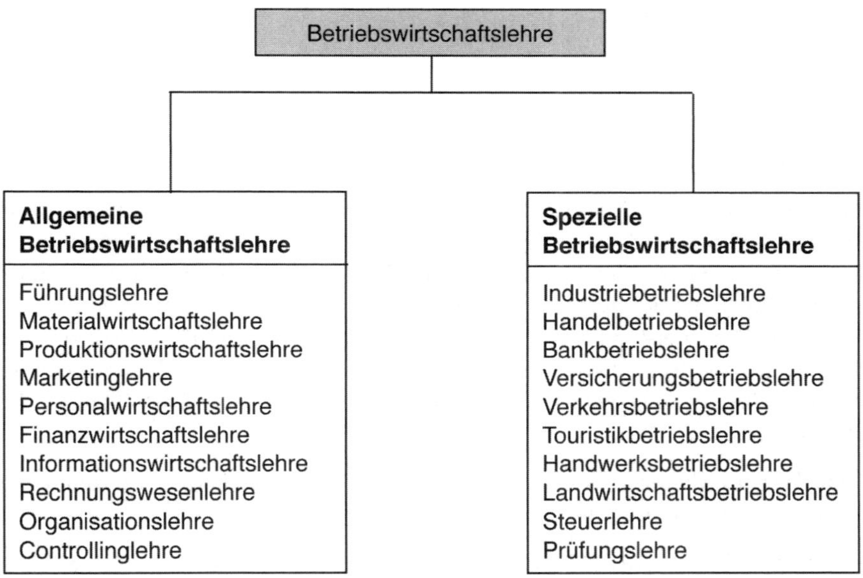

1.3.2 Unterscheidung zwischen Staat und Unternehmung - Der Markt

Im Gegensatz zu „staatlichen Produkten und Dienstleistungen" gibt es für Güter, die von Unternehmungen produziert und/oder abgesetzt werden einen Markt. Die Bezeichnung Markt ist ein allgemeiner Oberbegriff bzw. stellt die Summe aller Märkte dar.

Wirtschaftliche Transaktionen, die aus juristischer Sicht Kauf-, Miet-, Werk-, Arbeits- oder Dienstverträge sind, sind in der Marktwirtschaft stets das Resultat aus dem Zusammentreffen von Angebot und Nachfrage auf den dafür jeweiligen Märkten.

Es existieren die unterschiedlichsten Arten von Märkten. Im Allgemeinen kann davon ausgegangen werden, dass für jedes Produkt oder jede Dienstleistung ein besonderer Markt existiert, auf dem das Angebot und die Nachfrage für dieses Gut zusammentreffen. Vor diesem Hintergrund lassen sich z.B. die folgenden Märkte unterscheiden:

- Konsumgütermärkte,
- Rohstoffmärkte,
- Investitionsgütermärkte,
- Arbeitsmärkte,
- Finanzmärkte und
- Informationsmärkte.

Funktionierende (freie) Märkte steuern sich dezentral über den Preismechanismus. Dem Preis kommt dabei die Aufgabe zu, Angebot und Nachfrage mengenmäßig auf einander abzustimmen. Im Normalfall liegt die Nachfrage nach einem bestimmten Gut umso höher, je niedriger der Preis ist. Umgekehrt gilt für das Angebot von Produkten und Dienstleistungen, dass die angebotene Menge bei einem höheren Preis größer ist als bei einem niedrigeren Preis. Auf funktionierenden Märkten regulieren sich zeitweilige Ungleichgewichte (Übernachfrage oder Überangebot) über den Preismechanismus.

Märkte lassen sich nach weiteren Kriterien kategorisieren. Diesen Zusammenhang verdeutlicht die Abbildung 1-9.

In einigen Märkten bestehen Beschränkungen, wobei vier Arten von Beschränkungen unterschieden werden, die in Abbildung 1-10 dargestellt sind.

Abbildung 1-9: Marktabgrenzungen

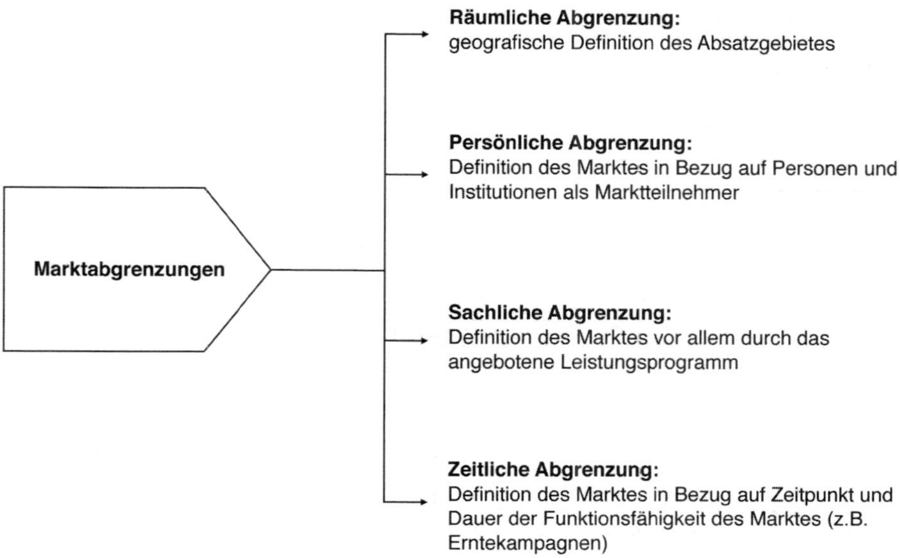

Abbildung 1-10: Marktbeschränkungen

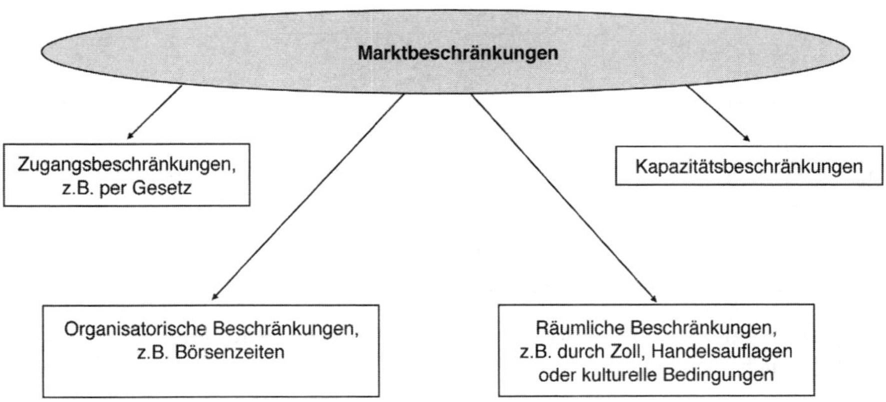

Vorgenommene Marktbeschränkungen bzw. Marktauswahlentscheidungen führen zu:

- Segmentierung
- Differenzierung und
- Selektion.

Abbildung 1-11 zeigt die Unterschiede dieser Prozesse.

Abbildung 1-11: *Marktauswahlentscheidungen*

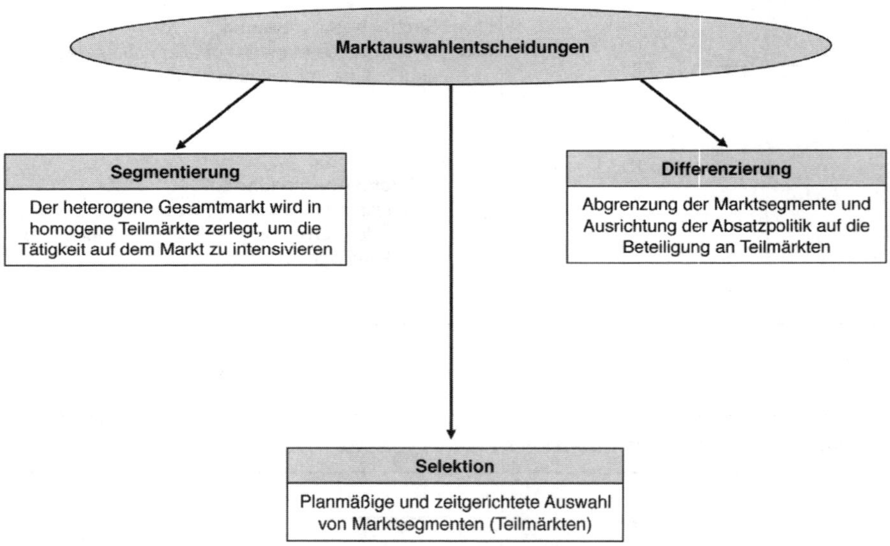

In der Theorie der Betriebswirtschaftslehre gibt es einen vollkommenen Markt. Zu den Bedingungen dieses Marktes zählen:

1. die Homogenität der Güter (d.h. die angebotenen und nachgefragten Produkte und Dienstleistungen sind gleich oder ähnlich und substituierbar),
2. die Situation des Punktmarktes (d.h. Anbieter und Nachfrager treffen räumlich und zeitlich zusammen),
3. das Nichtvorhandensein von Präferenzen (d.h. es bestehen keine persönlichen oder sachliche Präferenzen) und

4. die vollkommene Markttransparenz (d.h. auf Seiten der Anbieter und Nachfrager besteht vollkommene Klarheit bzgl. der angebotenen Güter).

An einem vollkommenen Markt gibt es nur einen Preis für gleiche Güter.

Fehlen eine oder mehrere der genannten Bedingungen, so handelt es sich um einen unvollkommenen Markt. Sowohl offene Märkte, zu denen jeder Zutritt hat, als auch geschlossene Märkte, der nur bestimmten Personen oder Personengruppen offen steht, können vollkommene Märkte sein.

Ferner sind freie und regulierte Märkte zu unterscheiden. Der betriebswirtschaftliche Modellfall ist der freie Markt, auf dem sich der Warenaustausch und die Preisbildung ohne jegliche staatliche Regulierung oder Steuerung vollziehen. Auf regulierten Märkten existieren staatliche Interventionen verschiedenster Art.

Nach der Zahl der Marktteilnehmer lassen sich die folgenden Marktformen voneinander unterscheiden.

Abbildung 1-12: *Marktformen nach der Anzahl der Marktteilnehmer*[11]

		Nachfrager		
		Einer (monopolistisch)	Wenige (oligopolistisch)	Viele (atomistisch)
Anbieter	Einer (monopolistisch)	Bilaterales Monopol	Beschränktes Angebotsmonopol	Angebotsmonopol
	Wenige (oligopolistisch)	Beschränktes Nachfragemonopol	Bilaterales Oligopol	Angebotsoligopol
	Viele (atomistisch)	Nachfragemonopol	Nachfrageoligopol	Bilaterale (vollkommene) Konkurrenz

[11] Monopolistisch bedeutet, ein Anbieter/Nachfrager steht vielen Nachfragern/Anbietern gegenüber. Ein oligopolistischer Markt ist hingegen durch wenige Anbieter/Nachfrager, die auf dem Markt auf viele Nachfrager/Anbieter treffen, gekennzeichnet. Als atomistisch wird ein Markt bezeichnet, viele Anbieter/Nachfrager auf viele Nachfrager/Anbieter für ein bestimmtes Produkt bzw. eine bestimmte Dienstleistung treffen. Vor diesem Hintergrund wird zwischen dem Monopol, dem Oligopol und vollkommener Konkurrenz, mit den oben darstellten Nuancierungen unterschieden.

In diesem Zusammenhang stellt sich dem Juristen regelmäßig die Frage nach möglichen rechtswidrigen Wettbewerbsbeschränkungen.

1.3.3 Unterscheidung zwischen Güterproduktion und Dienstleistung

In allen Unternehmungen findet Leistungserstellung, in Form eines technischen oder konzeptionellen Faktorkombinationsprozesses statt, der sich zwischen der Beschaffung und dem Absatz vollzieht. Die Sachziele dieser Leistungserstellung bestehen in der Erstellung von Gütern und Dienstleistungen in der zur Deckung des Fremd- und Eigenbedarfs erforderlichen Art, Menge, Qualität und Zeit.

Nach der Art der Leistungserstellung sind Sachleistungsunternehmungen (Produktions- und Fertigungsunternehmungen) von Dienstleistungsunternehmungen zu unterscheiden.

Abbildung 1-13: *Gegenstände der Leistungserstellung*

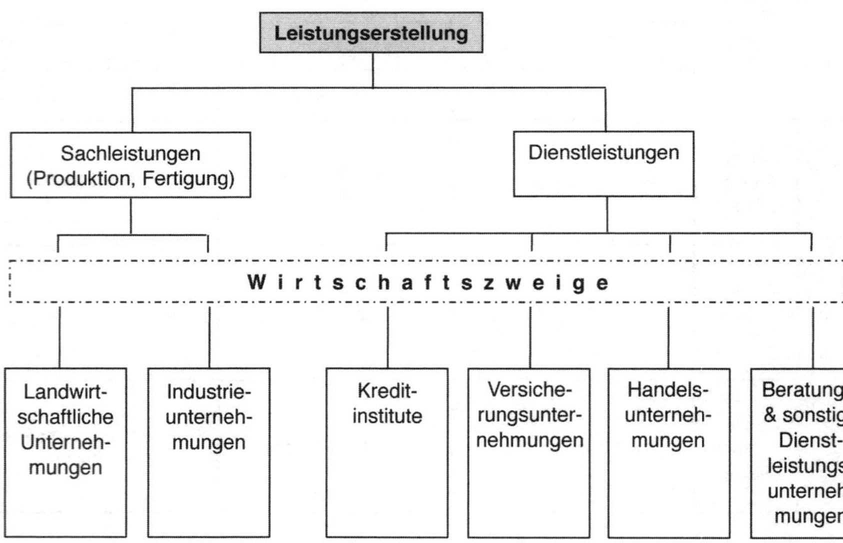

Sachleistungsunternehmungen erzeugen und bieten in ihrer Hauptfunktion Sachgüter an. Zu dieser Branche gehören neben dem sog. verarbeitenden Gewerbe (Industrie und Handwerk) das Baugewerbe, der Bergbau, die Land-, Forst- und Fischereiwirtschaft sowie die Energie- und Wasserwirtschaft.

Die Hauptfunktion von Dienstleistungsunternehmungen besteht in der Bereitstellung und dem Anbieten von Diensten bzw. Dienstleistungen. Typische Dienstleistungsunternehmungen sind Kreditinstitute, Handelsunternehmungen, Versicherungsunternehmungen, Logistikunternehmungen, Wirtschaftsprüfungs- und Steuerberatungsgesellschaften und Rechtsanwaltskanzleien.

Sowohl für Sachlesitungs- als auch für Dienstleistungsunternehmungen spielen die Wahl und Gestaltung der passenden Unternehmungsform, sowohl aus der betriebswirtschaftlichen als auch aus der juristischen Sicht eine wichtige Rolle.

1.4 Wahl der Unternehmungsform[12]

Unter dem Begriff Unternehmungs- bzw. Rechtsform[13] lassen sich alle diejenigen Regelungen zusammenfassen, die eine Unternehmung über ihre Eigenschaft als Wirtschaftseinheit hinaus auch zu einer rechtlich fassbaren Einheit machen. Die Unternehmungsform ist somit gleichsam das „juristische Kleid" einer Wirtschaftseinheit und bindet in dieser Funktion deren Handeln in die bestehenden Rechtsnormen ein.

Abbildung 1-14 stellt alle Unternehmungsformen im Überblick dar. Dabei wird zwischen privatrechtlichen und öffentlichrechtlichen Formen unterschieden. Die öffentlichrechtlichen Unternehmungsformen werden hier nicht vertiefend betrachtet.

Mit Ausnahme einiger privatrechtlicher Mischformen (z.B. GmbH & Co. KG), die von der Wirtschaft entwickelt wurden, handelt es sich dabei um dem Juristen bekannte gesetzlich geregelte Formen, die den Unternehmungen von der Rechtsordnung ausdrücklich zur Verfügung gestellt werden.

Entscheidend für die Rechtsformwahl sind organisatorische, haftungsrechtliche, steuerliche und arbeitsrechtliche Kriterien.

Auf eine detaillierte Darstellung der einzelnen Unternehmungsformen wird in diesem Buch bewusst verzichtet, da dies Bestandteil des rechtswissenschaftlichen Studiums ist.

---

12 Im weiteren Verlauf werden die Begriffe „Unternehmung" und „Gesellschaft" als Synonyme verwendet.

13 In der Literatur wird von Unternehmens-, Unternehmungs-, Rechts- oder Gesellschaftsformen gesprochen. Diese vier Begriffe werden als Synonyme verwendet.

Abbildung 1-14: *Unternehmungsformen im Überblick*

PRIVATRECHTLICHE UNTERNEHMUNGSFORMEN		
	Einzelunternehmungen	
	Personengesellschaften	Gesellschaft des Bürgerlichen Rechts (BGB-Gesellschaft oder GbR) Offene Handelgesellschaft (oHG) Kommanditgesellschaft (KG) Stille Gesellschaft Partnerschaftsgesellschaft (PartG) Reederei (Partnerreederei)
	Kapitalgesellschaften	Aktiengesellschaft (AG) Europäische Aktiengesellschaft Societas Europea (SE)) Kleine Aktiengesellschaft (Kleine AG, Business AG) Gesellschaft mit beschränkter Haftung (GmbH)
	Mischformen (Kombination aus Personen- und Kapitalgesellschaft)	Kommanditgesellschaft auf Aktien (KGaA) AG & Co. KG GmbH & Co. KG Kapitalgesellschaft und Still (AG & Still, GmbH & Still) Doppelgesellschaft bzw. Unternehmungsaufspaltung
	Genossenschaften	
	Versicherungsvereine auf Gegenseitigkeit (VVaG)	
	Privatrechtliche Stiftungen	
ÖFFENTLICH-RECHTLICHE FORMEN		
	Ohne eigene Rechtspersönlichkeit	Regiebetrieb Eigenbetrieb Sondervermögen
	Mit eigener Rechtspersönlichkeit	Öffentlich-rechtliche Körperschaft Anstalt Öffentlich-rechtliche Stiftung

1.4.1 Formenwechsel

Der Wechsel der Rechtsform einer Unternehmung wird auch als **Umwandlung** bezeichnet. Ein Formwechsel kann vielfältige Ursachen haben. In diesem Zusammenhang wichtige Faktoren sind u.a.

- Wachstum oder Schrumpfung der Unternehmung,

- Veränderte Steuergesetze,
- Veränderung der Struktur oder der Zahl der Gesellschafter und/oder
- Auflagen der Kreditgeber.

Der Gesetzgeber hat die Möglichkeiten und Bedingungen eines Rechtsformwechsels sehr weitgehend geregelt. Dies gilt insbesondere für die steuerrechtlichen Aspekte der Umwandlungsprozesse, geht aber weit darüber hinaus.

Die mit dem Formwechsel verbundenen steuerlichen Aspekte sind folgende:

1. Ein Vergleich zwischen der steuerlichen Belastung der bisherigen und der zukünftigen Rechtsform kann das entscheidende oder zumindest mitbestimmende Motiv für die Umwandlung sein.

2. Gegebenenfalls löst der Umwandlungsprozess selbst eine Anzahl von verkehrssteuerlichen (z.B. umsatzsteuerliche oder grunderwerbsteuerliche) oder auch ertragsteuerliche Belastungen aus. Alle durch den Umwandlungsprozess ausgelösten Steuerzahlungen belasten somit, wenn auch nur einmalig die Liquidität und Rentabilität der Unternehmung.

Die rechtliche Form der Umwandlung hat zum Teil erhebliche ökonomische Bedeutung. Ein Formwechsel im Wege der Gesamtrechtsnachfolge oder durch Satzungsänderung ist sowohl kostenmäßig als auch steuerlich in aller Regel vorteilhafter als eine Neugründung, also die formelle Liquidation und Einzelübertragung der Vermögensteile auf die neue Rechtsform. Wenn letzteres vorgeschrieben ist, führen diese Belastungen dazu, dass betriebswirtschaftlich zweckmäßige Umwandlungen unterbleiben oder hinausgezögert werden.

Einen Überblick über die beiden Möglichkeiten des Formwechsels (Umgründung und Umwandlung) liefern Abbildungen 1-15 und 1-16.

Weitere Ausprägungen des Formwechsels sind die Verschmelzung (Fusion) und Bildung eines wirtschaftlichen Verbundes rechtlich selbstständig bleibender Unternehmungen.

Als **Fusion** wird ein Konzentrationsprozess bezeichnet, der zu einem Unternehmungszusammenschluss führt, bei dem die fusionierenden Unternehmungen nicht nur in einer wirtschaftlichen sondern auch in einer rechtlichen Einheit zusammengefasst werden. Dabei werden die einzelnen Betriebsvermögen zu einem gemeinsamen Betriebsvermögen zusammengeführt.

In einem **Unternehmungsverbund** sind die einzelnen Unternehmungen über die Grenzen der Kooperation hinaus durch kapitalmäßige Verflechtungen miteinander verbunden. Die rechtliche Selbstständigkeit der Einzelunternehmungen bleibt dabei erhalten.

Abbildung 1-15: *Unternehmungsformwechsel- Umgründung*

Umgründung
(Formwechsel mit Liquidation und Einzelrechtsnachfolge)

Einzelunternehmung in eine Personenunternehmung oder GmbH

oder

Personengesellschaft in Einzelunternehmung

oder

Bereits aufgelöste Personenunternehmung in eine AG, KGaA oder GmbH

Abbildung 1-16: *Unternehmungsformwechsel- Umwandlung*

Umwandlung
(Formwechsel ohne Liquidation)

Übertragende Umwandlung (Gesamtrechtsnachfolge)

- „Errichtende" Umwandlung
  - Pers.-ges. in zu gründende Einzelunternehmung (§ 214 UmwG)
  - … zu gründende Kap.-ges. (§§ 215 - 225 UmwG)
  - Kap.-ges. in zu gründende Pers.-ges. (§§ 228 – 237 UmwG)
  - Einzelunternehmung in AG oder KGaA (§§ 214 – 225c UmwG)
- „Verschmelzende" Umwandlung
  - Kap.-ges. in bestehende Unternehmung (§§ 60 - 77UmwG)

Formwechselnde Umwandlung (keine Rechtsübertragung)

- Pers.-ges. in eine andere Pers.-ges. (HGB)
- Kap.-ges. in eine andere Kap.-ges. (§§ 362, 366, 369, 376, 384, 386, 389, 393 AktG und §§ 238 – 250 UmwG)

1.4.2 Delegation

Unter dem Begriff **Delegation** wird in dem hier betrachteten Kontext die Übertragung der vollständigen oder teilweisen Entscheidungs- und Geschäftsführungskompetenzen sowie des (teilweisen) unternehmerischen Risikos von einer Instanz (delegierende Unternehmung) an eine oder mehrere andere Instanzen (delegationsempfangende Unternehmung) verstanden. Diese Form der Delegation ist somit ein Mittel der Dezentralisation.

Zu den wichtigsten Formen der betriebswirtschaftlichen Delegation zählen:

- Franchising,
- Outsourcing und
- Management Buy-Out (MBO) und Management Buy-In (MBI).

Das **Franchising** ist eine Form der Delegation, bei der ein Kontraktgeber als Franchisor (auch: Franchisegeber) aufgrund einer langfristigen vertraglichen Bindung rechtlich selbstständig bleibenden Kontraktnehmern als Franchisees (auch: Franchisenehmer) gegen ein Entgelt das Recht einräumt, bestimmte Waren oder Dienstleistungen unter Verwendung von Namen, Warenzeichen, Ausstattung oder sonstigen Schutzrechten sowie der technischen und gewerblichen Erfahrung des Franchisegebers und unter Beachtung des von ihm entwickelten Absatz- und Organisationssystems anzubieten.

Die wichtigsten Vorteile für den Franchisenehmer liegen u.a. in einem beschleunigten Markteintritt, weil das System bekannt und etabliert ist. Zudem besteht für ihn Gebietsschutz. Der Franchisegeber stellt ein getestetes Geschäftskonzept und dazu ein komplettes Leistungspaket zur Verfügung. Die Kreditwürdigkeit bei Banken ist höher, da das unternehmerische Risiko reduziert ist. Der Franchisenehmer kann Größenvorteile (z. B. bei Werbeaktionen oder Einkäufen) nutzen und ist dennoch selbständiger Unternehmer. Er erhält effiziente Arbeitsabläufe, die sich in der Praxis bewährt haben. Nachteile liegen u.a. in einem, durch die Vorschriften des Franchisegebers eingeschränkten unternehmerischen Freiheit. Zudem besteht Abnahmezwang beim Franchisegeber und die Ablieferung eines Teils der Einnahmen mindert den betriebswirtschaftlichen Gewinn des Franchisenehmers.

Der Franchisegeber nutzt insbesondere die Bereitschaft des Franchisenehmers als selbstständiger Unternehmer. Er kann den zum Teil erheblichen Aufwand eines Filialsystems vermeiden und ein für seine Unternehmung zugeschnittenes Vertriebsnetz aufbauen. Somit wird die Vermarktung seines marktbewährten System und Knowhows mit einem recht geringen Kapitaleinsatz für den Franchisegeber erreicht. Er erhält einen direkten und zugleich mittelfristig Kapital schonenden Marktzugang. Dies erhöht seine Expansionsmöglichkeiten und seine Markt-, Kunden- und Partnernähe. Nachteilig ist für den Franchisegeber der Verzicht auf einen Teil der Erträge und die Gefahr, dass sein Konzept und das Image verwässert werden. Zudem entsteht ein großer Kontrollbedarf mit entsprechenden Kosten.

Beispiele für praktiziertes Franchising sind McDonalds, Avis, Tchibo, Salamander, WMF und Nordsee.

Eine weitere Möglichkeit der Delegation ist das **Outsourcing**. Mit Outsourcing wird in der Betriebswirtschaftslehre die Abgabe von Unternehmungsaufgaben und -strukturen an Drittunternehmungen, evtl. im Ausland bezeichnet. Outsourcing ist somit eine spezielle Form des Fremdbezugs von bisher intern erbrachter Leistung. Es handelt sich hierbei um ein Konzept, das die Heranziehung von außerhalb der Unternehmung liegenden Bezugsquellen, Ressourcen und Know How zur Versorgung vorsieht.

Einzelne Unternehmungsprozesse werden von einem externen Produzenten oder Dienstleister erbracht, wobei im Unterschied zum Sourcing auch ein Verantwortungsübergang stattfindet. Da der Übergang von Prozessen auch die teilweise Übernahme von Personal und Unternehmungswerten beinhaltet, ist die Grenze zwischen dem Outsourcing und einer Unternehmungsübernahme häufig fließend.

Der Begriff **Management-Buy-Out (MBO)**[14] bezeichnet die mehrheitlich Übernahme einer Unternehmung durch das bisherige Management durch Erwerb. MBO wird hier auch als eine Form der Delegation verstanden. I.d.R benötigt das Management für einen MBO mindestens 10 % der Unternehmungsanteile.

Es gibt verschieden Motivationen für ein Management-Buy-Out. So kann es sich bei der zu übernehmenden Unternehmung z. B. um eine Unternehmung handeln, die wirtschaftlich angeschlagen ist und deren bisherige Inhaber die Unternehmung nicht mehr finanzieren können bzw. wollen. In diesem Fall wird von einem Sanierungs-MBO gesprochen.

Der MBO hat sich insbesondere bei Unternehmungsnachfolgen bewährt. Beim MBO einer Aktiengesellschaft ist es gängig, die Aktiengesellschaft zu reprivatisieren. Dies ist der Fall einer Privatisierungs-MBO. Daraus resultiert für das Management die Möglichkeit, die Unternehmung unabhängig von Zwängen des Aktienmarktes zu entwickeln.

Im Fall fehlender Erben ist es den Alteigentümer oft sympathischer, wenn sie ihre Unternehmung an ihnen langjährig bekannte Personen übergeben können. Dazu ist zur Leitung einer Unternehmung ein fundiertes betriebswirtschaftliches Know-how erforderlich. Das zusammen führt dazu, dass die Alteigentümer ihre Unternehmung den eigenen Managern zum Kauf anbieten, da sie ihnen sowohl vertrauen als auch deren kaufmännische Geschicke beurteilen können. Ein weiterer Vorteil ist, dass nicht sämtliche Unternehmungsunterlagen fremden Käufern, z. B. Wettbewerbern, zur Ansicht vorgelegt müssen.

---

[14] Nicht zu verwechseln mit der Bezeichnung MbO, die für Management by Objectives (Führung durch Zielvereinbarung) steht. Hierbei handelt es sich um einen Führungsstil.

Bei wirtschaftlichen Schieflagen ist es meist so, dass das angestellte Management die Lage der Unternehmung deutlich besser einschätzen kann als externe Investoren oder Sanierer. Daher sind sie in diesen Fällen meist eher bereit, die Unternehmung zu sanieren und anschließend fortzuführen.

Da die Übernahme einer Unternehmung i. d. R. ein hohes finanzielles Engagement abhängig von der Unternehmensgröße erfordert, sind Management-Buy-Out Transaktionen fast ausschließlich bei kleinen und mittleren Unternehmen zu finden.

Von **Management Buy-In (MBI)** wird gesprochen, wenn eine Unternehmung durch ein externes Management übernommen oder die Übernahme mit Hilfe eines Investors durch ein fremdes Management forciert wird. Dies kommt vor allem dann zustande, wenn ein externes Management der Überzeugung ist, dass die Unternehmung schlecht geführt ist und durch bessere Führung wirtschaftlicher sein könnte.

2 Grundlagen betriebswirtschaftlicher Entscheidungen

2.1 Begriff und Inhalt des Wirtschaftens

Ein zentraler Ausgangspunkt menschlichen Handelns sind **Bedürfnisse**. Dabei handelt es sich um ein individuelles Mangelempfinden, welches mit dem Wunsch nach Beseitigung dieses Mangels verbunden ist. Sollen und können vorhandene Geldmittel zur Bedürfnisbefriedigung eingesetzt werden, entsteht ein **Bedarf**, der sich in einer konkreten Nachfrage nach entsprechenden **materiellen** (Sachgüter) oder **immateriellen Gütern** (Dienstleitungen) manifestiert. Neben den begrenzt vorhandenen Gütern (knappe Güter) gibt es auch noch die sog. **freien Güter**. Hierzu zählen beispielsweise das Sonnenlicht und Wind. In diesen Fällen ist eine Bedarfsdeckung ohne den Einsatz von Geldmitteln möglich!

Menschliche Bedürfnisse sind grundsätzlich unbegrenzt. Die Mehrzahl der Güter ist jedoch begrenzt. Vor diesem Hintergrund besteht die Notwendigkeit zum planmäßigen Einsatz knapper Güter zur Bedürfnisbefriedigung. Dieses Handeln wird in der Betriebswirtschaftslehre als Wirtschaften bezeichnet.

Knappe Güter werden i.d.R. auf einem Markt gehandelt und sie haben einen Preis, der sich durch Angebot und Nachfrage bildet.

Wirtschaften ist somit der Inbegriff aller planvollen menschlichen Handlungen, die, unter Beachtung des ökonomischen Prinzips (vgl. Kapitel 2.2) (Rationalprinzip), mit dem Zweck erfolgen, die - an den Bedürfnissen der Menschen gemessen – bestehende Knappheit der Güter zu verringern (vgl. Wöhe 2005, S. 2).

Der Tatbestand der **Güterknappheit** kann somit als Kern allen Wirtschaftens angesehen werden, denn ohne knappe Güter gäbe es für die Menschen keine unerfüllten Wünsche. Somit bestünde weder die Notwendigkeit noch der Anreiz, besondere Anstrengungen zu unternehmen, um in den Besitz dieser Güter zu kommen.

Vor diesem Hintergrund kann Wirtschaften weiter beschrieben werden als das Disponieren über knappe Güter, soweit diese als Handelsobjekt (Waren) Gegenstand von Marktprozessen sind. Voraussetzung für den Warencharakter knapper Güter ist, dass diese überhaupt Gegenstand von marktlichen Austauschbeziehungen (also verfügbar und übertragbar) sind und dass sie eine bestimmte Eignung zur Befriedigung menschlicher Bedürfnisse aufweisen (vgl. Schierenbeck 2003, S. 2).

Das Wirtschaften lässt sich zum einen nach der Zahl der Bedürfnisträger und Verfügungsberechtigten und zum anderen nach der Ursprünglichkeit des Wirtschaftens institutionalisieren. Diese Zusammenhänge verdeutlichen Abbildung 2-1 und 2-2.

Abbildung 2-1: *Wirtschaften – Nach Zahl der Bedürfnisträger und Verfügungsberechtigten*

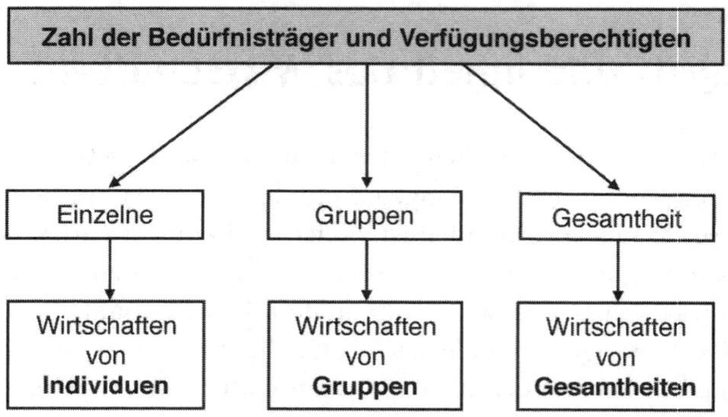

Abbildung 2-2: *Wirtschaften – Nach der Ursprünglichkeit der Wirtschaften*

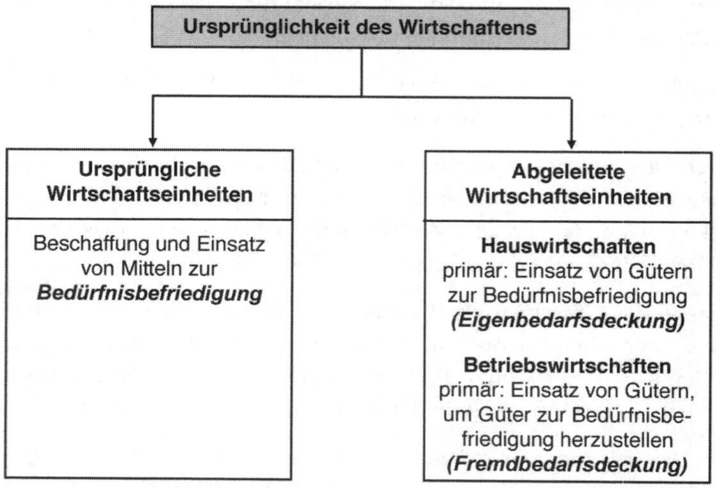

2.2 Das ökonomische Prinzip

Wie oben gezeigt, zwingt die Knappheit der Güter die Menschen dazu, Entscheidungen über ihre alternative Verwendung zu treffen bzw. mit ihnen zu haushalten. Im Zentrum dieses Prinzips steht die Frage nach einem optimalen Einsatz bzw. der optimalen Verwendung von Wirtschaftsgütern.

Wie jedes, auf einen Zweck gerichtete menschliche Handeln, folgen auch wirtschaftliche Entscheidungen dem allgemeinen Vernunftsprinzip (**Rationalprinzip**) (vgl. Wöhe 2005, S. 1). Nach diesem Prinzip gilt es, ein bestimmtes Ziel mit dem Einsatz möglichst geringer Mittel zu erreichen. Auf das Wirtschaften bezogen, bezeichnet dieses Rationalprinzip das **ökonomische Prinzip**. Es existieren eine mengenmäßige und eine wertmäßige Definition des ökonomischen Prinzips. Im Rahmen der **mengenmäßigen Definition** werden das Minimal- und das Maximalprinzip unterschieden (vgl. die Kapitel 2.2.1 und 2.2.2).

Die **wertmäßige Definition** verlangt ein Handeln, das darauf ausgerichtet ist, mit einem gegebenen Geldaufwand einen maximalen Erlösbeitrag oder einen vorher festgelegten Erlösbeitrag mit einem minimalen Geldeinsatz zu erwirtschaften.

Das ökonomische Prinzip ist Ausdruck einer formalen Rationalität. Es ist wertneutral und systemunabhängig und kann deshalb auch als inhaltsleer bezeichnet werden, denn es lässt so viele inhaltliche Interpretationen zu, wie es mengenmäßige oder wertmäßige Zielvorstellungen gibt. Es charakterisiert lediglich die Durchführung wirtschaftlichen Handelns. Erst wenn ein konkretes Ziel entwickelt wird, ermöglicht das ökonomische Prinzip ein ökonomisches Handeln.

Im Spannungsverhältnis zwischen den Bedürfnissen und ihren Deckungsmöglichkeiten, gilt es neben dem ökonomischen Prinzip auch das Humanitäts- und das Umweltschonungsprinzip zu beachten. Zusammen bilden diese Prinzipien das magische Dreieck der Betriebswirtschaftslehre (vgl. Olfert/Rahn 2005, S. 21 f.) welches in Abbildung 2-3 dargestellt ist.

Im Mittelpunkt des **Humanitätsprinzips** steht der Mensch im Leistungsprozess. Den Erfordernissen dieses Prinzips sollte gleichermaßen Rechnung getragen werden. Dies geschieht beispielsweise durch menschengerechte Arbeitsbedingungen, entsprechende Organisationsformen und Führungsmethoden.

Das **Umweltschonungsprinzip** fokussiert die ökologischen Interessen, die es im Rahmen betriebswirtschaftlicher Entscheidungen ebenfalls zu berücksichtigen gilt. Ziel ist es, die Umweltbelastungen so gering wie möglich zu halten.

In der betriebswirtschaftlichen Handlungsweise sollte nicht einem der o.a. Prinzipien absoluter oder gar ausschließlicher Vorrang gewährt werden. Es ist vielmehr ein adäquater Ausgleich zwischen den drei Prinzipien und damit zwischen den divergierenden Interessenlagen anzustreben (vgl. Olfert/Rahn 2005, S. 22).

Abbildung 2-3: *Das magische Dreieck der Betriebswirtschaftslehre*

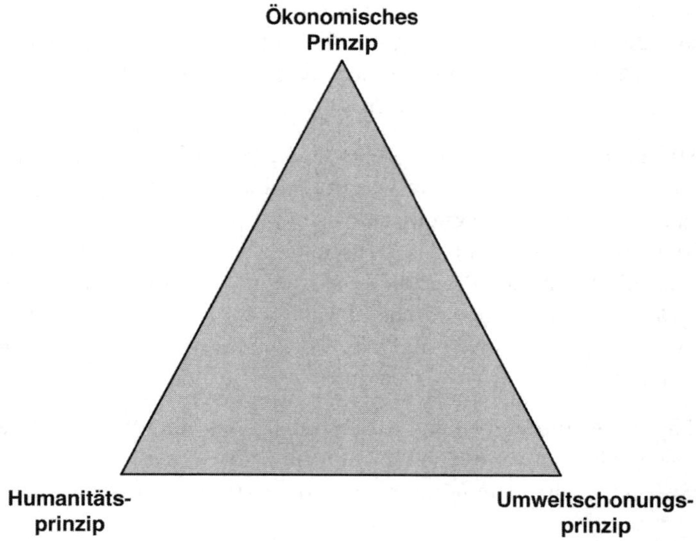

2.2.1 Minimalprinzip

Das **Minimalprinzip** (auch **Minimum- oder Sparprinzip** genannt) besagt, dass der benötigte Aufwand, um einen bestimmten Ertrag (in Form von Nutzen) zu erzielen, so gering wie möglich zu halten ist. Ziel ist somit die Minimierung des Mittel- bzw. Produktionsfaktoreinsatzes (mengenmäßige Definition) oder der (Produktions-)Kosten (wertmäßige Definition).

Beim Minimalprinzip ist somit das Ziel (Ertrag oder Output) vorgegeben. Dieses soll mit einem möglichst geringen Mitteleinsatz (Input) erreicht werden. Ein Beispiel wäre der effiziente Stundeneinsatz eines Rechtsanwalts im Rahmen vereinbarter Personalhonorare.

2.2.2 Maximalprinzip

Ziel bei der Verfolgung des **Maximalprinzips** (auch **Maximum- oder Haushaltsprinzip**) ist es, mit einem gegebenen Aufwand an Wirtschaftsgütern einen möglichst hohen Ertrag zu erwirtschaften. Das Maximalprinzip verfolgt die Maximierung des (Produktions-)Ertrags in Geldeinheiten (wertmäßige Definition) oder der (Produktions-)Menge (mengenmäßige Definition).

Hier ist der Mitteleinsatz (Input) vorgegeben, mit dem ein möglichst hohes Ziel (Output) erreicht werden soll. Ein Beispiel wäre die Vereinbarung eines möglichst hohen Stundensatzes im Rahmen einer rechtanwaltlichen Honorarvereinbarung.

Das Maximalprinzip gilt u.a. für öffentliche Haushalte (beispielsweise Kommunen) als Handlungsmaxime, da die für sie zur Verfügung stehenden Mittel limitiert sind.

Eine Maximierung bzw. Minimierung sollte immer schrittweise erfolgen und nach jedem Optimierungsschritt muss überprüft werden, ob beim Maximalprinzip alle notwendigen Parameter der Zielvorgabe (z.B. die Qualität des Outputs) ausreichend sind. Bzgl. des Minimalprinzips muss ständig überprüft werden, ob alle notwendigen Bedingungen erfüllt sind, um das Ziel nachhaltig zu erreichen und langfristige negative Folgen der Kostenminimierung zu verhindern (z.B. ob Gesetze und Auflagen zum Arbeitsschutz eingehalten wurden).

Es wäre falsch, zu versuchen, beide Prinzipien gleichzeitig zu verfolgen, d.h. mit minimalem Mitteleinsatz (Minimalprinzip) ein maximales Ergebnis zu erzielen (Maximalprinzip). Denn die Verfolgung des so genannten **Minimal-Maximal-Prinzips** führt u.U. zu ungeplantem Handeln, da nach dem Minimalprinzip klare Vorgaben fehlen und nach dem Maximalprinzip keine definierten Ziele verfolgt werden.

2.2.3 Extremumprinzip

Das **Extremumprinzip** verfolgt das Ziel, ein möglichst günstiges Verhältnis zwischen Aufwand und Ertrag zu realisieren. Angestrebt wird die Erreichung von Optima und nicht von Minima bzw. Maxima.

Werden Aufwände als Kosten und Erträge als Leistungen definiert, lassen sich hieraus alternativ das Streben nach:

1. Ertrags-(Leistungs-)maximierung,
2. Aufwands-(Kosten-)minimierung,
3. Ertrags-(Leistungs-)optimierung und
4. Aufwands-(kosten-)optimierung

ableiten.

Die drei Ausprägungen des ökonomischen Prinzips fasst Abbildung 2-4 zusammen.

Abbildung 2-4: *Ausprägungen des ökonomischen Prinzips*

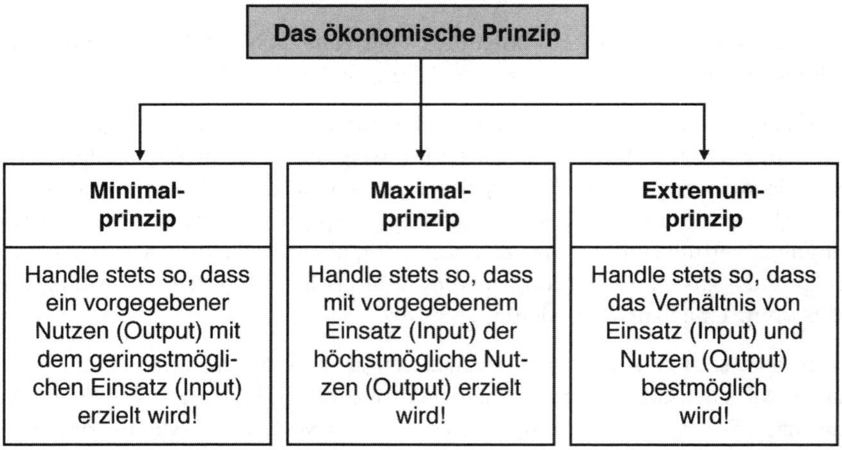

2.3 Kennzahlen

Zur Quantifizierung des ökonomischen Erfolgs und zur Unternehmungssteuerung werden verschiedene Kennzahlen eingesetzt. Hierzu zählen u.a. der Gewinn, die Wirtschaftlichkeit, die Produktivität sowie die Rentabilität und die Liquidität.

2.3.1 Gewinn

Der **Gewinn** (zum Teil auch als Erfolg der Unternehmung bezeichnet (vgl. Wöhe 2005, S. 46) ist die rechnerische Differenz zwischen bewertetem Ertrag und bewertetem Aufwand innerhalb einer betrachteten Abrechnungsperiode.

Die Gewinngröße stellt einerseits die Verzinsung des eingesetzten Eigenkapitals (bei Personengesellschaften) und andererseits die Vergütung für die Mitarbeiter der Unternehmung bzw. für die (Mit-)Unternehmer (Unternehmerlohn) dar.

Der Gewinn von Personengesellschaften wird auf der Habenseite des Eigenkapitalkontos als Zugangsposten verbucht und tritt in der Bilanz[15] entweder in Form eines erhöhten Eigenkapitals auf oder er wird dort gesondert ausgewiesen. In der Gewinn- und Verlustrechnung[16] von Kapitalgesellschaften erfolgt der Ausweis des Unternehmungsgewinns unter der Bezeichnung Jahresüberschuss. Dieser, auf dem externen

[15] Vgl. Kapitel 6.3.1.

[16] Vgl. Kapitel 6.3.2.

Rechnungswesen basierende Gewinnbegriff wird auch als **pagatorischer Gewinn** bezeichnet.

Davon zu unterscheiden ist der **kalkulatorische Gewinn**, der sich als die Differenz zwischen Leistung und Kosten, basierend auf den Zahlen des internen Rechnungswesens errechnet.

Ohne die Bezugnahme auf einen Zurechnungszeitraum wird der Begriff Gewinn auch dazu verwendet, um den wirtschaftlichen Erfolg eines Einzelumsatzes zu kennzeichnen.

Aussagefähiger als der Gewinn ist die Wirtschaftlichkeit.

2.3.2 Wirtschaftlichkeit

Die **Wirtschaftlichkeit** einer Unternehmung, eines Projektes oder einer betriebswirtschaftlichen Einzelaktion (Einzelumsatz) wird i.d.R. durch eine einfache Kennzahl ausgedrückt, die das Verhältnis vom Ertrag (Output, Nutzen, Leistung) zum Aufwand (Input, Mittel, Kosten) darstellt. Die Wirtschaftlichkeit errechnet sich wie folgt:

$$(Ertrags-)Wirtschaftlichkeit = \frac{Ertrag}{Aufwand}$$

Hierbei handelt es sich um die mengenmäßige Betrachtung der Wirtschaftlichkeit.

I.d.R. werden der Ertrag und der Aufwand in Geldeinheiten gemessen. Daraus resultiert die Wirtschaftlichkeit in der Wertbetrachtung:

$$(Kosten-)Wirtschaftlichkeit = \frac{Leistung}{Kosten}$$

Bei beiden Formeln ist die Wirtschaftlichkeit umso höher, je größer der Wert des sich ergebenden Quotienten ist. Mittels dieser Kennzahlen lässt die Wirtschaftlichkeit von anwaltlichen Mandanten vergleichen.

Ein Beispiel verdeutlicht die Wirtschaftlichkeitsberechnung:

Eine Anwaltskanzlei hat von einem Mandanten, für seine Vertretung in einer Erbschaftsangelegenheit ein Honorar i.H.v. 2.500,-- € (Ertrag) vereinbart. Zur Betreuung des Mandanten haben 2 Anwälte jeweils 2 Tage (insgesamt 4 Personentage (PT)) in dieser Sache gearbeitet. Der Aufwand[17] hierfür beträgt 1.000,-- € (Rechtsanwaltsgehälter). Somit errechnet sich die Wirtschaftlichkeit wie folgt:

$$Wirtschaftlichkeit = \frac{Leistung}{Kosten} = \frac{2500}{1000} = 2{,}5$$

[17] Aus Vereinfachungsgründen ohne Berücksichtigung anteiliger Büro- und Sekretariatskosten, die bei einer vollständigen Berechung Eingang in die Aufwandsposition finden müssen.

Nachteilig bei der Kennzahl der Wirtschaftlichkeit ist, dass es sich bei der Leistung und den Kosten um bewertete Größen handelt. Bei Veränderungen der Anwaltsgehälter und/oder der vereinbarten Honorarsätze variiert auch die Wirtschaftlichkeit. Als Problem erweist sich zudem, dass es sich bei den Werten der o.a. Gleichungen um variable Größen handelt. Somit gibt es keine feste Bezugsbasis, die für eine aussagefähige Beurteilung oder einen Vergleich notwendig wäre.

Zudem enthält die Wirtschaftlichkeit keine Aussage darüber, ob das Verhältnis zwischen Ertrag und Aufwand im Sinne des ökonomischen Prinzips optimal ist.

Vor dem Hintergrund dieser Kritik empfiehlt sich eine Verfeinerung der Wirtschaftlichkeitskennzahl, um ihre Aussagefähigkeit zu erhöhen.

Dies kann einerseits dadurch geschehen, indem eine Soll-Wirtschaftlichkeit der Unternehmung oder einzelner Aktivitäten bestimmt wird, die anschließend der tatsächlich realisierten Ist-Wirtschaftlichkeit gegenübergestellt wird.

Anwendungsbezogene Hilfsformen wären somit:

$\frac{Istleistung}{Sollleistung}$ (mengenmäßig) bzw. $\frac{Istkosten}{Sollkosten}$ (wertmäßig)

2.3.3 Produktivität

Die **Produktivität** ist eine Kennzahl, die das Maß für die mengenmäßige Ergiebigkeit der Kombination der eingesetzten Produktionsfaktoren zum Ausdruck bringt. Sie berechnet sich anhand der folgenden Formel:

$$Produktivität = \frac{Ausbringungsmenge\ (Output)}{Faktoreinsatzmengen\ (input)}$$

Die Ermittlung von Produktivitäten setzt die Homogenität der betrachteten Mengengrößen voraus. Dabei ermöglicht diese Kennzahl als alleinige Maßzahl noch keine betriebswirtschaftlichen Aussagen. Erst durch den Vergleich mit anderen Produktivitätsgrößen (zum Beispiel anderer Unternehmungen oder früherer Perioden) eignet sich die Produktivität zur Entscheidungsunterstützung und zur betriebswirtschaftlichen Unternehmungsführung.

Da dem betrieblichen Produktionsprozess diverse verschiedene Leistungsarten zugrunde liegen, ist es sinnvoll, sog. Teilproduktivitäten zu entwickeln. Hier einige Beispiele:

$$Arbeitsstundenproduktivität = \frac{Erzeugte\ Menge}{Arbeitsstunden}$$

$$Materialproduktivität = \frac{Erzeugte\ Menge}{Materialeinsatz}$$

$$Betriebsmittelproduktivität = \frac{Erzeugte\ Menge}{Maschinenstunden}$$

Es wird an dieser Stelle deutlich, dass die Ermittlung von Produktionskennzahlen zur Ermittlung der Effektivität von Leistungserstellungsprozessen bzw. der Ergiebigkeit der betrieblichen Faktorkombination dient. Dies erfolgt durch die Gegenüberstellung von Ausbringungsmengen und Einsatzmengen (mengenmäßige Betrachtung). Produktivitätskennzahlen werden immer dann zu Vergleichszwecken verwendet, wenn eine Bewertung der Mengen nicht möglich bzw. nicht nötig ist.

Wenn eine oder beide Größen bewertet werden (i.d.R. mit Geldeinheiten), ergeben sich Wirtschaftlichkeitsgrößen (wertmäßige Betrachtung), wie die folgenden Beispiele verdeutlichen:

$$Arbeitsproduktivität = \frac{Gesamtwertschöpfung}{Zahl\ der\ Arbeitnehmer}$$

Die Gesamtwertschöpfung wird in Geldeinheiten ausgedrückt.

$$Kapitalproduktivität = \frac{Wertschöpgfung}{eingesetztes\ Kapital}$$

Hier werden beide Werte in Geldeinheiten ausgedrückt.

2.3.4 Rentabilität und Liquidität

Eine gute Wirtschaftlichkeit und/oder Produktivität lässt noch nicht darauf schließen, dass die betrachtete Unternehmung auch rentabel arbeitet. Dies ist z.B. dann nicht der Fall, wenn die wirtschaftlich und produktiv erzeugten Güter oder Dienstleistungen keinen Markt finden, d.h. wenn sie nicht abgesetzt werden können.

Daher gehören **Rentabilitätskennzahlen** in der Betriebswirtschaftslehre ebenso wie in der betrieblichen Praxis zu den wichtigsten Größen zur Steuerung und zur Beurteilung von Unternehmungen, Unternehmungsteilen und Projekten.

Die **Rentabilität** zeigt an, in welcher Höhe sich das eingesetzte Kapital in der betrachteten Periode verzinst hat. Die allgemeine Formel zu Bestimmung der Rentabilität lautet:

$$Rentabilität = \frac{Periodenerfo\lg\ (= Aufwand - Ertrag)}{eingesetztes\ Kapital} \times 100$$

Zugleich zeigt die Rentabilität die Fähigkeit einer Unternehmung bzw. ihrer Teile, mindestens die aus dem Wirtschaftsprozess erwachsenden Aufwendungen bzw. Kosten durch entsprechende Erträge zu decken.

Als einzelne Maßzahl liefert die Rentabilität noch keine Aussage. Erst der Vergleich mit anderen Rentabilitäten, beispielsweise ähnlich strukturierter Unternehmungen oder früherer Perioden der eigenen Unternehmung, liefert Erkenntnisse, die für die Unternehmungsführung von Bedeutung sind.

Das Gesamtkapital einer Unternehmung setzt sich i.d.R. aus Eigen- und Fremdkapital zusammen. Vor diesem Hintergrund wird zwischen der Gesamtkapitalrentabilität und der Eigenkapitalrentabilität unterschieden.

Zur Bestimmung der **Gesamtkapitalrentabilität** sind neben dem erwirtschafteten Gewinn auch die **Fremdkapitalzinsen** in die Berechnung mit einzubeziehen. Fremdkapitalzinsen stellen den Ertrag des Fremdkapitals dar. Sie werden den Fremdkapitalgebern geschuldet und stellen somit Aufwand für die Unternehmung dar, der nicht im Gewinn enthalten ist. Aus diesem Grund werden die Fremdkapitalzinsen, bei der Bestimmung der Gesamtkapitalrentabilität dem Gewinn hinzugerechnet, wie die folgende Formel zeigt:

$$Gesamtkapitalrentabilität = \frac{Gewinn + Fremdkapitalzinsen}{Gesamtkapital} \times 100$$

Eine Maximierung der Gesamtkapitalrentabilität führt nur dann zur Gewinnmaximierung, wenn der Fremdkapitalzins niedriger ist, als die Gesamtkapitalverzinsung.

Wird der Gewinn ins Verhältnis zum Eigenkapital gesetzt, ergibt sich die **Eigenkapitalrentabilität**:

$$Eigenkapitalrentabilität = \frac{Gewinn}{Eigenkapital} \times 100$$

Diese Kennzahl ist besonders wichtig für die Beschaffung von Eigenkapital, u.a. an den internationalen Börsen. Nur Unternehmungen, die langfristig rentabel arbeiten, also eine attraktive Eigenkapitalrentabilität erwirtschaften, finden auch Eigenkapitalgeber.

Eine Maximierung der Eigenkapitalrentabilität entspricht der Gewinnmaximierung.

Wird der Gewinn nicht auf das Kapital sondern auf den erzielten Umsatz bezogen, ergibt sich die Kennzahl der **Umsatzrentabilität**:

$$Umsatzrentabilität = \frac{Gewinn}{Umsatz} \times 100$$

Beispielsweise wegen überproportional steigender Produktionskosten und/oder sinkender Stückpreise bei steigendem Umsatz (z.B. wegen einer teilweisen Marktsättigung) führt eine Maximierung der Umsatzrentabilität nicht automatisch zu einer Maximierung des Gewinns.

Rentabilitätskennzahlen werden in der Betriebswirtschaftslehre als oberstes Ziel einer Zielhierarchie angesehen. Durch die logische Aufspaltung der einzelnen Kennzahlen ergeben sich weitere Unterziele (auch **Werttreiber** genannt). Auf diese Weise werden sog. Kennzahlensysteme hergeleitet. Ein einfaches Beispiel in Abbildung 2-5 verdeutlicht diesen Zusammenhang:

Abbildung 2-5: *Eigenkapitalkennzahlensystem*

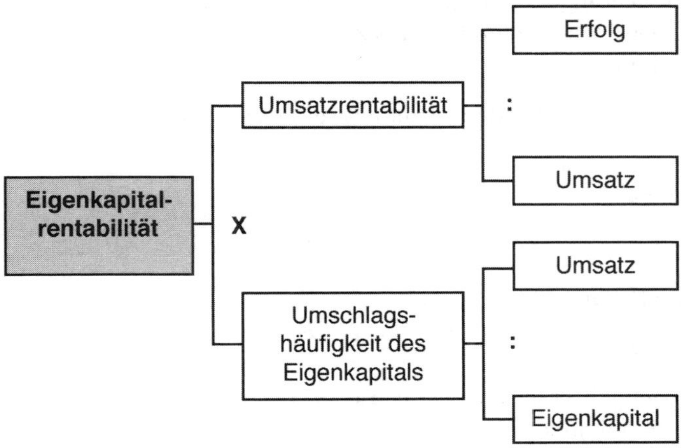

Neben der Rentabilität spielt die **Liquidität** eine bedeutende Rolle in unternehmerischen Prozessen und bei betriebswirtschaftlichen Entscheidungen.

In der Betriebswirtschaftslehre wird zwischen der absoluten Liquidität und der relativen Liquidität unterschieden.

Absolute Liquidität ist eine Eigenschaft von Vermögensteilen, die ausdrückt, ob diese als Zahlungsmittel verwendet oder in Zahlungsmittel umgewandelt werden können. Sie beschreibt somit die Liquidierbarkeit der Vermögensgegenstände, die nicht dazu benötigt werden, den Fortbestand der Unternehmung zu sichern.

Relative Liquidität kann sowohl zeitpunkt- (statisch) als auch zeitraumbezogen (dynamisch) sein. Die **statische Liquidität** beschreibt als kurzfristige Kennzahl das Verhältnis zwischen Teilen des Umlaufvermögens und den kurzfristigen Verbindlichkeiten der Unternehmung. Im Rahmen der kurzfristigen Finanzplanung wird zwischen der Liquidität 1., 2. und 3. Grades differenziert (vgl. Wöhe 2005, S. 673):

$$\text{Liquidität 1. Grades} = \frac{\text{Zahlungsmittel}}{\text{kurzfr. Verbindlichkeiten}} \times 100$$

$$\text{Liquidität 2. Grades} = \frac{\text{Zahlungsmittel + kurzfr. Forderungen}}{\text{kurzfr. Verbindlichkeiten}} \times 100$$

$$Liquidität\ 3.\ Grades = \frac{Zahlungsmittel + kurzfr.\ Forderungen + Vorräte}{kurzfr.\ Verbindlichkeiten} \times 100$$

Im Rahmen langfristiger Analysen werden i.d.R. das Eigenkapital, das langfristige Fremdkapital und das Anlagevermögen zueinander in Beziehung gesetzt.

Die **dynamische Liquidität** beschreibt die Fähigkeit einer Unternehmung alle fälligen Zahlungsverpflichtungen uneingeschränkt erfüllen zu können. Ein geeignetes Finanzmanagement sichert die zeitraumbezogene Liquidität und damit den Fortbestand der Unternehmung.

Störgrößen einer ausreichenden Liquidität sind beispielsweise (vgl. Olfert/Rahn 2005, S. 36):

- Beschaffungs-,
- Fertigungs-,
- Absatz- und/oder
- Finanzierungsprobleme.

Diese Störgrößen gilt es im Rahmen betriebswirtschaftlicher Planungsprozesse auszuschalten bzw. zu minimieren.

2.4 Standortwahl

Der **Unternehmungsstandort** ist der geografische Ort, an dem die Produktionsfaktoren kombiniert und zur Erstellung und/oder Verwertung der betrieblichen Leistungen eingesetzt werden.

Die Wahl des ‚passenden' Standortes für eine geplante unternehmerische Aktivität erfolgt im Rahmen komplexer, mehrstufiger Planungs- und Entscheidungsprozesse. Neben der Festlegung von Zielen und daraus resultierender Entscheidungskriterien, kommt es zur Anwendung von Suchprinzipien zum Eingrenzen und Auffinden von Standortalternativen. Diese Alternativen werden dann im Rahmen der Standortkalkulation, durch den Einsatz von Entscheidungsverfahren und –rechnungen bewertet, ehe es zu einer Standortauswahl kommt.

Anlässe für Standortentscheidungen sind:

1. Gründung einer Unternehmung,
2. Standortverlagerung einer Unternehmung,
3. Wachstum der bestehenden Unternehmung,
4. Schrumpfung der bestehenden Unternehmung,

5. Erschließung neuer (Produktionsfaktor- oder Absatz-) Märkte/Regionen,
6. Übernahme einer anderen Unternehmung und/oder
7. Veränderungen im unternehmerischen Umfeld.

Standortentscheidungen sind, vergleichbar mit der Wahl der Unternehmungsform, mit langfristigen Folgen verbunden, durch Unsicherheit in Bezug auf zukünftige Entwicklungen gekennzeichnet und kapitalintensiv, da sie nicht bzw. nur durch zusätzliche Kosten revidiert werden können. Aus diesem Grund ist die Standortwahl mit der strategischen Planung der Unternehmung abzustimmen und in die Investitionsplanung zu integrieren.

Da nicht jeder Standort für die Unternehmung gleich geeignet ist, ist derjenige Ort zu wählen, der die Differenz zwischen standortbedingten Erträgen und standortbedingten Aufwendungen maximiert.

Bei der Wahl des passenden Standortes gelten sog. **Standortfaktoren** als Entscheidungskriterium. Die wichtigsten Standortfaktoren fasst die Abbildung 2-6 zusammen.

Im Rahmen der Bewertung der **Anlagegütersituation** spielen die Verfügbarkeit, die Lage, die Beschaffenheit und der Preis von Immobilien (Grundstücke und Gebäude) und Mobilien (z.B. Maschinen) eine wichtige Rolle. Hinzu kommen geologische und klimatische Verhältnisse und die Existenz von Transportmöglichkeiten.

Das **Material** spielt bei der betrieblichen Fertigung eine wichtige Rolle als Roh-, Hilfs- und Betriebsstoff In diesem Zusammenhang stellt sich die Frage, ob an dem zur Wahl stehenden Standort das benötigte Material in ausreichender Menge, Qualität und zu einem günstigen Preis zur Verfügung steht. Hierbei sind die Materialeinstands- zzgl. evtl. anfallender Transportkosten zu berücksichtigen. Gleiches gilt für den Standortfaktor **Energie** (Strom, Gas, Öl).

In Bezug auf die **Arbeitskräfte** ist zu prüfen:

1. Verfügbarkeit, Flexibilität, Mobilität und Qualifikation von Arbeitskräfte,
2. Wie hoch sind die Arbeitskosten, bestehend aus Löhnen, Gehältern und Sozialkosten (z.B. Arbeitgeberanteile an Renten-, Kranken-, Pflege- und Arbeitslosenversicherung)? Zu beachten sind geografisch variierende Arbeitsproduktivitäten und kulturelle Unterschiede.

Abbildung 2-6: *Standortfaktoren*

Allgemein

- Politische Stabilität
- Rechtssystem
- Rechtliche Vorschriften
- Mitbestimmung der Arbeitnehmer
- Wettbewerbsrecht und -politik
- Steuern und Steuerpolitik

Gütereinsatz

- Anlagegüter (z.B. Immobilien)
- Material
- Energie
- Arbeitskräfte
- Umwelt(schutz)
- Staatliche Leistungen
- Steuern und Subventionen

Güterabsatz

- Kunden
- Mitbewerber
- Herkunfts-Goodwill

Bei der Standortanalyse ist auch zu prüfen, welche Vorschriften bezüglich der Vermeidung und Verringerung von Emissionen sowie der Vermeidung, Verringerung, Verwertung und Entsorgung von Abfällen gelten. Dies gilt insbesondere deshalb weil der **Umweltschutz** in den letzten Jahren dazu geführt hat, dass bestimmte Standorte für bestimmte gewerbliche Zwecke entweder gar nicht mehr oder aufgrund behördlicher Auflagen nur unter zum Teil erheblichen zusätzlichen Aufwendungen zur Verfügung stehen. Die Anforderungen an den Umweltschutz sind besonders im internationalen Vergleich nicht an allen potentiellen Standorten so streng, wie in Deutschland (vgl. Wöhe 2005, S. 322 ff). Diesen Sachverhalt gilt es bei Standortentscheidungen entsprechend zu berücksichtigen.

Staatliche Leistungen umfassen einerseits das Rechtssystem (Gewerberecht, Garantie des Privateigentums, etc.) und andererseits die vom Staat bereitgestellte Infrastruktur. Somit sollten im Rahmen einer eingehenden Standortanalyse u.a. die Verfügbarkeit und die Kosten von staatlichen Dienstleistungen wie Infrastruktur, Kommunikation und Transport geprüft werden. Der Faktor des Rechtssystems spielt eher im internationalen Vergleich eine wichtige Rolle.

Deutliche Unterschiede auf nationaler sowie auf internationaler Ebene lassen **Steuern und Subventionen** zu einem wichtigen Standortfaktor werden. Auf nationaler Ebene gilt es zum Teil stark variierenden Grund-, Gewerbe- und Gewerbeertragsteuer zu berücksichtigen. Das internationale Gefälle der Unternehmenssteuern ist selbst innerhalb der EU sehr stark ausgeprägt. Gleiches gilt für gewährte Subventionen.

Aus der **Güterabsatzperspektive** kommt den (potentiellen) **Kunden** bei der Standortwahl eine besondere Bedeutung zu. Hierbei geht es u.a. darum, Nachfragefaktoren wie den Bedarf der Endverbraucher, die Bevölkerungszahl und das Bevölkerungswachstum, das Einkommensniveau und die Einkommensverteilung, die Kaufkraft, die Verbrauchs- bzw. Konsumgewohnheiten der privaten Haushalte sowie den Bedarf anderer Unternehmungen und des Staates zu analysieren. Hinzu kommt der Faktor der Exportmöglichkeiten.

Bei der Erhebung der **Mitbewerbersituation** sind die Zahl, Größe und Art der konkurrierenden Unternehmungen im betrachteten potentiellen Absatzgebiet in die Standortanalyse einzubeziehen. Auch die Intensität des Wettbewerbs und evtl. bestehende wettbewerbsrechtliche Beschränkungen müssen berücksichtigt werden.

Der sog. **Herkunfts-Goodwill** (auch Herkunfts-Bonus genannt) berücksichtigt das positive Image bestimmter Standorte. Hierbei finden Herstellungs- und Produktionstraditionen bestimmter Länder und Regionen Berücksichtigung. Dies gilt z.B. für Dresdner Stollen, Spreewald Gurken, Lübecker Marzipan und Schweizer Uhren. Je stärker ein positives Image eines Standorts ist, desto eher sind Unternehmungen geneigt, diesen Standort auch zu wählen, sofern dieser zu dem eigenen Produkt bzw. der eigenen Dienstleistung passt.

2.5 Kundennutzen, -zufriedenheit und -loyalität

Grundsätzlich sind die Kunden einer Unternehmung an qualitativ hochwertigen Produkten und Dienstleistungen zu akzeptablen Preisen interessiert. Neben den Kriterien Qualität und Preis beeinflusst eine Anzahl weiterer Parameter die Kaufentscheidung des Kunden. Hierzu zählen u.a. der Service und das Image einer Marke. Generell gilt, dass nur zufriedene Kunden zu Stammkunden der Unternehmung werden, da sie ihr gegenüber eine gewisse **Kundenloyalität** entwickeln. Sie tragen somit zu einer langfristigen Stabilisierung der Umsätze und auch der Gewinne bei.

In Zeiten eines zunehmenden Wettbewerbs um langfristige **Kundenbindungen** und häufig kaum zu unterscheidender Produkte und Dienstleistungen in Bezug auf ihre reine Funktionalität, wird die Erzielung und Sicherung von **Kundenzufriedenheit** zu einem elementaren strategischen Ziel.

Am Anfang steht jedoch der sog. **Kundennutzen.** Es handelt sich hierbei um die Gegenleistung der Unternehmung für den vom Kunden bezahlten Preis. Jedes Produkt und jede Dienstleistung wird vom Kunden danach beurteilt, welchen Nutzen es bei ihm realisiert. Vor jeder Einführung eines neuen Produktes bzw. einer neuen Dienstleistung muss sich der Anbieter fragen, welchen Kundennutzen dieses Produkt bzw. diese Dienstleistung bei seinen potentiellen Kunden erzeugt.

Der Kundennutzen eines Produktes kann zum Beispiel in Kosteneinsparungen, einer hohen Leistungsfähigkeit gegenüber Vergleichsprodukten, der Ermöglichung von neuartigen Dienstleistungen, Qualitätsverbesserungen oder Zeiteinsparungen liegen.

Im Mittelpunkt des Kundennutzens und seiner Bestimmung steht nicht das isolierte, physische Produkt, sondern das gesamte Leistungsprogramm und dessen Wahrnehmung durch die Kunden.

Es wird an dieser Stelle deutlich, dass der Kundennutzen immer eine sehr große subjektive zum Teil emotionale Komponente hat. Festzuhalten bleibt, dass ein als positiv empfundener, möglichst hoher Nutzen zu Kundenzufriedenheit und somit zu Kundenloyalität bzw. Kundenbindung führt.

Zufriedene Kunden kommen eher wieder als unzufriedene. Dieser Zusammenhang ist empirisch mehrfach belegt. Die Zufriedenheit ist einerseits ein Resultat des (empfundenen) Kundennutzens und andererseits das Ergebnis eines Abgleichs von Erwartungen und Wahrnehmungen. Werden Erwartungen erfüllt oder gar übertroffen, so entsteht Zufriedenheit. Kundenzufriedenheit ist der Indikator, dass eigentliche Ziel besteht aber in der Kundenbindung.

Kundenbindung entsteht durch positive Erfahrungen (Kundennutzen) mit einem bestimmten Produkt oder einer bestimmten Unternehmung. Je positiver diese Erfahrungen sind, desto geringer ist die Wechselneigung des Kunden zu einem neuen Anbieter/Wettbewerber. U.a. durch Produktdifferenzierung erreichen Unternehmungen eine Intensivierung der Kundenbindung. Diese Produktdifferenzierung wird durch die Individualisierung der Kundenwünsche erreicht. Je differenzierter die eigenen Produkte sind, desto mehr müssen neue Anbieter und Mitbewerber in ihr angebotenes Produktprogramm investieren. Dies schreckt häufig ab.

Es gibt keinen linearen Zusammenhang zwischen Kundenzufriedenheit und Kundenloyalität bzw. Kundenbindung. Eine starke Loyalität lässt sich erst bei sehr zufriedenen Kunden beobachten.

Im Rahmen eines aktiven Geschäftsbeziehungsmanagements existieren verschiedene Formen der Kundenbindung. Ein Ziel ist es, den Kunden dadurch zu binden, dass ihm hohe Wechselkosten entstehen. Diese können vertraglich fixiert (Ausstiegsklauseln) oder technologisch (Inkompatibilität der Produkte verschiedener Hersteller) bedingt sein. Hinzu kommen persönliche Bindungen, die insbesondere im Dienstleistungssektor von Bedeutung sind und institutionelle Bindungen. Ein Beispiel hierfür sind eingespielte Muster bei der Vertretung durch Gericht durch eine bestimmte Anwaltskanzlei.

Diese Aspekte weisen darauf hin, wie wichtig es für die Unternehmung ist, seine Kunden zu kennen. Unterstützen können hier:

1. ein gezieltes **Geschäftsbeziehungsmanagement** und
2. ein detailliertes **Kunden-Informationssystem**.

Letztendlich entscheiden aber Qualität und Service über Kundenzufriedenheit und – loyalität und somit auch über die Erfolgspotentiale der Unternehmung.

2.6 Qualität und Service als Erfolgspotentiale

Qualität bezeichnet die Güte bzw. die Beschaffenheit, im Gegensatz zur Quantität (Menge) (vgl. DIN ISO 9000). Der betriebswirtschaftliche Qualitätsbegriff ist recht umfassend. Den Kunden interessiert in erster Linie die Produkt- bzw. Dienstleistungsqualität. Diese lässt sich i.d.R. nicht unmittelbar beeinflussen. Sie ist vielmehr die Folge der Qualität von Prozessen (z.B. Entwicklungs-, Beschaffungs- und Fertigungsqualität).

Es werden drei **Qualitätsdimensionen** unterschieden:

- **Sucheigenschaften**,
- **Erfahrungseigenschaften** und
- **Vertrauenseigenschaften**.

Den Zusammenhang zwischen diesen drei Dimensionen verdeutlicht die Abbildung 2-7. Aufgrund seiner hohen Bedeutung wird die Qualität als Managementaufgabe verstanden, bei der auf allen Unternehmungsebenen ein Qualitätsbewusstsein zu schaffen ist. Im Rahmen sog. **Total Quality Management (TQM)** und **Performance Excellence (PE)** Initiativen wird Qualität als wesentliches Unternehmungsziel und unternehmungsweite Aufgabe definiert. Dies resultiert in einer Einbeziehung aller Unternehmungseinheiten, - aktivitäten und Mitarbeiter. Zudem werden hohe Qualitätsansprüche an die Lieferanten der Unternehmung gestellt, um den eigenen Qualitätszielen gerecht werden zu können.
Unterstützt werden Qualitätsinitiativen durch entsprechende Qualitätsmanagementsysteme und Qualitäts-Audits.

Ein **Qualitätsmanagementsystem** umfasst alle zur Verwirklichung des Qualitätsmanagements erforderlichen Organisationsstrukturen, Prozesse und Potentiale. Die Anforderungen an Qualitätsmanagementsysteme werden durch DIN ISO 9000-9004 formuliert.

Im Rahmen von Qualitäts-Audits prüfen externe Spezialisten das vorhandene Qualitätsmanagementsystem (Ist-Aufnahme) auf die Erfüllung der Anforderungen nach DIN ISO 9000 ff (Soll-Aufnahme). Bei der Übereinstimmung von Ist und Soll erfolgt eine **Zertifizierung** der Unternehmung. Das Zertifikat gibt der Unternehmung die Möglichkeit, gegenüber seinen Kunden den Nachweis über ein funktionierendes Qualitätsmanagementsystem zu erbringen. Dies erschließt zusätzliche betriebswirtschaftliche Erfolgspotentiale, da manche Unternehmungen heute nur noch mit zertifizierten Partnern zusammenarbeiten.

che Erfolgspotentiale, da manche Unternehmungen heute nur noch mit zertifizierten Partnern zusammenarbeiten.

Abbildung 2-7: *Qualitätsdimensionen*

Qualitätsdimension	Eigenschaften, die ...	Beispiele
■ Sucheigenschaften	... *vor* dem Kauf geprüft werden können.	■ Form und Farbe eines Pkw ■ Ausstattung eines Restaurants ■ Maschinenpark eines Anbieters
■ Erfahrungseigenschaften	... erst *nach* dem Kauf geprüft werden können.	■ Haltbarkeit eines Pkw ■ Einhaltung eines Vertraulichkeitsversprechens ■ Qualität eines Haarschnitts
■ Vertrauenseigenschaften	... *auch nach dem Kauf nicht* zuverlässig geprüft werden können.	■ Qualität einer ärztlichen Behandlung ■ Qualität einer Rechtsanwaltskanzlei

Service ergänzt die Hauptleistung der Unternehmung, dass Produkt bzw. die Dienstleistung. Seine Bedeutung hat im Laufe der letzten Jahre immer mehr zugenommen. Dies gilt nicht nur vor dem Hintergrund, dass die Produkte und Dienstleistungen technisch immer anspruchsvoller werden, sondern auch, weil sich Unternehmungen durch einen besonderen Service von ihren Mitbewerbern absetzen können.

Der Service sorgt dafür, dass der Kunde den gesamten Nutzen aus dem gekauften Produkt bzw. der gekauften Dienstleistung ziehen kann.

Die Serviceleistungen lassen sich wie in Abbildung 2-8 dargestellt klassifizieren:

Abbildung 2-8: *Klassifizierung von Serviceleistungen*

Inhalt	Technischer Kundendienst	Kaufmännischer Kundendienst
■ Phase im Kaufprozess	Vor dem Kaufabschluss	Nach dem Kaufabschluss (Serviceleistung i.e.S.)
■ Preisstellung	Entgeltlich	Unentgeltlich

Der Bereich des **technischen Services** umfasst beispielsweise die Einweisung, die Installation, die Wartung, die Ersatzteilversorgung und die Reparatur technischer Produkte.

Kaufmännische Serviceleistungen sind z.B. die Bereitstellung von Informationen, Lieferung zur Probe, Beratung, die Verpackung, das Umtauschrecht und die Zustellung der Produkte.

Neben den **Garantieleistungen**, gehören die Serviceleistung zu der Gruppe der sog. Nebenleistungen eines Produktes bzw. einer Dienstleistung. Garantien beinhalten die Verpflichtung des Verkäufers zur Übernahme von Gewährleistungen hinsichtlich Haltbarkeit, Funktionsfähigkeit, etc. der gelieferten Produkte (vgl. Schierenbeck 2003, S. 301).

Es bleibt an dieser Stelle festzuhalten, dass die Serviceleistungen, wenn sie ‚richtig' eingesetzt werden, ein hohes Erfolgspotential für den Unternehmer in sich bergen.

3 Investition

3.1 Begriff und Wesen von Investitionen

Der Begriff der Investition wird hergeleitet von „investire" (lat.: einkleiden) und umfasst das Einkleiden eines Unternehmens mit Sach-, Finanz- und immateriellem Vermögen.

Dies ist einfach herzuleiten aus der Rechnungslegung des Unternehmens, wo in der Bilanz Bezug zu diesen Vermögensgegenständen genommen wird: die Aktivseite weist diese Vermögenspositionen als Anlage- und Umlaufvermögen bzw. als lang- und kurzfristiges Vermögen aus. Sie zeigt damit, wo im Unternehmen Investitionen (im Sinne der Mittelverwendung) vorgenommen worden sind. Die Passivseite der Bilanz zeigt dagegen die Finanzierung der Investitionen (im Sinne der Mittelherkunft) Eigen- und Fremdkapital.

In der Rechnungslegung wird allerdings die immaterielle Investition als immaterielles Vermögen anders inhaltlich belegt. Hier dürfen nach HGB nur dann immaterielle Vermögenswerte aktiviert werden, wenn sie seitens des Unternehmens angeschafft worden und damit auch Anschaffungskosten entstanden sind. Davon kann in der Investitionsrechnung abstrahiert werden. So könnten z. B. Bildungsinnovationen von einem Unternehmen in die Mitarbeiter vorgenommen werden, die hinsichtlich ihrer Vorteilhaftigkeit von dem Unternehmen zu beurteilen wären. Auch wenn Mitarbeiter häufig als das „wichtigste Kapital" des Unternehmens bezeichnet werden, sind diese doch nicht in der Bilanz eines Unternehmens abgebildet.

Es lassen sich als Investitionsarten neben den **immateriellen Investitionen** die **Sachinvestitionen** und die **Finanzinvestitionen** unterscheiden.

Als Sachinvestitionen können je nach Investitionszeitpunkt in einem Unternehmenslebenszyklus differenziert werden:

- Gründungsinvestitionen,
- Erweiterungsinvestitionen,
- Rationalisierungsinvestitionen,
- Ersatzinvestitionen.

Während die drei erstgenannten Investitionsarten kapazitative Wirkungen für das Unternehmen haben, indem sich die Kapazität ausweitet, erhöht die letztgenannte

Investitionsart die Kapazität nicht. Jede kapazitätserhöhende Wirkung muss eine erlöserhöhende Wirkung nach sich ziehen.

Neben der buchhalterischen Perspektive der Investitionen lässt sich die liquiditätsorientierte Perspektive feststellen, die die Investitionsrechnung beherrscht. Hiernach kann eine **Investition als eine Zahlungsreihe** definiert werden, **die mit einer Auszahlung beginnt**. Im weiteren Verlauf der Investition werden Einzahlungen in der Zahlungsreihe erwartet, damit sich die Investition für den Investor lohnt.

Die für die Investition erforderliche Finanzierung stellt sich umgekehrt dar. Die **Finanzierung ist eine Zahlungsreihe, die mit einer Einzahlung beginnt**. Der Finanzier erwartet im weiteren Verlauf der Investition Auszahlungen vom Unternehmen zur Bedienung seiner Verzinsung und zur Rückzahlung des finanzierten Geldbetrages.

Bei den Zahlungsreihen ist zu berücksichtigen, dass jeweils von Nettozahlungen auszugehen ist. Die Nettoeinzahlungen auf eine Investition lassen sich als der Saldo aus zukünftigen Auszahlungen und Einzahlungen darstellen.

Beispiel: Ein Investor tätigt zum heutigen Zeitpunkt eine Investition mit dem Kauf einer Maschine und zahlt dafür einen bestimmten Betrag aus. Er erwartet auch zukünftig Auszahlungen im Sinne von zahlungswirksamen Instandhaltungs- und Betriebsaufwendungen (11.000 EUR pro Periode). Gleichermaßen erwartet der Investor zusätzliche zahlungswirksame Umsatzerlöse, also Einzahlungen auf die Investition (20.000 EUR pro Periode). Die Nettoeinzahlungen betragen als Saldo aus Einzahlungen und Auszahlungen in den nächsten Perioden jeweils 9.000 EUR.

Aus solchen Zahlungsüberschüssen lassen sich bei der Bewertung der Vorteilhaftigkeit eines Investitionsobjekts Entscheidungen herleiten.

Die **Investitionsbeurteilung** stellt sich je nach Investitionssituation unterschiedlich dar:

- Lohnt sich ein Investitionsobjekt für den Investor oder lohnt es sich nicht?
- Welches von mehreren alternativen Investitionsobjekten ist für den Investor am vorteilhaftesten?
- Wann ist der richtige Zeitpunkt, um ein „altes" Investitionsobjekt durch ein „neues" Investitionsobjekt zu ersetzen?

Im Rahmen der Investitionsbeurteilung sind folgende **Phasen eines Investitionscontrollings** festzustellen:

1. Planung
2. Realisation
3. Kontrolle
4. Steuerung

In der Planungsphase wird aus der Problemanalyse die Notwendigkeit einer Investition festgestellt. Es werden operative Ziele festgelegt, die eine Investition für die Unternehmung erfüllen soll. Die Investition wird aus den strategischen Zielen der Unternehmung abgeleitet. Um eine Entscheidung zu treffen, ob eine Investition durchgeführt wird, müssen einige Prämissen geklärt sein:

- Prognose über die Entwicklung der Zahlungsströme im Investitionszeitraum,
- zeitliche Verteilung der Zahlungen,
- Höhe der Zahlungen,
- Verzinsungsanspruch des Investors an das von ihm eingesetzte Kapital.

Prämissen, die eine Investitionsrechnung obsolet werden lassen können, sind etwa Präferenzen gegenüber einem Investitionsobjekt, die nicht auf die monetäre Bewertung zurückzuführen sind. Solche Präferenzen können z.B. in einer Marken- oder Unternehmenstreue für ein Investitionsobjekt bestehen.

Aus der Bewertung eines Investitionsobjektes oder mehrerer Investitionsobjekte wird je nach Beurteilungskriterien eine Entscheidung hergeleitet: die Investition wird durchgeführt oder die Investition wird nicht durchgeführt.

In der **Realisationsphase** wird die Investition umgesetzt und es werden die prognostizierten Nettoeinzahlungen in das Unternehmen erwartet. Hand in Hand mit der Realisationsphase geht die **Kontrollphase**. Es wird geprüft, ob die prognostizierten Einzahlungen und Auszahlungen eintreten. Bei Abweichungen sind **Steuerung**smaßnahmen zu ergreifen, die zu einer Realisierung des geplanten Investitionserfolgs führen. Haben sich die Prämissen so stark verändert, dass nicht mehr von dem Erreichen des geplanten Investitionserfolgs auszugehen ist, sind die Investitionsziele anzupassen. Ist eine Anpassung der Investitionsziele nicht möglich und ist von einer Veränderung der Prämissen in der Zukunft nicht auszugehen, bleibt nur die Desinvestition. Unter der Desinvestition wird die Liquidation der Investition verstanden. Der Investor trennt sich von seinem Investitionsobjekt.

Dieser Controllingzyklus ist Bestandteil jeder Investition. Die Bewertung der Investition ist somit nicht mit dem Treffen der Investitionsentscheidung abgeschlossen.

Letztlich wird jede Investitionsentscheidung unter **Unsicherheit** in Bezug auf zukünftige Entwicklungen getroffen. Mit **Eintrittswahrscheinlichkeiten** lässt sich eine Einschätzung vornehmen.

Die **Bedeutung der Investitionsentscheidung für den Juristen** leitet sich aus der Beteiligung an verschiedenen Rechtssachverhalten ab.

Die Beteiligung an Vermögensentscheidungen, wenn der Jurist als Berater auftritt, erfordert eine Einschätzung und Anwendung der wesentlichen Investitionsbeurteilungsverfahren.

In Rechtsangelegenheiten ist häufig die Ermittlung eines Gegenwarts- bzw. Barwerts erforderlich, um eine Investition beurteilen zu können. Die Ermittlung eines solchen Gegenwartswerts einer Investition begründet sich in Investitionsrechenverfahren. Wird etwa eine sog. Fehlinvestition unterstellt, muss der Jurist beurteilen können, ob sich unter der Anwendung von Investitionsrechnungen eine Vorteilhaftigkeit ermitteln lässt bzw. zum Zeitpunkt der Entscheidung, ermitteln ließ.

Schließlich muss bei Streitigkeiten, etwa bei der Bewertung von Vermögensgegenständen zum Streitzeitpunkt, u. U. eine außergerichtliche Einigung gefunden werden. Neben der Ermittlung des Streitwerts muss der Gegenwartswert ermittelt werden. Dies ist z. B. bei einem Einstieg oder Ausstieg von Gesellschaftern eines Unternehmens der Fall.

3.2 Verfahren der Investitions- und Wirtschaftlichkeitsrechnung

Zur Bewertung von Investitionsalternativen lassen sich **verschiedene Verfahren** heranziehen.

Unterschieden werden können:

- Nutzwert-Analyse,
- Statische Investitionsrechenverfahren,
- Dynamische Investitionsrechenverfahren.

In der Praxis kann festgestellt werden, dass mehrere Investitionsbeurteilungsverfahren nebeneinander zur Anwendung kommen. Die Investitionsentscheidung soll damit fundiert werden.

Die **Nutzwert-Analyse** ist ein Verfahren, das ohne monetäre Größen bei der Beurteilung auskommt. Es handelt sich um ein Verfahren, das bei der Ermittlung der Vorteilhaftigkeit mehrerer Investitionsalternativen zum Einsatz kommt. Je Alternative wird ein Nutzwert ermittelt, deren Vergleich die vorteilhafteste Variante mit einem Nutzwert ausweist. Da hier jeweils Punkte vergeben werden, wird dieses Verfahren im Controlling als ein Scoring-Modell bezeichnet.

Voraussetzung für diese Verfahren ist die Kenntnis der verschiedenen Investitionsalternativen. Ein einfaches, nicht ganz so ernst zu nehmendes Beispiel zur Partnerwahl soll nachfolgend den Aufbau vermitteln:

Die heiratslustige Erna sucht einen Partner für ein gemeinsames Leben. Vier potenzielle Partner zieht sie in die engere Wahl: (A)lexander, (B)ernd, (C)laus, (D)irk. Sie bewertet die potenziellen Partner je Eigenschaft auf einer Punkteskala von 1(Eigenschaft wird überhaupt nicht erfüllt) bis 10 (Eigenschaft wird überdurchschnittlich erfüllt).

Abbildung 3-1: Partnerwahl

	A(lexander)	B(ernd)	C(laus)	D(irk)
tüchtig	1	9	8	3
gutaussehend	10	2	5	4
gebildet	5	2	9	7
vermögend	8	3	6	2
sexy	5	8	9	9
häuslich	9	9	2	3
Punktwert	38	33	39	28

Nach dieser Nutzwert-Analyse würde sie Claus als idealen Partner auswählen, da er den höchsten Punktwert erhält.

Erna hätte in diesem Beispiel die für sie bedeutsamen Eigenschaften sämtlich gleichgewichtet, also keine besondere Bedeutung für einzelne Eigenschaften im Verhältnis zu den anderen Eigenschaften bestimmt. Dies wäre jedoch denkbar, wenn sie der jeweiligen Eigenschaft ein Gewicht beimisst, wie das angepasste Beispiel in Abbildung 3-2 zeigt.

Durch die Gewichtung der einzelnen Kriterien ergibt sich eine veränderte Auswahlsituation. Nach dieser Bewertung müsste sich Erna für Alexander entscheiden.

Dieses einfache Beispiel soll die Bedeutung der Wahl der zu bewertenden Eigenschaften, die Wahl des Bewertungsmaßstabes, die Auswahl der Alternativen und die Durchführung der Ermittlung des Nutzwertes selbst verdeutlichen.

Das nachfolgende Beispiel entstammt einer konkreten betriebswirtschaftlichen Situation eines Autovermieters, der in seinem Kleinwagen-Segment eine Ersatzinvestition tätigen möchte. Die vorhandenen Fahrzeuge sollen durch Neufahrzeuge ersetzt werden. Hier kommt die besondere Situation eines Autovermieters bei der Entscheidung zum Ausdruck. Diese Situation kann je nach Autovermieter sehr unterschiedlich sein, weshalb je nach Autovermieter unterschiedliche Ergebnisse erwartet werden müssen. Es handelt sich also im Folgenden um kein zu verallgemeinerndes Beispiel.

Abbildung 3-2: Partnerwahl mit Gewichtung

		A(lexander)		B(ernd)		C(laus)		D(irk)	
	Gewichtung	Wert	Punkte	Wert	Punkte	Wert	Punkte	Wert	Punkte
■ tüchtig	10%	1	0,1	9	0,9	8	0,8	3	0,3
■ gutaussehend	30 %	10	3,0	2	0,6	5	1,5	4	1,2
■ gebildet	25 %	5	1,25	2	0,5	9	2,25	7	1,75
■ vermögend	5 %	8	0,4	3	0,15	6	0,3	2	0,1
■ sexy	10 %	5	0,5	8	0,8	9	0,9	9	0,9
■ häuslich	20 %	9	1,8	9	1,8	2	0,4	3	0,6
Punktwert			**7,05**		**4,75**		**6,15**		**4,85**

Auf Basis der dargestellten Gewichtung und der Beurteilung stellt sich der VW Polo für den betrachtenden Autovermieter als Fahrzeug mit dem höchsten Punkt- bzw. Nutzwert dar.

Es wird deutlich, dass die Nutzwert-Analyse von monetären Werten einer Investition vollständig abstrahiert. Die folgenden Verfahren stellen dies in den Mittelpunkt. Von anderen Präferenzen, wie etwa persönlichen, räumlichen, politischen, ökologischen oder rechtlichen Präferenzen, wird in diesem Zusammenhang abgesehen.
Die **statischen Investitionsrechenverfahren** betrachten jeweils eine Durchschnittsperiode oder eine repräsentative Periode. Dadurch werden diese Verfahren in der Durchführung vereinfacht. Sie sind dann angemessen, wenn in den einzelnen Perioden keine zu starken Schwankungen zum Durchschnitt auftreten bzw. wenn die als repräsentativ ausgewählte Periode wirklich als repräsentativ zu bezeichnen ist. Als statische Investitionsrechenverfahren lassen sich unterscheiden:

- Kostenvergleichsrechnung,
- Gewinnvergleichsrechnung,
- Rentabilitätsvergleichsrechnung,
- Amortisationsrechnung.

Die **Kostenvergleichsrechnung** orientiert sich in ihrer Durchführung an der Kosten- und Leistungsrechnung.

Sie stellt die gesamten Kosten (variable und fixe) der verschiedenen Alternativen gegenüber. Dafür müssen die Investitionsalternativen hinsichtlich ihrer Leistungskriterien vergleichbar sein. Es ist die Investitionsalternative am vorteilhaftesten, die die geringsten Kosten verursacht. Das nachfolgende Bespiel führt die Investitionsentscheidung des Autovermieters fort. Es wird die folgende Kostensituation zur Entscheidungsauswahl unterstellt.

***Abbildung* 3-3:** *Fahrzeugwahl mit zweistufiger Gewichtung*

				Corsika		Apollon		Siesta	
				Wert	Punkte	Wert	Punkte	Wert	Punkte
Händler	40%	Kapitalstruktur	35%	80	28	60	21	80	28
		Finanzierungswahl	25%	60	15	60	15	100	25
		Kulanz	25%	40	10	100	25	60	15
		Konditionen	15%	60	9	80	12	80	12
		Gesamt	**100%**		**62**		**73**		**80**
Fahrzeuge	30%	Ausstattung	20%	80	16	80	16	80	16
		Reparaturkosten	30%	60	18	80	24	60	18
		Versicherungstarife	30%	80	24	80	24	80	24
		Wiederverkaufswert	20%	80	16	100	20	40	8
		Gesamt	**100%**		**74**		**84**		**66**
Vermietbarkeit	30%	Kundenakzeptanz	40%	60	24	80	32	60	24
		Raumangebot	15%	60	9	80	12	60	9
		Fahrkomfort	15%	60	9	80	12	60	9
		Zuverlässigkeit	30%	80	24	100	30	60	18
		Gesamt	**100%**		**66**		**86**		**60**
Gesamtkriterien	100%	Händler	40%	62	24,8	73	29,2	80	32
		Fahrzeuge	30%	74	22,2	84	25,2	66	19,8
		Vermietbarkeit	30%	66	19,8	86	25,8	60	18
		Gesamt	**100%**		**66,8**		**80,2**		**69,8**

Aus der Kostenvergleichsrechnung wird deutlich, dass der VW Polo das kostengünstigste Fahrzeug unter den gewählten Alternativen darstellt. Die **relative Vorteilhaftigkeit** des Fahrzeugs wird damit deutlich.

Die **absolute Vorteilhaftigkeit** einer Investitionsalternative wäre damit verbunden, dass es eine konkrete Vorgabe für maximal zu verursachende Kosten gäben müsste. Es wäre vorstellbar, dass eine Kostenvorgabe existiert (z. B. Vorgabe der Geschäftsleitung), dass 500 EUR pro Monat an Gesamtkosten eines Fahrzeugs nicht überstiegen werden dürfen. Dies wäre in dem vorliegenden Beispiel ein Ausschlusskriterium für alle Investitionsalternativen, da jedes Fahrzeug diesen Betrag übersteigt.

Die einzelnen Werte einer Investitionsbeurteilung sind dabei jeweils nur aus der Perspektive des jeweiligen Unternehmens nachzuvollziehen und daher nicht zu verallgemeinern. Das gilt selbstverständlich auch für das hier gewählte Beispiel der Autovermietung.

Abbildung 3-4: *Kostenvergleichsrechnung bei Fahrzeugwahl*

Kostenarten	Fahrzeugtypen		
	Corsica	**Apollon**	**Siesta**
Fixe Kosten:			
Anschaffungspreis (brutto)	18.200,00 €	20.450,00 €	18.600,00 €
Zinsen p.a. (Zinssatz 9%)	1.638,00 €	1.840,50 €	1.674,00 €
Abschreibung pro Monat	2 %	1,8 %	3 %
Abschreibungsbetrag p.a.	4.368,00 €	4.417,20 €	6.696,00 €
Haltedauer je Fahrzeug	6 Monate	6 Monate	4 Monate
Frachtkosten p.a.	940,00 €	151,20 €	244,80 €
Versicherung p.a.	1.800,00 €	1.800,00 €	1.800,00 €
Kfz-Steuer	befreit	befreit	157,00 €
Gesamtkosten p.a.	**8.746,00 €**	**8.208,90 €**	**10.571,80 €**
Gesamtkosten pro Monat	**728,83 €**	**684,08 €**	**880,98 €**
Variable Kosten:			
Wagenpflege durchschnittlich bei ca. 60 Pflegeeinheiten	1.320,00 €	1.320,00 €	1.320,00 €
Öl-Service (ab 12.000km)	64,00 €	64,00 €	keiner
Durchschnittlicher Reparaturaufwand	150,00 €	150,00 €	225,00 €
Gesamtkosten p.a.	**1.534,00 €**	**1.534,00 €**	**1.545,00 €**
Gesamtkosten pro Monat	**127,83 €**	**127,83 €**	**128,75 €**
Gesamtkosten fix&variabel			
Pro Fahrzeug p.a.	**10.280,00 €**	**9.742,90 €**	**12.116,80 €**
Pro Fahrzeug pro Monat	**856,67 €**	**811,91 €**	**1.009,73 €**

Die **Gewinnvergleichsrechnung** orientiert sich ebenfalls an der Kosten- und Leistungsrechnung. Neben den Kosten werden die Leistungen (mit Absatzpreisen) bewertet, um so den Saldo dieser beiden Größen, den betrieblichen Gewinn, zur Entscheidung heranzuziehen. Diese Rechnung macht nur Sinn, wenn sich die Leistungen der jeweiligen Investitionsalternativen voneinander unterscheiden. Im anderen Fall würde diese Rechnung zu dem selben Ergebnis kommen wie die Kostenvergleichsrechnung. Dies soll nachfolgend verdeutlicht werden.

Kann in der Autovermietung davon ausgegangen werden, dass jedes Kleinfahrzeug (egal welcher Marke) in der Vermietung den selben Stückpreis erzielt (angenommene 0,50 EUR/km) und die gleiche Leistung erbringt (4.000 km/Monat), dann wären die Umsatzerlöse bei den drei Alternativen identisch. Darüber hinaus wäre das Investitionsergebnis identisch mit der Kostenvergleichsrechnung.

Abbildung 3-5: *Gewinnvergleichsrechnung bei Fahrzeugwahl mit gleichem Umsatz*

	Fahrzeugtypen		
	Corsica	**Apollon**	**Siesta**
Umsatzerlöse	**2.000,00 €**	**2.000,00 €**	**2.000,00 €**
- Gesamtkosten	856,67 €	811,91 €	1.009,73 €
= Gewinn	**1.143,33 €**	**1.188,09 €**	**990,27 €**

Die **relative Vorteilhaftigkeit** einer Investitionsentscheidung orientiert sich an der Kostenvergleichsrechnung. Sind allerdings Unterschiede in den Umsatzerlösen je nach Investitionsalternative zu erwarten, macht die Gewinnvergleichsrechnung Sinn. Die Kunden könnten z. B. Präferenzen für eine bestimmte Marke haben oder bereit sein, für eine bestimmte Marke einen höheren Vermietungspreis zu zahlen. Das vorliegende Beispiel kann dahingehend erweitert werden. Der Corsa erzielt einen Umsatz von 2.200 EUR, der Fiesta einen Umsatz von 2.000 EUR und der Polo einen Umsatz von 1.800 EUR. Dann verändert sich die relative Vorteilhaftigkeit, wie es die Abbildung 3-6 zeigt.

Die **absolute Vorteilhaftigkeit** einer Investitionsalternative aus der Sicht der Gewinnvergleichsrechnung wäre gegeben, wenn ein Mindestgewinn erreicht würde. Es ließe sich vorstellen, dass eine Gewinnvorgabe (z. B. Vorgabe der Geschäftsleitung) dahingehend existierte, dass ein Kleinwagen mindestens 5.000 EUR pro Monat an Gewinn erwirtschaften muss. Dies wäre in dem vorliegenden Beispiel ein Ausschlusskriterium für alle Investitionsalternativen, da keines der Fahrzeuge diesen Betrag erreicht.

Abbildung 3-6: Gewinnvergleichsrechnung mit unterschiedlichem Umsatz

	Fahrzeugtypen		
	Corsica	**Apollon**	**Siesta**
Umsatzerlöse	**1.800,00 €**	**2.000,00 €**	**2.200,00 €**
- Gesamtkosten	856,67 €	811,91 €	1.009,73 €
= Gewinn	**943,33 €**	**1.188,09 €**	**1.190,27 €**

Die **Rentabilitätsrechnung** orientiert sich an einer relativen Größe, da sie bei der Rentabilität den Gewinn einer Investitionsalternative in das Verhältnis zum investierten (in dem Investitionsobjekt gebundenen) Kapital setzt. Damit wird die vorher betrachtete Gewinnvergleichsrechnung um die Größe des investierten Kapitals erweitert. Der Gewinn allein mag für manchen Investor nicht ausschlaggebend sein, da er für sein zu investierendes Kapital die beste Verzinsungsmöglichkeit sucht. Die Rentabilität ist damit die entscheidende Größe.

Bei dem gewählten Beispiel ist für die Entscheidung daher eine Aussage über das zu investierende Kapital erforderlich. Über die **Anschaffungsauszahlung** ist eine Größe vorhanden, die als zu investierendes Kapital zu bezeichnen ist. Das Verhältnis von Gewinn zu Kapital (hier: Anschaffungsauszahlung im Sinne des zu zahlenden Preises) ergibt die jeweilige Rentabilität eines Fahrzeugs.

Abbildung 3-7: Rentabilitätsvergleichsrechnung mit unterschiedlichem Umsatz

	Fahrzeugtypen		
	Corsica	**Apollon**	**Siesta**
Einkaufspreis (eingesetztes Kapital)	18.200,00 €	20.450,00 €	18.600,00 €
Umsatzerlöse	1.800,00 €	2.000,00 €	2.200,00 €
- Gesamtkosten	856,67 €	811,91 €	1.009,73 €
= Gewinn	**943,33 €**	**1.188,09 €**	**1.190,27 €**
Rentabilität (Gewinn : Einkaufspreis)	**5,18 %**	**5,81 %**	**6,4 %**

Bei den ermittelten Rentabilitäten wird deutlich, welches Fahrzeug für die Autovermietung unter dem Gesichtspunkt einer optimalen Verzinsung der Investition bei relativer Vorteilhaftigkeit auszuwählen wäre.

Auch hier kann eine absolute Vorteilhaftigkeit einer Investitionsalternative aus der Sicht des Investors gefordert werden. Wie eingangs zu diesem Kapitel formuliert, ist für jede Investition eine Finanzierung erforderlich. Die Kapitalgeber erwarten für ihr zur Verfügung gestelltes Kapital eine Verzinsung. Je nach Vergleichsmaßstab werden die individuellen Verzinsungsansprüche eines Kapitalgebers unterschiedlich ausfallen (s. dazu Kapitel „Finanzierung"). Der Verzinsungsanspruch des Kapitalgeber bzw. Investors kann somit als **Mindestverzinsung** für eine Investitionsentscheidung interpretiert werden.

Bei der Rentabilitätsvergleichsrechnung wäre dies gegeben, wenn eine Mindestrendite erreicht würde. Es ließe sich vorstellen, dass ein Rentabilitätsanspruch (z. B. Vorgabe der Geschäftsleitung) dahingehend existierte, dass ein Kleinwagen mindestens 10% Verzinsung auf das eingesetzte Kapital erwirtschaften muss. Dies wäre in dem vorliegenden Beispiel ein Ausschlusskriterium für alle Investitionsalternativen. Diese absolute Vorteilhaftigkeit ließe sich nicht nur im Vergleich der Alternativen betrachten sondern bezieht sich auf jedes einzelne Investitionsobjekt. Erreicht also ein einzelnes Investitionsobjekt die erwartete Mindestrendite von 10% oder nicht. Daraus leitet der Investor seine Entscheidung für oder wider eine Investition ab.

Das vorgenannt erläuterte Verfahren zur Ermittlung der Rentabilität einer Investition geht davon aus, dass über die gesamte Investitionsperiode das am Anfang investierte Kapital erhalten bleibt (**konstanter Kapitalerhalt**).

Beispiel: Ein Großhändler investiert in eine Partie Weinbrand. Er hat die Absicht, diese Investition über drei Jahre zu halten und dann wieder zu veräußern.

Allerdings lässt sich im Lebenszyklus einer Investition häufig auch ein **Kapitalverzehr** erkennen. Der Investor stellt das Kapital für eine Investition am Anfang der Investitionsperiode zur Verfügung. Dieses investierte Kapital nimmt über den zeitlichen Verlauf ab. Abgebildet wird dies über die **Abschreibungen** als Werteverzehr eines Investitionsobjektes (**abnehmender Kapitalerhalt**). Bleibt der (zusätzliche) Gewinn eines Investitionsobjektes konstant und nimmt das in der Investition gebundene Kapital über den Investitionszeitraum ab, dann steigt pro Periode die Rendite.

Beispiel: Ein Großhändler investiert 100.000 EUR in ein neues Lagersystem, bei dem er eine eine Nutzungsdauer von 5 Jahren unterstellt. Der Wert des Systems nimmt linear ab und somit auch die Kapitalbindung. Geht er weiter davon aus, dass durch das neue Lagersystem (erhöhte Verfügbarkeit, schnellere Auslieferung) jährlich ein zusätzlicher Gewinn von 10.000 EUR erzielt werden kann, dann erhöht sich durch die abnehmende Kapitalbindung die Rentabilität jährlich:

1. Jahr	10.000 EUR : 100.000 EUR = 10 %
2. Jahr	10.000 EUR : 80.000 EUR =
3. Jahr	10.000 EUR : 60.000 EUR =
4. Jahr	10.000 EUR : 40.000 EUR =
5. Jahr	10.000 EUR : 20.000 EUR = 50 %

Daraus lässt sich eine Durchschnittsrentabilität ableiten, die je nach schwankenden Rentabilitäten pro Jahr unterschiedlich ausfällt.

Häufig wird davon ausgegangen, dass die Kapitalbindung in einem Investitionsobjekt permanent abnimmt. Daraus lässt sich vereinfachend ableiten, dass durchschnittlich die Hälfte des am Anfang investierten Kapitals über den gesamten Investitionszeitraum in dem Investitionsobjekt gebunden ist.

Die nachfolgende Abbildung soll diesen Sachverhalt verdeutlichen.

Abbildung 3-8: *Permanent abnehmende Kapitalbindung*

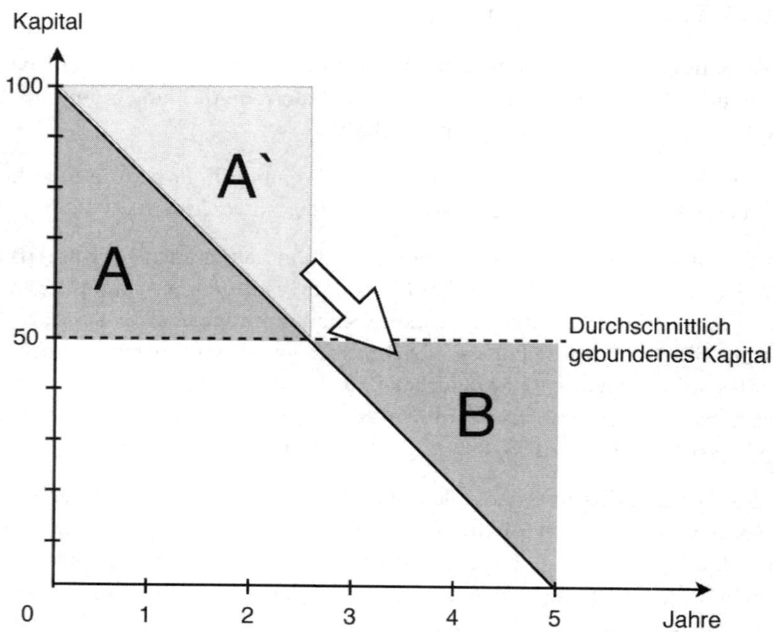

Am Anfang des Investitionsprojektes sind 100.000 EUR im Investitionsobjekt gebunden. Am Ende des Investitionszeitraumes ist kein Kapital mehr gebunden. Grafisch lässt sich erklären, dass die Fläche oberhalb der Linie „durchschnittliche Kapitalbindung" genau so groß ist wie die Fläche unterhalb dieser Linie. Es lässt sich daraus darstellen, wie viel Kapital durchschnittlich über den gesamten Investitionszeitraum gebunden ist. Wird dazu der zusätzliche Gewinn von 10.000 EUR ins Verhältnis gesetzt, ergibt sich die durchschnittliche Rentabilität dieses Investitionsobjektes.

Kommt es dem Investor weniger auf die Verzinsung als auf die Schnelligkeit des Rückflusses des investierten Kapitals an, wird die **Amortisationsrechnung** zur Investitionsbeurteilung heranzuziehen sein. Der Investor ermittelt aus dem investierten Betrag als Auszahlung und den periodischen (in der Regel, jährlichen) Rückflüssen als Einzahlungen die Zeit, innerhalb welcher das Geld zurückgeflossen ist. Je eher einem Investor das Geld wieder für neue Investitionen zur Verfügung steht, um so positiver wird das bewertet. Die Zeit, die bis zum gesamten Rückfluss der ausgezahlten (investierten) Mittel in der Unternehmung benötigt wird, ist als Amortisationszeit zu bezeichnen.

Beispiel:

Eine Anschaffungsauszahlung für ein Investitionsobjekt beträgt 100.000 EUR, die Nutzungsdauer 6 Jahre. Es ist mit Nettoeinzahlungen auf das Investitionsobjekt zu rechnen in Höhe von EUR/Jahr: 1. Jahr: - 10.000 ; 2. Jahr: 30.000; 3. Jahr: 30.000; 4. Jahr: 40.000; 5. Jahr: 50.000; 6. Jahr: 40.000.

Abbildung 3-9: *Amortisationsrechnung*

Jahre	jährl. Nettoeinzahlungen	kumulierte Nettoeinzahlungen	kum. Nettoeinzahlungen - Anschaffungsauszahlung
1	- 10.000	- 10.000	- 110.000
2	+ 30.000	+ 20.000	- 80.000
3	+ 30.000	+ 50.000	- 50.000
4	+ 40.000	+ 90.000	- 10.000
5	+ 50.000	+ 140.000	+ 40.000
6	+ 40.000	+ 180.000	+ 80.000

Es wird in der rechten Spalte deutlich, dass sich das Investitionsobjekt zwischen dem 4. und 5. Jahr bezahlt macht. Wird von einem gleichmäßigen Zahlungsanfall ausgegangen, wird sich die Investition nach 4,2 Jahren amortisiert haben (abzuleiten aus - 10.000 EUR am Ende des 4. Jahres, + 40.000 EUR am Ende des 5. Jahres).

Bei den vier aufgezeigten Verfahren (Kostenvergleichs-, Gewinnvergleichs-, Rentabilitäts-, Amortisationsrechnung) wird immer von der Gleichwertigkeit von Liquidität ausgegangen, gleichgültig wann sie auf ein Investitionsobjekt anfällt. Das Zurverfügungstehen von Liquidität ist jedoch je nach Zeitpunkt unterschiedlich zu bewerten. Steht ein Betrag von 10.000 EUR heute im Verhältnis zu einem Betrag von 10.000 EUR in zwei Jahren zur Verfügung, müsste der Betrag heute höher bewertet werden. Denn bei einem Betrag von 10.000 EUR erst in zwei Jahren muss der Investor zwei Jahre auf eine Verzinsung verzichten. Darüber hinaus verliert das Geld innerhalb von zwei Jahren an Kaufkraft, so dass mit einem Betrag von 10.000 EUR in zwei Jahren weniger zu kaufen sein wird als mit dem selben Betrag heute.

Das folgende überschaubare Beispiel der **Aufzinsung** und der **Abzinsung** über mehrere Perioden (Jahre) im Rahmen einer **Zinseszinsrechnung** soll dies verdeutlichen.

Aufzinsungsfaktor:

Welchen Wert hat ein heute angelegter Betrag in n Jahren?

Endkapital = Anfangskapital • (1 + Zinssatz)^{Anlagejahre}

$K_n = K_0 \bullet (1+i)^n$

$K_3 = 250.000 \text{ EUR} \bullet (1+5\%)^3$

$K_3 = 289.406{,}25 \text{ EUR}$

Abzinsungsfaktor:

Wie viel ist ein in n Jahren fälliger Betrag heute wert?

Barwert = Endkapital • (1 + Zinssatz)$^{\text{-Anlagejahre}}$

$K_0 = K_n \bullet (1+i)^{-n}$

$K_0 = 289.406{,}25 \text{ EUR} \bullet (1+5\%)^{-3}$

$K_0 = 250.000 \text{ EUR}$

Mit einer derartigen mehrperiodigen Betrachtung von Investitionen und deren Zahlungsströme kommen **dynamische Investitionsrechenverfahren** zum Einsatz. Allen voran steht die sog. **Kapitalwertmethode**. Bei dieser Methode werden sämtliche Netto-Einzahlungen zukünftiger Perioden des Investitionsobjektes auf den heutigen Tag abgezinst. Als Zinssatz zur Abzinsung (dem sog. **Kalkulationszinsfuß**) wird die Mindestverzinsungserwartung des Investors verwendet.

Welchen Verzinsungsanspruch hat der Investor an sein Investitionsobjekt? Der Investor wird mindestens den Betrag erwirtschaften wollen, den er bei einer risikolosen Investition hätte erzielen können. Als Vergleichswert mag hier ein langlaufendes risikoloses Staatspapier gelten. Abhängig von dem jeweiligen Investitionsobjekt wird der Investor einen sog. Risikozuschlag berücksichtigen wollen.

Bei der Kapitalwertmethode werden die Auszahlungen und Einzahlungen der gegenwärtigen und zukünftigen Perioden ermittelt. Diese werden mit dem Kalkulationszinsfuß des Investors auf den Tag der Entscheidung abgezinst. Die abgezinsten Beträge zeigen unter den gewählten Prämissen die **Barwerte** aller zukünftigen Einzahlungen und aller zukünftigen Auszahlungen. Die Saldierung beider Barwerte ergibt den Kapitalwert der Investition. Ist der Kapitalwert gleich 0, wird sich die Investition genau mit dem erwarteten Zinssatz verzinsen. Die Investition ist für den Investor lohnenswert. Ist der Kapitalwert positiv, wird die Verzinsung des Investitionsobjektes über dem erwarteten Kalkulationszinsfuß des Investors liegen. Ist der Kapitalwert negativ, wird der erwartete Zinssatz nicht erreicht. Die Einzahlungen reichen nicht aus, den Verzinsungsanspruch des Investors zu befriedigen. Die Investition lohnt sich für den Investor nicht.

Das nachfolgende Fallbeispiel verdeutlicht diesen Zusammenhang.

- Ein Betrieb plant den Kauf einer Maschine zum Preis von 10.000 EUR.
- Die Lebensdauer der Maschine wird auf vier Jahre geschätzt.
- In jedem Jahr werden Einzahlungen von 5.000 EUR erwartet. Die jährlichen Betriebs- und Instandhaltungsauszahlungen werden mit 3.000 EUR veranschlagt.
- Nach Ablauf der vier Jahre kann ein Restwert von 4.000 EUR realisiert werden.
- Lohnt sich diese Investition auf der Basis der Kapitalwertmethode bei einem Kalkulationszinssatz (Verzinsungsanspruch des Investors an sein investiertes Kapital) von 6 %?
- Nettozahlungsüberschuss pro Jahr: 2.000 EUR

  Abzinsung 1. Jahr: 2.000 EUR x 0,943396 = 1.886,79 EUR

  Abzinsung 2. Jahr: 2.000 EUR x 0,889996 = 1.779,99 EUR

  Abzinsung 3. Jahr: 2.000 EUR x 0,839619 = 1.679,24 EUR

  Abzinsung 4. Jahr: 2.000 EUR x 0,792094 = 1.584,19 EUR
- Verkauf und Erlös im 4. Jahr

  Abzinsung 4. Jahr: 4.000 EUR x 0,792094 = 3.168,38 EUR
- Investition am Anfang

  Auszahlung - 10.000,00 EUR
- Kapitalwert 98,59 EUR

Eine Investition ist stets vorteilhaft bei einem Kapitalwert ≥ 0.

Denn der Investor erhält (mehr als) sein investiertes Kapital zurück und eine Verzinsung von 6% über den Investitionszeitraum.

Je nach Umfang der erforderlichen Einzahlungen und Auszahlungen einer Investitionsrechnung kann eine Darstellung komplex sein, auch wenn der Rechenvorgang der Abzinsung selbst recht überschaulich bleibt. Die nachfolgende Abbildung einer Investitionsrechnung im Rahmen eines Investitions(software)programms mag dies verdeutlichen.

Das Fallbeispiel (Abbildung 3-10) umfasst eine Investition in der Süßwarenindustrie.

Abbildung 3-10: *Investitionsrechnung*

Investitionsrechnung						
Verkaufsstückpreis	1,10 €					
Anlageinvestition	776.800,00 €					
Nutzungsdauer	5 Jahre					
Nominalzinssatz	12 %					
Zinsfaktor	1,12					
Verkaufssoll in Verk.-einh.	0	2.240.000	2.606.000	2.808.000	3.026.000	3.342.000
Abzinsungs-faktor	1,00	0,89	0,80	0,71	0,64	0,57
	2006	2007	2008	2009	2010	2011
Investitions-ausgabe	776.800					
Produktions-ausgaben		309.800	309.800	309.800	309.800	309.800
Vertriebsaus-gaben		85.000	85.000	85.000	85.000	85.000
Verwaltungs-ausgaben		89.100	89.100	89.100	89.100	89.100
Summe fixe Ausgaben	776.800	483.900	483.900	483.900	483.900	483.900
Rohstoffe		1.120.000	1.303.000	1.404.000	1.513.000	1.671.000
Verpackung		470.400	547.260	589.680	635.460	701.820
var. Produkti-onsausgaben		224.000	260.600	280.800	302.600	334.200
var. Absatz-ausgaben		67.200	78.180	84.240	90.780	100.260
Summe var. Ausgaben		1.881.600	2.189.040	2.358.720	2.541.840	2.807.280
Summe Aus-gaben	776.800	2.365.500	2.672.940	2.842.620	3.025.740	3.291.180
Einnahmen		2.464.000	2.866.600	3.088.800	3.328.600	3.676.200
Einnahmen – Ausgaben	- 776.800	98.500	193.660	246.180	302.860	385.020
Barwerte	- 776.800	87.946	154.385	175.226	192.473	218.471
Kapitalwert						**51.701**

Die **interne Zinsfußmethode** ermittelt den effektiven Zins eines Investitionsobjektes unter der Berücksichtigung mehrperiodiger Ein- und Auszahlungen. Wird bei dem vorgenannten Beispiel am Ende etwa ein Kapitalwert von 0 eingesetzt, müsste sich bei einem „intelligenten" Investitionsrechenprogramm der interne Zinsfuß (effektive Zins) ergeben.

Im Sinne einer mathematischen oder grafischen Ermittlung ist ein gewisser Aufwand erforderlich. Mathematisch lässt sich das Ergebnis mit der sog. Regula falsi ermitteln. Dabei sind zwei Zinssätze und zwei Kapitalwerte erforderlich, um die Steigung einer Kurve zu ermitteln. Das folgende Beispiel soll diesen Sachverhalt verdeutlichen.

Abbildung 3-11: *Ermittlung des internen Zinsfußes*

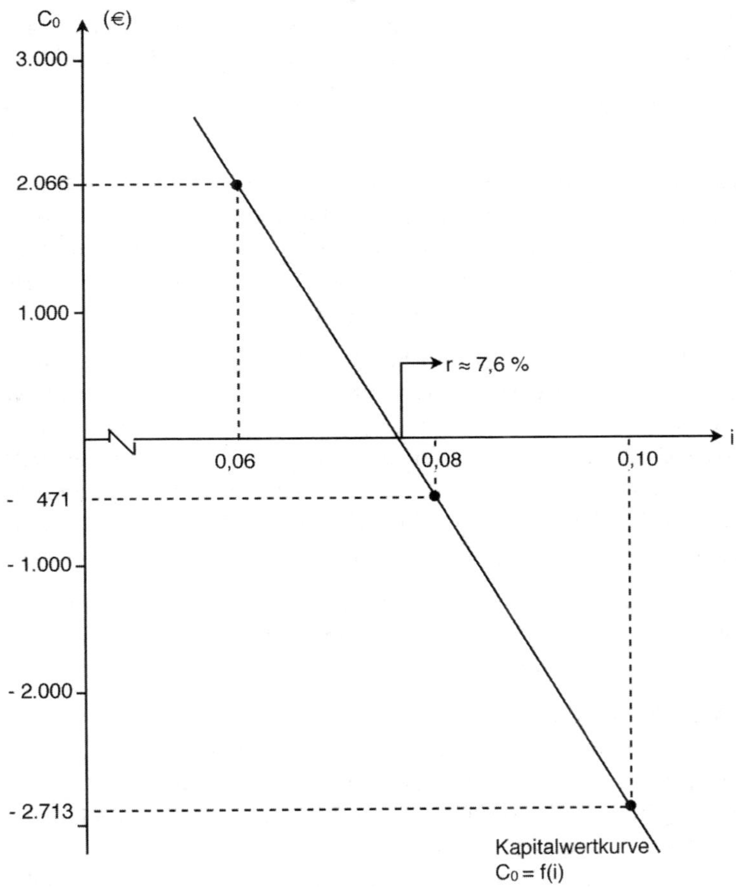

Ermittelt man bei einer Investition den Kapitalwert bei einem Verzinsungsanspruch von 0,06 = 6%, erhält man bei diesem Beispiel ein Kapitalwert von 2.066 EUR. Dieser Punkt kann in das Koordinationskreuz (mit den Kapitalwerten C_0 auf der einen Achse und den Zinssätzen auf der anderen Achse) eingezeichnet werden. Ermittelt man bei der selben Investition den Kapitalwert bei einer Verzinsung von 0,08 = 8%, erhält man den negativen Kapitalwert von -471 EUR. Bei einem Verzinsungsanspruch von 0,10 = 10% sinkt der Kapitalwert auf -2713 EUR. Zieht man durch diese Punkte die Kapitalwertkurve, dann lässt sich am Schnittpunkt mit der i-Achse der interne Zinsfuß, also die effektive Verzinsung ablesen.

Als letztes dynamisches Rechenverfahren soll die **Annuitätenmethode** vorgestellt werden. Hierbei werden die einzelnen Zahlungen auf Jahresebene als sog. Annuität betrachtet. Durchschnittliche Jahreszahlen werden als Vergleichswerte herangezogen. Diese werden auch als **Rente** bezeichnet. Als Beispiel wird bei der Erläuterung dieser Methode in der Literatur häufig die „Verrentung" einer Lebensversicherung herangezogen. Die Auszahlung eines einmaligen Betrages wird unter Berücksichtigung von Zins und Zinseszins über einen bestimmten Zeitraum gleichmäßig verteilt.

Aus der Perspektive der Investitionsrechnung lässt sich diese Methode wie folgt erklären:

Übersteigen die jährlichen durchschnittlichen Einzahlungen (auf ein Investitionsobjekt) die jährlichen durchschnittlichen Auszahlungen (eines Investitionsobjektes), ist eine Investition vorteilhaft. Bei der Differenzierung von mehreren Investitionsalternativen ist die Alternative am vorteilhaftesten, die den höchsten jährlich durchschnittlichen Zahlungsüberschuss pro Jahr erwirtschaftet.

Bei dieser Methode gilt, dass die jährlichen Einzahlungen und die jährlichen Auszahlungen auf ein Investitionsobjekt gleich hoch sind. Das ist dann der Fall, wenn z. B. über Liefer- oder Dienstleistungsverträge gleichmäßig Leistungen erbracht werden und dafür gleichmäßig Zahlungen ein- bzw. ausgehen. Diese Geschäftsfälle sind in vielen Unternehmen und Organisationen anzutreffen, die ein „gleichmäßiges" Geschäft betreiben. Als Beispiel könnten Versicherungsunternehmen mit gleichmäßigen Einzahlungen von Versicherungsnehmern gelten.

Allerdings ist dies auch der Fall, wenn zur Vereinfachung der Planung und Steuerung durchschnittliche jährliche Zahlungen gebildet werden. Unterschiedlich hohe Zahlungen werden so im Durchschnitt zu gleich hohen Zahlungen vereinfacht.

Neben den gleichmäßigen Ein- und Auszahlungen über den Investitionszeitraum müssen auch die einmaligen Zahlungen auf den gesamten Investitionszeitraum verteilt werden, um die (jährliche) Annuität zu bilden. Eine einmalige Zahlung ist etwa die Auszahlung für den Kauf des Investitionsobjektes am Anfang des Investitionszeitraumes. Eine weitere einmalige Zahlung ist die Einzahlung für den Verkauf des Investitionsobjektes am Ende des Investitionszeitraumes (sog. Restwert). Denkbar wäre aber auch eine Auszahlung am Ende des Investitionszeitraumes, wenn das Investitionsobjekt Entsorgungskosten verursacht.

Eine einmalige Auszahlung am Anfang des Investitionszeitraums über den Zeitraum mit Zins und Zinseszins in gleichmäßigen Zahlungen wiederzugewinnen, ermittelt der sog. **Kapitalwiedergewinnungsfaktor (KWF).**

Eine einmalige Einzahlung am Ende des Investitionszeitraumes über den gesamten Investitionszeitraum in gleichmäßige Zahlungen abzuzinsen, ermittelt der sog. **Restwertverteilungsfaktor (RVF)**. Beides sind finanzmathematische Formeln, die sich wie folgt darstellen lassen:

Abbildung 3-12: *Formeln*

$$KWF = \frac{i(1+i)^n}{(1+i)^n - 1}$$

$$RVF = \frac{i}{(1+i)^n - 1}$$

Mit ihnen lassen sich auf einfache Weise Zahlungen in Annuitäten umwandeln. Sie sind zumeist in finanzmathematischen Tabellen und in Investitionsrechenprogrammen hinterlegt, da sie je nach Investitionszeitraum und Zinssatz unterschiedlich sind.

Das folgende Beispiel soll den Sachverhalt verdeutlichen.

Ein Betrieb plant den Kauf einer Maschine zum Preis von 20.000 EUR. Die Nutzungsdauer dieser Maschine wird auf vier Jahre geschätzt. In jedem Jahr erwartet man Einzahlungen von 9.000 EUR und Auszahlungen von 4.000 EUR. Der Restwert, der nach Ablauf von vier Jahren realisiert werden kann, beläuft sich auf 8.000 EUR. Wie hoch sind die durchschnittlichen jährlichen Einzahlungen (DJE), die durchschnittlichen jährlichen Auszahlungen (DJA) und der durchschnittliche jährliche Zahlungsüberschuss, falls der Investor mit einem Kalkulationszinssatz von 0,08 = 8% rechnet?

Dafür wird der Restwert gleichmäßig unter der Berücksichtigung der Abzinsung von 8% über den Investitionszeitraum verteilt, als durchschnittliche jährlichen Einzahlungen. Die Ausgabe von 20.000 EUR wird gleichmäßig als Auszahlung über den gesamten Investitionszeitraum verteilt, als durchschnittliche jährliche Auszahlungen.

Abbildung 3-13: *Ermittlung einer Annuität*

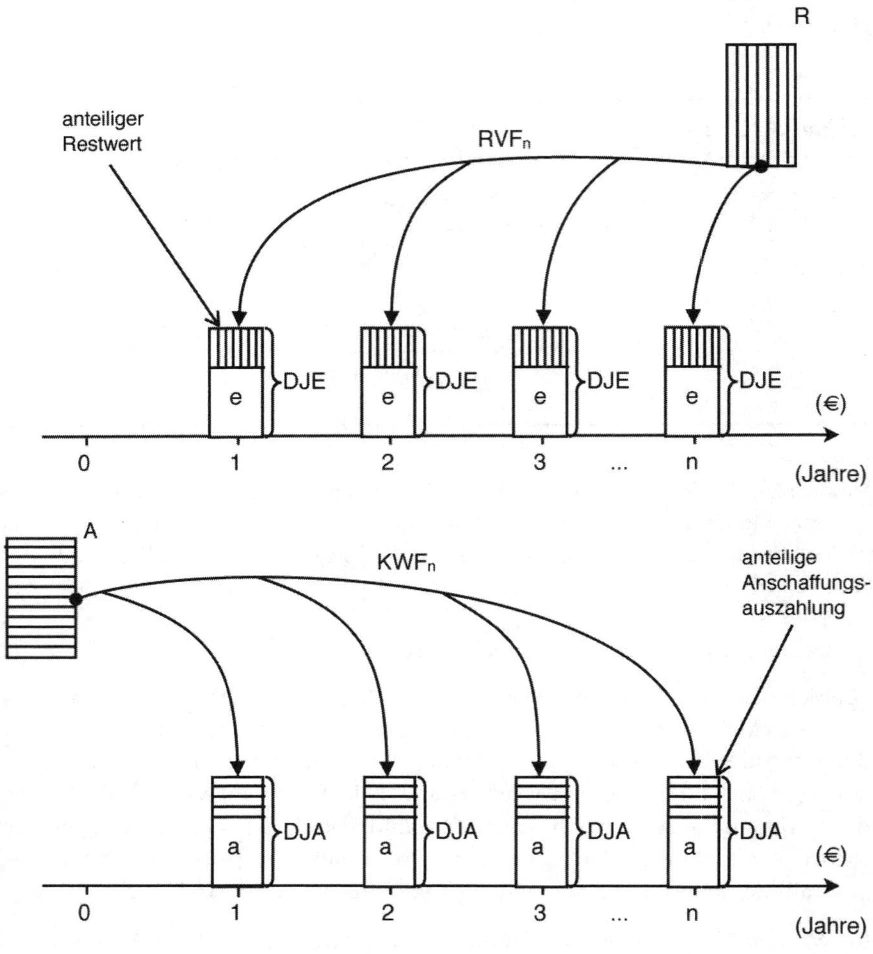

Werden von den DJE die DJA subtrahiert, bleibt als DJÜ ein Betrag von 737 EUR. Das heißt, dass der Investor seine Verzinsung von 8% erwirtschaftet und zusätzlichen einen Überschuss von 737 EUR gewinnt. Diese Investition lohnt sich insofern für den Investor.

In der Praxis werden häufig verschiedene der genannten statischen und dynamischen Verfahren gleichzeitig vor der Durchführung einer Investition angewendet, um eine Investitionsentscheidung aus unterschiedlichen Blickwinkeln zu fundieren.

Abbildung 3-14: *Beispiel zur Annuitätenermittlung*

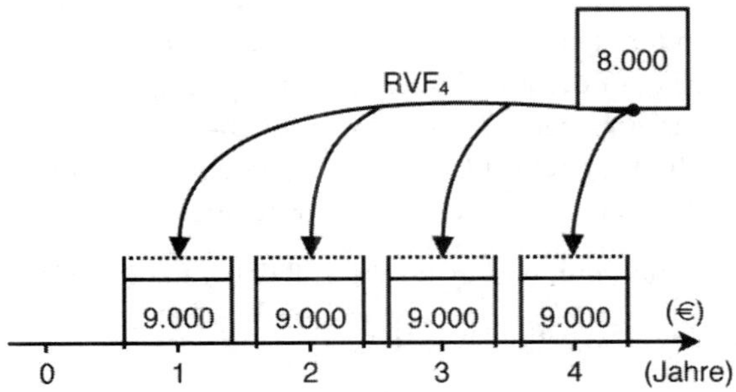

$DJE = e + R \times RVF_4$

$DJE = 9.000 + 8.000 \times 0{,}221921$

$DJE = 9.000 + 1.775$

$DJE = 10.775$

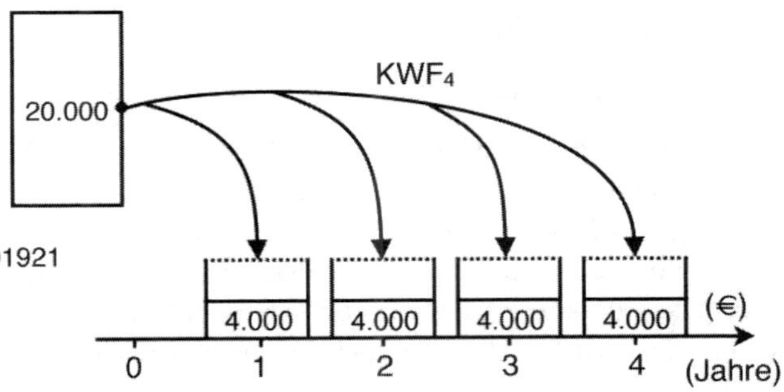

$DJA = a + A \times KWF_4$

$DJA = 4.000 + 20.000 \times 0{,}301921$

$DJA = 4.000 + 6.038$

$DJA = 10.038$

Ergebnis:

$$\begin{array}{rl} DJE = & 10.775 \\ - DJA = & 10.038 \\ \hline DJÜ = & 737 \end{array}$$

Ist die Investitionsentscheidung für ein Objekt getroffen, sollte die Investitionsrechnung weiterhin verfolgt werden. Denn nach der Planung der Investition mit ihren Ein- und Auszahlungen stellen sich während der Investitionslaufzeit die tatsächlichen Ein- und Auszahlungen ein. Es muss in regelmäßigen Abständen kontrolliert werden, ob die geplanten mit den tatsächlichen Ein- und Auszahlungen übereinstimmen. Treten größere Abweichungen zwischen den Plan- und Istwerten auf, stellt sich möglicherweise eine Investition als nicht (mehr) lohnend heraus. Es ist über die Desinvestition, den Ausstieg aus einem Investitionsobjekt, auch vor dem Ende der geplanten Laufzeit zu entscheiden. Die kontrollierenden und steuernden Bewertungsmaßnahmen sind (neben der Planung) die Aufgaben eines **Investitionscontrollings**.

3.3 Unternehmensbewertung

Der Kauf eines Unternehmens oder die Beteiligung an einem Unternehmen stellt eine besondere Form der Investition dar. Ein Investor muss rechnen, ob sich ein Unternehmenskauf oder eine Unternehmensbeteiligung für ihn lohnt. Er muss wissen, welche Zahlungsströme zu erwarten sind und ermitteln, welchen Preis er bereit ist, für die Anschaffung zu zahlen. Er ist also in der Situation, einen Unternehmenswert zu ermitteln bzw. eine **Unternehmensbewertung** durchzuführen.

Die Unternehmensbewertung soll dabei folgende Funktionen erfüllen

- Argumentationsfunktion,
- Beratungsfunktion,
- Vermittlungsfunktion,
- Steuerbemessungsfunktion.

Je nach der Betrachtungsperspektive kann die Unternehmensbewertung z. B. Argumente liefern, die für eine Entscheidung von grundlegender Bedeutung sind. Bei der Beratung von Klienten liefert die Unternehmensbewertung dem Juristen die erforderlichen Informationen. Für die Rolle des vermittelnden Maklers zwischen zwei Parteien liefert die Beratung die erforderlichen Informationen zum Interessenausgleich. Schließlich wird die Unternehmensbewertung auch als Basis für die Besteuerung genutzt.

Dies ist bei sehr verschiedenen Anlässen erforderlich. Hierzu zählen u.a.:

- Kauf bzw. Verkauf von Unternehmen oder Beteiligungen,
- Erbauseinandersetzungen,
- Fusionen bzw. Entflechtungen,
- Sanierung, Liquidation, Vergleich, Insolvenz,
- Steuerliche Bewertung,
- Kreditwürdigkeitsprüfung,
- Ein- bzw. Austritt von Gesellschaftern.

In der Praxis der Unternehmensbewertung werden im Wesentlichen zwei Gruppen von Verfahren inhaltlich differenziert:

- traditionelle Verfahren,
- moderne Verfahren.

Traditionelle Verfahren beziehen sich Ertrags- bzw. Substanzwerte eines Unternehmens, die überwiegend aus den traditionellen Instrumenten des Jahresabschlusses zu entnehmen sind, wie etwa der Bilanz und der Gewinn- und Verlustrechnung.

Moderne Verfahren beziehen auf zukunftsorientierte Werte, die aus dem Blickwinkel der Abzinsung auf den Bewertungszeitpunkt barwertig gestellt werden. Dabei wird sich auf in den letzten Jahren modern gewordene Werte wie den Cash flow bezogen. Zunehmend entwickeln sich diese Werte aber zu täglich in der Unternehmenspraxis eingesetzte Kenngrößen der Unternehmenssteuerung. Somit dürfte auch ein Cash flow schon als in gewisser Weise „traditionell" angesehen werden.

Innerhalb dieser beiden Gruppen lassen sich eine Reihe von Verfahren differenzieren, die jeweils unterschiedliche Schwerpunkte setzen. Die folgende Abbildung gibt einen Überblick über die Verfahren. In der Bewertungspraxis sind zudem eine Reihe von unternehmens- und organisationsindividuellen, dahin angepassten Verfahren anzutreffen, die sich häufig aus Teilen der nachfolgend angeführten Verfahren zusammensetzen.

Abbildung 3-15: *Arten von Unternehmensbewertungsverfahren*

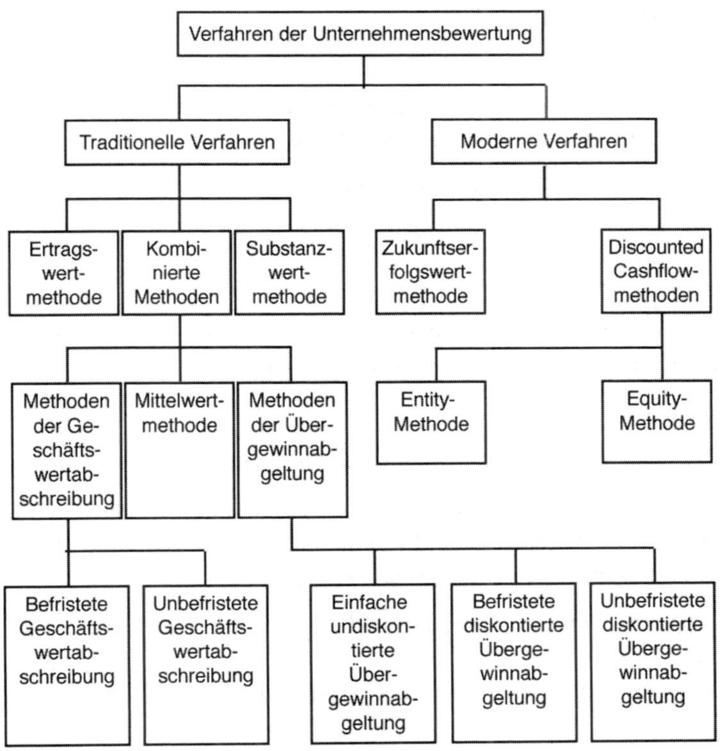

Auf in der Praxis verbreitete Verfahren soll im Folgenden näher eingegangen werden.

3.3.1 Ertragswertverfahren

Der **Ertragswert** eines Unternehmens ermittelt sich aus den Ertragswerten der Vergangenheit, also den Vergangenheitsgewinnen.

Bei einer statischen Betrachtungsweise kann der Wert des Unternehmens als das Einfache oder Mehrfache des Unternehmensgewinns der Vergangenheit ermittelt werden. Das wird häufig als **Multiplikatormethode** bezeichnet. So wird in manchen Branchen der Wert eines Unternehmens als das Doppelte oder Dreifache des durchschnittlichen Vergangenheitsgewinns ermittelt.

Aus dem Durchschnitt von Vergangenheitsgewinnen ließe sich der Ertragswert auch als Zukunftserfolg bezeichnen. Das ist dann der Fall, wenn davon ausgegangen wird, dass der durchschnittliche Vergangenheitsgewinn auch in der Zukunft erzielt wird. Dies kann realitätsnah sein oder, da es der Bewertende aufgrund der Unsicherheit der Zukunft nicht besser weiß, unterstellt werden. Bei einer dynamischen Betrachtungsweise wird der zukünftig erwartete (aus Vergangenheitswerten abgeleitete) Gewinn auf den Zeitpunkt des Betrachters abgezinst. Der Ertragswert ermittelt sich aus den Barwerten der erwarteten Gewinne.

Fallbeispiel 1:

Bei einem Unternehmen (Investment) mit unbegrenzter Lebensdauer und konstanten jährlichen Gewinnen (**Prinzip der „ewigen Rente"**)

Gewinn : Zinssatz = Unternehmenswert

100.000 EUR : 5% = 2.000.000 EUR

Fallbeispiel 2:

Bei einem Unternehmen mit begrenzter Lebensdauer mit Liquidationserlös am Ende des Investments und konstanten jährlichen Gewinnen:

Unternehmenswert =

Gewinn • Rentenbarwertfaktor + abgezinstem Liquidationserlös des Unternehmens

Ein Investment mit erwarteter Lebensdauer von 10 Jahren, einem Liquidationserlös nach 10 Jahren von 100.000 EUR und einem jährlicher Gewinn von 100.000 EUR, bei einem Kapitalzinssatz (Verzinsungsanspruch) von 10%

abgezinste Jahresgewinne + abgezinstem Liquidationserlös = gegenwärtiger Unternehmenswert

100.000 • 0,909091 + 100.000 • 0,826446 + 100.000 • 0,751315 + ... + 100.000 • 0,385543 + 100.000 • 0,385543

= 653.011 EUR

Fallbeispiel 3:

Bei begrenzter Lebensdauer mit jährlich schwankenden Gewinnen

Unternehmenswert =

Summe der diskontierten Gewinne + diskontiertem Liquidationserlös des Unternehmens

Ein Investment mit 10jähriger Lebensdauer, jährlich um 10.000 EUR sinkendem Gewinn, einem Liquidationserlös nach 10 Jahren von 100.000 EUR und einem Kapitalzinssatz bei 10%:

100.000 • 0,909091 + 90.000 • 0,826446

+ 80.000 • 0,751315 + 70.000 • 0,683013

+ 60.000 • 0,620921 + 50.000 • 0,564474

+ 40.000 • 0,513158 + 30.000 • 0,466507

+ 20.000 • 0,424098 + 10.000 • 0,385543

+ 100.000 • 0,385543 = 424.115,17 EUR

Die Genauigkeit des ermittelten Unternehmenswertes leitet sich aus den Nachkommastellen der Abzinsungsfaktoren ab. Es wird damit eine genaue Unternehmensbewertung suggeriert, die jedoch dem Rechenverfahren geschuldet ist.

3.3.2 Substanzwertverfahren

Der **Substanzwert** eines Unternehmens (Gebrauchswert der betrieblichen Substanz) ermittelt sich aus der „Substanz des Unternehmens“. Hier lässt sich der Teil- und der Vollreproduktionswert unterscheiden. Der Begriff der „Reproduktion“ leitet sich aus dem Wert der zu reproduzierenden Vermögensgegenstände für die Abbildung des Unternehmens ab. Sollte das gesamte Unternehmen reproduziert werden, reicht der Teil der bilanzierungsfähigen Vermögensgegenstände nicht aus. Denn nur der **Teilreproduktionswert** wird in der Bilanz abgebildet. Dort finden sich die sog. verkehrsfähigen Vermögensgegenstände.

Der **Vollreproduktionswert** muss noch die Gegenstände beurteilen, die nicht in der Bilanz abgebildet sind, dennoch für die Substanz des Unternehmens von Bedeutung sind. Dies wird häufig als der „**Goodwill**“ des Unternehmens bezeichnet.

Zum Goodwill zählen beispielsweise:

- Kundenstamm,
- Nutzung günstiger Bezugsquellen,

- Gute Aufbau- und Ablauforganisation,
- Qualifizierte und motivierte Mitarbeiter,
- Know how und Betriebsgeheimnisse,
- Hoher Bekanntheitsgrad,
- Eingeführte Firmen- und Produktnamen.

Die Bewertung des Goodwills kann als höchst unternehmensindividuell angesehen werden, da ein Kundenstamm oder günstige Bezugsquellen für Unternehmen jeweils eine sehr individuelle Bedeutung haben. Gewinnt ein Unternehmen durch eine Übernahme z. B. 100.000 zusätzlichen Kundenadressen, kann es diese mit dem sonst erforderlichen Marketingaufwand für die Gewinnung eines neuen Kunden in Beziehung setzen. Beträgt dieser Aufwand für die Kundenneugewinnung beispielhaft 100 EUR je neu gewonnenem Kunden, können 100 EUR x 100.000 Kunden mit einem Wert von 10.000.000 EUR für den Goodwill angesetzt werden.

Bei dem Substanzwertverfahren werden die Erträge vernachlässigt. Bei dem Ertragswertverfahren werden die Substanzwerte vernachlässigt. Die Kombination von beiden Verfahren ist bei vielen Unternehmen die Folge. Ein solches Verfahren ist das sog. Stuttgarter Verfahren.

3.3.3 Stuttgarter Verfahren

Das **Stuttgarter Verfahren** wird insbesondere zur Wertermittlung bei der Besteuerung eingesetzt. Der Unternehmenswert wird hierbei aus dem Substanzwert und den Übergewinnen ermittelt.

Als Übergewinne werden die Anteile des Nettoergebnisses eines Unternehmens bezeichnet, die über die Normalverzinsung des investierten Kapitals hinausgehen. Als Normalverzinsung kann hier ein branchenüblicher Zinssatz angesetzt werden.

Unternehmenswert = Substanzwert + Übergewinne

Unternehmenswert = Substanzwert + (Nettoergebnis - Normalverzinsung • investiertes Kapital)

Prämisse: 5 Jahre Übergewinn wg. des Wettbewerbsvorteils

$$\text{Unternehmenswert} = \frac{\text{Substanzwert} + 5 \cdot \text{Nettoergebnis}}{1 + 5 \cdot \text{Normalverzinsung}}$$

Fallbeispiel:

$$\text{Unternehmenswert} = \frac{100.000 \text{ EUR} + 5 \bullet 12.000 \text{ EUR}}{1 + 5 \bullet 9\%}$$

Unternehmenswert = 110.345 EUR

3.3.4 Discounted Cash Flow Verfahren

Bei dem **Discounted Cash Flow** (DCF) handelt es sich um den abgezinsten erwarteten Zahlungsstrom eines Bewertungsobjektes. Dieses Verfahren orientiert sich an dem erwarteten Cash flow des Unternehmens und ist stark liquiditätsorientiert – anders als das Ertragswert- oder Substanzwertverfahren.

Da sich heute in jeder Betriebswirtschaft stark der Liquidität gewidmet wird, kann dieses Verfahren als „modern" bezeichnet werden. Damit erklärt sich die Bezeichnung von sog. „modernen Verfahren der Unternehmensbewertung".

Das Prinzip der Abzinsung ist gleich den oben angeführten dynamischen Investitionsrechenverfahren. Zukünftige Zahlungsströme werden mit einem individuellen Zinssatz auf den heutigen Bewertungszeitpunkt abgezinst. Die Ermittlung des Zinssatzes für die Abzinsung orientiert sich an den Finanzierungsverhältnissen. Häufig wird der sog. WACC (weighted average cost of capital) verwendet. Dieser Zinssatz ermittelt sich u.a. aus den gewichteten Finanzierungsanteilen an Fremd- und Eigenkapital. Bei der Ermittlung wird oft das sog. CAPM (Capital asset pricing model) angewendet.

In dem folgenden Beispiel in Abb. 3-17 wird die Ermittlung verdeutlicht.

Das Zahlenbeispiel in Abb. 3-18 zeigt, dass das bewertete Unternehmen besser als der Markt eingestuft wird, und zwar mit einem Faktor von 1,1. Die langfristige risikolose Verzinsung orientiert sich an einem langlaufenden Staatspapier, z. B. einer zehnjährigen Anleihe der Bundesrepublik Deutschland.

Abbildung 3-16: Discounted Cash Flow Verfahren

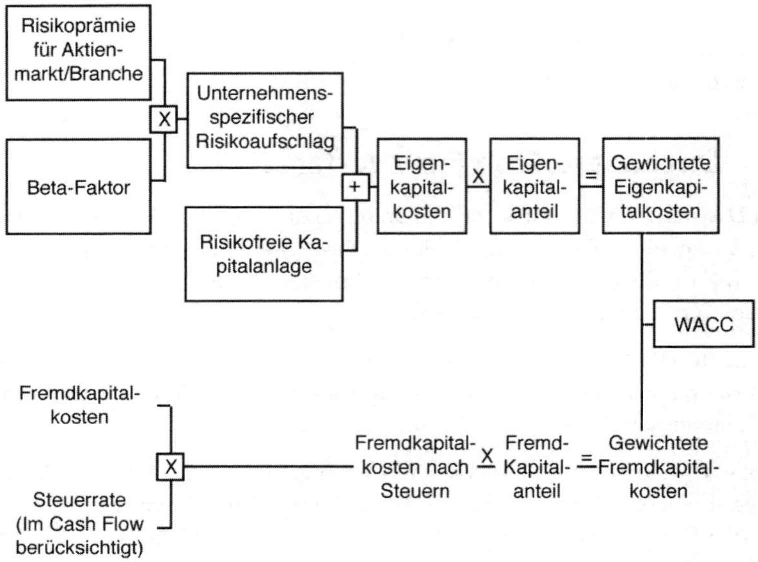

Abbildung 3-17: Praktisches Beispiel zum DCF-Verfahren

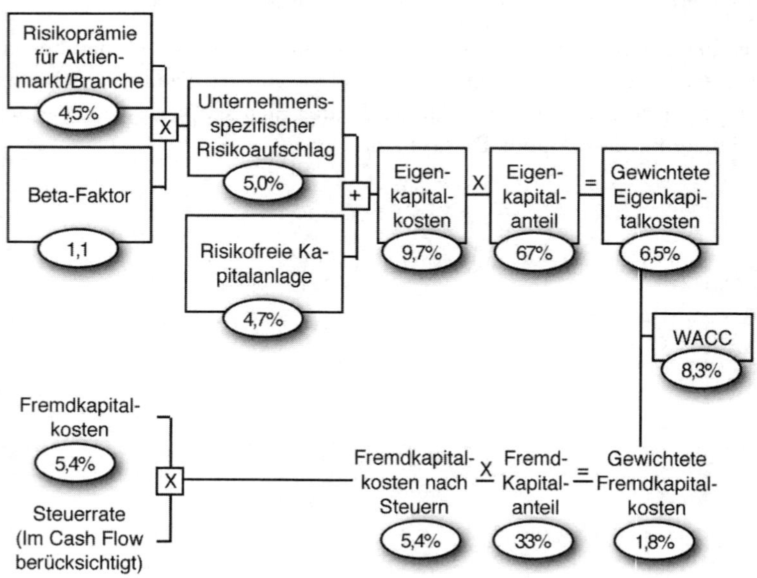

3.4 Bewertungsbeispiel der BRAK

Es wird aus den aufgezeigten Verfahren deutlich, dass eine Unternehmensbewertung stark den Prinzipien der Investitionsrechnung folgt. Auch hier ist die Erhebung von Daten für die Rechnung der Unternehmensbewertung und für das Ergebnis (den Unternehmenswert) ausschlaggebend. Aber auch die Wahl des Verfahrens zur Unternehmensbewertung beeinflusst das Ergebnis. In unterschiedlichen Branchen werden daher auch unterschiedliche Verfahren angewendet.

Ein juristisches Beispiel stellt die Bewertung einer Kanzlei oder eines Sozietätsanteils einer Kanzlei dar. Die Bundesrechtsanwaltskammer (BRAK) gibt hierfür ein Beispiel, wie eine solche Bewertung vorgenommen werden könnte. Es stellt aber keine Verpflichtung dar, eine Kanzlei in der nachfolgend aufgeführten Form zu bewerten.

Fallbeispiel nach der BRAK: Bewertung einer Einzelkanzlei

1. Schritt: Ermittlung des Substanzwertes

Büroeinrichtung, Geräte, Bibliothek sind einzeln in einem Verzeichnis mit Schätzwert aufzuführen. Eine einvernehmliche pauschale Bewertung ist möglich.

Bankguthaben, Kassenbestand, betrieblicher Pkw, ausstehende Forderungen, Verbindlichkeiten werden laut Kaufvertrag meist nicht übernommen; sie sind dann nicht zu erfassen, anders im Zugewinnausgleich nach §§ 1378, 1376 BGB

Beispiel:	Büroeinrichtung	11.500 EUR
	(25% des Neupreises vor fünf Jahren)	
	technische Geräte	8.500 EUR
	(30% der Anschaffungskosten vor vier Jahren)	
	Bibliothek	12.000 EUR
	(pauschale Schätzung)	
	= Summe des Substanzwertes	32.000 EUR

2. Schritt: Ermittlung des Goodwills

Nettojahresumsätze der letzten drei Jahre, letztes Jahr doppelt gewichtet

Beispiel:	2004	285.000 EUR
	2005	275.000 EUR
	2006	250.000 EUR
	2006	250.000 EUR

Summe	1.060.000 EUR
Durchschnitt	265.000 EUR

Festlegung eines Multiplikators

Beispiel:

Rendite nur 30% vom Umsatz,

keine überleitende Mitarbeit wegen Krankheit des Übergebers,

Räume können nur noch drei Monate weiter genutzt werden.

Festlegung eines Faktors von 0,55 (Abschlag von 45 %).

265.000 EUR x 0,55 = 145.750 EUR

Abzug eines halben kalkulatorischen Unternehmerlohns:

50.000 EUR (Basis: Richterbesoldung)

145.750 EUR abzüglich 50.000 EUR =

damit Wert des Goodwills 95.750 EUR

3. Schritt: Feststellung des Gesamtwertes

Substanzwert	32.000 EUR
+ Wert des Goodwills	95.750 EUR
= Wert der Einzelkanzlei	127.750 EUR

Die Unternehmensbewertung selbst und ihr jeweiliges Ergebnis hängt von der Absicht des Bewertenden, von der Auswahl des Verfahrens und von den verwendeten Daten ab. Letztere basieren auf den Annahmen über die Zukunft eines Bewertungsobjektes. Und diese können individuell unterschiedlich ermittelt und betrachtet werden. Sie sind häufig auch der Gegenstand von umfangreichen Bewertungsgutachten.

Als Quintessenz aus der Unternehmensbewertung lässt sich ziehen:

„ ... bei der Unternehmensbewertung wird klar, dass jedem auch noch so detaillierten Bewertungsgutachten mit Vorsicht zu begegnen ist. Es ist unmöglich, einen exakten Wert für ein Unternehmen zu berechnen."

(Quelle: Hinz/Behringer, 2000, S. 27)

4 Finanzierung

4.1 Der Finanzierungsbegriff

Finanzierung kann als das Gegenstück der Investition bezeichnet werden. Während die Investition die Anlage von Finanzmitteln darstellt, steht die Finanzierung für die Beschaffung von Finanzmitteln. So lässt sich z. B. eine Bilanz mit ihrer Vermögens- und ihrer Kapitalseite als Finanzmittelbeschaffung und Finanzmittelverwendung darstellen.

Finanzmittelbeschaffung = Finanzierung = Passiva

Finanzmittelverwendung = Investition = Aktiva

Abbildung 4-1: *Beispielhafter Bilanzaufbau*

Aktiva — Bilanz zum 31.12.2006	Passiva
Anlagevermögen	**Eigenkapital**
Sachanlagen	Gezeichnetes Kapital
Immaterielle Anlagen	Rücklagen
Finanzanlagen	Jahresüberschuss
Umlaufvermögen	**Fremdkapital**
Vorräte	langfristige
Forderungen	Verbindlichkeiten
Wertpapiere	kurzfristige
Zahlungsmittel	Verbindlichkeiten
Rechnungsabgrenzungsposten	Rechnungsabgrenzungsposten

Die Finanzmittel werden für Anlage- und Umlaufvermögen im Unternehmen verwendet. Dort sind die Finanzmittel im Unternehmen gebunden. Die Finanzmittel sind von Eigenkapitalgebern (als Eigenkapital) oder von Fremdkapitalgebern (als Fremdkapital) dem Unternehmen zur Verfügung gestellt (finanziert) worden.

Neben der Notwendigkeit von Finanzmitteln für Investitionen sind aber auch andere Gründe für Finanzierungen denkbar. Hierzu zählt etwa die Beschaffung von Finanzmitteln für laufende Ausgaben wie Personal- oder Materialausgaben. Diese Mittel werden durch den Verbrauch der Ressourcen und die Bezahlung von Personal und Material aufgewendet und fließen aus dem Unternehmen ab.

Im Hinblick auf die Finanzierung stellt sich die Frage, wie viel Finanzmittel das Unternehmen selbstständig verdient, z. B. über die Erwirtschaftung von Gewinn. Denn dieser Gewinn steht dem Unternehmen, wenn er nicht an die Eigentümer (Eigenkapitalgeber) ausgeschüttet wird, für Investitionen und andere Ausgaben zur Verfügung. Er stellt damit eine Finanzierungsquelle für das Unternehmen dar.

Bei der Finanzierung werden Zahlungsströme in das Unternehmen hinein betrachtet, z. B. über Umsatzerlöse oder Einzahlungen von Eigen- bzw. Fremdkapitalgebern. Ebenso müssen aber auch die Zahlungsströme aus dem Unternehmen heraus betrachtet werden, z. B. als Personal-/Materialausgaben oder Auszahlungen an die Eigen- bzw. Fremdkapitalgeber. Die Zuflüsse und Abflüsse von Finanzmitteln in einer Periode werden gegenübergestellt und ergeben den sog. **Cash Flow**. Es muss ermittelt werden, ob der Cash Flow in einem Unternehmen in einer Periode ausreicht, den notwendigen Kapitalbedarf derselben Periode zu decken. Hier wird ein Anspruch an die Planung von Finanzmitteln gestellt. Der Finanzmittelbestand stellt die Liquidität eines Unternehmens dar. Diese muss immer ausreichend vorhanden sein, um eine Zahlungsunfähigkeit des Unternehmens (sog. **Illiquidität**) zu vermeiden. Dies kann mit der Geldbörse einer Privatperson oder mit dem Girokonto eines Privathaushalts verglichen werden. Ist die Geldbörse oder das Girokonto leer, liegt eine Illiquidität vor. Es ist ein Kreditor (auch: Gläubiger) erforderlich, der Finanzmittel zur Verfügung stellt. Die Kreditkarte ersetzt die leere Geldbörse, der Überziehungskredit schafft Liquidität auf dem Girokonto. Beides verursacht für den Privathaushalt Kosten, da der Kreditor eine Verzinsung der zur Verfügung gestellten Finanzmittel erwartet (für das Risiko, für den entgangenen Zinsgewinn an anderer Stelle und für die Bearbeitung der Kreditierung).

Liquidität (als ausreichend zur Verfügung stehende Finanzmittel) ist für das Unternehmen immer mit Kosten verbunden. Denn die liquide zur Verfügung stehenden Finanzmittel verzinsen sich in der Regel nicht (z. B. wenn sie in einer Geldbörse oder auf einen nicht verzinsten Girokonto liegen) oder nur mit einem sehr geringen Zinssatz. Aus diesem Grund ist es für das Unternehmen wichtig eine Finanzmittelplanung durchzuführen. Einerseits sollten nicht zu viel, also nicht benötigte Finanzmittel, auf dem Girokonto zur Verfügung stehen, die keine Verzinsung erwirtschaften. Andererseits sollten nicht zu wenig, also kurzfristig, benötigte Finanzmittel, auf dem Girokonto zur Verfügung stehen, da eine Überziehung hohe Kosten für das Unternehmen verursacht.

Es wird deutlich, dass sich ein Unternehmen auf unterschiedliche Art und Weise Finanzmittel beschaffen kann. Die unterschiedlichen Finanzierungsformen, auf die im folgenden Kapitel näher eingegangen wird, verursachen für das Unternehmen **Finanzierungskosten**. Neben der Verzinsung der zur Verfügung gestellten Finanzmittel entsteht ein Beschaffungsaufwand (suchen, finden, prüfen, verhandeln, abschließen von Finanzierungen). Dieser wird in persönlicher Arbeitszeit und eingesetzten Sachmitteln, z. B. Telefon, Porto, Fahrtkosten, Transaktionskosten, ausgedrückt.

Finanzierungskosten entstehen für das Unternehmen je nach angestrebter bzw. gewählter Finanzierungsform in unterschiedlicher Höhe. Dies ist ein Argument bei der Auswahl der geeigneten Finanzierungsform.

Ein weiteres Kriterium ist die sog. **Bonität (Kreditwürdigkeit)**. Ein potenzieller Schuldner wird nach seiner Zahlungsfähigkeit bzw. nach seiner Kreditwürdigkeit eingestuft. Diese Einstufung kann individuell oder aber auch nach unternehmensübergreifenden Regeln vorgenommen werden. Es gibt Unternehmen, die sich auf die Einstufung von potenziellen Schuldnern spezialisiert haben. Hierfür hat sich in letzter Zeit der Begriff des **Ratings** gebildet. Ratingagenturen übernehmen die Aufgabe der Einstufung von (potenziellen) Schuldnern. Sie geben damit den Kreditoren eine Hilfestellung bei der Einstufung der Bonität. Internationale Ratingagenturen wie A.M. Best, Standard & Poors, Moodys Investor Service, Fitch bewerten nach Standards und vergeben verschiedene Ratingstufen.

Auch Basel II, die Eigenkapitalverordnung bei Banken, stellt ein solches Rating in den Vordergrund der Betrachtung. Je nach Einschätzung eines Schuldners (also eines Kreditnehmers einer Bank) muss eine Bank eine unterschiedlich hohe Eigenkapitalvorsorge treffen. Dies führt bei der Bank zu unterschiedlich hohen Kosten je Schuldner, die sie an den jeweiligen Schuldner entsprechend über die Kalkulation der Finanzierung weiterreicht.

Die Finanzierungskosten werden durch solche Ratings von Unternehmen beeinflusst. Je besser das Rating ausfällt (bzw. je höher die Kreditwürdigkeit eines Unternehmens ist), desto niedriger werden die Finanzierungskosten sein. Je schlechter das Rating ausfällt, desto höher werden die Finanzierungskosten sein. Denn je nach Kreditausfallrisiko eines Schuldners wird ein Kreditor seine Risikoprämie (als Teil der Finanzierungskosten) unterschiedlich hoch ansetzen.

Abbildung 4-2: *Ratingstufen der beiden weltweit führenden Ratingagenturen (Quelle: Perridon/Steiner, 2007, S. 197)*

S&P	Moody´s	Bedeutung der Symbole
AAA	Aaa	Extrem starke Zinszahlungs- und Tilgungskraft des Emittenten
AA	Aa	Sehr starke Zinszahlungs- und Tilgungskraft des Emittenten
A	A	Gute Zinszahlungs- und Tilgungskraft; der Schuldner ist aber anfälliger für negative Wirtschaftsentwicklungen als mit AAA (Aaa) oder AA (Aa) bewertete Emittenten
BBB	Baa	Ausreichende Zahlungsfähigkeit; bei negativer Wirtschafts- oder Umfeldentwicklung kann die Zinszahlungs- und Tilgungsfähigkeit stärker beeinträchtigt werden als in höheren Ratingklassen
BB	Ba	Noch ausreichende Zinszahlungs- und Tilgungsfähigkeit; es sind aber Gefährdungselemente vorhanden, die zu Abstufungen führen können
B	B	Derzeit noch ausreichende Zahlungsfähigkeit; starke Gefährdungselemente vorhanden
CCC		Starke Tendenz zu Zahlungsschwierigkeiten
CC C		Emittent mit CCC bewertet, allerdings sind die zugrundeliegenden Verbindlichkeiten nachrangig gesichert
	Caa Ca	Zins- und Tilgungszahlungen stark gefährdet oder eingestellt
CI		Zinszahlungen eingestellt
D	C	Emittent zahlungsunfähig
+/-	1,2,3	Feinabstufungen innerhalb der Kategorien

4.2 Formen der Finanzierung

Die Finanzierungsformen lassen sich danach differenzieren, ob Finanzmittel aus dem Unternehmen selbst oder von außerhalb des Unternehmens zur Verfügung gestellt werden. Darüber hinaus kann unterschieden werden, ob es sich um Finanzmittel von Eigenkapitalgebern oder Fremdkapitalgebern handelt, also dem Eigenkapital bzw. Fremdkapital in der Bilanz eines Unternehmens zuzurechnen sind. Die Veränderung dieser Positionen, Erhöhung oder Reduzierung von Finanzmitteln, Eigenkapital, Fremdkapital hat Auswirkungen auf die Finanzkennzahlen des Unternehmens. Solche Kennzahlen werden gebildet, um das Unternehmen hinsichtlich seiner Liquidität bzw. seiner Eigen- bzw. Fremdkapitalfinanzierung zu beurteilen.

Die Finanzierungsformen können beispielhaft an der folgenden Abbildung dargestellt werden.

Abbildung 4-3: *Vier-Quadranten-Schema der Finanzierung*

	Innenfinanzierung	Außenfinanzierung
Eigenfinanzierung	Rücklagen, Jahresüberschuss	Kapitalerhöhung
Fremdfinanzierung	Rückstellungen	Kredite

Welche Form der Finanzierung gewählt wird, hängt von verschiedenen Faktoren ab:

- Höhe des Finanzierung
- Rating des Gläubigers
- Kosten der Finanzierung
- Laufzeit der Finanzierung
- Mitbestimmungsrechte
- Steuerliche Behandlung.

Die verschiedenen Formen werden inhaltlich im folgenden Kapitel beschrieben.

4.2.1 Außenfinanzierung

Bei der Außenfinanzierung werden dem Unternehmen von „außen" Finanzmittel zugeführt. Das Unternehmen verfügt selbst nicht über genügend Finanzmittel, um Auszahlungen für Investitionen, z. B. den Kauf einer Maschine, oder für Aufwendungen, z. B. die Überweisung der Gehälter, zu tätigen. Die Zuführung (Einzahlung) von Finanzmitteln in das Unternehmen ist erforderlich, wenn ein Kapitalbedarf entsteht. Ein Kapitalbedarf entsteht, wenn die Finanzmittel im Unternehmen nicht ausreichen.

Die Zuführung von Finanzmitteln führt zur Veränderung der Eigen- bzw. Fremdkapitalposition in der Bilanz des Unternehmens. Das Eigenkapital und/oder das Fremdkapital im Unternehmen nehmen zu, je nach dem welche Finanzierungsform gewählt wird. Dies hat Auswirkungen auf die Finanzkennzahlen des Unternehmens, z. B. auf die Eigenkapitalquote (als das Verhältnis vom Eigenkapital zum Gesamtkapital des Unternehmens).

Beispiel:

Ein Unternehmen verfügt über 1.000.000 EUR Eigenkapital und 500.000 EUR Fremdkapital. (Das Unternehmen hätte eine Eigenkapitalquote von rund 67% und eine Fremdkapitalquote von rund 33%.) Dieses Kapital steckt in dem Gebäude, den Maschinen und den Vorräten des Unternehmens. Das Unternehmen will expandieren und benötigt weitere 500.000 EUR dafür, zur Finanzierung einer baulichen Erweiterung und zur Beschaffung einer weiteren Maschine. Im Unternehmen stehen dafür keine Finanzmittel zur Verfügung. Das Unternehmen kann die Expansion nur von „außen" finanzieren. Ein Gespräch mit der Hausbank oder mit den Gesellschaftern (Eigentümern) des Unternehmens bringt Klarheit, ob fremd- oder eigenfinanziert werden soll. So kann die Hausbank einen Kredit über 500.000 EUR gewähren (die Eigenkapitalquote würde sich auf 50% reduzieren bzw. die Fremdkapitalquote sich auf 50% erhöhen) oder die Gesellschafter sind bereit, weitere 500.000 EUR als Eigenkapital dem Unternehmen zur Verfügung zu stellen. Im letzteren Fall würde sich die Eigenkapitalquote auf 75% erhöhen bzw. die Fremdkapitalquote sich auf 25% reduzieren. Allerdings sind auch Varianten der Fremd- und Eigenfinanzierung denkbar: die Hausbank gewährt einen Kredit über 250.000 EUR, die Gesellschafter erhöhen ihre Eigenkapitaleinlage um 250.000 EUR. Damit würde sich die Eigenkapitalquote auf 62,5% verschlechtern und sich die Fremdkapitalquote auf 37,5% erhöhen.

4.2.1.1 Eigenkapitalfinanzierung von außen

Unter Eigenkapitalfinanzierung ist die Zuführung von Finanzmitteln durch die Eigentümer des Unternehmens zu verstehen. Dies können bereits am Unternehmenskapital beteiligte Eigentümer oder aber zukünftig am Unternehmenskapital beteiligte, also neue, Eigentümer sein. Eigentümer werden je nach Gesellschaftsform auch Gesellschafter, Anteilseigner oder Aktionäre bezeichnet. Die Kapitalerhöhung ist eine typische Eigenkapitalfinanzierung. Das sog. Grundkapital einer Aktiengesellschaft oder sog. Stammkapital einer GmbH wird dadurch erhöht, dass zusätzliche Eigentumsanteile am Unternehmen „ausgegeben" werden. Der Stimmrechtanteil der „alten" Eigentümer reduziert sich dadurch i.d.R. Geeignete Maßnahmen, wie die Ausgabe von Bezugsrechten, schaffen einen Ausgleich dafür..

4.2.1.2 Fremdkapitalfinanzierung von außen

Unter Fremdkapitalfinanzierung ist die Kapitalzuführung durch Kredite zu verstehen. Es lassen sich hierbei sehr unterschiedliche Formen von Krediten unterscheiden. Häufig wird unter dem Kreditbegriff der Bankkredit verstanden. Die Bank gibt einem Unternehmen einen Kredit zu vereinbarten Konditionen und vereinbarten Zahlungsterminen. Dafür werden von der Bank Sicherheiten vom Unternehmen erwartet. Allein bei einem Bankkredit lassen sich unterschiedliche Arten differenzieren: z. B. Kontokorrentkredit, Hypothekenkredit, Wechseldiskontkredit, Ratenkredit, Lombardkredit.

Jedoch sind auch Kredite von Kunden oder von Lieferanten eine Fremdkapitalfinanzierungsmöglichkeit, die von vielen Unternehmen in Anspruch genommen wird. Bei einem Kundenkredit zahlt eine Kunde für eine Leistung im Voraus. Das Unternehmen erhält damit Finanzmittel, die unentgeltlich zur Verfügung stehen. Dies macht in bestimmten Branchen, in denen die Bezahlung im Voraus üblich ist, einen nicht unbeachtlichen Bestand an liquiden Mitteln aus. Diese stehen dem Unternehmen für Finanzierungen zur Verfügung. Bei einem Lieferantenkredit handelt es sich dagegen um eine noch nicht bezahlte Rechnung des Lieferanten. Die gelieferte Leistung hat das Unternehmen erhalten, die Bezahlung ist aber, z. B. aufgrund eines Zahlungsziels, noch nicht erfolgt. Nicht bezahlte Rechnungen, so genannte Verbindlichkeiten, stellen für manche Unternehmen ein erhebliches Potenzial an Fremdkapital dar. Um Zahlungen zu beschleunigen, gewähren manche Unternehmen Skonto in Höhe von 2-3% bei Barzahlung. Ansonsten beträgt das Zahlungsziel meist 30 Tage. In Abhängigkeit vom Zahlungszeitraum und der Höhe von Skonto ist ein solcher Fremdkapitalkredit unterschiedlich teuer.

Folgendes Beispiel soll diesen Zusammenhang verdeutlichen:

Ein Betrieb bezieht monatlich Rohstoffe im Wert von 100.000 EUR von einem Lieferanten. Die Zahlungsbedingungen erlauben bei sofortiger Zahlung einen Abzug von 2% Skonto; anderenfalls ist die Verbindlichkeit spätestens innerhalb eines Monats zu begleichen. Drei unterschiedliche Fragen stellen sich dem Unternehmen.

a) Welchen Skontoertrag erwirtschaftet der Betrieb bzw. wie viel Fremdkapitalzinsen erspart der Betrieb pro Jahr, wenn er keinen Kredit in Anspruch nimmt?

b) Wie hoch ist der Kredit, der dem Betrieb dauernd zur Verfügung steht, wenn er das vertraglich vereinbarte Zahlungsziel voll ausschöpft; mit welchem Zinssatz ist dieser Kredit belastet?

c) Welcher Kredit steht dem Betrieb dauernd zur Verfügung, wenn er auf Grund seiner Machtposition das vertraglich vereinbarte Zahlungsziel jeweils um zwei Monate überschreitet und mit welchem Zinssatz ist dieser Kredit belastet?

Darauf lassen sich folgende Antworten geben:

a) Nimmt der Betrieb keinen Kredit in Anspruch, d.h. zahlt er sofort, spart er monatlich 2% von 100.000 EUR, also 2.000 EUR an Zinsen. Er zahlt somit im Jahr 24.000 EUR Zinsen weniger.

b) Schöpft er den vertraglich vereinbarten Zahlungstermin voll aus, steht ihm ein dauernder Kredit von 100.000 EUR zur Verfügung. Dieser Kredit kostet ihn 24.000 EUR, da jetzt die Zinsersparnis in gleicher Höhe anfällt. Der Fremdkapitalzins beträgt somit 24%.

c) Überschreitet der Betrieb auf Grund seiner Machtposition das vertraglich vereinbarte Zahlungsziel um zwei Monate, so entwickelt sich sein Kredit wie folgt:

Abbildung 4-4: *Aufbau eines Kredits aus einer Lieferbeziehung*

Kredit aus dem Einkauf des	Kredit im				
	1. Monat	2. Monat	3. Monat	4. Monat	5. Monat
1. Monats	100.000	100.000	100.000		
2. Monats		100.000	100.000	100.000	
3. Monats			100.000	100.000	100.000
4. Monats				100.000	100.000
5. Monats					100.000
...					
...					
Kredit insg.	100.000	200.000	300.000	300.000	300.000

Vom dritten Monat an steht somit dem Betrieb ein Dauerkredit in Höhe von 300.000 EUR zur Verfügung. Betrachtet man den Zeitraum eines Jahres ab dem 3. Monat (3.Monat -14. Monat), entgehen dem Betrieb infolge der Kreditierung 24.000 EUR an Zinsersparnissen. Der Kredit von 300.000 EUR ist also mit 8% Fremdkapitalzinsen belastet.

Es wird deutlich, dass für manche Unternehmen das Nicht-Bezahlen von Rechnungen ein teuerer Kredit ist. Bei regelmäßigen Rechnungseingängen, der Möglichkeit von Skontonutzen bei 2% auf 30 Tage entspricht dies einer 24%igen Verzinsung pro Jahr. Anders ausgedrückt: nutzt ein Unternehmen dies nicht, entgeht ein „Zinsgewinn" von 24% p.a. Noch anders ausgedrückt: ein Unternehmen, welches Skonto hier nicht ausnutzt, muss so viel Liquidität zur Verfügung haben, dass es nicht auf den einzelnen Euro Gewinn ankommt. Oder aber, das Unternehmen hat keine Liquidität zur Verfügung und bekommt auch keinen Fremdkapitalkredit mehr von einem Kreditinstitut und muss daher den relativ teuren Kredit (mit 24% Zinssatz p.a.) in Anspruch nehmen.

Besondere Formen der Kreditfinanzierung sind z. B. das **Leasing**. Je nach dem, ob am Ende der Mietlaufzeit eines Objektes ein Kaufrecht oder kein Kaufrecht besteht, ließe sich diese Form unterschiedlich einordnen. In der Regel bleibt das Eigentum beim Leasinggeber, die Aktivierung des Leasingobjektes erfolgt dann ebenfalls beim Eigentümer. Das sog. Sale-and-lease-back-Verfahren schafft freie Finanzmittel für ein Unternehmen. Ein Objekt des Anlagevermögens wird verkauft, Finanzmittel fließen dem

Unternehmen zu und der Verkäufer mietet das veräußerte Objekt von dem Käufer zurück.

4.2.2 Innenfinanzierung

Innenfinanzierung ist als die Finanzierung aus dem Unternehmen heraus zu verstehen. Finanzmittel werden im Unternehmen erwirtschaftet und stehen als Finanzmittel für Investitionen zur Verfügung. Das heißt, dass die Finanzmittel bereits im Unternehmen vorhanden sind, z. B. als Rücklagen oder Rückstellungen. Diese Finanzmittel könnten etwa auf dem Bankkonto verbucht sein.

4.2.2.1 Eigenkapitalfinanzierung von innen

Nicht ausgeschüttete (thesaurierte) Gewinne nach Steuern z. B. werden vom Unternehmen erwirtschaft und den (Gewinn-)**Rücklagen** zugeführt. Wenn sie nicht an die Eigenkapitalgeber als Gewinn im Jahr der Erwirtschaftung oder in späteren Jahren ausgeschüttet werden, stehen sie für zukünftige Investitionen im Unternehmen bereit. Sie sind dem Eigenkapital des Unternehmens zuzurechnen, da das Unternehmen sie selbst erwirtschaftet hat.

Rücklagen können allerdings auch als Kapitalrücklagen z. B. durch Agiobeträge bei der Anteilsausgabe im Rahmen einer Kapitalerhöhung oder als gesetzliche Rücklagen gebildet werden. Auch stille Rücklagen (sog. stille Reserven) stellen eine solche Position dar. Letztere müssten allerdings erst realisiert werden, bevor sie zur Finanzierung genutzt werden können.

Diese Rücklagen als Finanzmittel aus dem Unternehmen heraus (von innen) könnten in Finanz- oder Sachinvestitionen umgesetzt werden. Da Rücklagen dem Eigenkapital zugerechnet werden, erhöht sich durch die Gewinnerwirtschaftung und die Einstellung in die Rücklagen das Eigenkapital. Bleibt das Fremdkapital konstant, erhöht sich mit dem Eigenkapital auch die Eigenkapitalquote des Unternehmens – eine wichtige Finanzkennzahl des Unternehmens. Dies beeinflusst wiederum das Rating positiv.

4.2.2.2 Fremdkapitalfinanzierung von innen

Als Fremdkapitalfinanzierung von innen können **Rückstellungen** eingeordnet werden. Finanzmittel, die vom Unternehmen erwirtschaftet worden sind, werden als Rückstellung bezeichnet, wenn sie für einen bestimmten Zweck zur Zahlung in der Zukunft gebildet worden sind. Es lassen sich hier unterschiedliche Fristigkeiten von Rückstellungen unterscheiden.

Beispielhaft als kurz- bzw. mittelfristige Rückstellungen können Steuer-, Prozesskosten- und Garantierückstellungen angeführt werden. Als langfristige Rückstellungen können Pensionsrückstellungen genannt werden.

Erst wenn die Pensionszahlungen anstehen oder die Steuerzahlung an das Finanzamt vorgenommen werden muss, wird die Rückstellung aufgelöst und die Finanzmittel fließen aus dem Unternehmen ab. Bis zu diesem Zeitpunkt jedoch, stehen diese Mittel dem Unternehmen zu Finanzierungszwecken zur Verfügung. Das bedeutet, dass je nach Fristigkeit der Rückstellung diese Mittel für unterschiedlich lange Finanzierungsräume verwendet werden können.

Da diese Mittel bereits für einen fremden Zweck bestimmt sind, werden sie dem Fremdkapital des Unternehmens zugerechnet.

Finanzierungen sind auch möglich aus **Desinvestitionen**. Es handelt sich um einen sog. Aktivtausch in der Bilanz des Unternehmens. Ein Anlageobjekt wird z. B. verkauft, dadurch entstehen für das Unternehmen Finanzmittel. Diese Finanzmittel werden dazu verwendet, in ein neues Anlageobjekt zu investieren. Auch Abschreibungen auf Anlageobjekt z. B. schaffen Finanzmittel. Die Abschreibungen sind der Werteverzehr, der bei der Erstellung von Leistungen, z. B. durch die Abnutzung einer Maschine, entsteht. Werden diese Finanzmittel durch den Verkauf von Produkten erwirtschaftet, stehen sie dem Unternehmen für neue Investitionen zur Verfügung. Dies ist ein recht einfacher Prozess, der jedoch durch die Vielzahl solcher Umschichtungen in einem Untenehmen „undurchsichtig" werden kann.

Auch der Verkauf von Forderungen (als sog. **Factoring** bzw. **Forfaitierung**) schafft Finanzmittel. Forderungen zeichnen sich dadurch aus, dass in ihnen Finanzmittel gebunden sind: Der Kunde hat eine Leistung mit Rechnung und einem Zahlungsziel erhalten, diese Rechnung aber noch nicht gezahlt. Benötigt das Unternehmen kurzfristig Finanzmittel, kann es diese Forderungen an eine Factoring-Gesellschaft verkaufen. Die Factoring-Gesellschaft berechnet einen Abschlag auf den Nominalbetrag der Forderung, der sich aus Zinsen, Risiko und Administration zusammensetzt. Mit dem Verkauf erhält das Unternehmen die benötigte Liquidität mit Abschlag kurzfristig.

Die Wahl der jeweiligen Finanzierungsform beim Bedarf von Finanzmitteln wird beeinflusst durch die Höhe der erforderlichen Finanzmittel, durch die Laufzeit der Finanzierung und die Kosten der Finanzierung. Letztere hängen bei Fremdfinanzierung auch vom Rating des Gläubigers ab.

Dazu drei Beispiele:

Beispiel 1

Die Finanzierung der UTMS-Lizenzen vor einigen Jahren hat bei den mitbietenden Unternehmen im Mobilfunksektor Milliardenbeträge erfordert. Fremdfinanzierung war dafür ausgeschlossen. Kreditinstitute konnten diese Beträge nur schwer gewähren, da nicht genügend Sicherheiten vorhanden waren. Rückstellungen stehen in diesem Ausmaß langfristig zumeist nicht zu Verfügung. Es blieb nur die Eigenfinanzierung. In der Regel hatten die Unternehmen nicht ausreichend Rücklagen, um den Erwerb der Lizenzen zu finanzieren. Es musste also Eigenkapital von außen dem Unternehmen zugeführt werden. Es wurden daher vorwiegend Kapitalerhöhungen durchgeführt, um die UTMS-Lizenz-Ersteigerung zu finanzieren.

Beispiel 2:

Es gibt Unternehmen, die keine Fremdkapitalfinanzierung über ein Kreditinstitut mehr vornehmen können, da eine Überschuldung vorliegt. In diesem Fall übersteigt das Fremdkapital den Wert der Aktiva. Es sind also für ein Kreditinstitut keine Sicherheiten vorhanden, auf deren Basis eine Kreditgewährung vorgenommen werden kann. Häufig sind in dieser Situation auch keine (neuen) Eigenkapitalgeber zu finden. Sind hier Finanzmittel erforderlich, bleibt den Unternehmen meist nur eine Verlängerung der Zahlungsziele (Verbindlichkeiten werden mit der Begleichung hinausgezögert). Die „dünne Finanzmitteldecke" wird so gestreckt, das Unternehmen erhält sich die Zahlungsfähigkeit. Hier geht es um die kurzfristige Finanzierung, bei der die Kosten fast keine Rolle spielen. Denn aus dem oben aufgeführten Beispiel geht hervor, dass in der Regel Lieferantenkredite sehr teuer sind. Hat das Unternehmen keine andere Möglichkeit der Finanzierung mehr, stehen die Finanzierungskosten im Hintergrund.

Beispiel 3:

Plant ein Unternehmen eine längerfristige Investition in ein Anlageobjekt und hat dafür nicht genügend Finanzmittel zur Innenfinanzierung zur Verfügung, verbleibt ihm nur die Außenfinanzierung. Die Außenfinanzierung kann aus Kostengründen mit Eigen- und/oder Fremdkapital vorgenommen werden. Je nach Rating, Finanzmarktsituation und individuellem Anspruch der Kapitalgeber sind die Finanzierungskosten unterschiedlich hoch. Die Entscheidung, ob über Eigen- oder Fremdkapital finanziert wird, hängt damit von den Finanzierungskosten ab. Dabei kann je nach Konstellation, eine Eigen- oder eine Fremdkapitalfinanzierung für das Unternehmen günstiger sein.

Schließlich haben alle Finanzierungen Auswirkungen auf Kennzahlen, die zur Beurteilung von Unternehmen herangezogen werden. Auch das kann ein Grund sein, dass sich ein Unternehmen für eine bestimmte Finanzierung entscheidet.

4.3 Steuerung der Liquidität mittels Finanzmittel (Finanzplanung)

Für die Steuerung der Liquidität ist eine Finanz(mittel)planung und –kontrolle erforderlich. Hat das Unternehmen eine zu hohe Liquidität (Finanzmittel), entgehen Zinsgewinne. Steht dem Unternehmen zu bestimmten Zahlungszeitpunkten zu wenig Liquidität zur Verfügung, entstehen durch die kurzfristige Ausnutzung von Überziehungskrediten hohe Zinskosten. Die Steuerung der Liquidität ist damit eine stete Aufgabe des Unternehmens. Inhalt dieser Aufgabe ist die Steuerung anhand eines Finanzplans.

Die Erstellung eines Finanzplans kann aus der Abbildung 4-5 hergeleitet werden.

Aus dem Absatz- und dem Umsatzplan ist der Zufluss an Einnahmen festzustellen. Durch den Kostenplan ist der Abfluss an Ausgaben ablesbar, zumindest bei den liquiditätswirksamen Kosten. Aus der Differenz wird deutlich, wie viel Gewinn für das Unternehmen entsteht. Darin dürfte ein Großteil des Liquiditätszuwachses enthalten sein. Ein Teil des entstandenen Gewinns wird an die Eigentümer ausgeschüttet. Liquidität fließt damit aus dem Unternehmen ab. Ein anderer Teil des Gewinns bleibt dem Unternehmen als Liquidität für zukünftige Investitionen oder für die Rückzahlung von Krediten erhalten. Ein Finanzplan ist erforderlich, weil geklärt werden muss, welche Finanzmittel, z. B. für die Investitionsplanung, notwendig sind.

Abbildung 4-5: *Zeitliche Struktur der betrieblichen Planung (Quelle: Eilenberger, 2002, S. 292)*

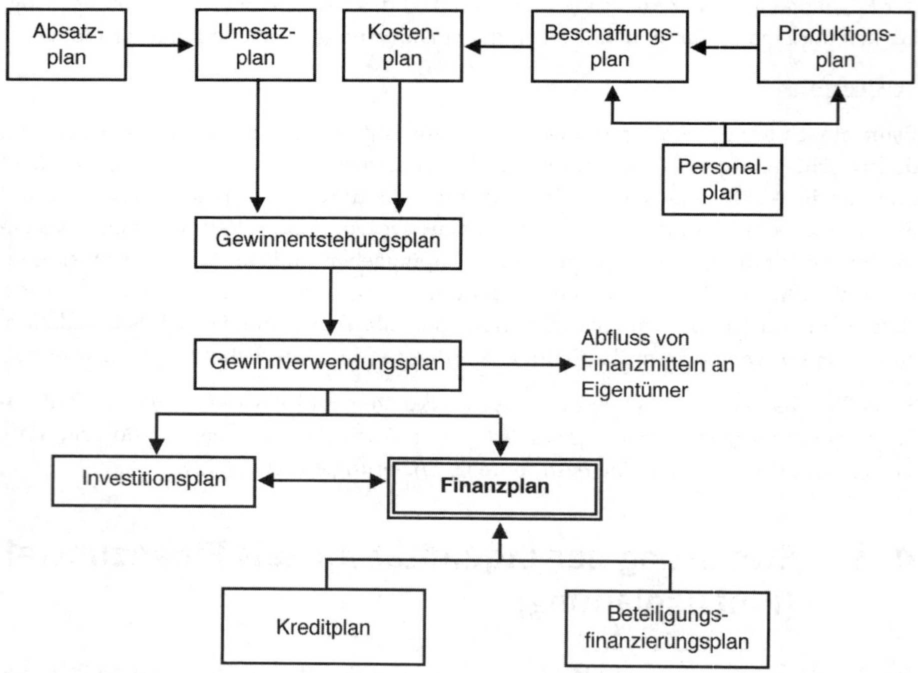

Der Finanzplan umfasst die prognostizierten Einnahmen und Ausgaben eines Unternehmens. Durch die Gegenüberstellung der Einnahmen und Ausgaben kann der Bedarf des Unternehmens an Finanzmitteln festgestellt werden. Antizipativ lässt sich der Finanzmittelbedarf damit steuern. Bei der Veränderung des Bedarfs während der Abrechnungsperiode können die Auswirkungen anhand des Plans sofort festgestellt werden. Der Übergang von einer reinen Finanzplanung zu einem **Finanzmittelcontrolling** bzw. **Finanzmittelmanagement** wird mit dem Übergang zur Steuerung der Finanzmittel vorgenommen.

Der Finanzplan stellt das Instrument dafür dar und findet sich als Beispiel in der folgenden Abbildung.

Abbildung 4-6: *Finanzplan*
(in veränderter Form aus Quelle: Perridon/Steiner, 2007, S. 562f.)

	Monate			
	Jan.	Febr.	März	April
I. Auszahlungen **1. Auszahlungen für laufende Geschäfte** 1.1. Gehälter 1.2. Löhne 1.3. Rohstoffe 1.4. Hilfsstoffe 1.5. Betriebsstoffe 1.6. Steuern und Abgaben 1.7. … **2. Auszahlungen für Investitionszwecke** 2.1. Sachinvestitionen Vorauszahlungen Restzahlungen 2.2. Finanzinvestitionen **3. Auszahlungen im Rahmen des Finanzverkehrs** 3.1. Kredittilgung 3.2. Eigenkapitalminderungen (z.B. Privatentnahmen)				
II. Einzahlungen **1. Einzahlungen aus ordentlichen Umsätzen** 1.1. Barverkäufe 1.2. Begleichung v. Ford. aus Lieferungen u. Leistungen **2. Einzahlungen aus Desinvestitionen** 2.1. Anlageverkäufe (außerordentliche Umsätze) 2.2. Auflösung von Finanzinvestitionen **3. Einzahlungen aus Finanzerträgen** 3.1. Zinserträge 3.2. Beteiligungserträge				
III. Ermittlung der Über- und Unterdeckung durch II./I. + Zahlungsmittelbestand der Vorperiode				
IV. Ausgleichs- und Anpassungsmaßnahmen **1. Bei Unterdeckung** 1.1. Kreditaufnahme 1.2. Eigenkapitalerhöhung 1.3. Rückführung gewährter Darlehen 1.4. Zusätzliche Desinvestitionen **2. Bei Überdeckung** 2.1. Kreditrückführung 2.2. Eigenkapitalminderung				
V. Zahlungsmittelbestand am Periodenende nach Berücksichtigung der Ausgleichs- und Anpassungsmaßnahmen				

Aus der Abbildung wird deutlich, dass sich aus der Differenz von I. Auszahlungen und II. Einzahlungen die III. Ermittlung der Über- bzw. Unterdeckung an Finanzmitteln ergibt. Die Über- bzw. Unterdeckung erfordert IV. Ausgleichs- bzw. Anpassungsmaßnahmen, die aus Einzahlungen bzw. Auszahlungen bestehen. Insgesamt ergibt sich daraus zum Periodenende der V. Zahlungsmittelbestand nach Berücksichtigung der Ausgleichs- bzw. Anpassungsmaßnahmen.

Vom internen Steuerungsinstrument zum externen Steuerungsinstrument ist es nur ein kleiner Schritt. Die **Kapitalflussrechnung** z. B., die den im Finanzplan beschriebenen Kapitalfluss abbildet, ist ein Instrument im Jahresabschluss nach internationalen Rechnungslegungsvorschriften. Dieses Instrument ist durch US-GAAP und IFRS stärker in das Bewusstsein von Entscheidern gerückt. In der Kapitalflussrechnung ist die Veränderung der einzelnen Liquiditätspositionen im Jahresverlauf abzulesen. Beispielhaft kann dies am Jahresabschluss von Siemens festgestellt werden. Dort sind drei Finanzmittel-Positionen deutlich hervorgehoben: Mittelzufluss/-abflusse aus laufender Geschäftstätigkeit, aus Investitionstätigkeit und aus Finanzierungstätigkeit. Der kritische Betrachter kann daraus ablesen, wie sich die Liquidität im Laufe einer Periode durch die verschiedenen Positionen beeinflusst.

4.4 Finanzanalyse

Die Finanzanalyse vermittelt anhand von Kennzahlen einen Eindruck über die finanzwirtschaftliche Situation des Unternehmens und ermöglicht eine Bewertung für den internen bzw. externen Betrachter. Folglich wird zwischen der internen und externen Finanzanalyse unterschieden. Während die interne Analyse eher für unternehmensinterne Adressaten (z. B. Geschäftsleitung, Wirtschaftsausschuss) eingesetzt wird, richtet sich die externe Analyse eher an unternehmensexterne Adressaten (z. B. Kapitalgeber, Börse). Basis sind dafür i.d.R. die Zahlen des Jahresabschlusses. Die Finanzanalyse besteht in der Aufbereitung des Zahlenmaterials, in der Bildung von Kennziffern und in der Durchführung von Vergleichen. Insbesondere der zweite Punkt steht immer wieder im Vordergrund: Bildung von Kennziffern. Dafür muss ein Jahresabschluss vorliegen, damit daraus, insbesondere spezielle Kenntnisse einer Beurteilung und Bewertung entstehen.

Beispielhaft werden die Zahlen aus dem Jahresabschluss des Siemens-Konzerns zur Finanzanalyse herangezogen (vgl. Siemens 2006, S. 158f.).

Abbildung 4-7: *: Bilanz 2006, Siemens 2006, S. 158)*

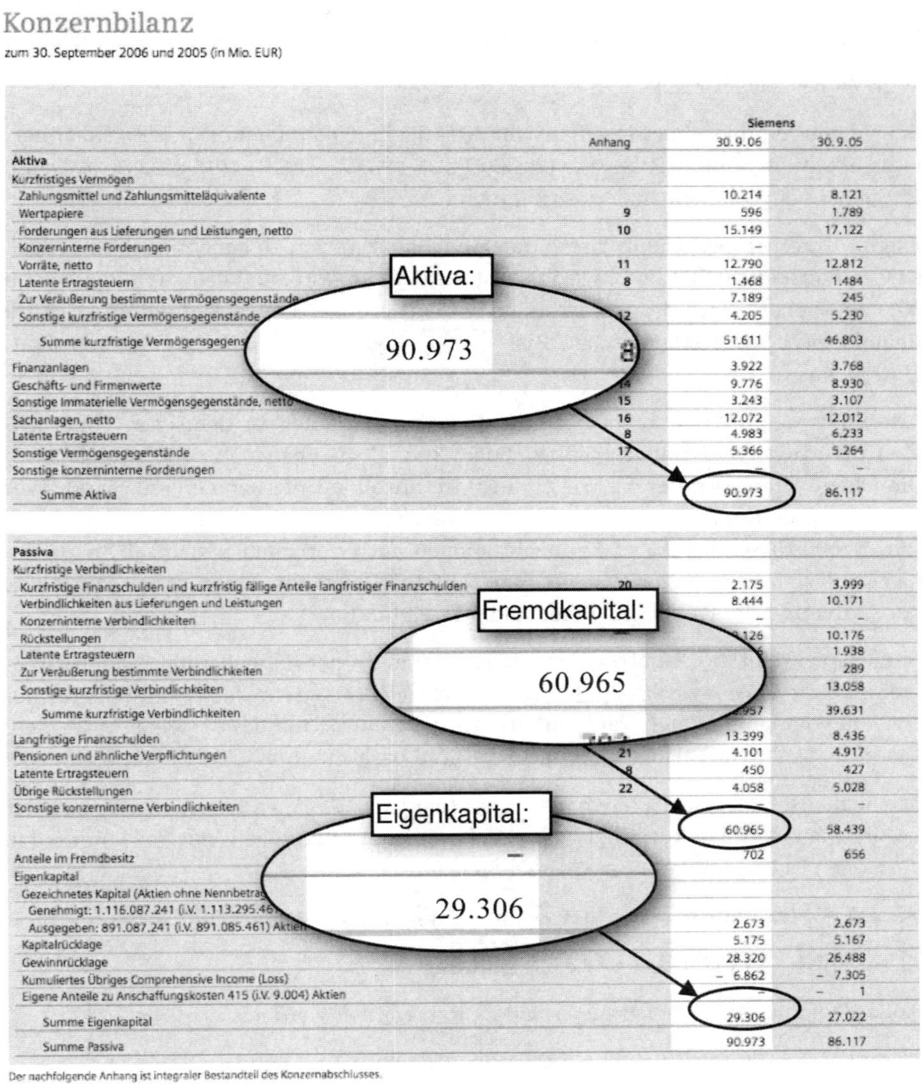

Konzernbilanz

zum 30. September 2006 und 2005 (in Mio. EUR)

		Siemens	
	Anhang	30.9.06	30.9.05
Aktiva			
Kurzfristiges Vermögen			
Zahlungsmittel und Zahlungsmitteläquivalente		10.214	8.121
Wertpapiere	9	596	1.789
Forderungen aus Lieferungen und Leistungen, netto	10	15.149	17.122
Konzerninterne Forderungen		–	–
Vorräte, netto	11	12.790	12.812
Latente Ertragsteuern	8	1.468	1.484
Zur Veräußerung bestimmte Vermögensgegenstände		7.189	245
Sonstige kurzfristige Vermögensgegenstände	12	4.205	5.230
Summe kurzfristige Vermögensgegens[illegible]	[illegible]	51.611	46.803
Finanzanlagen	[illegible]	3.922	3.768
Geschäfts- und Firmenwerte	14	9.776	8.930
Sonstige immaterielle Vermögensgegenstände, netto	15	3.243	3.107
Sachanlagen, netto	16	12.072	12.012
Latente Ertragsteuern	8	4.983	6.233
Sonstige Vermögensgegenstände	17	5.366	5.264
Sonstige konzerninterne Forderungen		–	–
Summe Aktiva		90.973	86.117
Passiva			
Kurzfristige Verbindlichkeiten			
Kurzfristige Finanzschulden und kurzfristig fällige Anteile langfristiger Finanzschulden	20	2.175	3.999
Verbindlichkeiten aus Lieferungen und Leistungen	[illegible]	8.444	10.171
Konzerninterne Verbindlichkeiten		–	–
Rückstellungen	[illegible]	[illegible].126	10.176
Latente Ertragsteuern	[illegible]	[illegible]	1.938
Zur Veräußerung bestimmte Verbindlichkeiten	[illegible]	[illegible]	289
Sonstige kurzfristige Verbindlichkeiten	[illegible]	[illegible]	13.058
Summe kurzfristige Verbindlichkeiten	[illegible]	[illegible]957	39.631
Langfristige Finanzschulden	[illegible]	13.399	8.436
Pensionen und ähnliche Verpflichtungen	21	4.101	4.917
Latente Ertragsteuern	8	450	427
Übrige Rückstellungen	22	4.058	5.028
Sonstige konzerninterne Verbindlichkeiten		–	–
		60.965	58.439
Anteile im Fremdbesitz		702	656
Eigenkapital			
Gezeichnetes Kapital (Aktien ohne Nennbetra[illegible]			
Genehmigt: 1.116.087.241 (i.V. 1.113.295.46[illegible]			
Ausgegeben: 891.087.241 (i.V. 891.085.461) Aktien		2.673	2.673
Kapitalrücklage		5.175	5.167
Gewinnrücklage		28.320	26.488
Kumuliertes Übriges Comprehensive Income (Loss)		– 6.862	– 7.305
Eigene Anteile zu Anschaffungskosten 415 (i.V. 9.004) Aktien		–	– 1
Summe Eigenkapital		29.306	27.022
Summe Passiva		90.973	86.117

Der nachfolgende Anhang ist integraler Bestandteil des Konzernabschlusses.

Die Kennzahlen geben Aufschluss über die Vermögensstruktur, die Kapitalstruktur und die horizontale Bilanzstruktur.

Eine interessante Steuerungsgröße der Kapitalstruktur stellt die **Eigenkapitalquote** dar. Die vertikale Finanzierungsregel gibt an:

Eigenkapital : Fremdkapital = 1 : 1 für erstrebenswert,

Eigenkapital : Fremdkapital = 1 : 2 für solide,

Eigenkapital : Fremdkapital = 1 : 3 für noch zulässig.

(Vgl. Wöhe, 2005, S. 728.)

Bei Siemens ergibt sich im Geschäftsjahr 2006 die Eigenkapitalquote aus Eigenkapitel : Gesamtkapital (Summe Passiva) = (29.306 TEUR : 90.973 TEUR) x 100 = 32,21 %. Damit ist Siemens ein solide finanziertes Unternehmen.

Es gibt Unternehmen, die in ihrer Strategie Finanzkennzahlen benennen. Im Lufthansa-Geschäftsbericht 2006 z. B. wird eine strategisch angestrebte Eigenkapitalquote von 30% angegeben. Nach der o.g. vertikalen Finanzierungsregel wäre die Lufthansa mit dem Erreichen des strategischen Ziels „30 % Eigenkapitalquote" dann ein solides Unternehmen.

Allerdings zeigt Wöhe auch, dass die Eigenkapitalquoten in deutschen Unternehmensbranchen recht unterschiedlich hoch sind. (Vgl. Ebenda, S. 730) In manchen Branchen wären nach der o.g. Regel nur noch unsolide Unternehmen am Markt. Dies zeigt, dass die Kapitalstrukturkennzahlen branchenspezifisch betrachtet werden müssen. Neben dieser vertikalen Kennzahl können auch horizontale Kennzahlen zur Finanzanalyse herangezogen werden. **Horizontale Bilanzkennzahlen** setzen Werte von der Aktiv- und der Passivseite miteinander in Verbindung.

Ein Beispiel stellt die „Goldene Bilanzregel" dar, nach der (Eigenkapital + langfristiges Fremdkapitel) : Anlagevermögen > 1, also mehr als 100 % sein soll. Das Anlagevermögen soll vom langfristigen Kapital in der Unternehmung mindestens gedeckt werden. Diese Kennzahl wird als **Anlagendeckungsgrad** bezeichnet.

Bei Siemens ergibt sich (vereinfacht gerechnet) der Anlagendeckungsgrad aus der Ermittlung des Anlagevermögens als sog. langfristiges Vermögen (nur das kurzfristige Vermögen ist in der Bilanz ausgewiesen) wie folgt:

Summe Aktiva – kurzfristiges Vermögen = langfristiges Vermögen

90.973 TEUR – 51.611 TEUR = 39.362 TEUR.

Außerdem muss das langfristige Fremdkapital ermittelt werden:

Fremdkapital – kurzfristigem Fremdkapital = langfristiges Fremdkapital

61.667 TEUR – 38.957 TEUR = 22.710 TEUR

Daraus ergibt sich die „Goldene Bilanzregel"

(Eigenkapitel + langfristiges Fremdkapital) : langfristiges Vermögen =

((29.306 TEUR + 22.710 TEUR) : 39.362 TEUR) x 100 = 132,15 %

Die goldene Bilanzregel wird unter der vereinfachten Rechnung von Siemens erfüllt.

Aber auch **Liquiditätsregeln** helfen bei der Finanzanalyse. Diese sind ebenfalls horizontale Kennzahlen, die Aktiv- und Passivseite in Beziehung setzen. Ein Beispiel stellt die „**Liquidität 1. Grades bzw. Barliquidität**" dar: Zahlungsmittel : kurzfristige Verbindlichkeiten > 1, also größer 100 % Die Zahlungsmittel sollen mindestens die kurzfristigen Verbindlichkeiten abdecken. Bei Siemens ergibt sich die Barliquidität aus

(Zahlungsmittel und Zahlungsmitteläquivalente : kurzfristige Verbindlichkeiten) x 100

(10.214 TEUR : 38.957 TEUR) x 100 = 26,22 %.

Ergänzend könnte herangezogen werden, inwieweit das gesamte kurzfristige Vermögen ausreicht, die kurzfristigen Verbindlichkeiten zu decken. Im dem Sinne: Reicht das kurzfristig liquidierbare Vermögen die kurzfristigen Verbindlichkeiten zu decken? Auch das wäre eine **Liquiditätsgrad höherer Ordnung** des Unternehmens:

(kurzfristiges Vermögen : kurzfristige Verbindlichkeiten) x 100 =

(51.611 TEUR : 38.957 TEUR) x 100 = 132 %.

Die Liquiditätsbetrachtung bei Siemens wäre insofern nach verschiedenen Liquiditätskennzahlen differenziert zu bewerten.

Das Vornehmen von Vergleichen hinsichtlich der Finanzanalyse-Kennzahlen zwischen Unternehmen oder einem Benchmark soll die Steuerung vereinfachen. Hierbei ist unbedingt zu berücksichtigen, dass es sich bei einem Vergleich um gleichartige Unternehmen innerhalb einer Branche handeln muss. Ein Vergleich von „Äpfeln und Birnen" ist auf jeden Fall zu vermeiden, da er das Bild der Finanzsituation eines Unternehmens verfälschen kann.

5 Marketing

5.1 Grundlagen des Marketing

5.1.1 Begriff und Abgrenzung des Marktes

Der betriebliche Leistungsprozess wird mit dem Absatz der Güter oder Dienstleistungen abgeschlossen. Dies geschieht auf dem Markt, als nach der ökonomischen Theorie denjenigen Ort, an dem Anbieter und Nachfrager zusammentreffen, um Austauschprozesse vorzunehmen. Präziser wird vom „relevanten Markt" gesprochen, der zu identifizieren und definieren ist.

Die Marktabgrenzung erfolgt u.a. durch eine Analyse der Marktstrukturen (z.B.: Welche Marktteilnehmer sind auf der Anbieter- bzw. der Nachfragerseite vorhanden?) und der Marktprozesse (z.B.: Mit welchen Produkten tritt das Unternehmen in einen Wettbewerb? Sollen die Produkte lokal, regional, national, international oder global angeboten werden?)

Während der Nachkriegszeit ergab sich für die Anbieter von Gütern die Situation, dass einer großen Nachfrage an Gütern, ein vergleichsweise knappes Angebot gegenüberstand (Verkäufermärkte). In dieser Zeit lag der Schwerpunkt der unternehmerischen Aktivitäten auf der Ausdehnung und Rationalisierung der Produktion (Produktionsorientierung), während der Absatz in diesen ungesättigten Märkten wenig Schwierigkeiten bereitete.

Seit den 60er und 70er Jahren zeichnet sich ein anderes Bild, das wesentlich von einem steigenden Güterangebot und einer zunehmenden Verschärfung des Wettbewerbs geprägt ist. Die westlichen Industrieländer sind durch einen Angebotsüberhang gekennzeichnet, aus dem der Käufer mit einem relativ großen Freiheitsgrad auswählen kann (Käufermärkte)[18]. Dementsprechend rückte die Absatzwirtschaft zunehmend in den Fokus unternehmerischen Denkens (Marketing-Orientierung).

5.1.2 Begriff und Merkmale des Marketing

Bis heute existiert keine allgemeingültige Definition des Marketingbegriffs. Nach einer klassischen Interpretation umfasst das Marketing „die Planung, Koordination und Kontrolle aller auf die aktuellen und potentiellen Märkte ausgerichteten Unternehmensaktivitäten. Durch die dauerhafte Befriedigung der Kundenbedürfnisse sollen die

18 Ausnahmen können sich z.B. bei innovativen technischen Produkten und etwa dem Ölmarkt ergeben.

Unternehmensziele verwirklicht werden" (Meffert 2000, S. 8). In einer weitergehenden Definition wird Marketing als unternehmerische Denkhaltung verstanden, die eine markt- und kundenorientierte Unternehmensführung beinhaltet (Bruhn 2004, S. 14, Meffert 2000, S. 8). Marketing wird danach als Unternehmensfunktion (gleichberechtigt neben z.B. Produktion, Personal etc.) und als Führungsphilosophie verstanden.

5.2 Marketing-Management

Das **Marketing-Management** hat die systematische Erarbeitung des Leistungsprogramms und dessen Durchsetzung am Markt (Bruhn 2004, S. 21 ff.) zum Gegenstand.

Zu den Aufgaben des Marketing-Managements gehören danach u.a.:

- **Produktbezogene Aufgaben**
  Anpassung des Leistungsprogramms an die Kundenwünsche (z.B. Produktverbesserungen und Entwicklung neuer Produkte)

- **Marktbezogene Aufgaben**
  Bearbeitung bestehender und Erschließung neuer Märkte

- **Kundenbezogene Aufgaben**
  Verbesserung der Bindung vorhandener und Gewinnung neuer Kunden

- **Handelsbezogene Aufgaben**
  Optimierung der Beziehungen zum Handel und Erschließung neuer Vertriebswege

- **Konkurrenzbezogene Aufgaben**
  Profilierung gegenüber den Konkurrenten durch dauerhafte Wettbewerbsvorteile und Absicherung der Marktstellung gegenüber potentiellen Konkurrenten

- **Unternehmensbezogene Aufgaben**
  Koordinierung sämtlicher Marketingaktivitäten zur Erreichung der marktorientierten Unternehmensziele

Marketing als Managementfunktion erfordert ein systematisches Entscheidungsverhalten. Das Kernstück ist dabei die Entwicklung einer **Marketingkonzeption**. Diese lässt sich idealtypisch in die Phasen der Analyse, Planung, Durchführung und Kontrolle unterteilen (siehe Abbildung 5-1).

Abbildung 5-1: *Idealtypischer Ablauf des Managementprozesses*

Analyse	Analyse der Marketingsituation
	↓
Planung	Festlegung der Marketingziele Ermittlung der Marktsegmente Entwicklung von Marketingstrategien Festlegung der Marketingmaßnahmen
	↓
Durchführung	Umsetzung der Marketingmaßnahmen
	↓
Kontrolle	Kontrolle der Marketingergebnisse

Hierbei ist der Ausgangspunkt die Situationsanalyse, welche u.a. die Beschaffung von Informationen über die aktuellen und zukünftig zu erwartenden Bedingungen, unter denen das Unternehmen agiert, beinhaltet. Unter Verwertung dieser Informationen müssen die relevanten externen Chancen und Risiken (Chancen-Risiken-Analyse) sowie die korrespondierenden Stärken und Schwächen des Unternehmens (Stärken-Schwächen-Analyse) identifiziert werden (sog. SWOT-Analyse: Strength-Weakness-Opportunities-Threats). Hieran schließt sich die Planungsphase an, die die Festlegung der Marketingziele (angestrebter zukünftiger Zustand), die Formulierung von Marketingsstrategien (Festlegung des Weges, wie diese Ziele erreicht werden sollen) und weiterhin die Planung der absatzpolitischen Instrumente (Festlegung operativer Maßnahmen) und deren Umsetzung beinhaltet. Schließlich erfolgt in der Kontrollphase eine Erfolgskontrolle.

5.3 Marketingsituation

Die Aufgabe der **Situationsanalyse** besteht darin, die vergangenen, gegenwärtigen und zukünftigen Marktverhältnisse zu beschreiben und zu analysieren. Zur Erfassung der Marketingsituation sind aufgrund der Komplexität der Märkte eine Vielzahl von Einzelinformationen erforderlich. Es werden Informationen benötigt über:

- das eigene Unternehmen
- die Konkurrenten
- den Handel
- die Endverbraucher bzw. Konsumenten
- die sonstigen Rahmenbedingungen

Der Schwerpunkt der benötigten Absatzinformationen ist im Bereich der Marktinformationen zu sehen. Dies beinhaltet die vergangenheits-, gegenwarts- und zukunftsbezogenen Daten über die Marktteilnehmer und die Wirkungen des Einsatzes der Marketinginstrumente. Der Versorgung des Unternehmens mit Marktinformationen ist Aufgabe der Marktforschung.

5.4 Marktforschung

Der Prozess der **Marktforschung** gliedert sich in die Phasen der Problemformulierung, der Auswahl der Marktforschungsmethode, der Durchführung der Marktforschungsstudie und der Dokumentation der Marktforschungsergebnisse.

Die Informationsgewinnung kann grundsätzlich als sogenannte Primär- und als Sekundärerhebung erfolgen (Abbildung 5-2)

Abbildung 5-2: *Methoden der Informationsgewinnung*

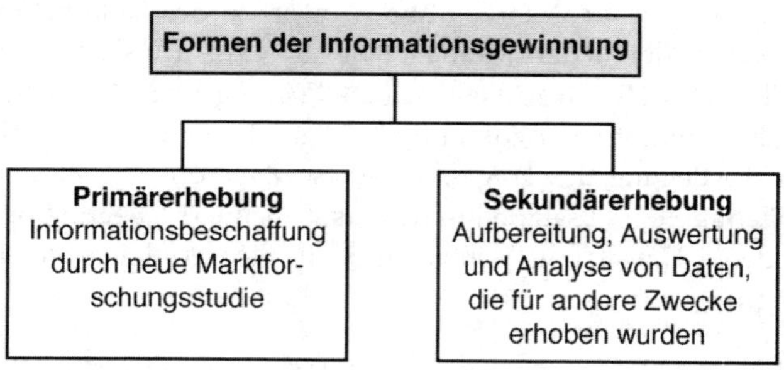

Von **Primärforschung** wird gesprochen, wenn die Daten für den jeweiligen Untersuchungszweck neu erhoben werden. Bei der Sekundärforschung wird auf bereits vorhandene Daten zurückgegriffen, die für den jeweiligen Untersuchungszweck aufbereitet werden. Informationsquellen der **Sekundärforschung** sind u.a. Statistiken und Studien staatlicher und privater Institutionen. Die Kosten der Sekundärforschung sind in der Regel weitaus niedriger als die der Primärforschung. Da darüber hinaus die

Informationen auch in der Regel schneller verfügbar sind, wird häufig zunächst versucht, das Forschungsziel durch Sekundärforschung zu erreichen.

Die durch die Marktforschung zu gewinnenden Informationen müssen im Hinblick auf die Vollständigkeit, die Zuverlässigkeit (Reliabilität) und die Gültigkeit (Validität) hohen Anforderungen genügen. Dies lässt sich im Rahmen der Primärforschung häufig nur mit kostenaufwendigen Verfahren erreichen.

Es lassen sich verschiedene Erhebungsmethoden der Primärforschung unterscheiden:

- **Befragung**

  Die Befragung gilt als das klassische Instrument der Marktforschung. Hierbei werden durch die Auskunft von Befragten Informationen gewonnen (mündliche, schriftliche, telefonische oder Online-Befragungen).

- **Beobachtung**

  Hierbei werden die Informationen ohne das Wissen der Teilnehmer erhoben (z.B. Beobachtung von Kundenreaktionen).

- **Experiment**

  Die Informationserhebung erfolgt im Rahmen einer künstlich geschaffenen Versuchsanordnung (z.B. Laborexperimente), um beispielsweise die isolierte Wirkung des Einsatzes von Marketinginstrumenten zu messen (z.B. Messung der Farbwahrnehmung einer Verpackung).

- **Panel**

  Bei einem Panel werden Untersuchungen in einem gleichbleibenden Kreis von Untersuchungseinheiten (z.B. Personen) in regelmäßigen Abständen zum gleichen Untersuchungsgegenstand durchgeführt. Das Ziel der Panelerhebungen ist die Erforschung von Markt- , Einstellungs- oder Verhaltensänderungen im Zeitablauf.

5.5 Marketingziele

Abgeleitet aus den Unternehmenszielen werden für die einzelnen Funktionsbereiche der Unternehmung, und damit auch für das Marketing, Teilziele entwickelt (siehe Abbildung 5-3). Die Funktionsbereichsziele lassen sich wiederum in Zwischenziele der strategischen Geschäftseinheiten (Business Units) und letztlich in Unterziele für die einzelnen Marketinginstrumente (Werkzeuge) aufgliedern.

Es werden ökonomische und psychologische Ziele unterschieden (vgl.: Bruhn 2004, S. 26 ff.) :

Ökonomische Marketingziele

- **Gewinn** (Umsatz abzüglich Kosten)

- **Absatz** (Anzahl verkaufter Mengeneinheiten)
- **Umsatz** (Erlöse)
- **Marktanteile** (Verhältnis des Absatzvolumens zum Marktvolumen)

Psychologische Marketingziele

- **Image** (Subjektive Vorstellung von Produkten, Marken und Unternehmen)
- **Bekanntheitsgrad** (Kenntnis von Produkten, Marken und Unternehmen)
- **Kundenpräferenzen** (Bevorzugte Wahl an Produkten, Marken und Unternehmen)
- **Kundenzufriedenheit** (Verhältnis zwischen erwarteter und tatsächlich wahrgenommener Leistung)
- **Kundenbindung** (Absicht zur Wiederholung der Kaufentscheidung)

Abbildung 5-3: *Marketingziele*

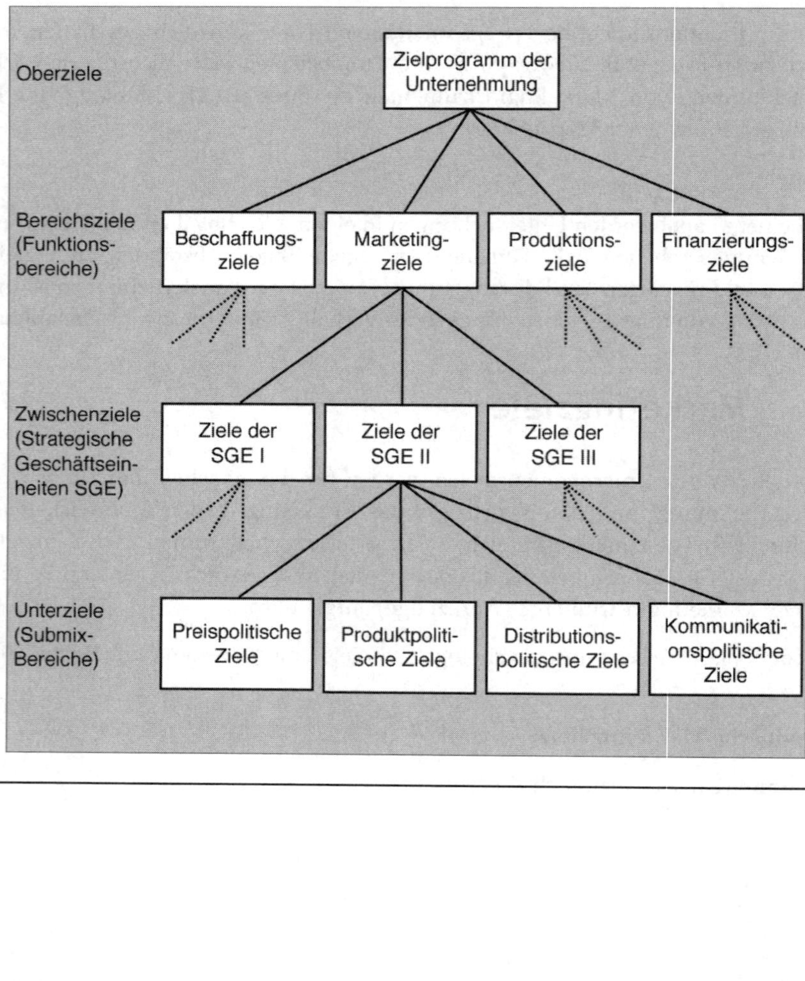

Wirtschaftliche und psychologische Marketingziele sind nicht isoliert zu betrachten. Die Erreichung psychologischer Ziele (z.B. Kundenzufriedenheit, Kundenbindung) ist häufig Voraussetzung zur Erreichung ökonomischen Erfolges.

Um die Marketingziele operationalisieren zu können, ist deren detaillierte Formulierung im Hinblick auf fünf Dimensionen vorzunehmen:

1. Zielinhalt: Was soll erreicht werden?
2. Zielausmaß: In welchem Umfang soll das Ziel erreicht werden?
3. Zielsegment: In welchem Marktsegment soll das Ziel erreicht werden?
4. Zielgebiet: In welchem Gebiet soll das Ziel erreicht werden?
5. Zielperiode: Bis wann soll das Ziel erreicht werden?

Eine Zielformulierung könnte danach z.B. lauten:

Erhöhung des Absatzes von Karibikkreuzfahrten um 5% bei den 50-64 Jährigen (sog. Best-Ager) in Deutschland innerhalb eines Jahres.

5.6 Marketingstrategie

Marketingstrategien dienen der Festlegung eines notwendigen Handlungsrahmens bzw. einer anzusteuerenden Route, um sicherzustellen, dass alle taktischen und operativen Marketinginstrumente zielführend eingesetzt werden (vgl. Becker 2001, S. 140). Durch die Festlegung einer Strategie werden mittel- bzw. langfristig orientierte Grundsatzentscheidungen getroffen. Die Grundorientierung wird durch die Frage deutlich: „Welche Dinge sind zu tun?“. Die taktische bzw. operative Ebene ist demgegenüber durch kurzfristig orientierte, operative Handlungen geprägt. Hier wird die Grundorientierung durch die Frage erkenntlich: „Wie können die Dinge richtig gemacht werden?“.

Nach Becker (2001, S. 147 ff.) lassen sich vier Strategieebenen(-dimensionen) unterscheiden. Hierbei handelt es sich um: Marktfeldstrategien, Marktstimulationsstrategien, Marktparzellierungsstrategien und Marktarealstrategien.

5.6.1 Marktfeldstrategie

Durch die **Marktfeldstrategie** legt das Unternehmen die Art der Produkte (des Leistungsprogramms) und die Märkte fest, auf denen diese abgesetzt werden sollen. Die strategischen Basisoptionen sind hierbei:

- **Marktdurchdringung**

  Die Strategie der Marktdurchdringung (Marktpenetration) hat zum Gegenstand, dass ein erhöhter Einsatz derzeitiger Produkte auf derzeitigen Märkten angestrebt wird.

- **Marktentwicklung**

  Mittels der Strategie der Marktentwicklung wird danach gestrebt, für bereits existierende Produkte einen oder mehrere neue Märkte zu finden und zu entwickeln.

- **Produktentwicklung**

  Die Strategie der Produktentwicklung hat die Ausrichtung, neue Produkte für bestehende Märkte zu entwickeln.

- **Diversifikation**

  Die Strategie der Diversifikation beinhaltet die Entwicklung neuer Produkte für neue Märkte.

5.6.2 Marktstimulierungsstrategie

Durch die **Marktstimulierungsstrategie** wird die Art und Weise der Marktbeeinflussung und –steuerung (Stimulierung) festgelegt. Vereinfacht lassen sich zwei grundlegende Strategiemuster unterscheiden:

- **Präferenzstrategie** (Hochpreis- bzw. Markenartikelkonzept)

  Die Präferenzstrategie hat zum Gegenstand, qualitativ hochwertige Produkte zu einem hohen Preis anzubieten. Hierfür ist es erforderlich, qualitative Präferenzen (Vorzugsstellungen) auszubauen, die einen hohen Preis aus der Abnehmersicht rechtfertigen. Die Träger solcher Präferenzen sind jeweils Marken. Zielgruppe ist hierbei der sog. Marken-Käufer, der z.B. über Markenartikelkonzepte erreicht werden soll.

- **Preis-Mengen-Strategie** (Niedrigpreis- bzw. Discountkonzept)

  Die Preis-Mengen-Strategie ist auf einen (reinen) Preiswettbewerb ausgerichtet. Zielgruppe ist hier der sog. Preis-Käufer, der sich jeweils für das billige bzw. billigste Produkt einer Warengruppe entscheidet.

5.6.3 Marktparzellierungsstrategie

Die **Marktparzellierungsstrategie** legt die Art und Weise der Differenzierung bzw. der Abdeckung des Marktes fest. Es bestehen hierbei zwei grundlegende Marktbearbeitungsalternativen:

- **Massenmarktstrategie**

  Diese wird bei sog. Standardprodukten eingesetzt, die die durchschnittlichen Bedürfnisse von Durchschnittskäufern befriedigen sollen. Die Unterschiede in den Bedürfnisstrukturen und den Verhaltensweisen der Abnehmer werden nicht speziell berücksichtigt. Häufig ist diese Strategie bei Markenartikeln anzutreffen (z.B. Nivea, Persil und Tempo).

- **Marktsegmentierungsstrategie**

  Unter Marktsegmentierung versteht man die Aufteilung eines heterogenen Gesamtmarktes in (möglichst) homogene Käufergruppen mit dem Ziel der differenzierten Ansprache dieser Gruppen (siehe Kuß 2003, S. 137).

  Eine Marktsegmentierung kann im Konsumgüterbereich z.B. nach folgenden Kriterien erfolgen:

  Demographische und geografische Kriterien: Alter, Geschlecht, Familienstand, Anzahl der Kinder, Staatsangehörigkeit, Wohnort/Region, Wohnortwechselverhalten

  Ökonomischer und sozialer Status: Haushaltseinkommen, Ausbildung, Berufstätigkeit

  Kaufverhalten: Kaufhäufigkeit, Einkaufsstättenwahl

  Produktnutzung: Verwendungszweck, Art und Wichtigkeit der beachteten Produkteigenschaften

  Persönlichkeit und Lebensstil: Lebenseinstellung, Freizeitverhalten

5.6.4 Marktarealstrategie

Durch die **Marktarealstrategie** wird der Markt- bzw. Absatzraum des Unternehmens bestimmt. Es lassen sich hierbei zwei geo-politische Handlungsfelder unterscheiden:

- Nationale Gebietsstrategien

  Die marktareal-strategischen Optionen lassen sich in lokale, regionale, überregionale und nationale Markterschließung aufgliedern.

- Übernationale Gebietsstrategien

  Die Markterschließung erfolgt hiernach multinational, international oder weltweit.

Zur Operationalisierung der jeweiligen Marketingstrategie werden verschiedene Marketinginstrumente eingesetzt, die sich in vier Gruppen (die sog. „4 Ps") einteilen lassen (vgl. Becker 2001, S. 487):

- Produktpolitik (Product)
- Preispolitik (Price)
- Kommunikationspolitik (Promotion)
- Distributionspolitik (Place)

5.7 Produktpolitik

Die **Produktpolitik** umfasst alle Entscheidungen, die im Zusammenhang mit der Gestaltung des Leistungsprogramms eines Unternehmens stehen. Der Begriff Produktpolitik wird sowohl für materielle Produkte (Sachgüter) als auch für immaterielle Leistungen (Dienstleistungen) verwendet. Im Rahmen der Produktpolitik kommt dem Kundennutzen eine zentrale Bedeutung zu. Das Produkt soll einen möglichst einzigartigen Kundennutzen bieten; also eine Eigenschaft besitzen, die es von den Konkurrenzprodukten in besonderem Maße unterscheidet (sog. Unique Selling Proposition).

Das **Produktprogramm** bestimmt sich nach der Anzahl der angebotenen Produktarten (Produktbreite) und der Anzahl der verschiedenen Ausführungsformen einer Produktart (Programmtiefe). Produktprogrammentscheidungen sind auch danach zu treffen, wann das jeweilige Produkt durch ein anderes ersetzt wird. Zur Beantwortung der Frage nach dem möglichst optimalen Ersatzzeitpunkt wird das sog. Produktlebenszykluskonzept eingesetzt.

5.7.1 Produktlebenszyklus

Der **Produktlebenszyklus** beschreibt die zeitliche Entwicklung eines Produktes am Markt insbesondere im Hinblick auf die Absatzzahlen und den Gewinn. Diesem Konzept liegt die Annahme zu Grunde, dass der Verlauf eines Produktlebenszyklus einer gesetzmäßigen Entwicklung folgt und jedes Produkt bestimmte Phasen durchläuft (vgl. Abbildung 5-4).

Idealtypisch lassen sich fünf Phasen im Produktlebenszyklus unterscheiden:

1. In der **Einführungsphase** werden zunächst u.a. aufgrund des geringen Bekanntheitsgrades des Produktes nur geringe Umsätze erzielt. Dies führt in Verbindung mit den hohen Kosten für Werbung und Vertrieb zu einer ungünstigen Ertragssituation. Diese Phase reicht von der Markteinführung des Produktes bis zum Erreichen der Gewinnschwelle.

2. In der **Wachstumsphase** werden aufgrund der Wirkungen der Marketingaktivitäten schnell steigende Umsätze erzielt. Hierdurch verbessert sich auch die Ertragssituation. Diese Phase endet am Punkt des höchsten Gewinns.

3. In der sich anschließenden **Reifephase** ist das Produkt standardisiert und es werden kaum noch technologische Weiterentwicklungen für das Produkt durchgeführt. Ein sich verschärfender Wettbewerb führt zu sinkenden Erträgen und einem geringeren Umsatzwachstum. Diese Phase endet am Punkt des höchsten Umsatzes.

Abbildung 5-4: *Produktlebenszyklus*

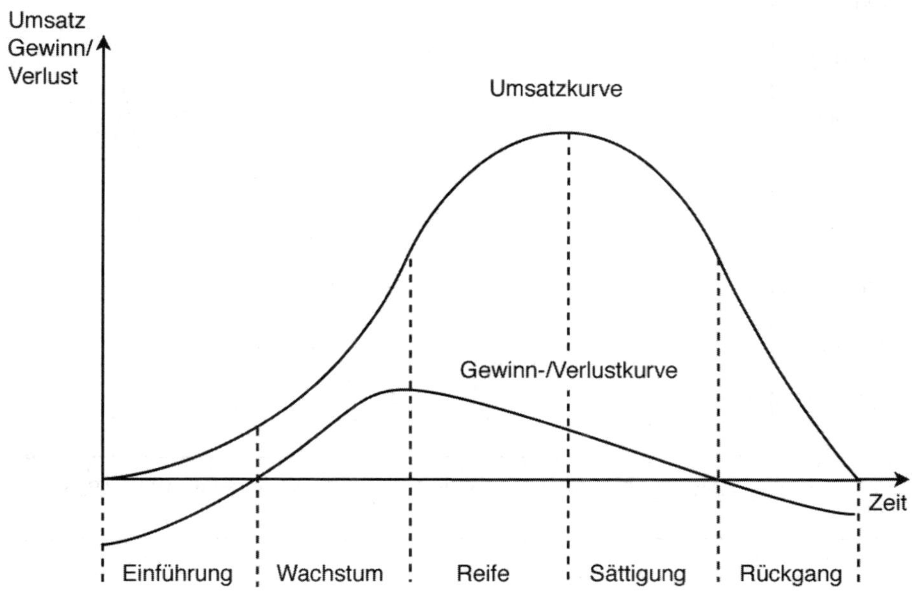

4. In der **Sättigungsphase** sinken die Umsätze aufgrund neuer Produkte bzw. veränderter Kundenwünsche ab. Die stark verringerte Nachfrage und ein weiterhin scharfer Wettbewerb, der auch Preiskämpfe beinhalten kann, ergeben weiter sinkende Gewinne. Diese Phase endet mit Beginn der Verlustzone.

5. In der **Rückgangsphase** schließlich fällt die Umsatzkurve steil ab. Das Produkt ist technologisch und wirtschaftlich veraltet. Diese Phase endet mit der Herausnahme des Produktes aus dem Markt.

Die nachstehende Abbildung 5-5 zeigt die Produktionszahlen des VW Käfer und seines Nachfolgers, des VW Golf. Es wird deutlich, dass die Produktionszahlen des VW Käfer mit der Einführung des VW Golf rapide gesunken sind und der VW Golf zeitlich leicht versetzt reüssierte.

Abbildung 5-5: *Produktionszahlen des VW Käfer und des VW Golf (Volkswagen AG: Volkswagen Chronik, Heft 7, 2003)*

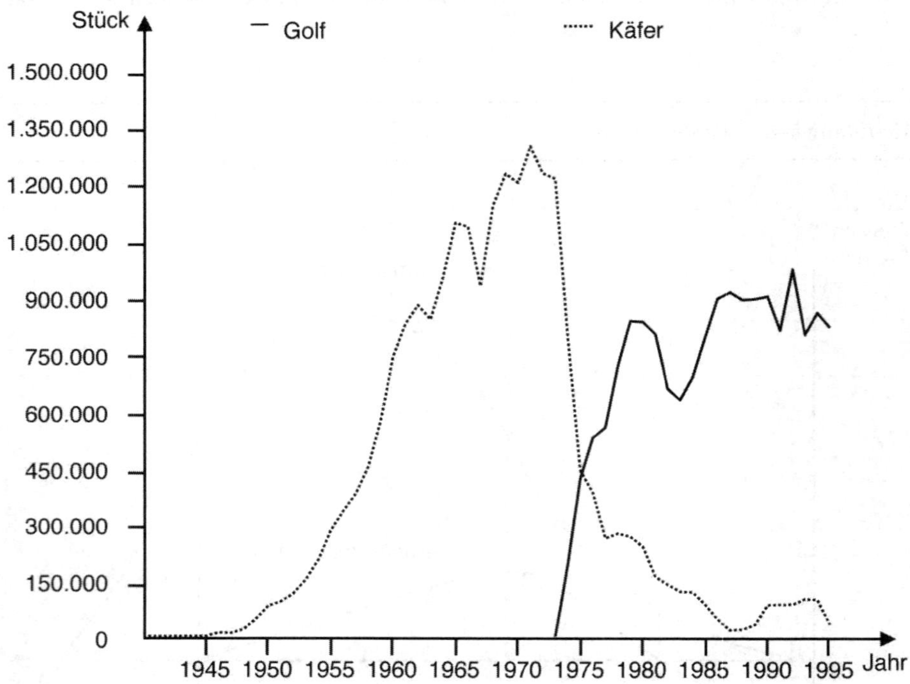

5.7.2 Produktplanung

Da die meisten Produkte nur eine begrenzte Marktfähigkeit besitzen (mit Ausnahmen wie z.B. Nivea), ist die Weiterentwicklung und Veränderung von Produktprogrammen eine ständige Aufgabe des **Produktmanagement**. Es lassen sich drei Ansätze unterscheiden (Bruhn 2004, S. 131):

- **Produktinnovation** (Entwicklung neuartiger Produkte)
- **Produktverbesserung** (Verbesserung bestimmter Eigenschaften bereits eingeführter Produkte)
- **Produktdifferenzierung** (Entwicklung zusätzlicher Produktvarianten, z.B. durch Zweitmarken für eine andere Zielgruppe)

5.7.3 Produktgestaltung

Produkte lassen sich nicht nur anhand der Produkteigenschaften (Leistungskern/Produkt im engeren Sinne), sondern auch durch die Verpackung, die Markierung und den Service charakterisieren (siehe Abbildung. 5-6).

Abbildung 5-6: *Elemente der Produktgestaltung*

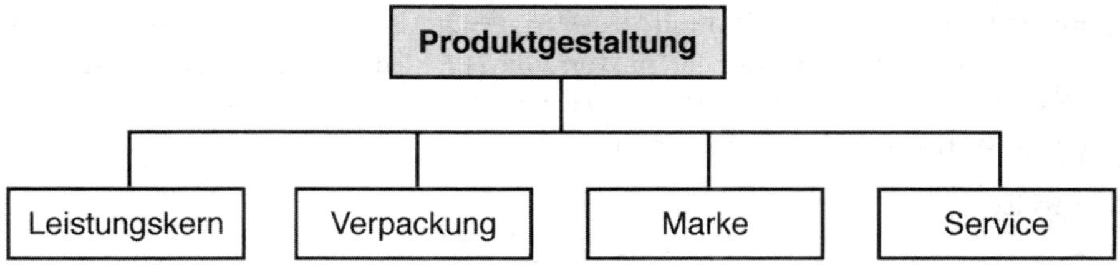

- **Leistungskern**

  Zu den wichtigsten **Produkteigenschaften** gehören u.a. die Funktionstüchtigkeit, die Haltbarkeit, die Sicherheit (z.B. ESP bei PKW), die Wirtschaftlichkeit (z.B. Benzinverbrauch eines PKW) und die Umweltverträglichkeit (z.B. Rußfilter bei Diesel-PKW). Eine wichtige Rolle spielen auch das Material (z.B. Aluminiumkarosserie bei Audi) und das Design (z.B. I-Pod).

- **Verpackung**

  Die ursprüngliche Aufgabe der **Verpackung** ist der Schutz und die Sicherung der Produkte beim Transport, der Lagerung und dem Verkauf (z.B. Getränkeflaschen). Die Verpackung ermöglicht weiterhin das Angebot von homogenen Verkaufseinheiten (z.B. Einzel- und Familienpackung). Eine wesentliche Bedeutung kommt der Verpackungsgestaltung unter dem Gesichtspunkt der Warenpräsentation und Verkaufsförderung zu (z.B. durch ein ansprechendes Design). Die Verpackung dient zudem der Information des Kunden (z.B. über Inhaltsstoffe, Haltbarkeitsdatum).

- **Marke**

  Marken dienen der Identifizierung und sind Kennzeichnungsmittel für Produkte oder Dienstleistungen. Es existieren verschiedene Formen von Marken, wie etwa Wortmarken (auf einem reinen Schriftzug basierend, wie z.B. Microsoft), Bildmarken (ein Zeichen, ohne textlichen Zusatz, wie z.B. der Mercedes-Stern) und Hörmarken (akustische Zeichen, wie z.B. der Telekom-Jingle). Durch Eintragung ins Markenregister beim Deutschen Patent- und Markenamt lässt sich ein rechtlich gesicherter Schutz erreichen[19]. Die Markenpolitik ist ein wichtiges Element des Marketing, da die Marke beim Kunden als synonym für die Leistungsfähigkeit und Qualität des Produktes gesehen wird. Eine Marke soll eine Präferenzbildung beim Kunden anregen und damit auch das Produkt bzw. die Dienstleistung gegenüber der Konkurrenz herausstellen. Eine geeignete Markenstrategie bzw. –führung kann zu einer erheblichen Wertsteigerung des Unternehmens führen. Marken können demnach für die Unternehmen einen erheblichen Vermögenswert darstellen. Die wertvollsten Marken 2006 sind nach einer Veröffentlichung des Wirtschaftsmagazins Business Week (v. 7.8.2006) Coca-Cola mit 67 Mrd. USD, gefolgt von Microsoft mit 56,9 Mrd. USD und IBM mit 56,2 Mrd. USD. Als bestplazierte deutsche Marke rangiert Mercedes-Benz mit einem Wert von 21,8 Mrd. USD auf Rang 10. Auf Rang 15 wird BMW mit einem Wert von 19,6 Mrd. USD und auf Rang 34 wird SAP mit einem Wert von 10 Mrd. USD geführt.

- **Service**

Beim **Service** handelt es sich um Dienstleistungen, die in Verbindung mit einem Produkt angeboten werden und die den Kundennutzen steigern sollen. Lange Zeit stand hierbei die Kundendienstpolitik, insbesondere der technische Kundendienst im Vordergrund. Zu den Kundendienstleistungen gehören u.a. die Lieferung, Montage, Wartung und Reparatur des gekauften Produktes. Die zunehmende technisch-qualitative Homogenität von Produkten lässt die Kunden diese als austauschbar wahrnehmen. Die Unternehmen versuchen daher eine langfristige Beziehung zum Kunden aufzubauen (Relationship-Marketing). Zur Erreichung der angestrebten Bindung genügt es häufig nicht, Produkte „nackt" zu veräußern. Vielmehr werden ganzheitliche Problemlösungen angeboten. Das Absatzprogramm wird hierfür durch Dienstleistungsangebote (Value-Added-Services) erweitert, die einen zusätzlichen Kundennutzen bieten (z.B. Kinderbetreuung im Fitnesstudio, Beobachtung einer Marke nach deren Eintragung durch eine Rechtsanwaltskanzlei).

5.8 Preispolitik

Die **Preispolitik** beinhaltet alle absatzpolitischen Entscheidungen und Maßnahmen, die der ziel- und marktgerechten Gestaltung der Preise von Gütern und Dienstleistungen dienen. Sie umfasst nicht nur die Preishöhe, sondern auch weitere Bedingungen wie etwa Rabatte sowie Zahlungs- und Lieferbedingungen (auch Konditionen- bzw. Kontrahierungspolitik genannt).

---

[19] Ein internationaler Schutz lässt durch eine internationale Registrierung (60 Vertragsstaaten des Madrider Markenabkommens bzw. des Protokolls zum Madrider Markenabkommens) und/oder durch die Eintragung einer europäischen Gemeinschaftsmarke (beim Harmonisierung samt für den Binnenmarkt in Alicante/Spanien) erzielen.

Als oberstes Ziel der Preispolitik wird zumeist die langfristige Gewinnmaximierung genannt. Die Gewinnmaximierung ist aber nicht die einzige Maxime der Preispolitik. Zum einen sind **marktgerichtete Ziele** zu nennen. Hierzu zählen die Gewinnung neuer Kunden, die Steigerung von Marktanteilen sowie die Ausschaltung der Konkurrenz. Zum anderen werden **betriebsgerichtete Ziele** verfolgt, zu denen neben anderen die Vollbeschäftigung und die Kostenoptimierung gehören können.

5.8.1 Preisbildung

Zur **Preisbestimmung** lassen sich die kosten- und die marktorientierte Preisbestimmung unterscheiden (Abbildung 5-7). Letztere kann in die nachfrageorientierte und die konkurrenzorientierte Preisbildung aufgegliedert werden:

***Abbildung** 5-7:* *Kosten- und marktorientierte Preisbestimmung*

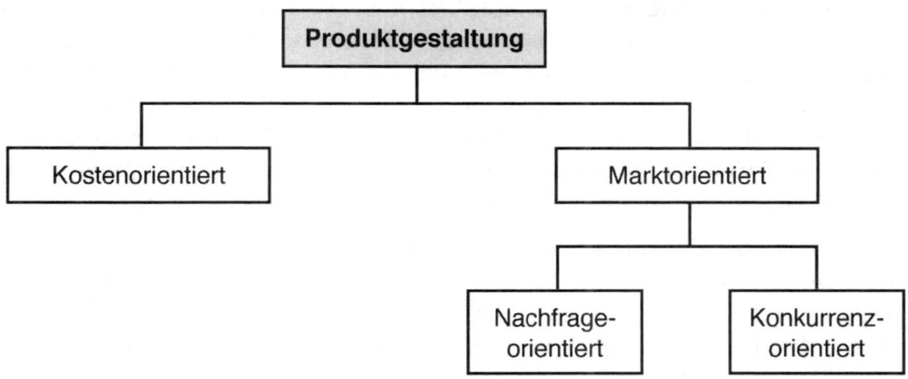

5.8.1.1 Kostenorientierte Preisbestimmung

Bei der **kostenorientierten Preisbestimmung** wird der Preis ermittelt, den ein Unternehmen erzielen muss, um seine Kosten zu decken. Es lassen sich die Preisbildung auf Vollkosten- und Teilkostenbasis unterscheiden. Ein weiterer Ansatz wird mit dem sog. Target-Costing verfolgt.

Bei der Preisbildung auf Vollkostenbasis sind die Selbstkosten die Grundlage der Preisforderung:

	Materialeinzelkosten
+	Materialgemeinkosten
+	Fertigungseinzelkosten
+	Fertigungsgemeinkosten
+	Sondereinzelkosten der Fertigung
=	Herstellungskosten
+	Verwaltungsgemeinkosten
+	Vertriebsgemeinkosten
+	Sondereinzelkosten des Vertriebs
=	Selbstkosten
+	Gewinnzuschlag
=	Verkaufspreis

Die **Vollkostenrechnung** hat den Nachteil, dass die Zusammenhänge zwischen Absatzmengen und Kosten nicht beachtet werden. So werden die Einzelkosten der Produkte direkt, die Gemeinkosten (z.B. Verwaltungs- und Vertriebsgemeinkosten) aber indirekt nach einem oder mehreren Gemeinkostenschlüsseln auf die einzelnen Produkte verteilt. Bei rückläufigen Absatzmengen müssen die Gemeinkosten im Rahmen einer Nachkalkulation auf eine geringere Stückzahl verteilt werden. Dies kann höhere Preise zur Folge haben, die einen weiteren Rückgang der Absatzmenge bedingen.

Bei der **Teilkostenrechnung** wird zur Vermeidung dieser Nachteile eine Kostenspaltung in fixe und variable Kosten vorgenommen. Für die Preisermittlung werden lediglich die variablen Stückkosten sowie der geforderte Zuschlag (Deckungsspannenzuschlag als Prozentwert der variablen Stückkosten) zugrunde gelegt. Der Angebotspreis auf der Basis variabler Kosten errechnet sich wie folgt:

$$P = kv \times \left(1 + \frac{ds}{100}\right)$$

p = Preisforderung
ds = geplanter prozentualer Deckungsspannenzuschlag
kv = variable Stückkosten

Während beide Ansätze die vom Markt ausgehenden Einflussfaktoren vernachlässigen, wird beim **Target-Costing** von der Frage ausgegangen, was ein Produkt aufgrund der Marktbedingungen kosten darf. Ausgangspunkt hierfür sind also nicht nur die kalkulierten Kosten, sondern auch der erziel- und durchsetzbare Preis für ein neues Produkt. Zur Ermittlung werden Methoden der Marktforschung eingesetzt.

5.8.1.2 Marktorientierte Ansätze

Die Verfahren **marktorientierter Preisbestimmung** betrachten nicht ausschließlich die Kosten, sondern stellen vor allem auf die Reaktionen der Marktteilnehmer ab.

Die **nachfrageorientierte Preisbestimmung** setzt bei der Zahlungsbereitschaft des Kunden an. In seiner einfachen Form richtet sich die Preisfestsetzung an der Nachfrage aus. Ist diese hoch, hat dies hohe Preise zur Folge und umgekehrt. Die Kosten für die Leistungserstellung werden nicht berücksichtigt.

Ein differenzierter Ansatz berücksichtigt auch die Preiselastizität. Darin drückt sich aus, wie hoch die prozentuale Nachfragemengenänderung als Reaktion auf die prozentuale Preisänderung ist.

Die Preiselastizität der Nachfrage ist in der Regel negativ, da die Verbraucher auf eine Preiserhöhung mit einer sinkenden Nachfrage reagieren und umgekehrt.

Soweit auf einem Markt mehrere Anbieter agieren, sind auch die Preise der Mitbewerber bei der Preisbildung zu berücksichtigen. Bei der **konkurrenzorientierten Preisbestimmung** stehen mehrere Handlungsoptionen zur Verfügung:

- **Leitpreisorientierung**

  Hierbei verzichtet der Anbieter auf eine autonome Preissetzung. Stattdessen richtet er sich bei seiner Preisforderung nach einem sog. Preisführer. Ein solches Verhalten ist z.B. im Mineralöl- und auch im Zigarettenmarkt zu beobachten. Es werden zwei Arten der Preisführerschaft unterschieden. Eine **dominierende Preisführerschaft** ist dadurch gekennzeichnet, dass ein Unternehmen mit großer Marktmacht die Preisführerschaft übernimmt und sich die übrigen Anbieter gezwungen sehen, sich an der Preissetzung zu orientieren. Bei der **biometrischen Preisführerschaft** ist kein überlegener Anbieter vorhanden, sondern eine kleine Gruppe etwa gleichstarker Wettbewerber. Dennoch wird ein Preisführer anerkannt, um keinen ruinösen Preiswettbewerb entstehen zu lassen.

- **Preisüberbietung**

  Eine Preisüberbietung kann sich beispielsweise dann anbieten, wenn es darum geht, am Preisführer vorbei eine Premiummarkt-Position anzustreben.

- **Preisunterbietung**

  Die Preisunterbietung ist typisch für Verfolger, die den Abstand zum Marktführer preisaggressiv verringern wollen. Insbesondere ein besonders aggressives Vorgehen kann eine Preisspirale nach unten bewirken, die alle Anbieter mitreißen kann und die kaum reversibel ist (wie z.B. im Schokoladenmarkt geschehen).

5.8.2 Preisstrategien

Insbesondere bei einer längerfristigen Bestimmung von Preisen im Zeitablauf ist die Festlegung einer **Preisstrategie** bedeutsam. Es sind folgende Strategievarianten zu unterscheiden:

- **Penetrationsstrategie**

  Das Ziel der Penetrationsstrategie ist es, mit niedrigen Einführungspreisen hohe Marktanteile und damit eine starke Marktposition zu erreichen. Durch große Absatzmengen sinken die Stückkosten und durch die niedrigen Preise sollen potentielle Wettbewerber abgeschreckt werden.

- **Abschöpfungspreisstrategie**

  Bei der Abschöpfungspreisstrategie (Skimmingstrategie) wird während der Einführungsphase ein relativ hoher Preis gefordert, der dann bei zunehmender Erschließung des Marktes bzw. aufkommender Konkurrenz schrittweise reduziert wird. Diese Strategie wird hauptsächlich dann genutzt, wenn das betreffende Produkt z.B. durch eine technische Innovation eine gewisse Alleinstellung hat (z.B. Playstation 3 von Sony).

- **Präferenzstrategie**

  Bei der Präferenzstrategie wird auf die sog. Marken-Käufer gezielt, deren Nachfragepräferenzen mehrdimensional ausgeprägt sind (z.B. Qualität, Service, Image) und die hohe Preislagen akzeptieren (z.B. Bulthaup, Gucci, Mercedes-Benz).

- **Preis-Mengen-Strategie**

  Diese Strategie wird bei Niedrigpreis- bzw. Discountkonzepten eingesetzt, wobei der Preis das entscheidende Marketinginstrument ist. Angesprochen werden soll hier der sog. Preis-Käufer, der nur über eine preis-mengen-orientierte Strategie zu gewinnen ist (z.B. Aldi, Lidl, Schlecker).

- **Strategie der Preisdifferenzierung**

  Bei der Preisdifferenzierung verlangt der Anbieter von verschiedenen Kunden unterschiedliche Preise. Es werden verschiedene Arten der Preisdifferenzierung unterschieden:

  Kundenbezogene (personelle) Preisdifferenzierung (z.B. Kinder-, Senioren – und Studentenermäßigungen)

  Räumliche Preisdifferenzierung (z.B. Inland/Ausland – Medikamente, PKW)

  Leistungsbezogene Preisdifferenzierung (z.B. verschiedene Produktvarianten)

  Mengenbezogene Preisdifferenzierung (z.B. Einzel-, Vorteils-, Familienpack)

  Zeitliche Preisdifferenzierung (z.B. Tag- und Nachttarif – Telefon)

Grundsätzlich beziehen sich Preisentscheidungen auf zwei verschiedene Sachverhalte, nämlich der erstmaligen Festlegung eines Preises und der Preisänderung. Eine Preisentscheidung kann unterschiedliche Anlässe haben, wie etwa die Einführung eines Neuproduktes oder die Erschließung neuer Märkte. Auch Preisänderungen bei Wettbewerbern und Marktveränderungen können Auslöser für Preisentscheidungen sein.

In vielen Märkten ist der preispolitische Spielraum sehr begrenzt, da aufgrund des Konkurrenzdrucks nur sehr geringe Gewinnmargen realisiert werden können.

5.9 Kommunikationspolitik

Während sich die Produkt- und Preispolitik auf das Leistungsprogramm des Unternehmens beziehen, kommt der **Kommunikationspolitk** die Aufgabe der **Leistungsdarstellung** zu. Unter dem Begriff der Kommunikationspolitik werden alle Maßnahmen zur Übermittlung von Informationen zum Zweck der Beeinflussung des Wissens, der Einstellungen, Erwartungen und – insbesondere – der Verhaltensweisen der Kommunikationspartner der Unternehmen gemäß deren Zielsetzung zusammengefaßt. Die Kommunikationspartner der Unternehmen sind die Kunden, die Mitarbeiter, die Kapitalgeber, die Lieferanten und die Gesellschaft.

Zu den wichtigsten Instrumenten der Marketingkommunikation zählen:

Abbildung 5-8: *Instrumente der Kommunikationspolitik*

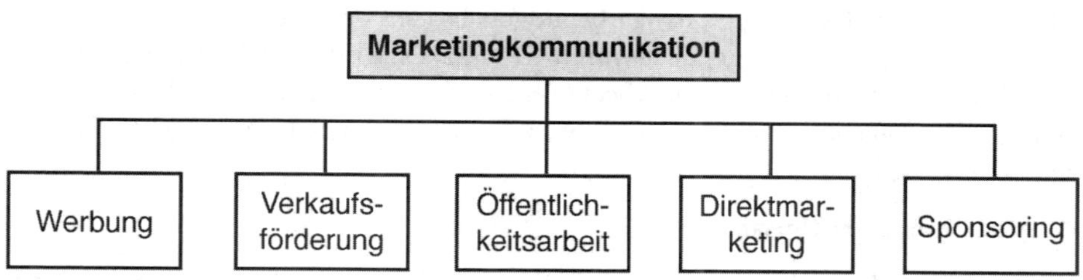

5.9.1 Werbung

Unter der „klassischen Werbung" wird die Verbreitung werblicher Informationen über die Belegung von Werbeträgern (z.B. Fernsehen) mit Werbemitteln (z.B. Fernsehspots) verstanden. Die Bedeutung der **Werbung** als wichtigstes Element der zielgerichteten Kundenbeeinflussung wird Angesichts der Investitionen in die Werbung in Deutschland deutlich, die sich 2005 auf ca. 29,5 Mrd. EUR beliefen (ZAW-Nachrichten v. 23.5.2006).

Im Rahmen der Werbeplanung sind verschiedene Teilentscheidungen zu treffen, zu denen u.a die Festlegung der Werbeziele und Zielgruppen, die Festlegung und Verteilung des Werbebudgets und die Gestaltung der Werbebotschaft gehören.

Die Werbeziele sind aus den Marketingzielen abzuleiten. Da die ökonomischen Wirkungen, wie etwa Absatzsteigerungen, zumeist nicht eindeutig auf die Werbemaßnahmen zurückzuführen sind, werden für die Werbung zumeist psychologische Zielgrößen definiert (vgl. Bruhn 2004, S. 205 ff.). Dies lassen sich in kognitive (z.B. Bekanntheitsgrad von Marken), affektive (z.B. Emotionales Erleben von Marken) und konative Werbeziele (z.B. Kaufabsichten) unterteilen. Bei der konkreten Formulierung von Werbezielen muss berücksichtigt werden, welche Werbewirkungen zugrunde gelegt werden können. Nach dem AIDA-Schema lassen sich vier Phasen der Werbewirkung unterscheiden:

- Aufmerksamkeit (Attention)
- Interesse (Interest)
- Kaufwunsch (Desire)
- Kauf (Action)

Die Verarbeitung der Werbeinformation erfolgt danach als mehrstufiger Prozess.

Mit der Festlegung der Zielgruppen wird die Entscheidung getroffen, wer durch die Werbung angesprochen werden soll.

Das Werbebudget bildet die finanzielle Grundlage sämtlicher Kosten der Werbemaßnahmen, die zur Erreichung der angestrebten Werbeziele notwendig sind. Eine Hauptschwierigkeit der Festlegung des Werbebudgets besteht darin, dass sich die Wirkung der Werbeausgaben nicht genau bestimmen lässt. Es wurden zahlreiche praktische und theoretische Ansätze der Werbeetatfestlegung entwickelt, wobei in der Praxis häufig sehr einfache Verfahren zum Einsatz kommen, deren Ungenauigkeit in Kauf genommen wird:

- **Ausrichtung am Umsatz**

  Die stärkste Verbreitung hat das einfachste Verfahren gefunden, einen bestimmten Prozentsatz vom Umsatz als Werbebudget festzulegen. Je nach Branche sind dies 0,5 bis 5 % des Umsatzes, in Ausnahmefällen liegt der Wert noch darüber (z.B. Red Bull).

- **Ausrichtung an den verfügbaren Mitteln**

  Die Bestimmung des Budgets erfolgt auf der Basis der verfügbaren Finanzmitteln nach Abzug der Kosten und eines kalkulierten Gewinns.

- **Ausrichtung an der Konkurrenz**

  Bei der Festlegung des Budgets wird die Höhe des Werbeetats der Konkurrenz berücksichtigt.

Die Verteilung des Werbebudgets muss in zeitlicher und sachlicher Hinsicht erfolgen. Bei der sachlichen Verteilung geht es darum, welche Produkte (Werbeobjekte) sollen mit welchen Werbemitteln (z.B. Werbeplakate, Fernsehspots) bei welchen Werbeträgern (z.B. Tageszeitungen, Fernsehen) beworben werden. Bei der zeitlichen Verteilung geht es darum, wann und in welchem Rhythmus geworben werden soll.

5.9.2 Verkaufsförderung

Die **Verkaufsförderung** ist kurzfristiger angelegt als die Werbung. Mit ihr sollen zusätzliche Kaufanreize geschaffen werden, um vorübergehende Absatzsteigerungen zu erreichen. Die Maßnahmen können sich auf den Konsumenten, den Handel oder das eigene Verkaufspersonal richten. Die konsumentenorientierte Verkaufsförderung kann z.B. kostenlose Proben, Sonderpreisaktionen, Gutscheine und Verbraucherzeitungen beinhalten. Die handelsorientierte Verkaufsförderung dient der Information und Motivation der Absatzmittler. Dies kann z.B. durch Händlerschulungen oder Verkaufswettbewerbe geschehen. Die verkaufspersonalorientierte Verkaufsförderung schließlich dient häufig der Mitarbeitermotivation, die etwa durch Prämiensysteme erhöht werden soll.

5.9.3 Öffentlichkeitsarbeit

Die Hauptaufgabe der Öffentlichkeitsarbeit (Public Relations) ist darin zu sehen, ein positives Unternehmensimage aufzubauen und aufrecht zu erhalten. Bei ausgewählten Anspruchsgruppen (sog. Stakeholder) soll um Verständnis und Vertrauen geworben werden. Zu den Aktivitätsbereichen der Öffentlichkeitsarbeit gehören (vgl. Bruhn 2004, S. 234 f.):

- **Pressearbeit** (z.B. Pressekonferenzen, Pressemitteilungen)
- **Maßnahmen des persönlichen Dialogs** (z.B. Kontaktpflege zu Meinungsführern und Pressevertretern, Lobbying)
- **Aktivitäten für bestimmte Zielgruppen** (u.a. Betriebsbesichtigungen, Förderung sozialer und kultureller Einrichtungen)
- **Mediawerbung** (z.B. Imageanzeigen)
- **Unternehmensinterne Maßnahmen** (u.a. Werkszeitschriften, Betriebsausflüge, Intranet)

Wie wichtig die Öffentlichkeitsarbeit ist, zeigt sich insbesondere in Krisensituationen, wie die Beispiele Shell (massive Proteste gegen die geplante Versenkung der Öllagerplattform Brent Spar) und Sandoz (Chemieunfall) belegen.

5.9.4 Direktmarketing

Das **Direktmarketing** hat zur Aufgabe, durch eine gezielte Einzelansprache einen unmittelbaren Kontakt zum Adressaten (z.B. Verbraucher oder Grosshändler) herzustellen und einen unmittelbaren Dialog zu initiieren. Zu den Instrumenten des Direktmarketing zählen u.a. das klassische Katalogversandgeschäft und das Telefonmarketing, dem in Deutschland enge rechtliche Grenzen gesetzt sind. An Bedeutung gewonnen hat das TV-Direktmarketing, wie am Aufkommen des Teleshoppings ersichtlich ist. Zudem bietet das Internet neue Möglichkeiten des Online-Marketing.

5.9.5 Sponsoring

Das **Sponsoring** beruht auf dem Prinzip von Leistung und Gegenleistung. Hierbei stellt der Sponsor Geld oder Sachmittel zur Verfügung, wofür er von dem gesponserten Unternehmen eine Gegenleistung erhält (z.B. Werbung am Mann, Bandenwerbung), die zur Erreichung der Marketingziele beitragen soll. Das Sponsoring hat stark an Bedeutung gewonnen und im Jahr 2006 in Deutschland ein Volumen von mehr als 4 Mrd. Euro erreicht (Sponsor Visions 2007). Der größte Teil hiervon entfällt auf das Sportsponsoring, wobei Fußball die dominierende Sportart ist (Schalke 04 erhält vom russischen Energiekonzern Gazprom für 5 Jahre bis zu 125 Mio. EUR). Weiterhin engagieren sich die Unternehmen auch im Bereich des Medien-, des Kultur-, des Sozial- und des Ökosponsoring.

5.10 Distributionspolitik

Die **Distributionspolitik** (**Vertriebspolitik**) hat die Versorgung des Kunden mit materiellen bzw. immateriellen Unternehmensleistungen zum Gegenstand. Es werden dabei zwei funktionelle Subsysteme unterschieden, nämlich der akquisitorische und der physische Vertrieb (siehe Bruhn 2004, S. 245 ff).

5.10.1 Akquisitorische Distribution

Die **akquisitorische Distribution** befasst sich mit den Distributionswegen vom Hersteller zum Endabnehmer in rechtlicher, ökonomischer und kommunikativ-sozialer Hinsicht. Eine wesentliche Aufgabe besteht darin, die Absatzkanäle auszuwählen und zu gestalten.

5.10.1.1 Auswahl und Gestaltung von Absatzkanälen

Als strategische Grundoption ist zwischen dem direkten und indirekten Vertrieb zu unterscheiden (siehe Abbildung 5-9).

Der **direkte Vertrieb** ist dadurch gekennzeichnet, das der Hersteller direkt an den Endkunden (Endabnehmer) verkauft, wobei keine unternehmensfremden Absatzorgane eingesetzt werden. Häufig setzt der Hersteller Vertriebsmitarbeiter (z.B. Handelsvertreter) ein, die den Verkauf übernehmen (z.B. Vorwerk, Avon). Weitere klassische Formen des direkten Absatzes stellen der Katalogversand und der Werks- bzw.

Fabrikverkauf (z.B. Dell) dar. Hohe Wachstumsraten weist der Online-Vertrieb auf. Die meisten Unternehmen nutzen Online-Shops als zusätzlichen Vertriebskanal. Einige Anbieter vertreiben ihre Produkte ausschließlich über das Internet (z.B. Amazon).

Beim **indirekten Vertrieb** setzt der Hersteller unternehmensfremde Absatzmittler (Einzel- und/oder Großhändler) ein, die rechtlich und wirtschaftlich selbständig sind. Während beim einstufigen, indirekten Vertrieb typischerweise ein Einzelhändler eine Zwischenstufe bildet, sind beim mehrstufigen, indirekten Vertrieb noch ein oder mehrere weitere(r) Absatzmittler (Großhändler) in den Absatzweg eingegliedert.

***Abbildung* 5-9:** *Absatzkanalstruktur*

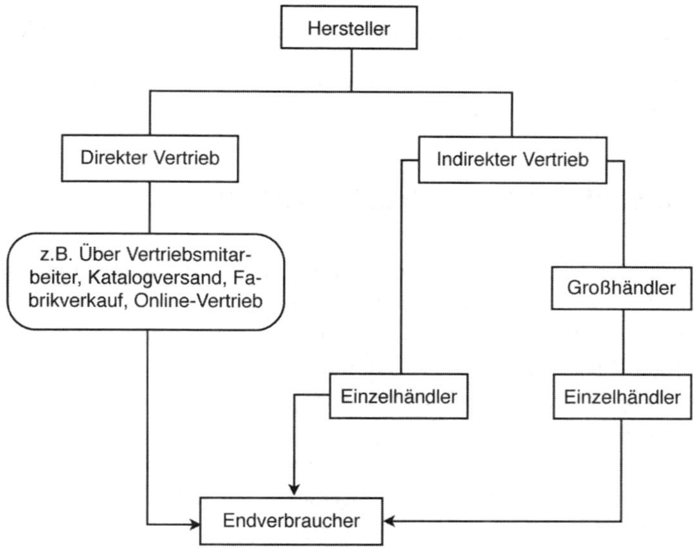

5.10.1.2 Vertragliche Vertriebssysteme

Die Ausgestaltung der vertraglichen Beziehungen zu den Absatzmittlern kommt eine wichtige Bedeutung zu, da hierüber der Einfluss der Hersteller auf den Absatzkanal sichergestellt werden kann. Es haben sich verschiedene Ausgestaltungsformen der **vertraglichen Vertriebssysteme** herausgebildet. Hierzu gehören u.a. die Alleinvertriebssysteme, die Vertragshändlersysteme und das Franchising.

5.10.2 Physische Distribution

Die **physische Distribution** beschäftigt sich mit der Gestaltung der Logistiksysteme. Die Logistik deckt sämtliche Transport-, Lager- und Umschlagsvorgänge von Gütern ab. Das Ziel eines Logistiksystems besteht darin, das richtige Produkt, in der benötigten Menge, zur gewünschten Zeit, an den richtigen Ort möglichst kostengünstig zu liefern. Der Output des logistischen Systems wird als Lieferservice bezeichnet (vgl. Meffert 2000, S. 654). Die Messung der physischen Distributionsleistung erfolgt anhand der nachstehenden Kriterien:

- **Lieferzeit** (Durchschnittliche Lieferzeit und Zuverlässigkeit der Einhaltung der Lieferzeit)
- **Lieferzuverlässigkeit** (Zuverlässigkeit des Arbeitsablaufs und Lieferbereitschaft)
- **Lieferbeschaffenheit** (Liefergenauigkeit und Unversehrtheit der gelieferten Ware)
- **Lieferflexibilität** (Einstellen auf Sonderwünsche der Kunden z.B. Just-in-time-Belieferung)

5.11 Gestaltung des Marketing-Mix

Als **Marketing-Mix** wird die für einen bestimmten Planungszeitraum ausgewählte Kombination von Marketing-Aktivitäten bezeichnet. Die Abstimmung der einzelnen Marketing-Aktivitäten stellt eine sehr anspruchsvolle Aufgabe dar. Die Schwierigkeiten den richtigen Mix zu finden sind u.a. darin begründet, dass es eine Vielzahl von Kombinationsmöglichkeiten der Marketing-Instrumente gibt und unter ihnen auch Interdependenzen auftreten können. Ein weiteres Problem ist darin zu sehen, dass der Erfolg einzelner Maßnahmen nur schwer prognostizier- und messbar ist. Aufgrund der dargestellten Komplexität ist in jedem Fall eine genaue Planung des Marketing-Mix erforderlich.

5.12 Juristisches Marketing

Die Zahl der zugelassenen Rechtsanwälte nimmt in Deutschland weiterhin zu. Allein von 2005 zu 2006 war ein Anstieg um 4,2 % zu verzeichnen. Während 1990 noch 56.638 Rechtsanwälte zugelassen waren, wurde 2006 mit 138.104 Berufsträgern ein neuer Höchststand erreicht (Statistik der Bundesrechtsanwaltskammer). Bei dem zunehmenden Wettbewerb ist es für viele Kanzleien von existenzieller Bedeutung, die vorhandenen Mandanten zu binden und neue Mandate zu akquirieren. Nach einer von der Financial Times Deutschland beauftragten Studie aus 2006 gaben die deutschen Kanzleien durchschnittlich nur 2,5% ihres Umsatzes für Marketing aus. Ein Drittel der Kanzleien soll allerdings bereit sein, das Marketing-Budget auf 6% zu steigern. Ein professionelles Marketing wird zumeist nur von den Großkanzleien betrieben, die teilweise eigene Marketingstellen eingerichtet haben. Mit zunehmendem Wettbewerbsdruck ist zu erwarten, dass auch mittlere und kleinere Kanzleien mehr in ihr Marketing investieren.

5.12.1 Anwaltliche Marketingkonzeption

Zur Entwicklung einer Marketingkonzeption ist es zunächst erforderlich, die Stärken und Schwächen der eigenen Kanzlei zu analysieren. Hierzu gehört z.B. die Einschätzung des anwaltlichen Leistungspotentials. Die Frage lautet, wo liegen die Kernkompetenzen der Anwälte und Mitarbeiter. Weiterhin ist ein Blick nach außen erforderlich, welche Chancen und Risiken der Anwaltsmarkt für die Kanzlei bietet. Unter Beachtung der Stärken und Schwächen und der damit korrespondieren Chancen und Risiken sind konkrete Marketingziele festzulegen. Besonderes wichtig erscheint hierbei die Fokussierung auf ausgewählte Zielgruppen (gewünschte Mandanten). Darauf aufbauend ist eine geeignete Strategie zu entwickeln, um die Marketingziele zu verwirklichen.

Zur Operationalisierung der Marketingziele steht im rechtlich stark regulierten anwaltlichen Markt nur ein eingeschränktes Marketinginstrumentarium zur Verfügung.

5.12.2 Preispolitik

Wie bei anderen Freiberuflern auch, ist die **Preisfestsetzung für Rechtsanwälte** durch eine gesetzliche Gebührenordnung reglementiert. So ist die Vergütung eines Rechtsanwalts in Deutschland durch das Rechtsanwaltsvergütungsgesetz geregelt. Dabei sind höhere, als die gesetzlichen Gebühren gestattet, soweit diese in einer individuell ausgehandelten Honorarvereinbarung festgelegt werden. Weiterhin nicht erlaubt ist eine erfolgsabhängige Vergütung. Seit dem 1. Juli 2006 sind die gesetzlichen Gebühren für reine Beratungstätigkeiten weggefallen, weshalb es seither notwendig ist, die Gebühren auszuhandeln (im Verhältnis zu Verbrauchern gelten allerdings Höchstgrenzen). Damit wurde eine umstrittene Praxis einiger Kanzleien legalisiert, die bereits zuvor werbend mit niedrigen Erstberatungsgebühren aufgetreten sind.

5.12.3 Produktpolitik

Beim **anwaltlichen Leistungsangebot** der Kanzleien reicht die Bandbreite vom Allrounder in Einzelkanzleien und kleineren Sozietäten über kleinere spezialisierte Kanzleien bis hin zu den Großkanzleien mit mehreren hundert Berufsträgern, die die Unternehmen bei allen Transaktionen rechtlich begleiten. Diese Kanzleien sind zunehmend international ausgerichtet, was sich z.B. an den zahlreichen internationalen Kooperationen bzw. Fusionen zeigt. Als weiterer Trend ist allgemein eine stärkere Spezialisierung der Anwaltschaft erkennbar, was mit der massiven Ausweitung der

Fachanwaltschaften korrespondiert. Diese sind nicht mehr nur den großen Rechtsbereichen mit einem hohen Fallaufkommen vorbehalten. Die Fachanwaltschaften für Urheber- und Medienrecht, für Informationstechnologierecht (IT-Recht) und auch für Medizinrecht zeigen, dass es zahlreiche Marktnischen für die anwaltliche Tätigkeit gibt.

Zur Etablierung einer Kanzlei-Marke können aus zwei Entscheidungen des Bundesgerichtshofs (BGH) Anregungen gewonnen werden. In seiner Entscheidung vom 11. März 2004 (BRAK-Mitt. 3/2004, S. 135) hat der BGH eine Phantasiebezeichnung im Namen einer Kanzlei, die in der Rechtsform einer Partnerschaftsgesellschaft geführt wurde, erlaubt. Der Kanzleiname muss sich daher nicht mehr ausschließlich aus den Namen der Sozien zusammensetzen. In der Entscheidung vom 17.12.2001 (NJW 2002, S. 608) hat der BGH die Bezeichnung „CMS" als Namenszusatz einer Kanzlei als zulässig angesehen. Die Bezeichnung CMS weist auf die Zugehörigkeit der Kanzlei zur gleichnamigen Europäischen wirtschaftlichen Interessenvereinigung (EWIV) hin. Die darin kooperierenden Kanzleien bilden keine internationale Sozietät; können aber trotzdem mit dem Namenszusatz CMS einheitlich nach außen auftreten. Als rechtskonform wird auch die Verwendung eines Logos, wie etwa einer Waage, angesehen (vgl. AGH Hamburg, NJW 2002, S. 3557). Als unzulässig hat das OLG Düsseldorf (BRAK-Mitt. 2000, S. 46) allerdings ein Logo bewertet, dass einen die Hörner senkenden Stier zeigt. Hierdurch würde impliziert werden, der Rechtsanwalt sei „kampfbereit" und besonders aggressiv in der Interessenvertretung.

5.12.4 Distributionspolitik

Nachdem die Rahmenbedingungen der freien Advokatur alles andere als frei waren, ist es seit Anfang der neunziger Jahre zu stärkeren Liberalisierungen gekommen. Die Zulässigkeit der überörtlichen Sozietäten ist erst 1994 im Rahmen der Neuerung des Berufsrechts verankert worden, nachdem allerdings zuvor bereits der BGH diese Rechtsform gestattet hatte. Gleichfalls legalisiert wurden interprofessionelle (soweit sozietätsfähig) und internationale Sozietäten. Auch die Rechtsanwalts-GmbH wurde erst 1998 in den §§ 59 ff. BRAO verankert, nachdem auch hier wieder die Rechtsprechung vorangeschritten war.

Relativ erfolgreich scheint ein Konzept zu sein, Kanzleiniederlassungen nicht in gediegenen Büroetagen anzusiedeln, sondern zur Senkung der Hemmschwelle der Rechtsuchenden die Kanzleien in Ladenlokalen unterzubringen. Noch ungeklärt ist die Frage, ob Rechtsanwaltskanzleien auch als Franchise-Systeme betrieben werden dürfen. Als neue und erfolgreiche Vertriebskanäle haben sich die telefonischen Anwalts-Hotlines etabliert, deren Zulässigkeit der BGH erst 2002 anerkannt hat (NJW 2003, S. 819). Dort wird die Rechtsberatung zumeist für 1,86 EUR/Minute angeboten. Eine Gesellschaft bietet für 4,99 EUR im Monat telefonische „Rechtsberatung soviel sie wollen – ohne Limit". Neben der telefonischen Beratung wird als weiterer Absatzweg zumeist auch eine Online-Beratung offeriert, bei der ein Interessent seine rechtliche

Frage per E-Mail an die Kanzlei sendet, die ihm dann ein Angebot für eine Beratung erteilt. Willigt der Interessent ein, erhält er die Auskunft wiederum per E-Mail.

5.12.5 Kommunikationspolitik

Eine wichtiges Element des Kundenbindungsmanagements stellt die Kommunikation mit den Mandanten über die reine Mandatsabwicklung hinaus dar. Hierzu kann die Zusendung von Rundschreiben, Praxisbroschüren und Flyern gehören, um auf das weitere Leistungsspektrum der Kanzlei aufmerksam zu machen oder um über neue rechtliche Entwicklungen zu informieren. Auch Informationsveranstaltungen und Vorträge werden als zulässige Maßnahmen angesehen. Weiterhin kann sich die regelmäßige Messung der Kunden(Mandanten-)zufriedenheit anbieten. Eine Statistik über die Kundenzufriedenheit könnte auch zur Information potentieller Neukunden auf der Kanzlei-Homepage veröffentlicht werden.

Einen zentralen Aspekt der Kommunikationspolitik stellt die **anwaltliche Werbung** dar. Bis zur Entscheidung des Bundesverfassungsgerichts vom 14.7.1987 und der hierauf erfolgten Berufsrechtsnovelle 1994 galt die anwaltliche Werbung grundsätzlich als verboten. Heute ist sie nach § 43b BRAO grundsätzlich erlaubt, „soweit sie über die berufliche Tätigkeit in Form und Inhalt sachlich unterrichtet und nicht auf die Erteilung eines Auftrags im Einzelfall gerichtet ist". Diese Regelung korrespondiert mit § 6 Abs. 1 BORA, wonach der Rechtsanwalt über seine Dienstleistung und seine Person informieren darf, „soweit die Angaben sachlich unterrichten und berufsbezogen sind". Wie zahlreiche Gerichtsentscheidungen der letzten Jahre zeigen, bestehen in der Praxis noch erhebliche Schwierigkeiten, die zulässige von der unzulässigen Werbung abzugrenzen. Die liegt zum einen an den o.g. anwaltsspezifischen Regelungen, die generalklauselartig ausgestaltet sind. Zu anderen wird die anwaltliche Werbung auch an den allgemeinen Regeln des Wettbewerbsrechts (insbesondere des UWG) gemessen.

Anhand der vorliegenden Rechtsprechung sollen zwei Themenkomplexe näher beleuchtet werden:

5.12.5.1 Allgemeine Grundsätze

Grundsätzlich darf eine Kanzlei ohne Anlass werben und zwar so häufig sie möchte (vgl. BGH, NJW 1997, S. 2522). Es darf dabei jeder Werbeträger genutzt werden, also auch Tageszeitungen, Radio und Fernsehen sowie etwa auch die Banden- und Trikotwerbung (vgl. AGH Hamm, NJW-RR 2002, S. 1065). Auch ist es gestattet, Werbeschreiben in großem Umfang zu versenden. Gleiches gilt für Handzettel, die hinter die Scheibenwischer parkender Autos geklemmt werden. Selbst das Auslegen von Praxisbroschüren und Visitenkarten in Geschäften und an sonst zugänglichen Plätzen ist nicht untersagt (vgl. BGH, NJW 2001, S. 2886).

5.12.5.2 Internetwerbung

Die Internetwerbung erlangt für die Rechtsanwälte eine zunehmende Bedeutung, da sich Rechtsuchende verstärkt dieses Mediums bedienen.

- **Website**

Das Einrichten einer Homepage ist zulässig, soweit diese einen streng informativen Gehalt aufweist und seriös gestaltet ist (vgl. OLG Koblenz, WRP 1997, S. 478 ff.). Selbstredend zulässig sind danach Angaben zur Kanzlei und Lebensläufe und Fotos der Anwälte. Gestattet sind weiterhin Informationen zu ausgewählten Rechtsgebieten sowie Publikationen der Anwälte. Auch darf die Möglichkeit eingeräumt werden, Online-Formulare wie etwa Vollmachten oder Musterverträge herunterzuladen. Nicht zulässig ist die Aussage „Unsere Kanzlei ist Partner Nr. 1 im internationalen Mittelstand", da dies als Alleinstellungswerbung anzusehen ist, die gegen § 3 UWG verstößt (vgl. LG Nürnberg-Fürth, NJW 2004, S. 689). Ebenso unzulässig ist die Aussage: „Wir werden als adäquate Gesprächspartner auch von den Richtern geschätzt ...". Hierdurch werde ein Teil der konkurrierenden Anwaltschaft in ein schlechtes Licht gerügt (vgl. OLG Frankfurt a.M., AnwBl. 2005, S. 74). Zulässig ist dagegen folgende Darstellung: „Heute stehen Ihnen acht Rechtsanwälte für die optimale Vertretung ihrer Interessen in den verschiedensten Rechtsgebieten zur Verfügung". Anstoß hatte die angeblich „optimale Vertretung" erregt. Der BGH sah jedoch keine unzulässige Werbung, da das Wort „optimal" aufgrund seiner vielfachen Verwendung in der Werbung nicht als Superlativ empfunden werde (BGH, WM 2005, S. 1003). Gestattet ist auch die Werbeaussage: „Die Kanzlei zum Schutz des Privatvermögens" (vgl. LG Berlin, NJW-RR 2001, S. 1643). Verbotswidrig sind sog. Gästebücher auf einer Anwalts-Homepage, da wegen der subjektiven Äußerungen von Mandanten eine Irreführungsgefahr bestehe (OLG Nürnberg, NJW 1999, S. 2126).

- **Domain**

Einer Kanzlei ist es grundsätzlich gestattet, sich eine Domain auszuwählen, die eine hohe Werbewirkung aufweist. Gestattet wurde z.B. die Adresse „rechtfreundlich.de". Grundsätzlich zulässig ist die Verwendung sog. generischer (beschreibender) Domains. Unter Berufung auf §§ 1, 3 UWG wurden allerdings die Kennungen „rechtsanwaelte.de" (LG München I, MMR 2001, S. 179) und „rechtsanwaelte-dachau.de" (OLG München, MMR 2002, S. 614) als rechtswidrig angesehen

- **Online-Werbung**

Viele Rechtsuchende nutzen zur Auffindung einer Rechtsanwaltskanzlei die Suchfunktionen u.a. bei Google. Dies geschieht häufig durch die kombinierte Eingabe des Begriffs Rechtsanwalt und eines Ortsnamens. Hiernach erscheinen nicht nur die Suchergebnisse, sondern auch die sog. Adword-Werbung. Es handelt sich dabei um 4-zeilige Textannoncen, die bei der Eingabe eines Sachwortes in einer Spalte rechts neben, teilweise auch über den Ergebnissen eingeblendet wird. Diese kostenpflichtige Werbemöglichkeit nutzen bereits zahlreiche Kanzleien. Die Zulässigkeit dieser Maßnahme dürfte außer Streit stehen. Das Landgericht München I hat in einer jüngeren Entscheidung (Urteil v. 26.10.2006) einer Kanzlei das Werben mit Adwords bei Google wegen Unsachlichkeit der Werbung untersagt. Bei der Eingabe eines bestimmten Kapitalanlage-Fonds erschien der Link für die von den Rechtsanwälten betriebenen Seite mit dem Zusatz: „Prospekte fehlerhaft Schadensersatz für Anleger".

Sehr verbreitet ist auch der Eintrag bei einer der Anwaltssuchdienste, der für die Rechtsanwälte kostenpflichtig ist. Für die Rechtssuchenden, die per Internet nach einem geeigneten Rechtsanwalt suchen können, entstehen keine Kosten.

6 Teilgebiete des betrieblichen Rechnungswesens

6.1 Grundsätze ordnungsgemäßer Buchführung und Bilanzierung (GoB)

Buchführung ist ein Instrument zur Abbildung des wirtschaftlichen Geschäftsbetriebes innerhalb der Unternehmung. Sie dient als Grundlage für die systematische Erfassung und Aufzeichnung der vielfältigen wirtschaftlichen Prozesse. In Deutschland sind die Vorschriften zur Buchführung und Rechnungslegung (u.a. Bilanzierung) im Handelsrecht (§§ 238 ff. HGB) und in verschiedenen Steuergesetzen (u.a. AO, KStG und UStG) geregelt.

Aus der Perspektive des Handelsrechts (§ 238 HGB) ist jeder **Vollkaufmann**[20] zur Buchführung bzw. zur Führung von Handelsbüchern verpflichtet. Steuerrechtlich sind darüber hinaus andere Kaufleute und Freiberufler, gem. §§ 140, 141 AO buchführungspflichtig, sobald ihre unternehmerische Tätigkeit gewisse Größenordnungen in Bezug auf den Umsatz (≥ 260.000 €) oder den Gewinn (≥ 25.000 €) übersteigt.

Über die gesetzlichen Vorschriften hinaus hat die Buchführung und Bilanzierung weitere Regelungen – die sog. **Grundsätze ordnungsgemäßer Buchführung und Bilanzierung (GoB)** – zu beachten.[21]

Unter den Grundsätzen ordnungsgemäßer Buchführung und Bilanzierung werden allgemein anerkannte Regeln zur Führung von Büchern und für die Jahresabschlusserstellung verstanden. Diese Regeln gelten als Leitsätze und sind unabhängig von dem jeweils eingesetzten Buchführungssystem. Die GoB dienen dazu, Rechtsnormen zu ergänzen bzw. Lücken im kodifizierten Recht zu schließen. Die §§ 243 und 246 HGB geben verschiedene GoB inhaltlich wieder.

Die **Grundsätze ordnungsgemäßer Buchführung** (GoB) können in materielle und formelle Grundsätze unterteilt werden.

---

20 Vollkaufmann ist, wer ein Handelsgewerbe von solcher Bedeutung betreibt, dass davon ausgegangen werden kann, dass er sich mit den Gepflogenheiten des Handels auskennt. Hierzu gehören alle im Handelsregister eingetragenen Unternehmungen, nicht aber freiberuflich Tätige oder Betriebe der Land- und Forstwirtschaft.

21 Hierauf verweist § 238 HGB explizit.

Die **materiellen GoB** verlangen:

- Vollständigkeit,
- Wirklichkeit,
- Begründetheit und
- Richtigkeit

der Bücher und sonstigen Aufzeichnungen.

Gem. der **formellen GoB** hat die Buchführung den folgenden Grundsätzen zu entsprechen:

- Klarheit,
- Sicherheit und
- Zeitgerechte sowie geordnete Verbuchung.

Der **Grundsatz der Klarheit** erfordert den Einsatz:

1. eines in sich geschlossenen Buchführungssystems,
2. eines Kostenplans,
3. eines vollständigen Symbolverzeichnisses und
4. der doppelten Buchführung[22] bei Vollkaufleuten.

Im Rahmen der Erfüllung des Grundsatzes der zeitgerechten und geordneten Verbuchung muss ein sachverständiger Dritter in der Lage sein, innerhalb eines angemessenen Zeitrahmens, einen Überblick über die Geschäftsvorfälle und die Lage der Unternehmung zu erlangen.

Weitere Details zu den Grundsätzen ordnungsgemäßer Buchführung visualisieren die Abbildung 6-1 und 6-2.

Die Grundsätze der Vollständigkeit und der Richtigkeit (materielle GoB) verlangen, dass die Geschäftsvorfälle lückenlos erfasst und verbucht werden, dass keine Buchungen fingiert und das alle Geschäftsvorfälle auf den zutreffenden Konten verbucht werden (vgl. Wöhe 2005, S. 866).

Da die Inventurunterlagen i.S.d. § 238 Abs. 1 HGB als Bücher anzusehen sind, gelten die GoB auch hier. In diesem Zusammenhang wird von den **Grundsätzen ordnungsgemäßer Inventur** gesprochen (vgl. indirekt § 241 HGB).

22 Im Rahmen der doppelten Buchführung wird jeder Geschäftsvorgang in zweifacher Weise erfasst. Erstens im Grundbuch (Buchung aller Vorgänge in zeitlicher Reihenfolge. Zweitens im Hauptbuch (sachliche Zuordnung aller Vorgänge über das Buchen in entsprechende Konten).

Abbildung 6-1: *Materielle Grundsätze ordnungsgemäßer Buchführung*

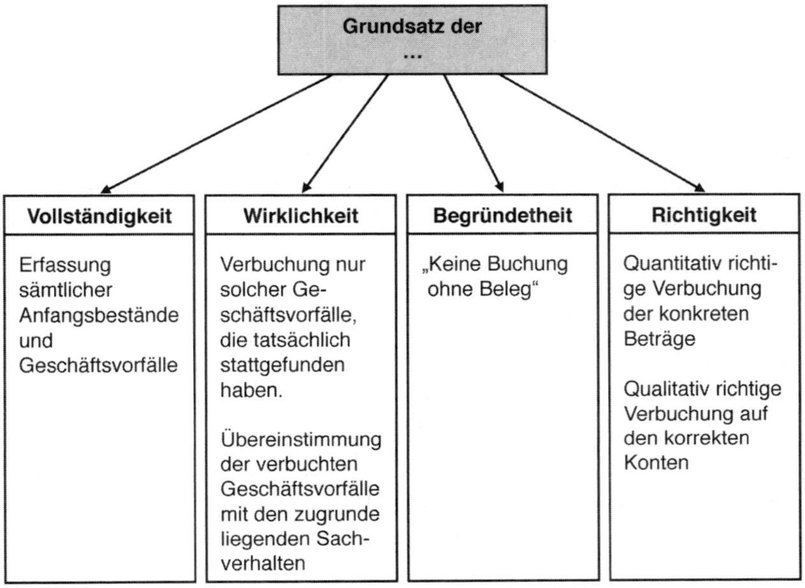

Abbildung 6-2: *Formelle Grundsätze ordnungsgemäßer Buchführung*

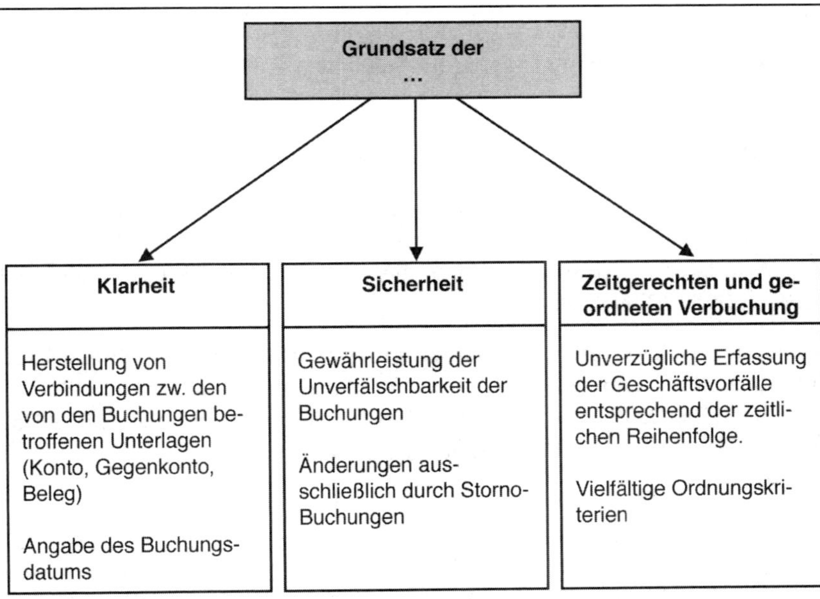

Die **Grundsätze ordnungsgemäßer Bilanzierung** beziehen sich auf den **formellen Bilanzansatz**, bei dem entschieden werden muss, welche Fakten in einer Bilanz auszuweisen sind. Ergänzend kommt der **materielle Bilanzansatz** hinzu, der festlegt, mit welchen Werten die einzelnen zu bilanzierenden Wirtschaftsgüter anzusetzen sind. Ziel ist es, den Informationsgehalt der Jahresabschlüsse für die Bilanzadressaten zu erhöhen.

In der Betriebswirtschaftslehre existieren verschiedene Versuche, die Grundsätze ordnungsgemäßer Bilanzierung in ein Ordnungsschema zu bringen. Es wird im Folgenden zunächst unterschieden zwischen

1. den Dokumentationsgrundsätzen und
2. den Rechenschaftsgrundsätzen.

Die **Grundsätze der Dokumentation** tragen dafür Sorge, dass Geschäftsvorfälle lückenlos dokumentiert, die Aufzeichnungen zuverlässig festgehalten und in geeigneter Weise dargestellt werden (vgl. Schierenbeck 2003, S. 562 f.).

Im Detail regeln diese Grundsätze u.a. die Ausgestaltung des Buchführungssystems sowie seine Sicherung gegen nachträgliche Veränderungen, das Belegprinzip, den Einsatz eines Kontrollsystems, den regelmäßigen Abschluss der Buchführung und die Inventur.

Die **Grundsätze der Rechenschaft** lassen sich wie folgt unterteilen:

1. allgemeine Grundsätze,
2. Ansatzgrundsätze,
3. ergänzende Grundsätze und
4. Grundsätze der Bilanzverknüpfung.

Die weitere Detaillierung veranschaulicht Abbildung 6-3.

Der **Grundsatz der Bilanzklarheit** beinhaltet die Grundsätze der Richtigkeit und der Willkürfreiheit. Er kann dahin gehend interpretiert werden, dass eine Bilanz sämtliche Vermögenswerte enthalten muss und das diese wahrheitsgemäß und realitätsnah zu bewerten sind (vgl. Olfert/Rahn 2005, S. 397).

Gem. des **Grundsatzes der Bilanzklarheit** müssen die Posten des Jahresabschlusses eindeutig bezeichnet und sachlich so zutreffend gegliedert sein, dass die Bilanz verständlich und übersichtlich ist. Zudem beinhaltet dieser Grundsatz das **Verbot der Saldierung**[23] von Aktiv- und Passivposten der Bilanz.

---

23 Das Verbot der Saldierung ist Bestandteil des Grundsatzes des Bruttoausweises. Hiernach ist es nicht gestattet, Aufwendungen gegen Erträge, Forderungen gegen Verbindlichkeiten, etc. aufzurechnen.

Abbildung 6-3: *Rechenschaftsgrundsätze der Bilanzierung*

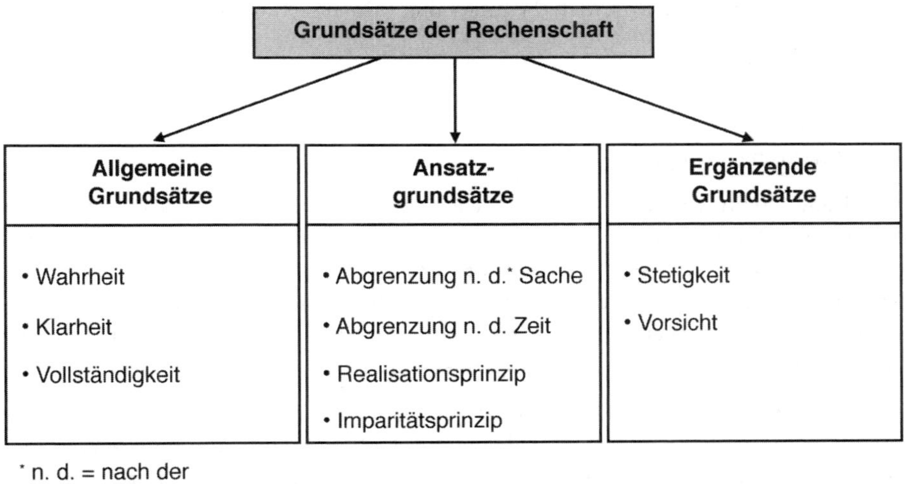

Die Umsetzung des **Grundsatzes der Bilanzvollständigkeit** erfordert die Erfassung *sämtlicher* buchungspflichtigen Aktiva und Passiva (Bilanz) der Unternehmung sowie der Aufwendungen und Erträge (Gewinn- und Verlustrechnung (GuV)). Zudem sind bestehende Risiken auszuweisen und Vorgänge, die nach dem Bilanzstichtag und dem Tag der Bilanzerstellung bekannt werden zu berücksichtigen.

Der **Grundsatz der Abgrenzung nach der Sache** erfordert die Verrechung von leistungsneutralen Ausgaben und Einnahmen in der Periode, in der sie bekannt werden bzw. auf die sie sich beziehen.

Gem. des **Grundsatzes der Abgrenzung nach der Zeit** hat eine zeitanteilige Verrechnung von zeitraumbezogenen, mehrere Rechnungsperioden umfassenden Ausgaben und Einnahmen (z.B. Zinsausgaben und Mieteinnahmen) zu erfolgen.

Das **Realisationsprinzip** besagt, dass Aufwendungen und Erträge im Jahresabschluss erst dann Berücksichtigung finden dürfen, wenn sie auch tatsächlich realisiert bzw. angefallen sind.

Das **Imparitätsprinzip** verbietet die Erfassung noch nicht realisierter aber bereits verursachter Gewinn (z.B. durch bereits eingeleitete aber noch nicht abgeschlossene Geschäfte) im Jahresabschluss. Verluste (negative Erfolgsbeiträge) aus bereits eingeleiteten Geschäften, die bereits vor dem Abschlussstichtag abzusehen und abschätzbar sind, jedoch erst nach dem Rechnungslegungstermin eintreten werden, müssen hingegen in den Jahresabschluss einfließen. In diesem Zusammenhang wird von dem **Prinzip der Verlustantizipation** gesprochen (vgl. Wöhe 2005, S. 875 und S. 893).

Das Imparitätsprinzip wird durch die folgenden Prinzipien konkretisiert:

- Niederstwertprinzip,
- Höchstwertprinzip,
- Rückstellungsprinzip.

Das **Niederstwertprinzip** besagt, dass von zwei möglichen Wertansätzen (z.B. Anschaffungskosten oder Herstellungskosten einerseits) und dem Börsen- oder Marktwert andererseits, jeweils der niedrigere angesetzt werden muss (**strenges Niederstwertprinzip**) oder angesetzt werden darf (**gemildertes Niederstwertprinzip**). Damit wird eine **Aufwandantizipation** verlangt bzw. ermöglicht. Dieses Prinzip gilt für die Aktivseite der Bilanz (Umlauf- und Anlagevermögen).

Das **Höchstwertprinzip** findet auf der Passivseite der Bilanz Anwendung. Es besagt, dass für nicht langfristige Verbindlichkeiten der Unternehmung, der höhere Wert (z.B. Börsenkurs) angesetzt werden muss (**strenges Höchstwertprinzip**). Für langfristige Verbindlichkeiten gilt dies nur, wenn beispielsweise eine Kurssteigerung voraussichtlich von Dauer sein wird (**gemildertes Höchstwertprinzip**).

Im Rahmen des **Rückstellungsprinzips** ist die Bildung von Rückstellungen für drohende Verluste aus schwebenden Geschäften vorgeschrieben

Der **Grundsatz der Vorsicht** verlangt, dass im Fall von bestehenden Spielräumen bei der Erstellung des Jahresabschlusses, die pessimistischen Zukunftserwartungen eine stärkere Berücksichtigung finden sollen, als optimistische Prognosen. Daraus resultiert eine eher pessimistische Bewertung bei Unsicherheit. Es soll vermiedenen werden, dass sich die Unternehmung ‚reicher rechnet', als sie in Wirklichkeit ist.

Die letzte Gruppe der Grundsätze ordnungsgemäßer Bilanzierung bilden die **Grundsätze der Bilanzverknüpfung**. Sie beinhaltet den Grundsatz der Bilanzidentität und den Grundsatz der Bilanzkontinuität.

Der **Grundsatz der Bilanzidentität** fordert die Übereinstimmung der Schlussbilanz einer Periode mit der Anfangsbilanz der Folgeperiode.

Der **Grundsatz der Bilanzkontinuität** fokussiert die Verknüpfung zweier aufeinander folgender Bilanzen einer Unternehmung. Dieser Grundsatz zielt auf die Vergleichbarkeit von Jahresabschlüssen ab. Er besagt u.a., dass die eingesetzten Abschlussgrundsätze und –methoden von Geschäftsjahr zu Geschäftsjahr, soweit möglich und sinnvoll unverändert beleiben sollen. Konkret bedeutet das:

- die Beibehaltung der Bilanzgliederung,
- eine übereinstimmende inhaltliche Abgrenzung der Bilanzposten,

- die gleiche Benennung der Posten und
- die Anwendung der gleichen Bewertungsgrundsätze.

6.2 Rechnungslegung (externes Rechnungswesen)

In der Betriebswirtschaft wird zwischen dem internen und dem externen Rechnungswesen unterschieden. Ersteres bezeichnet die unternehmungsinterne Buchführung, letztere die sog. Rechnungslegung. Adressaten des internen Rechnungswesens sind die Unternehmungsleitung, Fachabteilungen und ggf. Anteilseigner sowie Kreditgeber. Zu den Adressaten des externen Rechnungswesens gehören Anteilseigner, Kreditgeber, Kunden, der Fiskus, die Unternehmungsleitung, Lieferanten, Arbeitnehmer und die Öffentlichkeit.

Der Begriff der **Rechnungslegung** (im weiteren Sinn) kennzeichnet die Pflichten für Personen, die über eine mit Einnahmen und Ausgaben verbundene Organisation Rechenschaft abzulegen haben (vgl. § 259 BGB). Die Rechnungslegung erfolgt mittels einer geordneten Zusammenstellung der Einnahmen und Ausgaben unter der Beifügung der entsprechenden Belege.

Rechnungslegung (im engeren Sinn) bezeichnet die Rechenschaftslegung mittels des aus der Bilanz, der Gewinn- und Verlustrechung (GuV), dem Anhang (für Kapitalgesellschaften und Konzerne gem. §§ 284-288 bzw. §§ 313 f.) und dem Lagebericht (für Kapitalgesellschaften und Konzerne gem. §§ 289 bzw. 315 HGB) bestehenden Jahresabschlusses (vgl. § 242 Abs. 3 HGB).

Die Rechnungslegung von Unternehmungen und Konzernen, die bestimmte Größenmerkmale erfüllen, regelt das sog. Transparenz- und Publizitätsgesetz (TransPuG) vom 26.07.2002 (BGBl. I, 2002, Nr. 50, S. 2681). Für Unternehmungen und Konzerne müssen mindestens zwei der folgenden Merkmale erfüllt sein:

- Bilanzsumme höher als 65 Mio. €,
- Umsatz größer als 130 Mio. €,
- Mehr als 5.000 Mitarbeiter.

Eine Grundbedingung der Rechnungslegung ist die **Buchführung**. Sie ist das zahlenmäßige Spiegelbild einer Unternehmung und wichtige Informationsquelle für den Unternehmer und dient außerdem dazu, den gesetzlich fixierten Informationsanforderungen von Behörden nachzukommen. Gesetzliche Grundlage ist der § 238 HGB.

Vorgeschrieben ist die sog. **doppelte Buchführung** Hierbei wird jeder Geschäftsvorgang in zweifacher Weise erfasst. Im Grundbuch werden alle Vorgänge in zeitlicher Folge dargelegt, während im Hauptbuch eine sachliche Zuordnung über das Buchen in Konten erfolgt. Zu jedem Konto gibt es ein entsprechendes Gegenkonto (Bsp.: Verbindlichkeiten – Bank: Bei dem Kauf einer Ware wird der zu zahlende Betrag in den

Verbindlichkeiten gebucht. Bei Bezahlung der Rechnung erfolgt eine entsprechende Buchung auf dem Konto ‚Bank'.)

Zwei Beispiele verdeutlichen diesen Zusammenhang.

Eine Industrieunternehmung kauft am 15.06.2006 Rohstoffe zu 150.000 Euro (zzgl. 16% VSt[24]). Die Rechnung wird von der Finanzbuchhaltung am 30.06.2001 beglichen. Die Finanzbuchhaltung bucht am 15.06.2006

Rohstoffe	150.000,-- Euro
Vorsteuer	24.000,-- Euro
an Verbindlichkeiten	174.000,-- Euro

und mit der Begleichung der Rechnung am 30.06.2006

Verbindlichkeiten	174.000,-- Euro
an Bank	174.000,-- Euro.

Dieselbe Industrieunternehmung verkauft am 20.07.2006 an einen Kunden Fertigerzeugnisse für 500.000 Euro (zzgl. 16% USt[25]). Der Kunde begleicht erst am 31.08.2006 seine Rechnung. Die Finanzbuchhaltung bucht am 20.07.2006

Forderungen	580.000,-- Euro
an Umsatzerlöse	500.000,-- Euro
an Umsatzsteuer	80.000,-- Euro

und mit der Begleichung der Rechnung durch den Kunden am 31.08.2006

Bank	580.000,-- Euro
an Forderungen	580.000,-- Euro.

Auf Basis dieser Buchungen kann der Erfolg einer Unternehmung auf zweifache Art nachgewiesen werden:

1. durch den Vergleich des Eigenkapitals des aktuellen Jahres mit dem des Vorjahres in der jeweiligen Bilanz und
2. durch den Vergleich der Aufwendungen und Erträge des aktuellen Jahres in der Gewinn- und Verlustrechnung

Beide sind Bestandteile des Jahresabschlusses.

24 VSt = Vorsteuer
25 USt = Umsatzsteuer

6.3 Der Jahresabschluss und seine Bestandteile

Der **Jahresabschluss** ist der Abschluss aller Konten am Ende eines Geschäftsjahres. Handelsrechtlich bilden die Bilanz und die Erfolgsrechnung (Gewinn- und Verlustrechnung (GuV)) den Jahresabschluss. Bei Kapitalgesellschaften wird er um den Anhang und den Lagebericht ergänzt.

Das Studium des Jahresabschlusses soll es Unternehmungsbeteiligten (z.B. Aktionären, Mitarbeitern Lieferanten, Kunden und den Fiskus), die nicht der Geschäftsführung angehören, ermöglichen, die für ihre Entscheidungen benötigten Informationen über die wirtschaftliche Entwicklung (Gegenwart und Zukunft) der Unternehmung zu erlangen (**Informationsfunktion**).

Neben der Informationsversorgung übernehmen Jahresabschlüsse die Funktion der Bemessungsgrundlage für die Gewinnverwendung (z.B. in Form von Dividendenzahlungen) (**Zahlungsbemessungsfunktion**).

Schließlich hat der Jahresabschluss noch die Aufgabe, dass Unternehmungsgeschehen zu dokumentieren (**Dokumentationsfunktion**), um z.B. im Rahmen von Rechtsstreitigkeiten oder im Insolvenzfall als Beweismittel herangezogen werden zu können.

6.3.1 Bilanz

Die **Bilanz** ist eine Gegenüberstellung von Vermögen und Kapital der Unternehmung zu einem bestimmten Stichtag, dem sog. Bilanzstichtag. Die Informationen der Bilanz beziehen sich somit auf die Vermögens-, Finanz- und Ertragslage der Unternehmung (§ 264 Abs. 2 HGB).

Das **Vermögen** stellt die **Aktiva** der Bilanz (linke Seite, vgl. Abbildung 6-4) dar. Dabei handelt es sich um die Gesamtheit aller in der Unternehmung eingesetzten Vermögensgegenstände (z.B. Immobilien, Maschinen, Wertpapiere) und Geldmittel. Das **Kapital** (rechte Seite), bildet als Summe aller Verpflichtungen der Unternehmung gegenüber Beteiligten und Gläubigern die **Passiva** der Unternehmung. Hierzu zählen beispielsweise das Eigenkapital und Rückstellungen.

Beide Seiten der Bilanz sind Ausdruck für ein und dieselbe Wertgesamtheit, der in der Unternehmung vorhandenen Mittel, wobei die Passiva Auskunft über die Herkunft der finanziellen Mittel (Eigen- und Fremdkapital) und die Aktiva über deren Verwendung (Anlage- und Umlaufvermögen) gibt.

Abbildung 6-4 verdeutlicht diesen Zusammenhang in vereinfachter Form.

Abbildung 6-4: *Bilanzaufbau*

Bilanz zum 31.12.2006

Aktiva	**Passiva**
Vermögen...	**Kapital...**
Anlagevermögen Sachanlagen Finanzanlagen	**Eigenkapital**
Umlaufvermögen Warenvorräte Forderungen Zahlungsmittel	**Fremdkapital** Verbindlichkeiten gegenüber Banken Verbindlichkeiten gegenüber Lieferanten
Bilanzsumme	Bilanzsumme

Die Differenz zwischen den Aktiva (dem Bilanzvermögen) und den Verbindlichkeiten (z.B. gegenüber Aktionären, Banken, Lieferanten und Kunden) wird als **Reinvermögen** bezeichnet.

Die **Bilanzarten** lassen sich nach verschiedenen Kriterien gruppieren.

Nach den **Anlässen der Bilanzerstellung**

- **Ordentliche Bilanz**
  Erstellung in regelmäßigen Abständen (i.d.R. jährlich).
  Z.B. Handelsbilanz, Steuerbilanz.
- **Außerordentliche Bilanz**
  Einmalige oder unregelmäßige Erstellung, ausgelöst durch rechtliche oder wirtschaftliche Anlässe.
  Z.B. Gründungs-, Kapitalerhöhungs-, Sanierungs-, Umwandlungs-, Fusions-, Liquidations- oder Kreditprüfungsbilanz.
- **Einzelbilanz**
  Erstellung für eine Unternehmung.
- **Konzernbilanz (auch konsolidierte Bilanz)**
  Erstellung für alle im Konzern zusammengefasste Unternehmungen.

- **Interne Bilanz**
  Interne (unveröffentlichte) Entscheidungsgrundlage für die Unternehmungsführung.
- **Externe Bilanz**
  Die Bilanzadressaten sind i.d.R. vom Gesetzgeber bestimmt.
  Z.B. Gläubiger, Anteilseigner, gewinnbeteiligte Arbeitnehmer, Finanzbehörden, potentielle Anleger, mögliche Kreditgeber, staatliche Institutionen und Wirtschaftspresse.

Wir unterscheiden im Folgenden zwischen der Handels-, der Steuer- und der Planbilanz, da dies die in der Wirtschaft bedeutsamsten und am häufigsten erstellten Bilanzen sind.

6.3.1.1 Handelsbilanz

Die **Handelsbilanz** wird nach den handelsrechtlichen Bestimmungen der §§ 238 – 289 HBG erstellt. Hinzu kommen ergänzende Vorschriften des HGB (§ 120 für die oHG, §§ 166, 167 für die KG, § 232 für die Stille Gesellschaft, §§ 336 – 339 für die Genossenschaft, §§ 290 – 315 für den Konzern), des AktG (§§ 150, 152, 158 und 160 für die AG) und des GmbHG (§§ 42 und 42 a für die GmbH). Ergänzt werden diese Vorschriften durch die Regelungen des Transparenz- und Publizitätsgesetzes (TransPuG).

Der Hauptzweck der Handelsbilanz besteht in der Ermittlung des Unternehmungs- bzw. Konzerngewinns unter besonderer Berücksichtigung des Gläubigerschutzes. Besonderes Augenmerk gilt dem Bilanzierungsgrundsatz der Vorsicht. Die Aufgaben der Handelbilanz bestehen in der **Rechenschaftslegung** (gegenüber Gläubigern, Gesellschaftern, Arbeitnehmern und der Öffentlichkeit), der **Dokumentation** der Vermögens- und Ertragslage der Unternehmung sowie in der rechnerischen **Fundierung unternehmungspolitischer Entscheidungen**.

Den Aufbau der Handelsbilanz nach § 266 HGB visualisiert Abbildung 6-5.

Eine Handelsbilanz ist grundsätzlich in Kontenform aufzustellen. Auf der Aktivseite sind die Vermögenspositionen prinzipiell nach ihrer Liquiditätserwartung (niedrige Liquidität am Anfang) zusammenzustellen. Auf der Passivseite werden die Verbindlichkeiten nach ihrer Fälligkeit geordnet und gruppiert.

Die dargestellte Grundstruktur ist die Mindestgliederung der von sog. kleinen Kapitalgesellschaften aufzustellenden Bilanz. Mittelgroße und große Kapitalgesellschaften haben die in § 266 Abs. 2 HGB aufgeführten Erweiterungen vorzunehmen. Nicht unter das Publizitätsgesetz fallende Einzelkaufleute und Personengesellschaften haben das Anlage- und das Umlaufvermögen, das Eigenkapital, die Verbindlichkeiten sowie die Rechnungsabgrenzungsposten gesondert auszuweisen und hinreichend aufzugliedern (vgl. § 247 Abs. 1 HGB).

Abbildung 6-5: *Aufbau der Handelsbilanz*

Aktiva	Handelsbilanz zum 31.12.2006	Passiva
A. Anlagevermögen		**A. Eigenkapital**
I. Immaterielle Vermögensgegenstände		I. Gezeichnetes Kapital
II. Sachanlagen		II. Kapitalrücklagen
III. Finanzanlagen		III. Gewinnrücklagen
		IV. Gewinn-/Verlustvortrag
		V. Jahresüberschuss/Jahresfehlbetrag
B. Umlaufvermögen		**B. Rückstellungen**
I. Vorräte		**C. Verbindlichkeiten**
II. Forderungen und sonstige Vermögensgegenstände		**D. Rechnungsabgrenzungsposten**
III. Wertpapiere		
IV. Kassenbestand, Bundesbankguthaben, Guthaben bei Kreditinstituten und Schecks		
C. Rechnungsabgrenzungsposten		
Bilanzsumme		Bilanzsumme

Zu den Bilanzpositionen im Einzelnen (vgl. Schierenbeck 2003, S. 545 ff.):

Die vorgenommene Einteilung in Anlage und Umlaufvermögen resultiert aus der jeweils unterschiedlichen Verwendungsart und –dauer dieser Vermögenspositionen. Eine Zuordnung erfolgt nach der Zweckbestimmung jedes einzelnen Wirtschaftsgutes in der Unternehmung.

Zum **Anlagevermögen** zählen gem. § 247 Abs. 2 HGB nur die Gegenstände, die bestimmt sind, dauernd dem Geschäftsbetrieb der Unternehmung zu dienen. Zu den **immateriellen Vermögensgegenständen** zählen beispielsweise Konzessionen, gewerbliche Schutzrechte (Bsp. Patente, Marken- und Verlagsrechte, Erfindungen), und Lizenzen, der Geschäfts- und Firmenwert (auch als Goodwill bezeichnet) und geleistete Anzahlungen. Grundstücke, technische Anlagen und Maschinen, die Betriebs- und Geschäftsausstattung, etc. bilden die Gruppe der **Sachanlagen**. Die **Finanzanlagen** setzen sich zusammen aus Anteilen und Ausleihungen an verbundene Unternehmungen, Beteiligungen, Wertpapieren des Anlagevermögens, sonstigen Ausleihungen, u.a.

Unter das **Umlaufvermögen** fallen diejenigen Gegenstände, die nicht dauernd dem Geschäftsbetrieb der Unternehmung dienen sollen. Hierzu zählen:

- **Vorräte** (Roh-, Hilfs- und Betriebsstoffe, unfertige Erzeugnisse und/oder Leistungen, fertige Erzeugnisse und Waren, geleistete Anzahlen, etc.),
- **Forderungen und sonstige Vermögensgegenstände** (Forderungen aus Lieferungen und Leistungen, Forderungen gegen verbundene Unternehmungen, Forderungen gegen Unternehmungen, mit denen ein Beteiligungsverhältnis besteht und sonstige Vermögensgegenstände),
- **Wertpapiere** (Anteile an verbundenen Unternehmungen, eigene Anteile und sonstige Wertpapiere) und
- **Schecks, Kassenbestand, Bundesbank- und Postgiroguthaben** sowie **Guthaben bei Kreditinstituten.**

Unter den **Rechnungsabgrenzungsposten** sind gem. § 250 HGB auf der Aktivseite Ausgaben vor dem Abschlussstichtag auszuweisen, soweit sie Aufwand für eine bestimmte Zeit nach diesem Tag darstellen. Es handelt sich hierbei um sog. (aktivische) transitorische Rechnungsabgrenzungsposten, die mit einer Leistungsforderung der Unternehmung an einen Dritten in der Zeit nach dem Abschlussstichtag verbunden sind. Ein Beispiel hierfür sind Mietvorauszahlungen.

An erste Stelle auf der Passivseite der Handelsbilanz steht das **Eigenkapital**. Für Kapitalgesellschaften sieht das Handelsrecht (§ 266 HGB) grundsätzlich eine Unterteilung in fünf Unterpositionen vor:

- Gezeichnete Kapital,
- Kapitalrücklagen,
- Gewinnrücklagen:
  - Gesetzliche Rücklagen,
  - Rücklagen für eigene Anteile,
  - Satzungsgemäße Rücklagen und
  - Andere Gewinnrücklagen
- Gewinnvortrag und
- Jahresüberschuss.

Das **gezeichnete Kapital** entspricht dem Betrag, auf den die Haftung der Unternehmung für ihre Verbindlichkeiten beschränkt ist. Bei der GmbH entspricht dieser feste Nennbetrag dem Stammkapital, bei der AG dem Grundkapital.

Zu den **Kapitalrücklagen** zählen alle über den Nennbetrag hinausgehenden, von außerhalb der Unternehmung zugeführten Einlagen. Hierzu zählen beispielsweise sog. Agios.[26]

Gewinnrücklagen sind Beträge, die aus dem Unternehmungsergebnis des bilanzierten Geschäftsjahres oder aus früheren Geschäftsjahren gebildet wurden. Ihr Zweck ist die Förderung der Selbstfinanzierung der Unternehmung. Es wird zwischen gesetzlichen Rücklagen (u.a. festgelegt für die AG), satzungsgemäßen Rücklagen und anderen Gewinnrücklagen unterschieden.

Für den Fall, dass eine Unternehmung eigene Anteile erwirbt, sind **Rücklagen für eigene Anteile** zu bilden. Diese Rücklagen vermindern den Jahresüberschuss oder sie werden aus frei verwendbaren Gewinnrücklagen gebildet. Sie verhindern eine Gewinnausschüttungssperre, solange die Anteile von der Unternehmung selbst gehalten werden.

Auf Beschluss der Gesellschafter- bzw. Hauptversammlung kann ein sog. **Gewinn- oder Verlustvortrag** gebildet werden. Dies hat zur Folge, dass ein Teil des Gewinns bzw. Verlustes des Geschäftsjahres in das Folgejahr übertragen wird.

Aus der Differenz zwischen Erträgen und Aufwendungen, ermittelt in der Gewinn- und Verlustrechnung (GuV), ergibt sich der **Jahresüberschuss bzw. –fehlbetrag.** Es handelt sich hierbei um eine Gewinngröße nach Steuern.

Die Passivseite der Bilanz weist neben dem Eigen- auch das **Fremdkapital** aus. Hierzu zählen Rückstellungen und Verbindlichkeiten.

Rückstellungen sind ungewisse Verpflichtungen aus Rechtsgeschäften mit Dritten und Aufwendungen, die der aktuell bilanzierten Periode zuzurechnen sind, aber erst nach dem Abschlussstichtag zur Auszahlung kommen. Weiterhin dienen Rückstellungen der Abwendung drohender Verluste aus schwebenden Geschäften. Als Beispiele seien Rückstellungen für Instandhaltung, Pensions- und Steuerrückstellungen zu nennen. § 249 HGB regelt die vorgesehenen Zweck der Bildung von Rückstellungen. Einmal gebildete Rückstellung dürfen nur dann aufgelöst werden, wenn der für ihre Bildung maßgebliche Grund weggefallen ist. So werden Steuerrückstellungen i.d.R. dann aufgelöst, wenn die tatsächliche Steuerzahlung erfolgt.

Verbindlichkeiten, die nicht ungewiss sind (vgl. Rückstellungen), stellen **Schulden** der Unternehmung dar, die der Höhe und dem Grund nach eindeutig bekannt sind. Auch sie gehören zum Fremdkapital und lassen sich wie folgt gliedern (vgl. Wöhe 2005, S. 883):

- Anleihen, außer der konvertiblen (unbegrenzt umtauschbaren) Papiere,
- Verbindlichkeiten gegenüber Kreditinstituten,

---

[26] Ein Agio wird beispielsweise bei der Ausgabe von Wertpapieren berechnet und dabei üblicherweise als **Ausgabeaufschlag** bezeichnet.

- Erhaltene Anzahlungen auf Bestellungen,
- Verbindlichkeiten aus Lieferungen und Leistungen,
- Verbindlichkeiten aus der Annahme gezogener Wechsel und aus der Ausstellung eigener Wechsel,
- Verbindlichkeiten gegenüber verbundenen Unternehmungen,
- Verbindlichkeiten gegenüber Unternehmungen, mit denen ein Beteiligungsverhältnis besteht und
- Sonstige Verbindlichkeiten (aus Steuern und im Rahmen der sozialen Sicherheit).

Als letzte Position sind auf der Passivseite **Rechnungsabgrenzungsposten** auszuweisen. Hierbei handelt es sich um Einnahmen vor dem Abschlussstichtag, soweit sie einen Ertrag für eine bestimmte Periode nach dem Stichtag darstellen.

Die aktivischen und die passivischen Rechnungsabgrenzungsposten dienen der Abstimmung zwischen der Bilanz und der GuV zur Ermittlung des **periodengerechten Jahreserfolges**.

6.3.1.2 Steuerbilanz

Neben der Handelsbilanz ist die **Steuerbilanz** die einzige gesetzlich reglementierte Bilanzart. Obwohl in der Betriebswirtschaftslehre zwischen der Ertragssteuerbilanz (mit dem Zweck der Gewinnung einer Vermögensübersicht zur Gewinnbesteuerung) und der Vermögenssteuerbilanz (mit dem Ziel der Gewinnung einer Grundlage zur Erhebung der Vermögensbesteuerung) unterschieden wird, bezieht sich in der Praxis der Begriff der Steuerbilanz ausschließlich auf die **Ertragssteuerbilanz**.

Die rechtliche Basis der Steuerbilanz bilden § 4 - 7 des Einkommenssteuergesetzes (EStG), §§ 238 – 236 HGB, §§ 140 – 148 Abgabenordnung (AO), das Körperschaftssteuergesetz (KStG) und das Gewerbesteuergesetz (GewStG). Generell gilt das **Prinzip der Maßgeblichkeit der Handelsbilanz**, also die Verknüpfung zwischen Steuer- und Handelsrecht gem. § 5 Abs. 1 Satz 1 EStG.

Das Ziel der Erstellung der Steuerbilanz besteht in der Ermittlung des zu versteuernden Periodengewinns der Unternehmung durch den Vergleich des Reinvermögens, korrigiert um Einlagen und Entnahmen (vgl. §§ 4 – 7 EStG).

Die Ableitung der Steuerbilanz einer Unternehmung aus ihrer Handelsbilanz geschieht durch Korrekturen nach den Grundsätzen des Steuerrechts. Dabei bleibt der grundsätzliche Aufbau der Handelsbilanz nahezu unverändert. Steuerrechtlich bedingte Korrekturen werden durch Zusätze und Anmerkungen vorgenommen. So wird in der Handelsbilanz beispielsweise das Abgeld (Disagio oder Damnum) bei der Aufnahme eines Investitionskredites sofort als Betriebsaufwand verrechnet. In der Steuerbilanz muss dieses Abgeld aktiviert und, verteilt auf die Laufzeit des Kredites, abgeschrieben werden. Dies wird durch eine entsprechende Anmerkung in der Handelsbilanz dokumentiert.

Adressat der Steuerbilanz ist das zuständige Finanzamt. Aus diesem Grund stellen die Unternehmungen, die ihren Jahresabschluss nicht publizieren müssen, i.d.R. nur eine einzige Bilanz (die sog. **Einheitsbilanz**) auf, die Handels- und Steuerbilanz zugleich ist. Wegen unterschiedlicher Möglichkeiten der Wertansätze stellen Kapitalgesellschaften allerdings i.d.R. eine Handels- und eine Steuerbilanz auf.

6.3.1.3 Planbilanz

Von besonderem Interesse für das Management einer Unternehmung aber auch für interessierte Dritte ist die **Planbilanz**, soweit zugänglich bzw. veröffentlicht. Sie ist Teil einer umfassenden Prognoserechnung für die Zukunft und dient als Grundlage für die Formulierung von Erwartungen bzgl. des Eintritts zukünftiger Ereignisse. Im Detail liefert die Planbilanz Informationen über geplante Bestandsveränderungen sowie die zukünftige Kapitalstruktur der Unternehmung.

Im Rahmen der Erstellung einer Planbilanz werden die prognostizierten Wirkungen von Investitionsentscheidungen simulierend durchgerechnet. Dabei wird vor allem auf die Konsequenzen für die Kapitalstruktur, die Rentabilität und den **Cash Flow** (Zahlungsmittelströme) im Zeitablauf abgestellt. Wegen des, bei den diversen durchzukalkulierenden Alternativen, hohen Rechenaufwandes werden Planbilanzen i.d.R. nur bei großen und weit reichenden strategischen Investitionen vorgenommen.

Die Planbilanz entspricht in ihrer Grundstruktur der Handelsbilanz. Soweit sie als **Bewegungsbilanz**[27] erstellt wird, ist auf Basis ihrer Daten eine quantitative und eine qualitative Kapitalbedarfsprognose möglich.

Im Rahmen der Finanzplanung und Budgetrechnung (als Teil von Prognoserechnungen) wird eine Planbilanz zusammen mit einer **Plan GuV** erstellt. Dabei spiegelt die Planbilanz (als Bestandskomponente) das Ziel der Vermögensmehrung und die Plan GuV (als Erfolgskomponente) das Ziel der Rentabilität, ausgelöst durch strategische Investitionen wider. Als Ergebnis beider Simulationsrechnungen ergeben sich die abgestimmten **Leistungs- und Kostenbudgets** für die Zukunft.

---

[27] Eine **Bewegungsbilanz** wird aus zwei Stichtagsbilanzen gebildet. Auf diese Weise kann mit ihr die Entwicklung einer Unternehmung während des betrachteten Zeitraums analysiert werden. Im Gegensatz dazu gibt eine **stichtagsbezogene Handelsbilanz** lediglich den Stand zu diesem Bilanzstichtag, dem letzten Kalendertag des Geschäftsjahres, i.d.R. zum Jahresende wieder. Aus einer Bewegungsbilanz lassen sich sowohl Investitionen (Spalte Mittelverwendung) als auch die dazu verwendeten Mittel (Spalte Mittelherkunft) entnehmen. Somit informiert die Bewegungsbilanz insbesondere über Veränderungen der Geldströme (des Cash Flows).

6.3.2 Gewinn- und Verlustrechung

Gem. § 242 Abs. 3 HGB bildet die **Gewinn- und Verlustrechung (GuV)**, gemeinsam mit der Bilanz den Jahresabschluss der Einzelkaufleute und Personengesellschaften und gem. § 264 Abs. 1 HGB zusammen mit der Bilanz und dem Anhang den Jahresabschluss der Kapitalgesellschaften.

Im Gegensatz zur Bilanz stellt die GuV eine **Zeitraumrechnung** dar, in der es ausschließlich Erfolgsgrößen gibt. Alle Erträge und Aufwendungen der Unternehmung werden i.d.R. für das Geschäftsjahr, i.d.R. das Kalenderjahr (von Januar bis Dezember) zusammengefasst und detailliert aufgeführt. Der Saldo zwischen Aufwendungen und Erträgen stellt der Erfolg der Abrechnungsperiode dar. Die wichtigsten Positionen werden in der GuV separat dargestellt, damit die Adressaten sich ein genaues Bild über die Ertragskraft der Unternehmung machen können.

§ 275 HGB legt das Gliederungsschema der GuV fest. Diese kann sowohl in **Kontenform** als auch in **Staffelform** dargestellt werden, wobei für Kapitalgesellschaften die Staffelform vorgeschrieben ist. Diese Form wird, u.a. wegen ihrer Übersichtlichkeit und Möglichkeit zur Bildung von Zwischensummen, auch für kleinere und mittlere Unternehmungen empfohlen.

Kapitalgesellschaften können ihre GuV gem. § 275 HGB wahlweise nach dem Gesamtkostenverfahren oder nach dem Umsatzkostenverfahren erstellen.

Im Rahmen des **Gesamtkostenverfahrens** werden alle in einer Abrechungsperiode angefallenen Aufwendungen und Erträge den Umsatzerlösen, den Bestandsveränderungen bei Erzeugnissen sowie den anderen aktiven Eigenleistungen gegenüber gestellt. Dadurch werden die Erträge an das Mengengerüst der Periodenaufwendungen angepasst. Die Aufwendungen werden als der Produktionsaufwand der Berichtsperiode definiert und nach den Hauptkostenarten gegliedert (**Primärkostenprinzip**). Der Ertrag entspricht der Gesamtleistung der Berichtsperiode (Umsatzerlöse – Bestandsabnahme + Bestandserhöhung) (vgl. Wöhe 2005, S. 944).

Ein Beispiel für eine **GuV in Kontenform**, erstellt **nach dem Gesamtkostenverfahren** zeigt Abbildung 6-6.

Kommt das **Umsatzkostenverfahren** zum Einsatz, werden nur die, zur Erwirtschaftung der Umsatzerlöse angefallenen Aufwendungen ausgewiesen. Zu diesem Zweck werden die Aufwendungen an das Mengengerüst der Umsätze angepasst. Die Aufwendungen entsprechen in diesem Zusammenhang dem Umsatzaufwand (Produktionsaufwand + Bestandsabnahme – Bestandserhöhung). Der Ertrag ist der Umsatzertrag der Berichtsperiode (vgl. Wöhe 2005, S. 944).

Das Periodenergebnis, ermittelt nach dem Gesamtkostenverfahren, stimmt mit dem nach dem Umsatzkostenverfahren ermittelten überein.

Abbildung 6-6: GuV in Kontenform nach dem Gesamtkostenverfahren

Gewinn- und Verlustrechnung
01.01.2006 – 31.12.2006
(alle Werte in €)

Aufwand			**Ertrag**		
Betriebsaufwand			**Betriebsleistung**		
1. Löhne und Gehälter	60.000		1. Umsatzerlöse	400.000	
2. Materialverbrauch	140.000		2. Endbestand an Halb- und Fertigerzeugnissen	40.000	440.000
3. Abschreibungen	20.000				
4. Zinsen	10.000		3. Anfangsbestand an Halb- und Fertigerzeugnissen	- 80.000	360.000
5. Sonstige Aufwendungen	50.000	280.000			
Gewinn		80.000			
		360.000			360.000

Das Gliederungsschema der GuV nach dem Gesamtkostenverfahren enthält die folgenden **Erfolgsgrößen**, die die Ermittlung entsprechender Zwischenergebnisse im Format der Staffelform ermöglichen:

1. Gesamtleistung,
2. Betriebsergebnis,
3. Finanzergebnis,
4. Ergebnis der gewöhnlichen Geschäftstätigkeit,
5. Außerordentliches Ergebnis,
6. Jahresüberschuss und
7. Bilanzgewinn.

Die Gliederung einer **GuV in Staffelform**, aufgestellt **nach dem Gesamtkostenverfahren** (gem. § 275 Abs. 2 HGB) zeigt Abbildung 6-7.

Das Gliederungsschema nach dem **Umsatzkostenverfahren** ist in § 275 Abs. 3 HBG festgelegt und sieht für Kapitalgesellschaften wie folgt aus:

1. Umsatzerlöse,
2. Herstellungskosten der zur Erzielung der Umsatzerlöse erbrachten Leistungen,
3. Bruttoergebnis vom Umsatz,
4. Vertriebskosten,
5. Allgemeine Verwaltungskosten,
6. Sonstige betriebliche Erträge,
7. Sonstige betriebliche Aufwendungen,
8. Erträge aus Beteiligungen, davon aus verbundenen Unternehmungen,
9. Erträge aus anderen Wertpapieren und Ausleihungen des Finanzanlagevermögens, davon aus verbundenen Unternehmungen,
10. Sonstige Zinsen und ähnliche Erträge, davon aus verbundenen Unternehmungen,
11. Abschreibungen auf Finanzanlagen und auf Wertpapiere des Umlaufvermögens,
12. Zinsen und ähnliche Aufwendungen, davon aus verbundenen Unternehmungen,
13. Ergebnis der Gewöhnlichen Geschäftstätigkeit,
14. Außerordentliche Erträge,
15. Außerordentliche Aufwendungen,
16. Steuer vom Einkommen und vom Ertrag,
17. Sonstige Steuern,
18. Jahresüberschuss/Jahresfehlbetrag

Die Berechnungen vollziehen sich Schritt für Schritt ‚von oben nach unten'. Die Position 16 errechnet sich aus der Addition der Positionen 10 und 15. Der Jahresüberschuss (Position 22) ist die Summe aus Position 16 und 19 abzüglich der Positionen 20 und 21 (Steuern). Werden nun noch die Einstellungen in die Gewinnrücklagen subtrahiert, ergibt sich der Bilanzgewinn zum Jahresabschlussstichtag.

Abbildung 6-7: *GuV in Staffelform nach dem Gesamtkostenverfahren*

1.	Umsatzerlös
2.	+ Erhöhung oder Verminderung des Bestandes an fertigen und unfertigen Erzeugnissen
3.	+ Aktivierte Eigenleistungen
4.	**Gesamtleistung**
5.	+ Sonstige betriebliche Erträge
6.	- Materialaufwand
7.	- Personalaufwand
8.	- Abschreibungen auf immaterielle Vermögensgegenstände und Sachanlagen
9.	- Sonstige betriebliche Aufwendungen
10.	**Betriebsergebnis**
11.	Erträge aus Beteilungen, Wertpapieren
12.	+ Sonstige Zinsen und ähnliche Erträge
13.	+ Abschreibungen auf Finanzanlagen und auf Wertpapiere des Umlaufvermögen
14.	+ Zinsen und ähnliche Aufwendungen
15.	**Finanzergebnis**
16.	**Ergebnis der gewöhnlichen Geschäftstätigkeit**
17.	Außerordentliche Erträge
18.	- Außerordentliche Aufwendungen
19.	**Außerordentliches Ergebnis**
20.	- Steuern vom Einkommen und vom Ertrag
21.	- Sonstige Steuern
22.	**Jahresüberschuss**
23.	- Einstellungen in die Gewinnrücklagen
24.	**Bilanzgewinn**

Nach dem Gesamtkostenverfahren wird der Erfolgsnachweis aufgespalten, wobei das Betriebsergebnis und das Finanzergebnis i.d.R. zum Ergebnis der gewöhnlichen Geschäftstätigkeit zusammengefasst werden.

Die Gliederung einer **GuV in Staffelform, aufgestellt nach dem Umsatzkostenverfahren** (gem. § 275 Abs. 3 HGB) zeigt Abbildung 6-8.

Abbildung 6-8: *GuV in Staffelform nach dem Umsatzkostenverfahren*

1.		Umsatzerlöse
2.	-	Herstellungskosten der zur Erzielung der Umsatzerlöse erbrachten Leistungen
3.		**Bruttoergebnis vom Umsatz**
4.	-	Vertriebskosten
5.	-	Allgemeine Verwaltungskosten
6.	-	Sonstige betriebliche Erträge
7.	-	Sonstige betriebliche Aufwendungen
8.		**Betriebsergebnis**
9.		Erträge aus Beteiligungen, Wertpapieren
10.	+	Sonstige Zinsen und ähnliche Erträge
11.	+	Abschreibungen auf Finanzanlagen
12.	+	Zinsen und ähnliche Aufwendungen
13.		**Finanzergebnis**
14.		**Ergebnis der gewöhnlichen Geschäftstätigkeit**
15.		Außerordentliche Erträge
16.	-	Außerordentliche Aufwendungen
17.		**Außerordentliches Ergebnis**
18.	-	Steuer vom Einkommen und vom Ertrag,
19.	-	Sonstige Steuern,
20.		**Jahresüberschuss**
21.	-	Einstellung in die Gewinnrücklagen
22.		**Bilanzgewinn**

Auch hier vollzieht sich die Berechnung ‚von oben nach unten'. Position 14 ist die Summe aus Position 8 und 13. Der Jahresüberschuss (Position 20) errechnet sich aus Position 14 +/- Position 17 abzüglich der Steuern (Position 18 und 19).

Da die Aussagefähigkeit des Umsatzkostenverfahrens für eine marktorientierte Unternehmungsleitung größer als bei dem Gesamtkostenverfahren ist, ist dem erstgenannten Verfahren der Vorzug zu gewähren. Zur Erhöhung der Aussagekraft der GuV werden i.d.R. die Material- und Personalkosten zusätzlich im Anhang angegeben. Abschreibungen auf immaterielle Vermögensgegenstände des Anlagevermögens und auf Sachanlagen können dem **Anlagespiegel**[28] entnommen werden. Abschreibungen

[28] Der Anlagespiegel ist Bestandteil des Anhangs von Bilanzen von Kapitalgesellschaften. Er vermittelt einen Überblick über die Wertentwicklung der einzelnen Bilanzpositionen des Anlagevermögens. Der Anlagespiegel ist nach § 268 Abs. 2 HGB aufzustellen.

auf Gegenstände des Finanzanlagevermögens und auf Wertpapiere des Umlaufvermögens werden separat ausgewiesen.

6.3.3 Anhang

Da unterschiedliche Vorschriften in Bezug auf die Pflicht zur Erstellung von Anhang und Lagebericht bestehen, die sich an der Größe der Unternehmung orientieren, erfolgt an dieser Stelle zunächst eine Einteilung in kleine, mittelgroße und große Kapitalgesellschaften (vgl. Abbildung 6-9). Die Größenklassen werden in § 267 HGB geregelt. Die Pflicht zur Offenlegung ist in § 325 HGB festgeschrieben.

Abbildung 6-9: *Größenklassen von Kapitalgesellschaften gem. § 267 HGB*

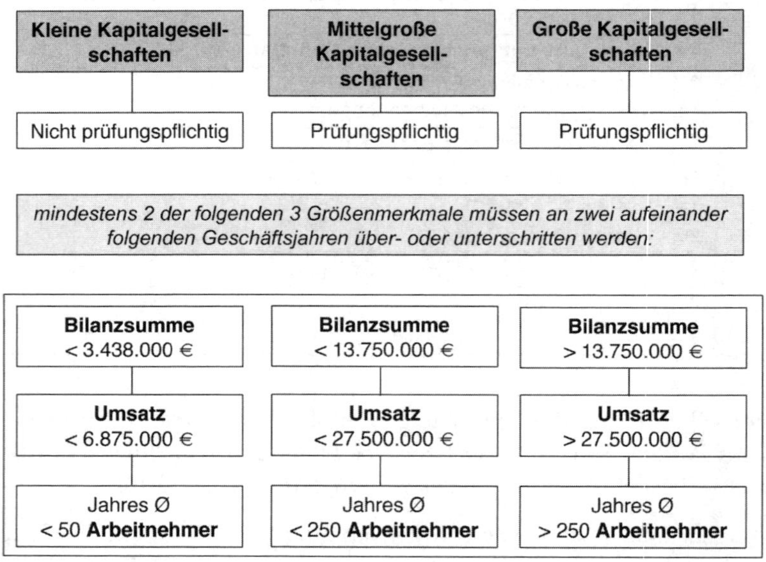

Auch Einzelkaufleute und Personengesellschaften können publizitäts- und prüfungspflichtig sein, wenn sie gem. § 1 PublG an drei aufeinander folgenden Stichtagen mindestens zwei der drei nachstehenden Kriterien erfüllen und somit als **Großunternehmung** gelten:

- Bilanzsumme ≥ 60 Mio. €
- Umsatz ≥ 130 Mio. €
- Arbeitnehmer ≥ 5.000

Grundsätzlich sind alle Kapitalgesellschaften zur Erstellung von Anhang und Lagebericht als Ergänzung der Bilanz und der GuV verpflichtet (vgl. § 264 Abs. 1 Satz 1 HGB), denn in den meisten Fällen sind die Zahlenangaben der Bilanz und der GuV allein wenig aussagefähig, wenn es darum geht, die wirtschaftliche Lage einer Unternehmung zu beurteilen.

Der **Anhang** dient in erster Linie der Information und der Erläuterung. Er ist wahrheitsgemäß, klar und übersichtlich zu erstellen und auf wesentliche Sachverhalte zu beschränken. Die Vorschriften über den Inhalt des Anhangs sind in den §§ 284, 285, 286 und 288 HGB geregelt. Für kleine und mittelgroße Kapitalgesellschaften gibt es größenabhängige Erleichterungen.

Der Anhang sollte die folgenden Informationen enthalten, um die Jahresabschlussadressaten mit den erforderlichen Detailinformationen zu versorgen:

1. Allgemeine Angaben zu den angewandten Bilanzierungs- und Bewertungsmethoden,

2. Angaben zur Umrechnung von Fremdwährungspositionen,

3. Erläuterungen zur Bilanz und zur GuV, insbesondere Aufgliederung einzelner Bilanz- und GuV-Positionen (z.B. Umsatzerlöse nach Geschäftszweigen, Tätigkeitsbereichen und geografischen Regionen, Verbindlichkeiten nach der Restlaufzeit, Zusammensetzung außerordentlicher Erträge und Aufwendungen, Angaben zur Ergebnisverwendung, Höhe der Vorstandgehälter und Aufsichtsratsvergütungen),

4. Ggf. zusätzliche Angaben gem. § 264 Abs. 2 Satz 2 HGB,

5. Sonstige Angaben
   - Haftungsverhältnisse und sonstige finanzielle Verpflichtungen,
   - Angaben zu den Vorratsaktien und zu den eigenen Aktien, zum genehmigtem Kapital, etc.,
   - Mitarbeiter,
   - Vorschüsse, Kredite und Haftungsverhältnisse von bzw. gegenüber Organmitgliedern (z.B. Vorstand, Aufsichtsrat),
   - Beziehungen zu verbundenen Unternehmungen,
   - weitere Angaben,

6. Namen der Organmitglieder (vgl. Olfert/Rahn 2005, S. 409).

Erst mit Hilfe dieser Zusatzinformationen lassen sich die Zahlenwerke des Jahresabschlusses analysieren und die Jahresabschlüsse unterschiedlicher Unternehmungen mit einander vergleichen.

6.3.4 Lagebericht

Der **Lagebericht** ist selbstständiger Bestandteil der handelsrechtlichen Rechnungslegung, jedoch nicht Element des Jahresabschlusses. Dennoch zählt er für bestimmte Gesellschaftsformen und Größenklassen zu den Pflichtbestandteilen der handelsrechtlichen Rechnungslegung.

Neben Genossenschaften und unter das Publizitätsgesetz (PublG) fallende Unternehmungen und Vereinen sind mittelgroße und große Kapitalgesellschaften verpflichtet einen Lagebericht zur erstellen und dem Geschäftsbericht beizufügen. Kleine Kapitalgesellschaften sind nicht zur Erstellung eines Lageberichts verpflichtet (vgl. § 264 Abs. 1 Satz 3 HGB). Über den Inhalt des Lageberichts gibt § 289 HGB Auskunft. Hiernach setzt sich der Lagebericht aus den folgenden Berichtsteilen zusammen (vgl. Schierenbeck 2003, S. 560):

1. **Wirtschaftsbericht**
   Darstellung des Geschäftsverlaufs und der Lage der Unternehmung.
   Z.B. Einfluss von Nachfrageveränderungen oder besonderen Ereignissen (wie Streiks und Rezession).

2. **Nachtragsbericht**
   Informationen über positive sowie negative Sachverhalte von besonderer Bedeutung, die zwischen dem Bilanzstichtag und dem Tag der Bilanzerstellung eingetreten sind.

3. **Prognosebericht**
   Informationen und realistische Prognosen in Bezug auf die zukünftige Entwicklung der Unternehmung.
   Da bzgl. der Zukunft eine relative hohe Unsicherheit besteht, erscheinen in diesem Berichtsteil verbale Trendaussagen angemessen.

4. **Forschungsbericht**
   Angaben zur Gesamthöhe der Forschungs- und Entwicklungsaufwendungen (gem. § 289 Abs. 2 Nr. 3 HGB und Schutzklausel § 286 HGB).

5. **Zweigniederlassungsbericht**
   Informationen über bestehende Zweigniederlassungen im In- und Ausland.
   Den Geschäftsberichtadressaten soll ein Einblick in den Stand und die Entwicklung der Marktpräsenz der Unternehmung ermöglicht werden (§ 289 Abs. 2 Nr. 4 HGB).

Insbesondere Risiken der zukünftigen Entwicklung der Unternehmung und ihrer Märkte sollen umfassend und realistisch dargestellt und erläutert werden.

Im Vergleich zum vergangenheitsbezogenen Jahresabschluss (Bilanz und GuV) enthält der Lagebericht eher zukunftsbezogene Informationen, Prognosen und Trendaussagen. Die Analyse von Geschäftsberichten zeigt, dass die Informationsbereitschaft der Unternehmungen in dieser Hinsicht relativ gering ist.

6.4 Internationale Konzernrechnungslegung

Ein **Konzern** entsteht durch die Verbindung zweier oder mehrer rechtlich selbstständiger Unternehmungen zu einer wirtschaftlichen Einheit. Zur Beurteilung der Vermögens-, Finanz- und Ertragslage des Konzerns reicht es nicht aus, die Jahresabschlüsse der einzelnen Konzernunternehmungen zu analysieren. Es ist vielmehr erforderlich, einen zusätzlichen **Konzernabschluss** zu erstellen. Die Bestandteile des Konzernabschlusses visualisiert Abbildung 6-11.

Für börsennotierte Mutterunternehmungen ist der Konzernabschluss um die **Kapitalflussrechnung** und die **Segmentberichterstattung** zu ergänzen.

Der Konzernabschluss tritt nicht an die Stelle der Einzelabschlüsse der Konzernunternehmungen, sondern er soll als zusätzliches Instrument der Rechnungslegung einen Eindruck über die wirtschaftliche Einheit des Konzerns vermitteln. Somit übernimmt der Konzernabschluss (lediglich) Informationsfunktion. Er dient also auch nicht als Grundlage für die Gewinnverwendung und die Besteuerung.

Der Konzernabschluss wird aus den Einzelabschlüssen der Konzernunternehmungen abgeleitet. Dies geschieht mittels der Konsolidierung und nicht mittels bloßer Addition der Bilanzposten der jeweiligen Einzelbilanzen. **Konsolidierung** bedeutet Aufrechnung bzw. die Bereinigung des Konzernabschlusses um konzerninterner Beziehungen.

Das Prinzip der Konzernrechnungslegung folgt der Fiktion der rechtlichen Einheit eines Konzerns (**Einheitstheorie**), wobei die rechtlich selbstständigen Konzernunternehmungen als wirtschaftlich unselbstständige Abteilungen behandelt werden. Daraus resultiert, dass alle Abschlussposten sämtlicher Konzernunternehmungen aus den Bilanzen sowie den GuV zusammengefasst werden.

Abbildung 6-10: *Bestandteile des Konzernabschlusses*

Bei der Konsolidierung wird zwischen den folgenden Bereichen differenziert:

1. **Kapitalkonsolidierung**
   Aufrechnung der Beteiligungen der Konzernmutterunternehmung gegen die entsprechenden Anteile des Kapitals der Konzerntochterunternehmungen.

2. **Schuldenkonsolidierung**
   Aufrechnung von Forderungen und Verbindlichkeiten zwischen den Konzernunternehmungen.

3. **Zwischenergebniseliminierung**
   Eliminierung von Gewinnen und Verlusten aus Lieferungen und Leistungen zwischen den Konzernunternehmungen.

4. **Aufwands- und Ertragskonsolidierung**
   Aufrechnung von Aufwendungen und Erträgen aus Lieferungen und Leistungen zwischen den Konzernunternehmungen.

Die Punkte 3. und 4. werden zum Teil auch zusammengefasst als **Erfolgskonsolidierung** (Eliminierung von Gewinnen und Verlusten aus konzerninternen Lieferungs- und Leistungsbeziehungen) bezeichnet (vgl. Schierenbeck 2003, S. 587).

Gem. § 294 HGB (**Einbeziehungspflicht**) sind in den Konzernabschluss die Mutterunternehmung und alle Tochterunternehmungen ohne Rücksicht auf deren Sitz einzubeziehen (**Weltabschlussprinzip**). Das **Einbeziehungsverbot** regelt der § 295 HGB. Hiernach darf eine Tochterunternehmung nicht in den Konzernabschluss einbezogen werden, wenn sich ihre Tätigkeit von der Tätigkeit der anderen einbezogenen Unternehmungen derart unterscheidet, dass durch die Einbeziehung ein unzutreffender Eindruck bzgl. der Vermögens-, Finanz- und Ertragslage des Konzerns vermittelt würde.

§ 296 HGB regelt das sog. **Einbeziehungswahlrecht**. Hiernach braucht eine Unternehmung nicht in den Konzernabschluss einbezogen zu werden, wenn eine der folgenden Voraussetzungen erfüllt ist:

1. Erhebliche und andauernde Beschränkungen beeinträchtigen nachhaltig die Ausübung die Rechte der Mutterunternehmung in Bezug auf das Vermögen oder die Geschäftsführung der Tochterunternehmung.

2. Die für die Aufstellung des Konzernabschlusses erforderlichen Angaben sind nicht ohne unverhältnismäßig hohe Kosten oder Verzögerungen zu erhalten.

3. Die Anteile an der Tochterunternehmung werden ausschließlich zum Zweck der Weiterveräußerung gehalten.

4. Die Tochterunternehmung ist bzw. mehrere Tochterunternehmungen sind gemeinsam von untergeordneter Bedeutung für den Einblick in die Vermögens-, Finanz- und Ertragslage des Konzerns.

Im Rahmen der internationalen Konzernrechnungslegung wird zwischen der

- Rechnungslegung nach HGB,
- Rechnungslegung nach International Accounting Standards (IAS)[29] und
- Rechnungslegung nach United States Generally Accepted Accounting Principles (US-GAAP) unterschieden.

6.4.1 Rechnungslegung nach HGB

Die handelsrechtlichen Rechnungslegungsvorschriften finden sich im dritten Buch des HGB (§§ 238 – 342a).

An dieser Stelle wird eine Konzentration auf diejenigen Merkmale der jeweiligen Rechnungslegung (nach HGB, IAS und US-GAAP) vorgenommen, die einen späteren Vergleich dieser drei unterschiedlichen Rechnungslegungsarten unterstützen.

Das dritte Buch des HGB, als **Grundlage des Rechnungslegungssystems**, ist als sog. kodifiziertes Bilanzrecht zu verstehen, das detaillierte gesetzliche Vorschriften bzgl. des Jahresabschlusses enthält (sog. engl. **Code Law**, dt. Gesetzbuch). Es regelt die gesetzlichen Bestandteile des Jahresabschlusses bzw. des Geschäftsberichtes: die Bilanz, die GuV-Rechnung, den Anhang und den Lagebericht.

Im Zentrum der gesetzlichen Regelungen steht der **Gläubigerschutz**. Vor diesem Hintergrund werden die Dokumentation, die Gewinnermittlung zu Ausschüttungs- und Besteuerungszwecken und die Information als Hauptzwecke definiert.

Aus Sicht des Fiskus gilt das sog. **Maßgeblichkeitsprinzip**, wonach die Grundsätze ordnungsmäßiger Buchführung und Bilanzierung (GoB) des Handelsgesetzbuchs auch für die Aufstellung der Steuerbilanz gelten. Vereinfacht wird häufig auch von der Maßgeblichkeit der Handelsbilanz für die Steuerbilanz gesprochen.

Bei den **Grundsätzen der Rechnungslegung** nach HGB wird dem sog. „True and fair view" (**Bilanzwahrheit**), als **Generalnorm** eine besondere Bedeutung beigemessen. Das Vorsichtsprinzip hat ebenfalls eine erhebliche Bedeutung und das Realisationsprinzip wird streng ausgelegt. Im Rahmen des Anschaffungswertprinzips gelten die Anschaffungs- und Herstellungskosten als Wertobergrenze bei der Bilanzierung. Der Grundsatz der Stetigkeit erfährt zahlreiche Ausnahmen wohingegen der Einzelbewertungsgrundsatz gem. HGB nur eingeschränkte Ausnahmen zulässt.

Im Rahmen der Bilanzierung besteht gem. § 248 Abs. 2 HGB ein Aktivierungsverbot für Entwicklungskosten. Vorteile aus steuerlichen Verlustvorträgen dürfen ebenfalls nicht aktiviert werden, wohingegen für den derivativen Geschäftswert[30] ein Aktivie-

---

[29] Die IAS werden durch die International Financial Reporting Standards (IFRS) ergänzt bzw. teilweise ersetzt.

[30] Der originäre Geschäftswert ist ein selbst geschaffener Wert (z.B. Kundenstamm, know how, etc.) der Unternehmung. Gem. § 248 Abs. 2 HGB ist dieser nicht aktivierungsfähig. Ein **derivativer Geschäftswert** entsteht bei der Übernahme einer Unternehmung, wenn der Kaufpreis

rungswahlrecht besteht. Gleiches gilt für die sog. aktivischen latenten Steuern (vgl. § 274 Abs. 2 HGB).[31]

Für Aufwandsrückstellungen sieht das HGB ein Passivierungswahlrecht vor. Gleiches gilt für Alterszusagen[32]. Pensionsrückstellungen müssen hingegen in der Bilanz passiviert werden. Für Sonderposten mit Rücklageanteil[33] gilt das Maßgeblichkeitsprinzip.

Wie bei der Betrachtung der Rechnungslegungsvorschriften bzw. –normen nach IAS und US-GAAP deutlich werden wird, unterscheiden sich die **Bewertungsansätze** dieser Vorschriften bzw. Normen zum Teil deutlich von denen des HGB. So kommt bzgl. der Definition der Anschaffungs- und Herstellungskosten der § 255 Abs. 1 und 2 HGB zur Anwendung. **Anschaffungskosten** entstehen in erster Linie beim Erwerb von Vermögensgegenständen. Dazu gehören auch Nebenkosten und nachträgliche Anschaffungskosten. **Herstellungskosten** sind die Aufwendungen, die durch den Verbrauch von Gütern und die Inanspruchnahme von Diensten für die Herstellung von Vermögensgegenständen entstehen.

Nach HGB ist die **Gewinnrealisierung** bei Fertigungsaufträgen vor der Abnahme nicht zulässig (**Completed contract method**). Eine Ausnahme bildet die Gewinnrealisierung vor Abschluss eines Projektes (**Percentage of completion method**). Die Umrechnung von Fremdwährungspositionen hat unter Berücksichtigung des Anschaffungskosten- und des Realisationsprinzips zu erfolgen. Beteiligungen werden nach dem Anschaffungskostenprinzip bewertet und bilanziert. Für Wertpapiere gelten neben dem Anschaffungswertprinzip, das Realisations- und das Imparitätsprinzip. Für die Bewertung von Vorräten verlangt das HGB die Anwendung des Voll- oder Teilkostenansatzes nach dem Niederstwertprinzip. Unter Berücksichtigung des Vorsichtsprinzips sind Rückstellungen in der Höhe des Betrages anzusetzen, der nach vernünftiger kaufmännischer Beurteilung erforderlich ist. Pensionsrückstellung werden nach dem sog. Teilwertverfahren mit einem Zinssatz i.H.v. 6% bewertet.

Auch die **Konzeption des Konzernabschlusses** ist nach HGB anders geregelt als nach IAS bzw. US-GAAP.

---

den Zeitwert der aktivierungsfähigen Vermögensgegenstände abzüglich der Verbindlichkeiten übersteigt. Dann *darf* gem. § 255 Abs. 4 HGB der so entstandene Differenzbetrag (derivativer Geschäftswert) aktiviert werden.

31 **Latente Steuern** entstehen durch eine Diskrepanz zwischen steuerrechtlichen und handelsrechtlichen Vorschriften. Ist der Wert nach Handelsrecht niedriger als der nach Steuerrecht, wird von aktivisch latenten Steuern gesprochen.

32 Zu den **Alterszusagen** zählen sämtliche Staatsschulden inkl. Beamtenpensionen.

33 Der „**Sonderposten mit Rücklageanteil**" besteht aus Eigen- und Fremdkapitalanteilen. Gem. § 273 Satz 2 HGB ist diese Position auf der Passivseite der Bilanz vor den Rückstellungen auszuweisen ist. Darüber hinaus haben Kapitalgesellschaften in der Bilanz oder im Anhang anzugeben, nach welchen Vorschriften der „Sonderposten mit Rücklageanteil" gebildet worden ist.

Nach HGB kommt für den Konzernabschluss die **Einheitstheorie** zur Anwendung. Hiernach müssen die Vermögens-, Ertrags- und Finanzlage der zu einem Konzern gehörenden Unternehmungen so dargestellt werden, als ob diese Unternehmungen insgesamt eine einzige Unternehmung wären. Die §§ 291 und 292 HGB regeln die sog. **befreienden Konzernabschlüsse**. Üben eine oder mehrere Tochterunternehmungen eine andere Tätigkeit als die Mutterunternehmung aus, so schreibt das HGB ein Einbeziehungsverbot dieser Tochterunternehmungen vor. Unter verschiedenen Bedingungen besteht ein **Konsolidierungswahlrecht** in Bezug auf einzelne Tochterunternehmungen, die dieselbe Tätigkeit wie die Mutterunternehmung ausüben (vgl. § 296 Abs. 1 und Abs. 2). Dieses Wahlrecht besteht beispielsweise, wenn die Ausübung der Rechte der Mutterunternehmung erheblich und andauernd eingeschränkt sind oder die Kosten und nicht-monetären Aufwendungen für die Aufstellung eines Konzernabschlusses unverhältnismäßig hoch sind.

Im Konzernabschluss nach HGB erfolgt die **Kapitalkonsolidierung** nach der Buchwert- und der Neubewertungsmethode. Entstehen aus der Kapitalkonsolidierung passivische Unterschiedsbeträge, so ist deren ergebniswirksame Auflösung nur unter Einschränkungen möglich. Für **Währungsumrechnungen** bestehen keine Vorschriften. Bei sog. Gemeinschaftsunternehmungen (d.h. gemeinschaftliche Leitung zusammen mit einem oder mehreren konzernfremden Unternehmungen) kann die **Quotenkonsolidierung** nach § 310 HGB angewandt werden. Bei der Quotenkonsolidierung werden die Vermögensgegenstände und Schulden der Tochterunternehmung nur entsprechend der Höhe der Beteiligung der Mutterunternehmung im Konzernabschluss berücksichtigt.

Das HGB sieht sog. **Ergänzungsrechnungen** für den Konzernabschluss vor. So verlangt das Gesetzt seit 1998 ein Kapitalflussrechnung. Mittels der **Kapitalflussrechnung** soll Transparenz über den Zahlungsmittelstrom (**Cash Flow**) der Unternehmung erzeugt werden, indem Veränderung des Liquiditätspotentials im Zeitverlauf quantifiziert und die Ursachen für Veränderungen herausgestellt werden. Ebenfalls seit 1998 verlangt der Gesetzgeber eine **Segmentberichterstattung** (vgl. § 297 Abs. 1 HGB: Wegen der im Konzernabschluss vorgenommenen Aggregation von Informationen über unterschiedliche Geschäftsfelder wird insbesondere bei diversifizierten Konzernen die Segmentberichterstattung als wesentlicher Bestandteil der externen Rechnungslegung (im Anhang) betrachtet. Bzgl. der **Ermittlung des Gewinns je Aktie** trifft das HGB keine Regelungen. Gleiches gilt für die **Eigenkapitalveränderungsrechnung**, wobei diesbezüglich § 158 AktG (Vorschriften zur Gewinn- und Verlustrechnung (GuV)) zu berücksichtigen ist.

Zusammenfassend kann an dieser Stelle festgehalten werden:

- dass im HGB die Regeln der Rechnungslegung durch den Gesetzgeber vorgegeben sind (**Code law**),
- dass im HGB die **Fremdkapitalgeber**, die Fremdkapitalfinanzierung bzw. der Gläubigerschutz im Vordergrund steht,

- dass das HGB relativ viele **Wahlrechte** in Bezug auf die Anwendung einzelner Bilanzierungsverfahren bietet,
- dass das dritte Buch des HGB sehr **detailliert** gegliedert ist und
- dass die Regelungen recht **schwerfällig** in Bezug auf Rechtsänderungen sind.

Insbesondere international tätige Unternehmungen, die an den Börsen der Welt notiert sind, müssen ihren Konzernabschluss nach international anerkannten Rechnungslegungsstandards aufstellen. Mit dem § 292a HGB des Gesetzes zur Verbesserung der Wettbewerbsfähigkeit deutscher Konzerne an den Kapitalmärkten (Kapitalaufnahmeerleichterungsgesetz (KApAEG) vom 23.04.1998 wird börsennotierten deutschen Unternehmungen diese Möglichkeit gegeben. Ein Konzernabschluss nach HGB erübrigt sich damit.

Nachfolgend werden die wichtigsten Grundlagen der Rechnungslegungssysteme nach IAS (International Accounting Standards) und US-GAAP (United States Generally Accepted Accounting Principles)vermittelt.

6.4.2 Rechnungslegung nach IAS und IFRS

Die **IAS** (**International Accounting Standards**) und die **IFRS** (**International Financial Reporting Standards**) setzen sich aus einer Vielzahl von Einzelempfehlungen zusammen, die keine Rechtskraft besitzen. Diese Empfehlungen wurden und werden von einer berufsständischen Organisation – der **International Accounting Standards Commission (IASC)** – entwickelt. Es handelt sich bei diesen Empfehlungen um ein sog. **Soft law** (nicht rechtsverbindliche Leitlinien).

Bestandteile des Konzernabschlusses nach IAS sind:

1. Bilanz,
2. GuV-Rechnung,
3. Erläuterungen,
4. Kapitalflussrechnung,
5. Ergänzungsrechnungen und
6. ggf. Segmentberichterstattung.

Zweck der Rechnungslegung nach IAS ist es, entscheidungsrelevante Informationen für Investoren bereitzustellen. Hier stehen die **Investorenbedürfnisse** vor dem Gläubigerschutz nach HGB. Ein Konzernabschluss nach IAS ist grundsätzlich ohne jegliche steuerliche Einflüsse.

Der Rechnungslegungsgrundsatz des **True and fair view** gilt im Gegensatz zu Abschlüssen nach HGB nicht als Generalnorm. Das Vorsichtsprinzip hat einen geringen

Stellenwert. Das Realisationsprinzip wird durch den **Grundsatz der periodengerechten Gewinnermittlung** überlagert. Die Bewertung von bestimmten Vermögensgegenständen über ihren Anschaffungskosten ist teilweise zulässig. Das **Stetigkeitsprinzip** wird hingegen streng ausgelegt. Grundsätzlich gilt der Einzelbewertungsgrundsatz, jedoch mit zahlreichen Ausnahmen.

Im Rahmen der Bilanzierung gilt ein Aktivierungsverbot für Forschungskosten, wohingegen Entwicklungskosten unter bestimmten Voraussetzungen aktiviert werden dürfen. Für den derivativen Geschäftswert regeln die IAS eine Aktivierungspflicht. Latente Steuern sind ansatzpflichtig. Dies gilt sowohl für die aktivischen als auch für die passivischen Steuern. Rückstellungen dürfen nur bei Drittverpflichtungen gebildet werden und es besteht ein Passivierungsverbot für Aufwandrückstellungen. Pensionsrückstellungen sind passivierungspflichtig. Die Sonderposten mit Rücklagenanteil haben keine steuerlichen Einflüsse.

Bei der Bewertung der Anschaffungskosten gelten Regeln, die mit denen des § 255 Abs. 1 HGB vergleichbar sind. Anders sieht es bei den Herstellungskosten aus. Diese beinhalten die zurechenbaren Einzel- und Gemeinkosten. Damit gilt der sog. **Vollkostenansatz**, wobei die Aktivierung von Verwaltungsgemeinkosten und Vertriebskosten unzulässig ist. Eine Einbeziehung von Fremdkapitalkosten ist nur bedingt zulässig. Im Rahmen der Gewinnrealisierung bei Fertigungsaufträgen stellt die anteilige Gewinnrealisierung vor Abschluss des Projektes (**Percentage of completion method**) den Grundsatz dar. Dies stellt **einen der wesentlichen Unterschiede zum HGB** dar: während dort die Realisation des Projektumsatzes nach Projektfortschritt gilt, ist hier die Realisierbarkeit die Basis der Abbildung in der Rechnungslegung. Bei der Umrechnung von Fremdwährungspositionen sind monetäre Aktiva und Passiva zum Wechselkurs des jeweiligen Abschlussstichtages umzurechnen. Nicht monetäre Positionen werden grundsätzlich mit dem Kurs des Erwerbsstichtages umgerechnet. Für die Bewertung von Beteiligungen kommt die sog. **Equity-Method** (**Nettomethode**) zum Einsatz. Hierbei handelt es sich um eine Form der **Discounted Cash-Flow-Methode.** Dabei wird der derzeitige Wert zukünftiger erwarteter Ein- und Auszahlungen (Cash-Flows) mittels ihrer Abzinsung ermittelt. Wertpapiere des Umlaufvermögens der Unternehmung können zu Anschaffungskosten oder zum derzeitigen Marktwert bilanziert werden. Daraus resultiert entweder eine ergebniswirksame Verrechnung oder die Einstellung einer **Neubewertungsrücklage**. Wertpapiere des Anlagevermögens werden zu Anschaffungskosten bewertet oder zum Neubewertungsbetrag angesetzt. Zusätzlich erfolgt eine **Gesamtportfoliobewertung**. Vorräte werden nach dem Vollkostenansatz bewertet oder es werden absatzmarktorientierte Nettoveräußerungserlöse geltend gemacht. Für die Bewertung von Rückstellung gilt der Wert, der die höchste Wahrscheinlichkeit aufweist. Bei gleicher Eintrittswahrscheinlichkeit in einer gewissen Bandbreite reicht es aus, den niedrigsten Wert anzusetzen. Pensionsrückstellungen werden nach dem Anwartschaftsbarwertverfahren, unter Berücksichtigung von Trendannahmen (z.B. Karrieretrends) und der aktuellen Kapitalmarktzinsen bewertet.

Von der Konzeption her ist der Konzernabschluss nach IAS dominiert von der **Einheitstheorie** (ähnlich wie der Abschluss nach HGB). Befreiende Konzernabschlüsse sind nur in Ausnahmefällen zulässig. Im Gegensatz zum HGB Abschluss besteht eine **Konsolidierungspflicht** für Tochterunternehmungen, die eine abweichende Tätigkeit ausüben. Grundsätzlich bestehen keine konkreten Konsolidierungswahlrechte. Die Kapitalkonsolidierung erfolgt wie beim HGB Abschluss nach der Buchwert- und der Neubewertungsmethode. Unterschiedsbeträge aus Kapitalkonsolidierungen müssen planmäßig erfolgswirksam aufgelöst werden. Bei der Währungsumrechnung sind die Einzelwährungen auf die sog. **funktionale Währung**, d.h. die Währung des primären Wirtschaftsraumes, in dem die Unternehmung tätig ist, umzurechnen. Analog zum HGB Abschluss kann für Gemeinschaftsunternehmungen oder die Quotenkonsolidierung angewandt werden.

Bei den Ergänzungsrechnungen verlangen die IAS (IAS 7) nach den sog. **Cash-flow statements**, die die Veränderungen der liquiden Mittel und der **Cash-equivalents** (Zahlungsmitteläquivalente sind kurzfristige, äußerst liquide Finanzinvestitionen, die jederzeit in bestimmte Zahlungsmittelbeträge umgewandelt werden können und nur unwesentlichen Wertschwankungsrisiken unterliegen) aufzeigen (vgl. IAS 7). Zudem hat eine Segmentierung der Jahresabschlussdaten nach Geschäftsbereichen und geografischen Bereichen (**Reporting Financial Information by Segment**) zu erfolgen. Auch die Ermittlung des Gewinns je Aktie (**Earnings per Share**) ist vorgeschrieben. Bzgl. der Eigenkapitalveränderungsrechnung existieren keine expliziten Regelungen.

Als Resumée kann festgehalten werden, dass die Regelungen der IAS verglichen mit den des HGB einige, wesentliche Unterschiede aufweisen. Während bei den Abschlüssen nach HGB der Gläubigerschutz und das Vorsichtsprinzip im Vordergrund stehen, sollen Abschlüsse nach IAS einen erweiterten Adressatenkreis entscheidungsrelevante Informationen liefern. Bei diesem Adressatenkreis handelt es sich in erste Linie um (potentielle) Investoren, die mit Detailinformationen (Informationsfunktion) bzgl. der Vermögens-, Finanz- und Ertragslage sowie die Zahlungsströme und deren Veränderungen versorgt werden sollen.

6.4.3 Rechnungslegung nach US-GAAP

Die Rechnungslegungsstandards nach **US-GAAP (United States Generally Accepted Accounting Principles)** finden sich *nicht* als Regelungen in den Einzelstaatengesetzen der USA. Sie werden im Auftrag der **Securities Exchange Commission (SEC)** vom **Financial Accounting Standards Board (FASB)** entwickelt. Bei den Rechnungslegungsstandards bzw. –grundsätzen handelt es sich um ein sog. **Case law** (Fallrecht, Fallbezogenheit). Bestandteile von Geschäftsberichten nach US-GAAP sind:

- Bilanz,
- Guv-Rechnung,

- Erläuterungen,
- Kapitalflussrechnung,
- Ergänzungsrechnungen,
- Entwicklung des Eigenkapitals.

Der Zweck von US-GAAP Abschlüssen ist die Bereitstellung entscheidungsrelevanter Informationen für (potentielle) Investoren. Ähnlich wie bei den IAS Abschlüssen stehen die **Investorenbedürfnisse** im Vordergrund. Der US-GAAP Abschluss hat keine steuerlichen Einflüsse.

Bei den Rechnungslegungsgrundsätzen gilt die **fair presentation** als übergeordneter Grundsatz. Danach hat der Jahresabschluss die tatsächlichen und wahrheitsgemäßen wirtschaftlichen Verhältnisse der Unternehmung darstellen. Dieser Grundsatz überlagert das Vorsichtsprinzip. Das Realisationsprinzip wird durch die periodengerechte Gewinnermittlung überlagert (wie beim IAS Abschluss). Das Anschaffungswertprinzip besitzt eine nur eingeschränkte Gültigkeit. Gleiches gilt für das Nominalwertprinzip. Somit sind höhere Wertansätze möglich. Ähnlich wie in den IAS wird der **Stetigkeitsgrundsatz** streng ausgelegt. Der Einzelbewertungsgrundsatz gilt, allerdings mit zahlreichen Ausnahmen.

Im Rahmen der Bilanzierung besteht ein Aktivierungsverbot für Entwicklungskosten. Für steuerliche Verlustvorträge können aktivisch latente Steuern gebildet werden. Der derivative Geschäftswert ist aktivierungspflichtig. Zudem besteht eine Ansatzpflicht für aktivische und passivische latente Steuern. Aufwandsrückstellungen sollten nicht passiviert werden, wohingegen Rückstellungen für Verbindlichkeiten gegenüber Dritten gebildet werden dürfen. Pensionsrückstellungen sind passivierungspflichtig und für Sonderposten mit Rücklagenanteil existieren keine steuerlichen Einflüsse.

Bei der Bewertung von Anschaffungs- und Herstellungskosten gelten die gleichen Regelungen wie in den IAS (vgl. Kapitel 6.4.2). Im Rahmen der Gewinnrealisierung bei Fertigungsaufträgen (z. B. Projekten) wird grundsätzlich die sog. Percentage of completion method (vgl. IAS) angewandet. Bei erheblichen Schätzunsicherheiten bezüglich der zu erwartenden Erträge und Aufwendungen ist die Completed contract method (vgl. HGB) anzuwenden. Die Umrechnung von Fremdwährungspositionen erfolgt für monetäre Positionen zum Kurs des Abschlussstichtages. Nicht-monetäre Positionen werden mit dem Kurs zum Erwerbszeitpunkt umgerechnet (wie bei den IAS), wobei zur Festsetzung des **Fair value** (beizulegender Zeitwert) der Abschlussstichtagskurs heranzuziehen ist. Die Bewertung von Beteiligungen hat nach der Equity-Methode zu erfolgen (wie bei den Abschlüssen nach IAS). Zum Verkauf bestimmte Wertpapiere (sog. **Trading securities**) sind zum Marktwert zu bewerten. Auf diese Weise werden noch nicht realisierte Gewinn und/oder Verluste erfolgswirksam erfasst. Wertpapiere des Anlagevermögens (sog. **Held to Maturity Securities**) werden mit den fortgeführten Anschaffungskosten (= Anschaffungskosten – Abschreibungen) oder dem niedrigeren Wert bewertet. Analog zu den IAS interessiert den (potentiellen)

Investor die **Gesamtportfoliobewertung**. Für Vorräte gilt der Vollkostenansatz. Diese können u.U. auch über den historischen Anschaffungs- und Herstellungskosten liegen, wenn eine unmittelbare Verwertbarkeit zu bekannten Marktpreisen besteht. Die Bewertung von Rückstellungen erfolgt mit dem erwarteten künftigen Abfluss, unter Annahme des wahrscheinlichsten Wertes. Sind mehrere Werte gleichwahrscheinlich, so ist der geringste der möglichen Werte anzusetzen. Für die Bewertung von Pensionsrückstellung gelten die gleichen Regeln, wie für einen Abschluss nach IAS (Anwartschaftsbarwertverfahren mit Trendannahmen (Karrieretrends) und aktueller Kapitalmarktzins).

Die Konzeption des US-GAAP Konzernabschlusses ist eine Kombination aus Einheits- und Interessentheorie. Befreiende Konzernabschlüsse sind nicht vorgesehen. Es besteht eine Konsolidierungspflicht für Tochterunternehmungen mit einer, von der der Mutterunternehmung abweichenden Tätigkeit. Hinsichtlich der Konsolidierung im Konzern bestehen keine konkreten Wahlrechte. Unterschiedsbeiträge aus Kapitalkonsolidierungen müssen planmäßig erfolgswirksam aufgelöst werden. Wie bei den IAS so schreiben auch die US-GAAP die Währungsumrechung nach dem Prinzip der funktionalen Währung vor. Eine Quotenkonsolidierung ist generell nicht zulässig.

Bei den Ergänzungsrechnungen verlangen die US-GAAP nach dem sog. **Statement of Cash-flow** (vgl. SFAS No. 95). Dieser Bericht zeigt die Veränderung der flüssigen Mittel und der Cash-equivalents. Zusätzlich wird eine **Segmentberichterstattung** (**Financial Reporting for Segments of Business Enterprise**) erwartet, in der eine Segmentierung der Jahresabschlussdaten nach Geschäftsbereichen und geografischen Bereichen vorgenommen wird. Die Ermittlung des Gewinns je Aktie (Earning per share) ist ebenfalls vorgeschrieben. Im Rahmen der Eigenkapitalveränderungsrechnung sind *sämtliche* Eigenkapitalpositionen der Vorperiode in die Positionen des aktuellen Abschlusses zu überführen.

Ein Vergleich der Rechnungslegungsstandards nach US-GAAP mit denen nach HGB führt zu folgendem Ergebnis:

In Bezug auf die konzeptionellen Grundlagen, d.h. die Struktur und den Aufbau der beiden Standards werden die Regeln des HGB durch den Gesetzgeber und die der US-GAAP vom Privatsektor unter Aufsicht einer Behörde formuliert. Im HGB stehen der Fremdkapitalgeber, die Fremdkapitalfinanzierung bzw. der Gläubigerschutz im Vordergrund, während und in den US-GAAP der Eigenkapitalgeber, die Eigenkapitalfinanzierung bzw. die Investorinformation dominieren. In den US-GAAP finden sich im Vergleich zu den Regelungen des HGB nur wenige Wahlrechte. Die Standards der US-GAAP sind eher kurzlebig, weit gefasst und aktuell. Das HGB gliedert sich hingegen sehr detailliert und ist schwerfällig bei Rechtsänderungen.

Der wichtigste Unterschied liegt somit in der Zielsetzung der einzelnen Rechnungslegungssysteme. Hauptadressat der Abschlüsse nach HGB sind **Fremdkapitalgeber**, deren Interessen im Rahmen eines Code Law gewahrt werden sollen. US-GAAP Abschlüsse richten sich hingegen an (potentielle) **Eigenkapitalgeber**, deren Interessen mittels eines Common Law zu wahren sind. Während das HGB eher eine **Schutzfunktion** wahrnimmt, dominiert in den US-GAAP der **True and Fair View**.

6.5 Bilanzpolitik und Probleme der Bilanzierungspraxis

Bilanzpolitik ist die bewusste (formale und materielle) Gestaltung der Abschlüsse und Berichte mit der Absicht, vorhandene Gestaltungsspielräume im Sinne bestimmter finanz- oder publizitätspolitischer Zielsetzungen zu nutzen. Bilanzpolitik wird über eine bewusste und rechtlich zulässige Beeinflussung einzelner Positionen des Jahresabschlusses bzw. des Geschäftsberichtes betrieben. Dies geschieht mit den Zielen der Steuerung der Gewinnausschüttung, der Gestaltung der Bilanzstruktur und der Reduzierung der Steuerlast, unter Berücksichtigung der Ausgewogenheit der Informationen und der Erfüllung der Publizitätsverpflichtungen der Unternehmung.

Bilanzpolitische Maßnahmen beziehen sich in erste Linie auf Bilanzierungs-, Bewertungs- und Ausweiswahlrechte sowie auf Möglichkeiten der Sachverhaltsgestaltung vor dem Abschlussstichtag. Unterziele einer unternehmensindividuellen Bilanzpolitik bestehen in der **Beeinflussung der Jahresabschlussadressaten hinsichtlich ihres Verhaltens** und ihrer Ansichten gegenüber der Unternehmung und in der Beeinflussung von Zahlungsströmen. Der systematische Einsatz der bilanzpolitischen Instrumente zielt auf die Erhaltung der Substanz der Unternehmung. Dies geschieht auch über das Sparen von Steuern.

Bei der Betrachtung der Umsetzung der Bilanzpolitik in der Praxis wird die Unterscheidung zwischen formeller und materieller Bilanzpolitik deutlich. Diesen Zusammenhang zeigt Abbildung 6-12.

Der Einsatz von Instrumenten der **materiellen Bilanzpolitik** haben immer auch Auswirkungen auf die formelle Bilanzpolitik. Beispielsweise durch Änderungen in den Wertansätzen der Bilanzposten ändert sich auch die Struktur des Jahresabschlusses und ggf. die Berichterstattung im Anhang.

Zur Nutzung der, vom Gesetzgeber eingeräumten Gestaltungsspielräumen, kommen unterschiedliche **Instrumente der Bilanzpolitik** zum Einsatz. Diese lassen sich in Bilanzierungswahlrechte, Bewertungswahlrechte und sonstige Instrumente der Bilanzpolitik unterteilen.

Die **Bilanzierungswahlrechten** lassen sich wiederum in Ansatzwahlrechte und Ausweiswahlrechte differenzieren. Bei den **Ansatzwahlrechten** geht es um Optionen, die die Bilanzierung im Grunde betreffen. Im Rahmen der Ausübung von Ansatzwahlrechten liegt es im Ermessen der bilanzierenden Unternehmung, ob sie einen bestimmten Aktivposten oder einen Passivposten bilanziert oder nicht. Ansatzwahlrechte in Form von **Aktivierungswahlrechten** bestehen u.a. bei dem Disagio (§ 250 Abs. 3

HGB), dem derivativen Geschäfts- oder Firmenwert (§ 255 Abs. 4 HGB) und der Aktivierung aktiver latenter Steuern bei Kapitalgesellschaften (§ 274 Abs. 2 HGB). Auswahlwahlrechte in Form von **Passivierungswahlrechten** bestehen z.B bei der Bildung von Rückstellungen für unterlassene Instandhaltung (§ 249 Abs. 1 HGB), der Bildung von Aufwandrückstellungen (§ 249 Abs. 2 HGB) und der Bildung von Sonderposten mit Rücklagenanteil (§ 247 Abs. 3 HGB und § 273 HGB).

Abbildung 6-11: *Formelle und materielle Bilanzpolitik*

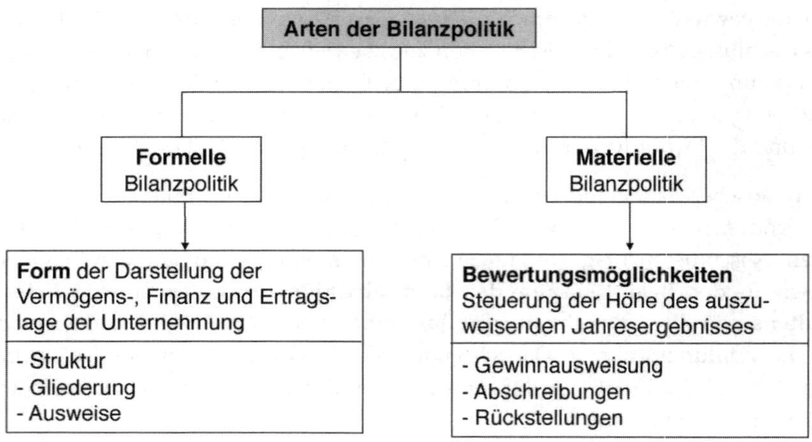

Ausweiswahlrechte beinhalten Optionen für die formelle Gestaltung von Jahresabschlüssen und Lageberichten insbesondere bzgl. des Umfangs und des ‚Ortes' von Angaben. So besteht gem. § 265 Abs. 5 HGB die Möglichkeit der Erweiterung der Gliederung durch das Hinzufügen weiterer Posten und gem. § 265 Abs. 7 HGB die Möglichkeit der Zusammenfassung der Gliederung bei einer entsprechenden Erweiterung des Anhangs. Bzgl. der GuV-Rechnung besteht ein Wahlrecht zwischen dem Umsatzkosten- und dem Gesamtkostenverfahren (§ 275 Abs. 1 HGB). Für kleine Kapitalgesellschaften räumt der Gesetzgeber die Möglichkeit einer verkürzten Bilanz ein (§ 266 Abs. 1 Satz 3 HGB). Auch die Zusammenfassung mehrerer Posten der GuV-Rechnung unter der Bezeichnung ‚Rohergebnis' ist für kleine und mittelgroße Kapitalgesellschaften zulässig (§ 276 HGB).

Bewertungswahlrechte stellen alternative Möglichkeiten bei der Vorgehensweise zur Ermittlung von Wertansätzen (Methodenwahlrechte) sowie Wahlrechte hinsichtlich der Höhe von Wertansätzen (Wertansatzwahlrechte) dar.

Im Rahmen der **Wertansatzwahlrechte** besteht beispielsweise die Möglichkeit, Vermögensgegenstände des Anlagevermögens und des Umlaufvermögens mit einem niedrigeren Wert, der auf einer nur steuerlichen Abschreibung beruht, anzusetzen (§ 254 HGB). Ferner gestattet der Gesetzgeber unter Einschränkungen die Vornahme außerplanmäßiger Abschreibungen bei Vermögensgegenständen des Anlagevermögens im Falle nur vorübergehender Wertminderungen (§ 253 Abs. 2 Satz 3 HGB). Gleiches gilt für die Vornahme bestimmter Abschreibungen für Vermögensgegenstände des Umlaufvermögens (§ 253 Abs. 3 HGB).

Die konkrete Höhe einzelner Wertansätze wird auch durch die Wahl alternativer Methoden bei der Ermittlung von Wertansätzen (**Methodenwahlrechte**) bestimmt. So bestehen unterschiedliche Methoden zur Vornahme planmäßiger Abschreibungen (§ 253 Abs. 2 HGB), zur Ermittlung der handelsrechtlichen Herstellungskosten, insbesondere Wahlrechte hinsichtlich der Einbeziehung bestimmter Kostenarten (§ 255 Abs. 2 und 3 HGB) und alternative Schätzgrundlagen zur Ermittlung von Rückstellungen.

Außerhalb des Gestaltungsspielraums bei der Rechnungslegung können auch betriebliche Maßnahmen als bilanzpolitische Instrumente eingesetzt werden. Zu diesen Maßnahmen der sog. **Sachverhaltsgestaltung** zählen u.a. die Wahl der Rechtsform, die Vorverlegung oder der Aufschub von Investitionen aus bilanzpolitischen Gründen, der Verkauf von Gegenständen des Anlagevermögens und gleichzeitiges Leasing derselben oder gleicher Gegenstände (‚**Sale and Lease back**'), die Festlegung von Konzernverrechnungspreisen zur Steuerung des Gewinns innerhalb des Konzernverbundes und der bewusste Einsatz moderner Finanzierungsinstrumente unter Berücksichtigung ihrer bilanziellen Abbildung.

Die Einsatzmöglichkeiten des bilanzpolitischen Instrumentariums werden durch den Grundsatz der Bilanzstetigkeit eingeschränkt, dessen Gültigkeit insbesondere bei Wertansatzwahlrechten in der Praxis allerdings strittig ist.

7 Unternehmensrelevante Steuern

7.1 Grundlagen der steuerlichen Betrachtung

Steuern sind Abgaben, die keine Gegenleistung für eine besondere Leistung eines öffentlich-rechtlichen Gemeinwesens (Bund, Länder, Gemeinden) darstellen. Sie werden allen auferlegt, bei denen der Tatbestand des jeweiligen Steuergesetzes zutrifft.

Rechtsgrundlagen sind die Abgabenordnung (AO 1977) in der Fassung der Bekanntmachung vom 01.10.2002 (BStBl 2002 I, S. 1056), zuletzt geändert durch Gesetz zur Eindämmung missbräuchlicher Steuergestaltungen vom 28.04.2006 (BStBl 2006 I, S. 353) sowie das Grundgesetz für die Bundesrepublik Deutschland vom 23.05.1949 (BGBl 1949, S. 1), zuletzt geändert durch Gesetz zur Änderung des Grundgesetzes (Artikel 96) vom 26.07.2002 (BGBl 2002 I, S. 2863).

Nach den Gebietskörperschaften können **Gruppen von Steuern** zusammengefasst werden (vgl. Art. 106, GG).

- **Gemeinschaftssteuern** stehen Bund, Ländern bzw. Gemeinden gemeinsam zu, z. B. Einkommen-, Körperschaft- und Umsatzsteuer.
- **Bundessteuern** stehen dem Bund allein zu, z. B. Zölle, Mineralölsteuer.
- **Ländersteuern** stehen den Bundesländern ausschließlich zu, z. B. Kraftfahrzeugsteuer, Biersteuer.
- **Gemeindesteuern** stehen nur den Gemeinden zu, z. B. Gewerbesteuer, Grundsteuer.

Den jeweiligen Gebietskörperschaften stehen somit die Erträge aus den jeweiligen Steuerarten zu. Abbildung 7-1 gibt einen Überblick über die gegenwärtige Aufteilung.

Abbildung 7-1: *Aufteilung von Gemeinschaftsteuern*

Aufteilung der Gemeinschaftsteuern			
Steuerart	**Gebietskörperschaft**		
	Bund	**Länder**	**Gemeinden**
Einkommensteuer (Art. 106 Abs. 3GG; § 1 Gemeindefinanzreformgesetz)			
• Lohnsteuer und veranlagte Einkommensteuer	42,5 %	42,5 %	15,0 %
• Zinsabschlag	44,0 %	44,0 %	12,0 %
Körperschaftsteuer (Art. 106 Abs. 3 GG)	50,0 %	50,0 %	-
Umsatzsteuer (Art. 106 Abs. 3 und 5a GG; § 1 Abs. 1 FAG)	53,7 %	44,2 %	2,1 %

Die folgenden steuerlichen Begriffe und Fachlichkeiten sind zu beachten:

- Das **Steuerobjekt** bzw. der Steuergegenstand ist der Tatbestand (als ein Vorgang, Zustand oder Gegenstand), an dem die Steuerpflicht anknüpft. Beispiele dafür sind der Jahresüberschuss und die Lieferungen und Leistungen gegen Entgelt eines Unternehmens.

- Die **Bemessungsgrundlage** ist die Wert- oder Mengengröße, die das Steuerobjekt quantifiziert. Als Beispiel kann die Höhe des Jahresüberschusses oder die Höhe des Entgelts aus Lieferungen und Leistungen angeführt werden.

- Der **Steuerträger** ist derjenige, den die Steuer im Endeffekt belastet. Bei der Besteuerung des Jahresüberschusses wird der Unternehmer bzw. der/die Eigentümer des Unternehmens belastet. Bei der Besteuerung des Entgelts aus Lieferungen und Leistungen (Umsatzerlöse) wird der Endverbraucher belastet.

- Der **Steuerzahler** ist derjenige, der nach dem Steuergesetz die Zahlung an das Finanzamt zu leisten hat und die Steuer damit abführt. Die Steuern auf den Jahresüberschuss und die Steuern auf die Umsatzerlöse führt das Unternehmen an das Finanzamt ab.

- Der **Steuertarif** gibt, zumeist in der Form von Tabellen oder Formeln, den **Steuersatz** auf der Basis der Bemessungsgrundlage an.

Die Details zu den zuvor genannten Sachverhalten werden in den verschiedenen Rechtsquellen geregelt. **Rechtsquellen** für betriebliche Steuern sind Gesetze, Rechtsverordnungen, die Rechtsprechung sowie Verwaltungsanweisungen. Diese Reihenfolge verdeutlicht die Rangfolge der Wichtigkeit.

- **Gesetze** sind neben dem bereits genannten Grundgesetz und der Abgabenordnung die sog. Doppelbesteuerungsabkommen mit anderen Ländern, das Bewertungsgesetz sowie die zahlreichen Einzelsteuergesetze.
- **Rechtsverordnungen** werden durch die Exekutive aufgrund von gesetzlichen Ermächtigungen erlassen. Sie sind damit den Gesetzen nachgeordnet, haben aber Gesetzeskraft. Hiermit sind etwa die Durchführungsverordnungen zu den Gesetzen, z.B. zu den Einzelsteuergesetzen, gemeint.
- Die **Rechtsprechung** stellt eine Rechtsquelle für Steuern dar, da sie von den Steuerpflichtigen, Finanzbehörden und Gerichten freiwillig oder unbedingt berücksichtigt werden muss. Instanzen sind etwa der Europäische Gerichtshof, das Bundesverfassungsgericht, der Bundesfinanzhof und die Finanzgerichte.
- **Verwaltungsanweisungen** (-anordnungen, -vorschriften) wie Richtlinien, Erlasse und Verfügungen werden von Verwaltungsbehörden an nachgeordnete Verwaltungseinheiten gegeben. Für Steuerpflichtige dienen sie als Orientierungshilfe.

Die nachfolgend aufgeführten Besteuerungsverfahren sollen den gesetzlichen Vollzug der einzelnen Steuergesetze sicherstellen.

- Das **Ermittlungsverfahren** stellt die Besteuerungsgrundlagen fest. Die Mitwirkung durch den Steuerpflichtigen bzw. Steuerzahler erfolgt über die Auskunfts- bzw. Buchführungspflicht. Wird dieser Pflicht nicht entsprochen, können Verspätungszuschläge, Außenprüfung, Steuerfahndung oder Schätzung der Steuern die Folge sein.
- Das **Festsetzungsverfahren** beinhaltet die Festsetzung der Steuerschuld durch die Finanzbehörde, dem sich die Pflicht zur Zahlung bzw. Abführung anschließt. Der Steuer- bzw. Feststellungsbescheid bildet dafür die Grundlage. Die Festsetzungsverjährung gibt eine Frist an, nach der die Festsetzung durch die Finanzbehörde nicht mehr zulässig ist.
- **Erhebungs- und Vollstreckungsverfahren** umfassen die Realisierung der Steueransprüche der Finanzbehörden. Hier werden die Fälligkeit, die Stundung und Säumniszuschläge festgelegt. Darin enthalten sind aber auch die Vollstreckung mit Pfändung, Zwangsversteigerung usw. Auch die Zahlung, die Aufrechnung, der Erlass oder die Zwangsverjährung der Steuern werden hierdurch bestimmt.

- Das **Rechtsbehelfsverfahren** stellt den Rechtsschutz des Steuerpflichtigen dar. Im Sinne des außergerichtlichen Vorverfahrens besteht die Möglichkeit des Einspruchs. Als gerichtliche Rechtsbehelfsverfahren sind die Klage beim Finanzgericht oder die Revision und Beschwerde beim Bundesfinanzhof möglich. Geregelt werden damit Fristen, die Aussetzung des Vollzugs sowie die Kosten des Verfahrens.
- **Strafgeld- und Bußverfahren** regeln die Ahndung von Pflichtverletzungen. Steuerstraftaten führen etwa zu Geld- oder Gefängnisstrafen, die durch Gerichte festgelegt werden. Steuerordnungswidrigkeiten können dagegen zur Festlegung von Geldbußen durch die Finanzbehörden führen. Für den Steuerpflichtigen besteht die Möglichkeit zur Selbstanzeige. Darüber hinaus besteht im Sinne des Steuerpflichtigen eine Verfolgungsverjährung für Pflichtverletzungen.

Die vorgenannten Grundlagen der Besteuerung führen dazu, dass das jeweilige Unternehmen Aufwand bei der Erhebung von Steuern hat. Das Unternehmensergebnis wird durch diesen Aufwand beeinflusst. Folglich muss sich jedes Unternehmen, das Steuern zu zahlen hat, mit diesem Thema auseinandersetzen.

7.2 Unternehmerische Relevanz von Steuern

Die Relevanz von Steuern für Unternehmen kann aus unterschiedlichen Blickwinkeln abgeleitet werden.

Steuern, die vom Unternehmen getragen werden müssen, belasten den vom Unternehmen erwirtschafteten Jahresüberschuss. Der für die Eigentümer verbleibende Überschuss reduziert sich. In Ergebnisrechnungen von Unternehmen wird daher häufig unterschieden zwischen dem „Gewinn vor Steuern" und dem „Gewinn nach Steuern". Die Differenz machen Ertragsteuern aus, wie z. B. die Körperschaftsteuer.

Steuern, die vom Unternehmen gezahlt, aber nicht getragen werden müssen, belasten den Betrieb. Es entsteht Arbeit (es müssen Menschen und Maschinen/Programme eingesetzt werden) für das Unternehmen. Es muss die Bemessungsgrundlage im Unternehmen für die jeweilige Steuer festgestellt werden. Und es sind die Geldströme von eingehenden und ausgehenden Zahlungen im Unternehmen zu verfolgen. Hier muss die Buchhaltung mit der Führung von Konten unterstützen. Hierfür kann beispielhaft die Umsatzsteuer angeführt werden, die aus Unternehmenssicht die Relevanz als Vor- bzw. Mehrwertsteuer hat.

Das Tragen und Zahlen von Steuern **belastet das Unternehmen**, durch die Verringerung des Unternehmensergebnisses. Unternehmen versuchen folglich die steuerlichen Belastungen zu reduzieren oder zu vermeiden, um das Unternehmensergebnis zu erhalten bzw. zu steigern. (Hier kann eine Parallele zwischen dem Unternehmen als juristische Person als Betrachtungsgegenstand und dem einzelnen privaten Steuerpflichtigen als natürliche Person gezogen werden.) Daraus leitet sich die betriebswirtschaftliche Relevanz von Steuern für das Unternehmen ab. Unternehmen richten ihr

Handeln auf Steuerreduzierung bzw. Steuervermeidung aus. Steuern stellen damit ein Handlungsinstrument (im Sinne von Anreizwirkung) im „volkswirtschaftlichen Werkzeugkasten" einer Gesellschaft bzw. einer Regierung dar.

7.2.1 Steuereinfluss der Aufbauelemente eines Unternehmens

Bereits bei der Gründung eines Unternehmens werden die Weichen für die Besteuerung gestellt. Die **Wahl der Rechtsform** (bzw. Gesellschaftsform) und die **Wahl des Standortes** bestimmen die später zu zahlenden Steuern. Im Verlauf der Unternehmenstätigkeit werden **Änderungen in Steuergesetzen** (und anderen Rechtsgrundlagen für Steuern) eintreten, die die Steuerbelastung des Unternehmens beeinflussen. Ebenfalls werden sich im Unternehmensverlauf Änderungen in der Rechtsform oder des Standortes ergeben. Diese werden etwa ausgelöst durch **Änderungen bei den Unternehmenseigentümern** oder **Änderungen in der Unternehmensleitung**.

Wenn das Handeln des Unternehmens auf Gewinnmaximierung bzw. Kostendeckung ausgerichtet ist, wird das Unternehmen versuchen, die steuerliche Belastung zu minimieren. Folglich wird es eine Rechtsform wählen die ceteris paribus auf Steuerminimierung ausgerichtet ist. Gleiches gilt für die Wahl des Standortes. Bei der Veränderung von steuerlichen Belastungen wird im Unternehmensverlauf die **Rechtsformänderung** oder die **Standortänderungen** eine Option sein.

Unterschiede in der Besteuerung können durch die Wahl der Rechtsform einer Personen- oder einer Kapitalgesellschaft entstehen. Eine Kapitalgesellschaft besitzt im Gegensatz zur Personengesellschaft eine eigene Rechtspersönlichkeit. Sie ist damit selbstständig steuerpflichtig bzw. ist Steuersubjekt. Die Gesellschafter können grundsätzlich nicht für Steuerschulden herangezogen werden. Da die Personengesellschaft wegen mangelnder eigener Rechtspersönlichkeit grundsätzlich nicht steuerpflichtig sein kann, spricht man von einer „relativen Rechtsfähigkeit". D.h., dass die Gesellschafter für die Steuerschulden der Personengesellschaft haften.

Dies ist im Steuerrecht dahingehend geregelt, dass die Gesellschaft bzw. die Gesellschafter je nach Steuerart das Steuersubjekt sind. **Unterschiede in der Besteuerung der Rechtsformen** bestehen darin, dass

- unterschiedliche Steuerarten erhoben werden (Körperschaftsteuer wird z. B. nur bei Kapitalgesellschaften erhoben.),
- die Bemessungsgrundlage nach Steuerarten (z. B. bei der Gewerbesteuer) unterschiedlich sein kann,
- rechtsformbedingte Unterschiede in der Besteuerung bei den Gesellschaftern (Verluste z. B. werden auf Gesellschafter-Ebene bei Personengesellschaften und auf Gesellschaftsebene bei Kapitalgesellschaften verrechnet.) vorliegen.

Die Wahl des Standortes kommt mit der **Wahl des Betriebsstättenfinanzamtes** gleich. Die Finanzverwaltung räumt dem jeweiligen Betriebsstättenfinanzamt **Ermessensspielräume** ein. Solche Ermessensentscheidungen liegen etwa bei Stundung, Erlass , Einspruchsentscheidung, Aussetzung der Vollziehung, Anerkennung der steuerlichen Nutzungsdauer, Anerkennung von Erhaltungs- statt Herstellungsaufwand, Zuordnung von Privat- und Betriebsausgaben vor. Ist das Verhalten eines Betriebsstättenfinanzamtes bekannt, ergeben sich für das jeweilige Unternehmen daraus je nach Sachverhalt Vor- oder Nachteile.

Die Wahl des Standortes ist aber auch von der **Gewerbesteuerbelastung** in der jeweiligen Gemeinde abhängig.

Beispiel:

Die Gewerbesteuer ist aufgrund unterschiedlicher Hebesätze je Gemeinde in einzelnen Gemeinden jeweils unterschiedlich hoch. Folglich wird je nach Standort in Abhängigkeit von der Gemeinde ein Unternehmen eine unterschiedlich hohe Gewerbesteuerbelastung tragen müssen. Vergleichbar sind hier jeweils Großstädte und Randgemeinden. Letztere haben aufgrund der geringeren Infrastruktur niedrigere Hebesätze, z. B. Hamburg und Norderstedt, Frankfurt und Kelsterbach, Köln und Frechen, Stuttgart und Bad Cannstatt, München und Freising. Bieten zwei Wettbewerbsunternehmen die selbe Leistung (im Sinne von Wettbewerbsprodukten) an, trägt das Unternehmen in der Großstadt einen Nachteil: es kann die höhere Gewerbesteuer nicht an den Kunden weitergeben. Denn der Kunde vergleicht die Preise bei ansonsten gleicher Qualität der beiden Wettbewerbsprodukte. Würde die höhere Gewerbesteuer in den Preis einkalkuliert werden, sich folglich der Preis erhöhen, „greift" der Kunde zur preiswerteren Leistung. Für das Unternehmen am gewerbesteuerintensiven Standort stellt sich im Preiswettbewerb die Frage nach Standortverlagerung oder Gewinnverzicht.

7.2.2 Steuereinfluss der betriebswirtschaftlichen Funktionen

Schon bei der Unternehmensgründung müssen Entscheidungen zu betriebswirtschaftlichen Funktionen im Unternehmen getroffen werden. Dabei handelt es sich um:

- Investitionsentscheidungen,
- Finanzierungsentscheidungen,
- Produktions- und Absatzentscheidungen.

Diese Entscheidungen haben jeweils Auswirkungen auf die steuerliche Belastung.

7.2.2.1 Steuerwirkung von Investitionsentscheidungen

Die Ermittlung einer Investitionsentscheidung wurde bereits in einem vorhergehenden Kapitel betrachtet. Dort wurde herausgestellt, dass die Vorteilhaftigkeit einer Investition z. B. aus dem Gewinnvergleich (bei einer statischen Investitionsbetrachtung) oder aus dem Kapitalwert (bei einer dynamischen Investitionsbetrachtung) abgeleitet wird.

Gewinnvergleichsrechnung
Werden zwei Investitionsalternativen in ihrem Gewinn verglichen, kann die Besteuerung dies beeinflussen. Gibt die Unternehmensleitung z. B. einen Mindestgewinn für die Investitionsentscheidung vor, ist die Durchführung davon abhängig, ob die steuerliche Belastung berücksichtigt wurde. Diese kann je nach Investitionsgegenstand oder Investitionsstandort unterschiedlich sein und damit unterschiedlich die Investitionsentscheidung auf unterschiedliche Art und Weise beeinflussen.

Kapitalwertrechnung
Die Ermittlung eines Kapitalwertes setzt die Festlegung eines Kalkulationszinsfußes voraus, der zukünftige Zahlungen zur Barwertermittlung auf den Zeitpunkt der Entscheidung abzinst. In diesen Kalkulationszinsfuß ist die prozentuale steuerliche Belastung einer Investition einzurechnen. Wird dies nicht berücksichtigt, geht der Investor von einer steuerneutralen Investition aus. Dies dürfte eher die Ausnahme als die Regel sein. Unterschiedliche Investitionsstandorte, Rechtsformen des Investors, Finanzierungsquellen oder Investitionsobjekte führen zu unterschiedlichen Steuern und Steuersätzen. Diese sind im Kalkulationszinsfuß zu berücksichtigen, da sonst falsche Investitionsentscheidungen getroffen werden.

7.2.2.2 Steuerwirkung von Finanzierungsentscheidungen

Die Bedeutung von Finanzierungen für Unternehmen wurde bereits in einem vorhergehenden Kapitel betrachtet. Dort wurde herausgestellt, dass die Wahl einer Finanzierungsform von verschiedenen Sachverhalten abhängt. Ein Kriterium für die Auswahl einer Finanzierungsform waren die Finanzierungskosten, ein andere Kriterium war das Finanzierungsvolumen. Nachfolgend soll das am Beispiel der Innenfinanzierung (als Alternative zur Außenfinanzierung) verdeutlicht werden.

Eine **Innenfinanzierung** wäre **aus Eigenkapitalpositionen** heraus möglich. Dabei handelt es sich z. B. um einbehaltene Jahresüberschüsse in Form von **Rücklagen**. Je nach dem, ob es sich um offene oder stille Rücklagen handelt, sind diese in unterschiedlichen Perioden der Rücklagenbildung der Besteuerung unterworfen worden. (Offene Rücklagen wurden bereits versteuert, stille Rücklagen sind noch nicht realisiert und daher unversteuert.) Werden also Rücklagen zum Zweck der Finanzierung gebildet, stellt sich die Frage nach dem Zeitpunkt. Denn zeitpunktabhängig kann die Besteuerung unterschiedlich sein. Es wäre auch denkbar, statt einer Rücklagenbildung (bei Gewinnrücklagen), diese Beträge an die Eigentümer auszuschütten und über eine

„Schütt-aus-hol-zurück"-Politik wieder dem Unternehmen als Kapitalerhöhung und Kreditgewährung zuzuführen. Es müsste bei dieser Alternative das Finanzierungsvolumen und die Finanzierungskosten verglichen werden. Bei unterschiedlichen Einkommensteuersätzen der Gesellschafter verbliebe nach dem geltenden **Halbeinkünfteverfahren** jeweils ein unterschiedlich hohes Refinanzierungsvolumen. Diesen Zusammenhang verdeutliche die folgende Abbildung.

Abbildung 7-2: *Refinanzierung bei „Schütt-aus-hol-zurück"-Politik*

Finanzierung aus thesauriertem **(zurückbehaltenem)** Gewinn:

Gewinn nach Gewerbeertragsteuer	100.000 EUR
- Körperschaftsteuer	25.000 EUR
= Thesaurierungsbetrag	75.000 EUR

Schütt-aus-hol-zurück-Verfahren	ESt = 25%	ESt = 40%	ESt = 50%
Gewinn nach Gewerbeertragsteuer	100	100	100
- Körperschaftsteuer (Ausschüttungsbelastung)	25	25	25
= Ausschüttung	75	75	75
= zu versteuerndes Einkommen	37,5	37,5	37,5
- Einkommensteuer (ESt)	9,375	15	18,75
= Nettoeinkommen der Gesellschafter = verbleibendes Finanzierungsvolumen	65,625	60	56,25

Gleichfalls wäre eine **Innenfinanzierung aus Fremdkapitalpositionen** in Form von **Rückstellungen** möglich. Rückstellungen werden vom Unternehmen z.B. für Steuern, für Pensionen oder für Gewährleistungen gebildet. Bis zum Zeitpunkt der Auflösung (Verwendung) stehen sie dem Unternehmen zur Finanzierung zur Verfügung. Die Bildung von Rückstellungen beeinflusst den Jahresüberschuss und damit die Besteuerung. Wird zum Vergleich eine Fremdfinanzierung mit Außenwirkung (z. B. die Aufnahme eines Bankkredits) herangezogen, entstehen Fremdkapitalzinsen. Diese können als Zinsaufwendungen verbucht werden und beeinflussen über die Gewinn- und Verlustrechnung den zu versteuernden Jahresüberschuss. Der entsprechende Steuereffekt wäre zu berücksichtigen.

7.2.2.3 Steuerwirkung von Produktions- und Absatzentscheidungen

Die **Wahl der zu erstellenden und abzusetzenden Leistungen** des Unternehmens (Erzeugnisse, Dienstleistungen) bestimmen die Steuern. Je nach Leistung des Unternehmens fallen unterschiedliche Steuern (z. B. Mineralölsteuer, Tabaksteuer, Kfz-Steuer, Versicherungsteuer, Umsatzsteuer) an. Diese Steuern stellen Belastungen in der

Kostenkalkulation dar und bestimmen den Verkaufspreis der Leistungen. **Wettbewerbsverzerrungen** durch steuerliche Belastungen treten für Unternehmen ein, wenn unterschiedliche Steuern in die Preise einkalkuliert werden (müssen). Dies gilt umso deutlicher, je stärker sich die genannten Steuern im internationalen Ländervergleich unterscheiden.

Änderungen in der Leistungsnachfrage seitens des Marktes könnten eine Folge sein, wenn die steuerlichen Belastungen zu hohen Preisen führen. Der Kunde denkt über die Minderung der Belastung nach, die zur Substitution oder zum Verzicht von Leistungen führen kann. So kann die Mineralölsteuererhöhung dazu führen, dass weniger mit dem Auto gefahren und die Tabaksteuererhöhung dazu führen, dass weniger geraucht wird. Beide Wirkungen könnten als positiv für eine Volkswirtschaft interpretiert werden. Für die Unternehmen der betroffenen Branchen sind diese Wirkungen jedoch tendenziell negativ zu beurteilen, da der Umsatz und damit möglicherweise das Unternehmensergebnis sinkt.

Im Folgenden soll auf einige wesentliche Steuerarten, die z. T. bereits genannt wurden, eingegangen werden.

7.3 Wichtige Steuerarten

Für die betriebswirtschaftliche Betrachtung, in Sinne eine **Einflusses der Besteuerung auf die unternehmerischen Entscheidungen**, ließe sich folgende Gliederung vornehmen:

- **Steuern auf Produktionsfaktoren**, z. B. Kraftfahrzeugsteuer, Grundsteuer;
- **Steuern auf Betriebsleistungen**, z. B. Umsatzsteuer, Mineralölsteuer, Versicherungsteuer;
- **Steuern auf den betrieblichen Ertrag/Gewinn**, z. B. Körperschaftsteuer, Einkommensteuer, Gewerbe(ertrags)steuer.

Die folgende Abbildung nimmt eine weitere, häufig anzutreffende Differenzierung, in **direkte und indirekte Steuern**, vor. „Was ist der Unterschied zwischen direkten und indirekten Steuern? Direkte Steuern sind so, als ob Sie jemand um Geld bittet, indirekte Steuern sind so, als ob jemand die Taschen nach Geld durchwühlt." (Haberstock/Breithecker, Berlin, 2004, S. 10)

Abbildung 7-3: *Einteilung der Einzelsteuern (Quelle: Haberstock/Breithecker, 2004, S. 10)*

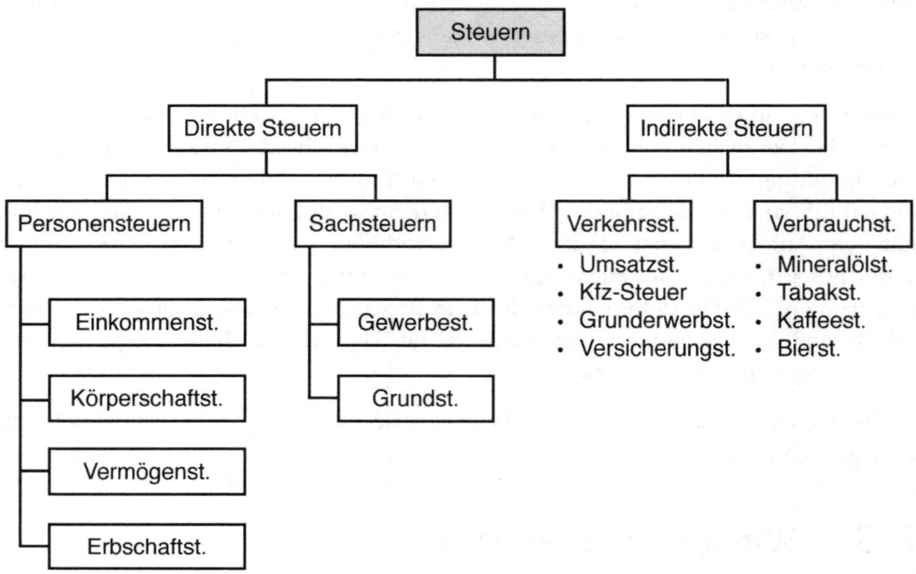

Aus dem Steueraufkommen lässt sich die Bedeutung für den Staat aber auch für das Unternehmen ablesen. Die Steuern mit einem hohen Steueraufkommen sind die für die Unternehmen relevanten Steuern.

7.3.1 Einkommensteuer

Einkünfte, die der Einkommensteuer unterliegen, stammen aus dem Gewerbebetrieb, aus selbstständiger Arbeit, aus Land- und Forstwirtschaft. Im Vordergrund sollen im Folgenden die Einkünfte der beiden ersten Gruppen stehen.

Die **Merkmale des Gewerbebetriebs** sind im EStG geregelt und werden in der Abbildung 7-4 wiedergegeben.

Abbildung 7-4: *Merkmale des Gewerbebetriebs*

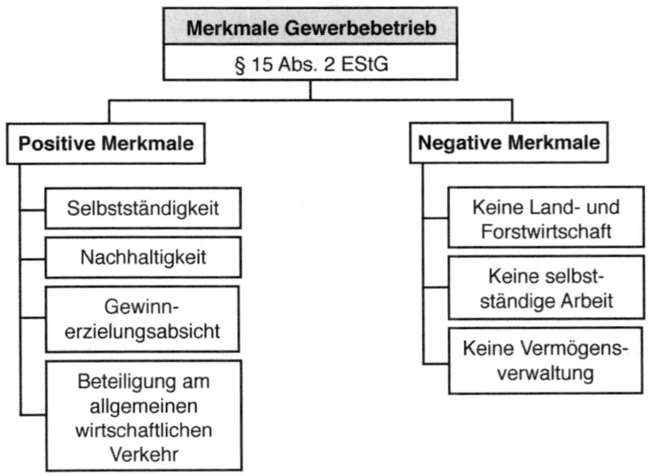

Auch die Arten der **Einkünfte aus selbstständiger Tätigkeit** können in laufende und einmalige Einkünfte unterschieden werden. Neben der Selbstständigkeit, Nachhaltigkeit, Gewinnerzielungsabsicht und Teilnahme am allgemeinen Wirtschaftsverkehr treten die Ausbildung und die besonderen persönlichen Fähigkeiten des Steuerpflichtigen in den Vordergrund (und das Kapital in den Hintergrund). Vorwiegend sind hier die Einkünfte aus **freiberuflicher Tätigkeit** zu sehen. Dies sind selbstständig ausgeübte wissenschaftliche, künstlerische, schriftstellerische, unterrichtende, schriftstellerische Tätigkeiten sowie die Katalogberufe (z. B. Ärzte, Rechtsanwälte, Wirtschaftsprüfer, Steuerberater).

Die **Ermittlung der Gewinneinkünfte** erfolgt nach dem Betriebsvermögensvergleich, der Einnahmenüberschuss-Rechnung oder auf Basis von Schätzungen. Beim üblichen **Betriebsvermögensvergleich** wird das Betriebsvermögen zwischen zwei Stichtagen verglichen und dadurch der Gewinn ermittelt. Es gilt der **Gewinnbegriff** nach § 4 Abs. 1 EStG, danach ist der Gewinn der Unterschiedsbetrag zwischen dem Betriebsvermögen am Schluss des Wirtschaftsjahrs und dem Betriebsvermögen am Schluss des vorangegangenen Wirtschaftsjahrs, vermehrt um den Wert der Entnahmen und vermindert um den Wert der Einlagen. Das **Betriebsvermögen** entspricht dem Reinvermögen, dass auch als Eigenkapital des Unternehmens bezeichnet wird. Die Abbildung 7-5 verdeutlicht diesen Zusammenhang.

Das Ergebnis des Wirtschaftsjahres ist somit um unechte Betriebsausgaben (z.B. Kinderbetreuungskosten wegen Erwerbstätigkeit des Steuerpflichtigen), nicht abzugsfähige Betriebsausgaben (z.B. Geschenke an Geschäftsfreunde über 35 EUR, Bewirtungsaufwendungen, die nicht aus geschäftlichem Anlass, nicht angemessen sind oder deren Höhe und betriebliche Veranlassung nicht nachgewiesen werden) und steuerfreie Betriebseinnahmen (z. B. steuerfreie Investitionszulagen, bereits im Ausland besteuerte Einnahmen) zu adjustieren. Der Betriebsvermögensvergleich setzt eine entsprechende Buchführung voraus. Pflicht ist diese etwa bei Gewerbebetrieben mit der Überschreitung des Umsatzes von 350.000 EUR oder des Gewinns von 30.000 EUR (§ 141 Abs. 1 AO).

Abbildung 7-5: *Gewinnermittlung durch Betriebsvermögensvergleich (Quelle: Grefe, 2006, S. 120)*

Schema der Gewinnermittlung durch Betriebsvermögensvergleich

	Betriebsvermögen (= Vermögen abzüglich Schulden) am Schluss des *laufenden* Wirtschaftsjahrs
./.	Betriebsvermögen (= Vermögen abzüglich Schulden) am Schluss des *vorangegangenen* Wirtschaftsjahrs
=	**Unterschiedsbetrag (= Reinvermögensänderung)**
+	Entnahmen
./.	Einlagen
=	**Ergebnis des Wirtschaftsjahrs**
./.	Unechte Betriebsausgaben
+	Nicht abzugsfähige Betriebsausgaben
./.	Steuerfreie Betriebseinnahmen
=	**Gewinn/Verlust**

Die **Einnahmenüberschuss-Rechnung** ist bei Steuerpflichtigen anzuwenden, wenn sie nicht der Buchführungspflicht unterliegen bzw. nicht freiwillig Bücher geführt haben. Die Abbildung 7-6 verdeutlicht diesen Zusammenhang.

Abbildung 7-6: *Gewinnermittlung durch Einnahmenüberschuss-Rechnung (Quelle: Grefe 2006, S. 123)*

Schema der Gewinnermittlung durch Einnahmenüberschuss-Rechnung

	Betriebseinnahmen des Kalenderjahrs
./.	Betriebsausgaben des Kalenderjahrs
=	**Einnahmen- bzw. Ausgabenüberschuss**
+	Ausgaben für im Laufe des Kalenderjahrs zugegangene Anlagegüter und bestimmte Güter des Umlaufvermögens
./.	Abschreibungen auf abnutzbare Anlagegüter
./.	Buchwert veräußerter oder entnommener Anlagegüter und bestimmter Güter des Umlaufvermögens
=	**korrigierter Einnahmen- bzw. Ausgabenüberschuss**
+	Entnahmen
./.	Einlagen
=	**Gewinn/Verlust**

Liegen der Finanzbehörde keinerlei Bücher bzw. Aufzeichnungen vor bzw. sind diese nicht ordnungsgemäß geführt, ist der Gewinn zu schätzen (§ 162 AO).

Die Basis für die Ermittlung des Gewinns sind die Einnahmen und Ausgaben, die zur Veränderung des Betriebsvermögens führen. Sie basieren auf der Rechnungslegung und deren steuerlichen Bewertungsmaßstäben. Diese werden im Kapitel „Teilgebiete des betrieblichen Rechnungswesen" betrachtet. Beispielhaft zu nennen ist etwa die Bewertung von Vermögensgegenständen und deren Abschreibungen oder die Bildung und Auflösung von Rückstellungen.

7.3.2 Körperschaftsteuer

Die Körperschaftsteuer wird auf Basis des Einkommens juristischer Personen ermittelt. Sie wird daher auch als Einkommensteuer juristischer Personen bezeichnet. Die Besteuerung der juristischen Person berührt nicht die Steuerpflicht der Anteilseigner an der juristischen Person (Kapitalgesellschaft). Es ist insofern zwischen der Gesellschafts- und der Gesellschafterebene zu unterscheiden – **das sog. Trennungsprinzip**. In § 1 Abs. 1 Nr. 1-6 KStG werden die unbeschränkt steuerpflichtigen Körperschaften abschließend aufgeführt. Dazu zählen z. B. Kapitalgesellschaften, Erwerbs- und Wirtschaftsgenossenschaften (z. B. Volksbanken, Raiffeisengenossenschaften, Wohnungsgenossenschaften), Versicherungsvereine auf Gegenseitigkeit (VVaG), juristische Personen des privaten Rechts (z. B. rechtsfähige Vereine und Stiftungen), Betriebe gewerblicher Art von juristischen Personen des öffentlichen Rechts (z. B. Wasserwerk einer Gemeinde, städtische Verkehrsbetriebe).

Steuergegenstand ist das innerhalb einer Periode erzielte Einkommen, das zu versteuern ist. (§ 7 KStG). Die Einkommensermittlung unterstellt einkommenssteuerliche Vorschriften und körperschaftssteuerliche Sonderregelungen, z. B. zu nichtabziehbaren Aufwendungen, verdeckten Gewinnausschüttungen, abziehbaren Spenden. Diese sollen hier aber nicht näher betrachtet werden.

Das Einkommen unterliegt einem einheitlichen Steuersatz von 25%, unabhängig von Ausschüttung oder **Thesaurierung**. Unter Thesaurierung wird dabei die Einbehaltung des erwirtschafteten Gewinns verstanden. Unter Berücksichtigung des Solidaritätszuschlags von 5,5% auf 25% ergibt sich eine Erhöhung um 1,38% auf dann 26,38%. Die Festsetzung der Steuer ist der Abbildung 7-7 zu entnehmen.

Der einheitlichen heutigen Steuerbelastung stand früher eine Differenzierung zwischen der Versteuerung einbehaltener und ausgeschütteter Gewinne gegenüber. Einbehaltene Gewinne wurden mit 40% und ausgeschüttete Gewinne mit 30% Körperschaftsteuer belastet. Die seitens der Gesellschaft entrichtete Körperschaftsteuer wurde den Anteilseignern bei der Ausschüttung auf ihre Einkommensteuer angerechnet. Damit war letztlich das Einkommen nur dem persönlichen Steuersatz des Anteilseigners unterworfen. Mit dem Übergang vom **Anrechnungsverfahren** zum **Halbeinkünfteverfahren** verändern sich zudem die Anrechnungsbeträge zu Lasten des Steuerpflichtigen. Die Abbildungen 7-8 und 7-9 verdeutlichen dies.

Abbildung 7-7: *Festsetzung der Körperschaftsteuer*

Festsetzung der Körperschaftsteuer

Zu versteuerndes Einkommen

x Tarifbelastung
(§ 23 Abs. 1 KStG)

= tarifliche Körperschaftsteuer

./. anzurechnende ausländische Steuern
(§ 26 KStG)

+/- Körperschaftsteueränderung
(§37 und § 38 KStG)

= festzusetzende Körperschaftsteuer

./. Körperschaftsteuer-Vorauszahlungen
(§ 31 KStG i.V. Mit § 36 Abs. 2 Satz 2 Nr.1 EStG)

./. anzurechnende Kapitalertragsteuer
(§ 31 KStG i.V. mit § 36 Abs. 2 Satz 2 Nr. 2 EStG)

= Abschlusszahlung *oder* Erstattung

Abbildung 7-8: *Körperschaftsteuerermittlung nach dem Anrechnungsverfahren*

Finanzierung aus thesauriertem **(zurückbehaltenem)** Gewinn:

Gewinn nach Gewerbeertragsteuer	100.000 EUR
- Körperschaftsteuer	25.000 EUR
= Thesaurierungsbetrag	75.000 EUR

Schütt-aus-hol-zurück-Verfahren	ESt = 25%	ESt = 40%	ESt = 50%
Gewinn nach Gewerbeertragsteuer	100	100	100
- Körperschaftsteuer (Ausschüttungsbelastung)	25	25	25
= Ausschüttung	75	75	75
+ Körperschaftsteuererstattung	25	25	25
= zu versteuerndes Einkommen	100	100	100
- Einkommensteuer (ESt)	25	40	50
= Nettoeinkommen der Gesellschafter = verbleibendes Finanzierungsvolumen	75	60	50

Abbildung 7-9: *Körperschaftsteuer nach dem Halbeinkünfteverfahren*

Finanzierung aus thesauriertem **(zurückbehaltenem)** Gewinn:

Gewinn nach Gewerbeertragsteuer	100.000 EUR
- Körperschaftsteuer	25.000 EUR
= Thesaurierungsbetrag	75.000 EUR

Schütt-aus-hol-zurück-Verfahren	ESt = 25%	ESt = 40%	ESt = 50%
Gewinn nach Gewerbeertragsteuer	100	100	100
- Körperschaftsteuer (Ausschüttungsbelastung)	25	25	25
= Ausschüttung	75	75	75
= zu versteuerndes Einkommen	37,5	37,5	37,5
- Einkommensteuer (ESt)	9,375	15	18,75
= Nettoeinkommen der Gesellschafter = verbleibendes Finanzierungsvolumen	65,625	60	56,25

7.3.3 Gewerbesteuer

Basis für die Gewerbesteuer ist der Gewerbebetrieb, der in den stehenden **Gewerbebetrieb** (§ 2 Abs. 1 Satz 1 GewStG) und in den Reisegewerbebetrieb(§ 35a GewStG) unterschieden werden kann. Der Gewerbebetrieb ist steuerpflichtig, sofern er im Inland **Betriebsstätten** unterhält. Nach § 12 AO ist „... jede feste Geschäftseinrichtung oder Anlage, die der Tätigkeit des Unternehmens dient", als Betriebsstätte einzustufen. Als Beispiele ließen sich die Stätte der Geschäftsleitung, Zweigniederlassungen, Geschäftsstellen, Fabrikations- oder Werkstätten, Ein- oder Verkaufsstellen nennen (Abschnitt 22 GewStR). Auch bei mehreren Betriebsstätten ist der Gewerbebetrieb als Ganzes steuerpflichtig. Da die Gewerbesteuer eine Gemeindesteuer ist und damit unterschiedlichen **gemeindebezogenen Hebesätzen** unterliegt, ist die Frage nach der Besteuerungszuständigkeit vom Unternehmen zu klären. Neben der unterschiedlichen Höhe der Gewerbesteuer-Hebesätze ist die Nutzung von Freibeträgen für das steuerpflichtige Unternehmen ausschlaggebend zur Ermittlung der Gewerbesteuer.

Für die Steuerermittlung ist zu klären, ob es sich um eine wirtschaftliche Einheit des Gewerbebetriebs mit mehreren (gleichartige) Betriebsstätten (Abschnitt 16 Abs. 2 GewStR) oder mehrere wirtschaftlich selbstständige Gewerbebetriebe bei mehreren Betriebsstätten (Abschnitt 16 Abs. 1 GewStR) handelt. Als erstes Beispiel könnte die Bäckerei mit Verkaufsfilialen, als zweites Beispiel ein Gewerbebetrieb mit einem Autohandel und einer Computerwerkstatt benannt werden.

Die **Ermittlung der Höhe der Gewerbesteuer** richtet sich nach dem Gewerbeertrag. Nachfolgende Abbildung verdeutlicht diesen Zusammenhang.

Bei der genauen Ermittlung sind die Besonderheiten des GewStG zu berücksichtigen. Der Gewerbeertrag kann auch negativ sein, also einen Gewerbeverlust darstellen. Bei der Ermittlung ist der Gewerbeertrag auf volle 100 EUR abzurunden und der jeweilige Freibetrag zu berücksichtigen. Bei Einzelgewerbebetreibenden z. B. gilt eine gestaffelte Steuermesszahl (je 12.000 EUR 1%, über 48.000 EUR max. 5%), bei Kapitalgesellschaften gilt die einheitliche Steuermesszahl von 5%.

Als Betriebsausgabe ist die Gewerbesteuer voll **abzugsfähig**, i.S. des § 4 Abs. 4 EStG. Der Gewerbeertrag kann daher erst ermittelt werden, wenn die Gewerbesteuer vom steuerlich relevanten Ergebnis abgezogen wurde. Hierfür sind verschiedene Methoden denkbar. Die Ermittlung der Gewerbesteuer führt zur Bildung einer Steuerrückstellung für das folgende Geschäftsjahr. Dieser Rückstellungsbetrag belastet im laufenden Geschäftsjahr das Ergebnis, wird aber erst im Folgejahr an das Steueramt abgeführt. I.d.R. werden vom jeweiligen Steueramt (bzw. der Kämmerei) der Gemeinde Vorauszahlungen auf die erwartete Gewerbesteuer festgesetzt und erhoben.

Die Standortwahl sowie die Einordnung als ein Gewerbebetrieb oder mehrere Gewerbebetriebe an verschiedenen Standorten spielen insofern eine besondere Rolle für die Höhe der Gewerbesteuer. Der Jurist kann an solchen Einordnungen bzw. Entscheidungen maßgeblich beteiligt sein.

Abbildung 7-10: *Ermittlung der Gewerbesteuer*

Ermittlung der Gewerbesteuer

Gewinn aus Gewerbebetrieb (§ 7 GewStG)

\+ Hinzurechnungen (§ 8 GewStG)

./. Kürzungen (§ 9 GewStG)

= Gewerbeertrag vor Verlustabzug

./. Verlustabzug (§ 10a GewStG)

= Gewerbeertrag

./. Freibetrag (§ 11 Abs. 1 GewStG)

= gekürzter Gewerbeertrag

\+ Steuermesszahl (§ 11 Abs. 2 GewStG)

= Steuermessbetrag

x Hebesatz (§ 16 GewStG)

= Gewerbesteuer

7.3.4 Umsatzsteuer

Die Umsatzsteuer ist rechtlich als Verkehrssteuer zu klassifizieren. Wirtschaftlich ist sie jedoch den Verbrauchssteuern zuzurechnen, da sie auf den Verbrauch erhoben wird. Da sie für Unternehmen eine besondere Bedeutung hat, wird sie nicht in das folgende Kapitel „Ausgewählte Verbrauchs- und Verkehrssteuern" eingeordnet.

Das Steuerobjekt sind die zu besteuernden (sog. steuerbare) Umsatzerlöse eines Unternehmens, die als sog. wirtschaftliche Verkehrsvorgänge bezeichnet werden. Steuerträger ist letztendlich der Endverbraucher, Steuerschuldner ist das jeweils die Umsatzsteuer einnehmende Unternehmen. Die folgende Abbildung verdeutlicht diesen Zusammenhang.

Abbildung 7-11: *Zusammenhang der Umsatzsteuer-Beteiligten*

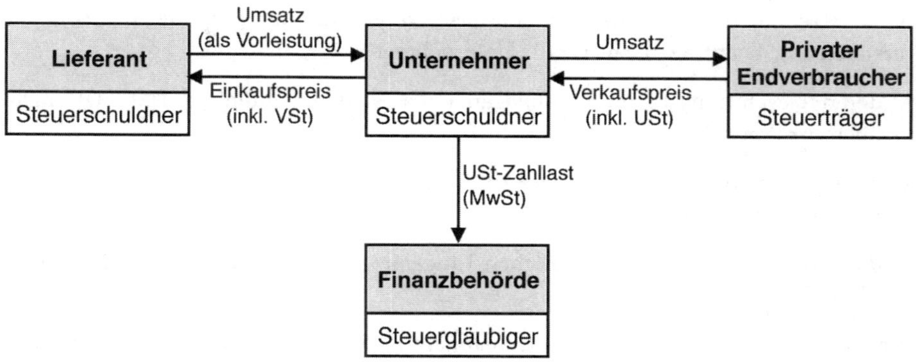

Ergänzend ist in der Abbildung der Begriff der **Vorsteuer** (VSt.) aufgenommen, der als Vorsteuerabzug bei der Ermittlung der Umsatzsteuerzahllast an die Finanzbehörde berücksichtigt wird. Die bereits entrichtete Vorsteuer (Umsatzsteuer eines Lieferanten auf die Vorleistung; der Lieferant ist ebenfalls Steuerschuldner gegenüber der Finanzbehörde) wird dabei gegen die von den Kunden erhaltene bzw. zu erhaltende Umsatzsteuer aufgerechnet. Der Saldo ist die Umsatzsteuerzahllast, die oft auch als Mehrwertsteuer (MWSt.) bezeichnet wird. Dies wird im Rahmen einer Umsatzsteuererklärung der Finanzbehörde mitgeteilt. Die Saldogröße zwischen Vorsteuer und Umsatzsteuer ist an die Finanzbehörde abzuführen oder von dieser zu erstatten.

Der allgemeine Steuersatz beträgt 19%, der ermäßigte Steuersatz beträgt 7%. Letzterer wird im Wesentlichen auf Lebensmittel, bestimmte Getränke, Waren des Buchhandels, graphische Erzeugnisse, Blumen, Nahverkehr bis 50 km erhoben. Werden vom Unternehmer Umsätze vorgenommen, die unterschiedlichen Steuersätzen unterliegen, sind diese entsprechend auszuweisen. Die einschlägigen Regelungen zum Vorsteuerabzug sind geregelt im § 15 UStG und in den §§ 35-43 UStDV.

Bei einer Umsatzsteuer von bis zu 512 EUR (im vorausgehenden Kalenderjahr) sind keine unterjährigen **Umsatzsteuervoranmeldungen** erforderlich. Bei einer Umsatzsteuer von über 512 EUR – 6.136 EUR sind quartalsweise Umsatzsteuervoranmeldungen abzugeben. Bei einer Umsatzsteuer von jährlich mehr als 6.136 EUR sind von dem Unternehmen monatliche Umsatzsteuervoranmeldungen zu verfassen, die bis zum 10. Kalendertag des Folgemonats elektronisch vorliegen müssen.

Das Besteuerungsverfahren ermittelt die Umsatzsteuer auf der Basis **vereinbarter Entgelte**, der **sog. Soll-Versteuerung** (§ 16 Abs. 1 Satz 1 UStG). Die Umsatzsteuerleistung wird auf der Grundlage der steuerpflichtigen Leistung abgeführt. Der Zahlvorgang der Rechnung ist dabei unerheblich. Die abziehbaren Vorsteuerbeträge verkürzen die Steuerzahllast an die Finanzbehörde.

Ein Unternehmen kann auch auf der Basis **vereinnahmter Entgelte**, die **sog. Ist-Versteuerung**, beantragen. Sie gilt für Unternehmen,

- deren Gesamtumsatz im vorangegangenen Kalenderjahren 250.000 EUR nicht überschritten hat,
- die von der Verpflichtung, Bücher zu führen und regelmäßig Abschlüsse zu erstellen, nach § 148 AO befreit sind oder
- die Umsätze aus einer freiberuflichen Tätigkeit i.S. des § 18 Abs. 1 Nr. 1 EStG erreichen.

Zum Vorsteuerabzug sind nur Unternehmer im Rahmen ihrer unternehmerischen Tätigkeit berechtigt (§ 15 Abs. 1 UStG). In § 15 Abs. 2 UStG sind die Fälle des Ausschlusses der Vorsteuerabzugsberechtigung aufgeführt. Es soll ausgeschlossen werden, dass ein Vorsteuerabzug bei nicht steuerpflichtigen Umsätzen vorgenommen wird. Die Wechselbeziehung zwischen Ausgangs- und Eingangsumsätzen soll erhalten bleiben.

Abschließend soll in der folgenden Abbildung eine kurze Beispielrechnung angeführt werden.

Abbildung 7-12: *Vorsteuer-, Umsatz-, Mehrwertsteuer*

Materialeinkauf	1.000 EUR + Vorsteuer	190 EUR = 1.190 EUR
Warenverkauf	2.000 EUR + Umsatzsteuer	380 EUR = 2.380 EUR
Mehrwert	1.000 EUR + Mehrwertsteuer (an das Finanzamt zu zahlen)	190 EUR

7.3.5 Ausgewählte Verbrauchs- und Verkehrsteuern

Verbrauchsteuern sind an den Verbrauch von Gütern geknüpft. Daher gelten als Verbrauchsteuern auf den Verbrauch von Mineralöl die Mineralölsteuer, auf den Verbrauch von Tabak die Tabaksteuer, auf den Verbrauch von Kaffee die Kaffeesteuer und auf den Verbrauch von Bier die Biersteuer. Derjenige, der eines dieser Güter verbraucht, trägt die jeweilige Steuer.

Verkehrsteuern werden auf Vorgänge des Wirtschafts- und Rechtsverkehrs gelegt. Als allgemeine Verkehrsteuer, da der allgemeine Wirtschaftsverkehr im Sinne des Umsatzes belegt wird, gilt die Umsatzsteuer. Als spezielle Verkehrsteuern, da spezielle Vorgänge des Wirtschaftsverkehrs besteuert werden, gelten etwa die Kraftfahrzeugsteuer (Erwerb des Rechts ein Kraftfahrzeug im öffentlichen Verkehr zu führen), die Grunderwerbsteuer (Erwerb von Grund und Boden) und die Versicherungsteuer (Erwerb einer Versicherungsdienstleistung). Derjenige, der im Wirtschafts- und Rechtsverkehr diese Leistung erhält, trägt die Steuer.

Die vorgenannten Steuern sind nur **als Beispiele** ausgewählt worden, um deutlich zu machen, wie umfangreich der unternehmensrelevante Steuerkatalog insgesamt ist. Diese Steuern werden in die Preise der Leistungen einkalkuliert und sind für den Kunden nicht mehr ersichtlich. Eine Ausnahme bildet die **Versicherungsteuer**, die auf dem jährlichen Versicherungsprämienbescheid ausgewiesen wird. Sie ist nach Versicherungsarten unterschiedlich hoch.

Da die genannten Steuern national oder international unterschiedlich in ihrer Höhe ausfallen, belasten sie mehr oder weniger den Absatzpreis einer Leistung. Absatzpreise relativ identischer Leistungen sind damit im nationalen bzw . internationalen Vergleich auf Grund der Steuerbelastung unterschiedlich hoch. In preiswettbewerbsintensiven (nationalen oder internationalen) Märkten treten damit für einzelne Anbieter auf Grund der unterschiedlichen Besteuerung Vor- oder Nachteile ein.

Steuern sind unabhängig von der Trägerschaft unternehmensrelevant, da sie den Wettbewerb und den Leistungsabsatz eines Unternehmens aufgrund der Preisgestaltung beeinflussen. Unternehmensrelevant sind sie selbstverständlich auch wegen des Erhebungs- und Abführungsaufwands, der den Unternehmen bei den Verbrauchs- und Verkehrssteuern entsteht.

8 Kosten- und Leistungsrechnung

8.1 Kosten- und Leistungsrechnung - Zielsetzungen, Aufgaben, Definition

8.1.1 Zielsetzungen

Die Kosten- und Leistungsrechnung (kurz: KLR) stellt einen Teil des betrieblichen Rechnungswesen dar. Im Vordergrund des Rechnungswesens stehen

- die Berichterstattung und Beeinflussung Dritter und
- die Informationen zum Zweck der Führung.

Diese grundsätzliche Trennung bestimmt die Gliederung des betrieblichen Rechnungswesens. Sie ist einerseits auf externe Adressaten (z. B. die allgemeine Öffentlichkeit und Behörden), andererseits auf interne Adressaten (z. B. die Abteilungsleitung und die Geschäftsleitung) ausgerichtet. Sie ist, im Gegensatz zum externen Rechnungswesen, eine freiwillige Rechnung.

Die Abbildung 8-1 verdeutlicht diese Zusammenhänge.

Die Saldogrößen (Zielgrößen) machen deutlich, dass das Ergebnisziel in der Gewinn- und Verlustrechnung der **pagatorische** Gewinn/Verlust (der sogenannte Jahresüberschuss als Unternehmensergebnis) und in der Kosten- und Leistungsrechnung der **kalkulatorische** Gewinn/Verlust (das sogenannte Betriebsergebnis) ist. Hier werden im Folgenden insbesondere die Begriffe Ertrag/Aufwand von Leistungen/Kosten abzugrenzen sein, da es in der Kosten- und Leistungsrechnung z. B. „Kosten“ für die Kalkulation in Ansatz zu bringen gilt, die in der Finanzbuchhaltung nicht als „Aufwendungen“ vorhanden sind.

Abbildung 8-1: *Gliederung des betrieblichen Rechnungswesens*

	Externes Rechenwesen		Internes Rechnungswesen		
Teilbereich	Jahresabschluss		Kosten- und Leistungsrechnung	Finanzrechnung	
Rechenwerk	Bilanz	Gewinn- und Verlustrechnung (GuV)	Kostenarten-/ Kostenstellen-/ Kostenträgerrechnung	Finanzplanung	Investitionsrechnung (Wirtschaftlichkeits-rechnung)
Bezugsobjekt der Rechnung	Unternehmung/ Zeitpunkt	Unternehmung/ Periode	Betrieb/Periode/ Produkt/Einzelobjekt	Unternehmung/ Periode	Einzelobjekt
Rechengrößen	Vermögen/ Schulden	Ertrag/Aufwand	Leistungen/Kosten	Einzahlungen/ Auszahlungen	Diskontierte Einzahlungen/ diskontierte Auszahlungen
Saldogrößen	Eigenkapital	Gewinn/Verlust (pagatorisch)	Gewinn/Verlust (kalkulatorisch)	Finanzüberschuss/ Finanzdefizit	Kapitalwert der Investition

8.1.2 Aufgaben der Kosten- und Leistungsrechnung

Allgemein hat die KLR folgende Aufgaben:

1. die Dokumentationsaufgabe (zahlenmäßige Erfassung der Güterströme),
2. die Informationsaufgabe (Rechnungslegung und Information von Personen und Institutionen),
3. die Kontrollaufgabe (Überwachung der Wirtschaftlichkeit),
4. die Dispositionsaufgabe (Bereitstellung von Informationen für unternehmerische Entscheidungen).

Daraus ergeben sich spezielle Aufgaben der

- kurzfristigen Ermittlung des Leistungserfolgs,
- Kontrolle der Wirtschaftlichkeit,
- Bildung von Preisen,
- Bestandsbewertung,

Die **Ermittlung des Leistungserfolgs** ist keine ausschließliche Aufgabe der KLR. Sie wird jährlich im Rahmen der Finanzbuchhaltung und der Gewinn- und Verlustrechnung durchgeführt, mindestens jeweils zum Ende des Geschäftsjahres. In Unternehmen mit kalkulatorischer Rechnung erfolgt die Aufspaltung des Periodenerfolgs in einen leistungsbedingten Erfolg (Leistungserfolg, Betriebserfolg, Betriebsergebnis) und einen sogenannten neutralen Erfolg, der nicht in Zusammenhang mit der Leistungserstellung und -verwertung der Abrechnungsperiode steht. Das Betriebsergebnis wird nicht nur summarisch sondern auch nach Produktarten oder Produktgruppen differenziert ermittelt.

Die **Kontrolle der Wirtschaftlichkeit** bedeutet eine Überprüfung anhand des Wirtschaftlichkeitsprinzips (ökonomisches Prinzip), also das Verhältnis zwischen Input (Einsatz von Produktionsfaktoren) und Output (Ausbringung von Wirtschaftsgütern).

Die **Bildung des Preises** kann in einer freien Marktwirtschaft grundsätzlich als von dem Angebot und der Nachfrage des jeweiligen Wirtschaftsgutes abhängig betrachtet werden. Dennoch muss das Unternehmen einen Absatzpreis ermitteln, der die Kosten deckt und, bei profit-orientierten Unternehmen, zusätzlich einen Gewinn beinhaltet.

Für die Bestandsbewertung an fertigen und unfertigen Erzeugnissen (also das Lager) sind die Herstellungskosten über die KLR zu ermitteln. Spätestens zum jeweiligen Periodenende der Finanzbuchhaltung werden diese Werte erforderlich.

Abbildung 8-2 gibt einen gesamthaften Überblick über die von einer KLR zu fundierenden Entscheidungen.

Abbildung 8-2: Überblick über die von einer KLR zu fundierenden Entscheidungen

Entscheidungsfelder	Wichtige von der Kosten- und Leistungsrechnung zu fundierende und zu kontrollierende Entscheidungen
Lieferantenbezogene Entscheidungsfelder	• Festlegung des Bereitstellungswegs (welcher Bereitstellungsweg - z.B. Direkteinkauf versus Einkauf über Handel?) • Lieferantenauswahl (welcher Lieferant?) • Lieferquotenfestlegung (welche Mengen eines Produktionsfaktors von welchem Lieferanten?) • Lieferterminplanung (welche Lieferabrufe zu welchem Termin?)
Produktionsfaktorbezogene Entscheidungsfelder	• Auswahl der Art zu beschaffender Produktionsfaktoren (- z.B. Personal versus Anlagen?) • Festlegung der Produktionsfaktorqualitäten (welche Qualität - z.B. Welcher Reinheitsgrad eines Rohstoffs?) • Festlegung der Beschaffungsmengen (Welche Mengen von welchem Produktionsfaktor?) • Festlegung der Beschaffungstermine (welche Produktionsfaktormengen zu welchem Zeitpunkt?)
Prozessbezogene Entscheidungsfelder	• Auswahl der Art durchzuführender Produktionsprozesse (welche Prozesse - z.B. Direktwerbung versus Zeitschriftenwerbung, NC-gesteuerte Fertigung versus manuelle Produktion?) • Festlegung des Trägers des Produktionsprozesses (make or buy - z.B. Eigen- oder Fremdtransport?) • Festlegung wichtiger Prozessdeterminanten (welche Prozessbedingungen - z.B. Welche einzuhaltendenFertigungstoleranzen, welche Intensität bzw. Produktionsgeschwindigkeit?) • Festlegung der Produktionsquanten (insbesondere welche Losgrößen?) • Festlegung der Prozessreihenfolgen (welche Prozesse in welcher Reihenfolge - Reihenfolge- und Maschinenbelegungsplanung) • Festlegung der Prozesstermine (welcher Prozess zu welchem Zeitpunkt?)
Leistungs- bzw. Produktbezogene Entscheidungsfelder	• Auswahl der Art zu erstellender Produkte (Welche Sparten, Produktgruppen und Produkte?) • Festlegung der Produktqualitäten (welche Qualität - z.B. Reinheitsgrade, Fehlertoleranzen?) • Festlegung der Produktions- und Absatzmengen (welche Mengen von welchem Produkt?) • Festlegung der Produktpreise (welche Preise für welchen Kunden auf welchem Markt für welche Auftragsklasse?) • Festlegung der Produktionsbereitstellungstermine (welche Produktmengen zu welchem Zeitpunkt, welcher Lieferservicegrad für welches Produkt und welchen Kunden?)
Leistungsempfängerbezogene Entscheidungsfelder	• Festlegung der Vertriebsgebiete (welche Vertriebsgebiete (Märkte) in welchem Umfang - z.B. Welche Exportquote - mit welchen Produkten?) • Festlegung der Vertriebswege (welcher Vertriebsweg - z.B. Direktverkauf versus Verkauf über Großhandel - für welches Produkt und/oder welchen Kunden?) • Festlegung der zu beliefernden Kunden (welche Kunden für welches Produkt mit welchen Mengen - z.B. Festlegung maximaler Lieferanteile?) • Festlegung der Lieferbedingungen (welche Lieferschnelligkeit, welche Liefergenauigkeit - z.B. Welcher Servicegrad für welches Produkt und/oder welchen Kunden?)

8.1.3 Definition von Kosten und Leistungen

Kosten drücken den betriebsbedingten Werteverzehr für die Leistungserstellung und -verwertung aus.

Nach der Möglichkeit der direkten Zurechenbarkeit auf Kostenträger wird zwischen Einzelkosten und Gemeinkosten unterschieden. Die **Einzelkosten** können direkt den

Kostenträgern zugerechnet werden. Als Synonyme werden sie auch als direkte Kosten oder Kostenträgereinzelkosten bezeichnet. Typische Einzelkosten sind:

- die Fertigungsmaterialkosten (z. B. Rohstoffe),
- die Fertigungslohnkosten (z. B. Fertigungslöhne),
- die Sondereinzelkosten der Produktion (z. B. Konstruktionskosten) und
- die Sondereinzelkosten des Vertriebs (z. B. Kosten der Verpackung).

Um eine direkte Zuordnung zu ermöglich, muss eine kostenträgerbezogene Erfassung der Kosten möglich sein. Bei Fertigungsmaterial- oder Fertigungslohnkosten ist dies über Materialentnahmescheine bzw. Lohnzettel zu gewährleisten. Dies gilt auch für die zunehmend angebotenen Dienstleistungen als Folge der Veränderung von Wirtschaftsstrukturen. Im Dienstleistungssektor ist der Kostenträger z. B. eine Stunde einer bestimmten Dienstleistung. Dieser Dienstleistungsstunde als Leistung eines Betriebes können über Materialentnahmescheine (Material zur Durchführung einer Dienstleistungsstunde) und Lohnzettel (Lohnkosten für eine Dienstleistungsstunde) die Einzelkosten auch direkt wie in der Fertigung zugeordnet werden.

Die **Gemeinkosten** können den Kostenträgern dagegen nicht direkt zugeordnet werden, da sie für verschiedene Kostenträger gemeinsam anfallen. Als Beispiel können die Kosten für die Betriebsleitung oder die Kosten für den Pförtner angeführt werden. Sie werden daher zunächst, möglichst verursachungsgerecht, in Kostenstellen erfasst. Werden Leistungen zwischen Kostenstellen im Betrieb ausgetauscht, erfolgt zusätzlich i.d.R. eine innerbetriebliche (Leistungs-)Verrechnung der Gemeinkosten. Über die Inanspruchnahme der Leistungen einer Kostenstelle werden im Rahmen der Kostenträgerrechnung die Gemeinkosten der Kostenstellen wieder auf die Kostenträger verteilt.

Neben der Zurechenbarkeit der Kosten kann die Beschäftigungsabhängigkeit der Kosten als Differenzierungskriterium herangezogen werden. Die Beschäftigung wird dabei an der Ausbringungsmenge, den Arbeitsstunden oder den Maschinenstunden orientiert. In diesem Zusammenhang wird häufig vom Beschäftigungsgrad gesprochen, der sich aus dem Verhältnis von eingesetzter Kapazität zu vorhandener Kapazität oder der Ist-Leistung zur vorhandenen Kapazität ermittelt. In Abhängigkeit von der Beschäftigung werden die **fixen Kosten** als zeitabhängige Kosten und die **variablen Kosten** als mengenabhängige Kosten unterschieden.

Weiterhin lassen sich die Kosten in Grund-, Zusatz- und Anderskosten aufgrund ihrer unterschiedlichen Erfassung differenzieren. **Grundkosten** sind Zweckaufwendungen, denen Aufwendungen gegenüberstehen. Beispiele dafür sind Rohstoffe oder Löhne. **Zusatzkosten** dagegen stehen keine Aufwendungen gegenüber, da sie ausschließlich für kalkulatorische Zwecke angesetzt werden und damit über die Grundkosten hinausgehen. Als Beispiele hierfür können der kalkulatorische Unternehmerlohn oder kalkulatorische Eigenkapitalzinsen angeführt werden. **Anderskosten** sind dagegen

Kosten, die sich in ihrem Ansatz zwischen der Finanzbuchhaltung und der KLR unterscheiden. Die Höhe der Kosten ist dabei unterschiedlich. Beispiele hierfür sind die kalkulatorischen Mieten und die kalkulatorischen Abschreibungen.

Als **primäre Kosten** und **sekundäre Kosten** werden die Kosten nach ihrer Herkunft unterschieden. Je nach dem, ob sie direkt aus der Finanzbuchhaltung auf die Kostenstellen übernommen werden, oder ob sie über die innerbetriebliche Leistungsverrechnung verteilt werden, können diese beiden Kosteneinteilungen vorgenommen werden. Sekundäre Kosten sind damit z. B. Raumkosten oder Kosten für selbst erstellte Dienstleistungen wie Reparaturen.

Durch die Entstehung von Kosten werden **Leistungen** erzeugt. Diese Leistungen werden in der Kostenrechnung als **Kostenträger** bezeichnet. Ihnen werden die jeweils verursachten Kosten im Rahmen der Kostenträgerrechnung zugerechnet. Es lassen sich unterschiedliche Leistungen differenzieren:

- **Absatzleistungen**, die auf dem Markt abgesetzt werden,
- **Lagerleistungen**, die noch nicht auf dem Markt abgesetzt worden sind und den Bestand erhöhen,
- **Eigenleistungen**, die für den eigenen Betrieb zur Verwendung bestimmt sind.

8.2 Vollkostenrechnung

8.2.1 Kostenartenrechnung

Die **Kostenartenrechnung** steht am Anfang der Kostenrechnung und dient der Erfassung und Gliederung aller im Laufe der jeweiligen Abrechnungsperiode angefallenen Kostenarten. Die Fragestellung, die sich dahinter verbirgt lautet: Welche Kosten sind insgesamt in welcher Höhe in der Abrechnungsperiode angefallen? Die aus der Finanzbuchhaltung übernommenen Kostenarten bilden die Basis für die KLR. Kostenarten bilden den gesamten Werteverzehr einer Abrechnungsperiode nach Produktionsfaktoren unterteilt ab. Die Kostenartenrechnung hat daher die Aufgabe, die im Betrieb anfallenden Kosten geordnet zu erfassen, um

1. in der Gegenüberstellung mit den Leistungsarten ein kurzfristiges Periodenergebnis ermitteln zu können,
2. die Struktur der Kostenarten im Unternehmens- und Zeitvergleich darzustellen,
3. die Weiterverrechnung der Kosten in der Kostenstellen- und Kostenträgerrechnung zu gewährleisten.

Ein Teil der Informationen kommt aus der Finanzbuchhaltung. Der Kostenrechner muss aus den Aufwendungen der Finanzbuchhaltung die Kosten für die KLR ableiten. Es können Aufwendungen als Kosten übernommen werden. Es sind aber auch Aufwendungen der Finanzbuchhaltung für die Kostenrechnung anders zu bewerten (die o.a. sog. Anderskosten) und Kosten zusätzlich zu den Aufwendungen der Finanzbuchhaltung in die KLR aufzunehmen (die o.a. sog. Zusatzkosten).

Die Erfassung der Kosten kann sich beispielsweise nach den Produktionsfaktoren richten:

- Materialkosten,
- Personalkosten,
- Dienstleistungskosten,
- Öffentliche Abgaben,
- Kalkulatorische Kosten.

8.2.2 Kostenstellenrechnung

Die Gemeinkosten werden den Kostenstellen verursachungsgerecht zugeordnet. Später werden die Kostenstellen auf die Kostenträger verrechnet. Die **Kostenstellenrechnung** lastet somit zunächst den einzelnen betrieblichen Bereichen diejenigen Kostenarten an, die dort zum Zwecke der Leistungserstellung entstanden sind. Durch diese Kostenzurechnung wird eine genaue Wirtschaftlichkeitskontrolle anhand des Vergleichs von Soll- und Ist-Kosten in den einzelnen Kostenstellen möglich. Um Ungerechtigkeiten bei der Verteilung der Kostenarten auf die Kostenstellen zu vermeiden, sollte die Verteilung möglichst verursachungsgerecht vorgenommen werden. Werden die Leistungen zwischen Kostenstellen abgegeben, müssen interne Verrechnungspreise gebildet oder die Kosten nach Verteilschlüsseln den inanspruchnehmenden Kostenstellen zugerechnet werden.

Die Verteilung der Kosten wird anhand der Betriebsabrechnung vorgenommen. Das dabei einzusetzende Instrument ist der **Betriebsabrechnungsbogen (BAB)**. Die nachfolgende Abbildung verdeutlicht den Zusammenhang zwischen der Kostenartenrechnung und der Kostenstellenrechnung unter Einsatz eines BAB.

Für die Kostenkontrolle und Kostenbeeinflussung ist es erforderlich zu wissen, wo die Kosten angefallen sind. Für eine genaue Stückkostenberechnung ist es erforderlich, dass die betrieblichen Leistungen mit den Kosten derjenigen Stellen (z. B. Referaten, Abteilungen) belastet werden, die diese Leistungen erbringen. In der Kostenstellenrechnung muss folglich die Frage beantwortet werden: Wo sind welche Kosten in welcher Höhe angefallen?

Abbildung 8-3: *Schematisierung der Betriebsabrechnung*

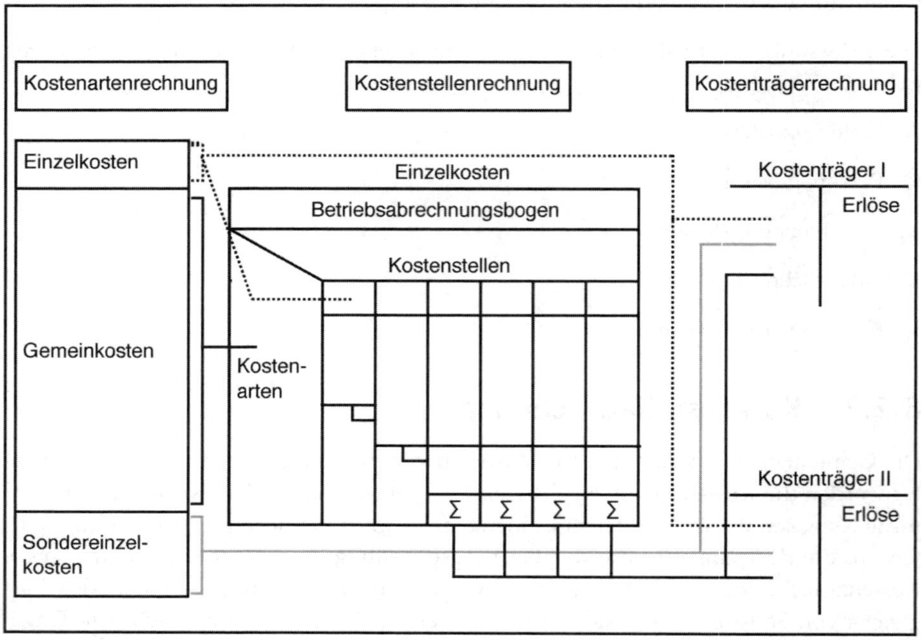

Die **Kostenstellen** sind insofern Orte, an denen die zur Leistungserstellung benötigten Güter und Dienstleistungen verbraucht werden.

Die Kostenstellen lassen sich unterscheiden in:

- Hauptkostenstellen (Endkostenstellen, primäre Kostenstellen), die nicht auf andere Kostenstellen weiterverrechnet werden. Die Kosten aus den Hauptkostenstellen werden z. B. mittels Zuschlagssätzen in der Kalkulation den Produkten zugerechnet.
- Hilfskostenstellen (Vorkostenstellen, sekundäre Kostenstellen), die auf Hauptkostenstellen verrechnet werden.

Die Dokumentation der Kostenstellen erfolgt im sogenannten **Kostenstellenplan**. Die Kostenstellen können nach verschiedenen Arten gegliedert sein. Unterscheiden lassen sich z. B.:

- funktionsorientierte Kostenstellen, z. B. allgemeine Kostenstellen, Materialkostenstellen, Fertigungskostenstellen, Verwaltungskostenstellen, Vertriebskostenstellen,
- raumorientierte Kostenstellen, z. B. Region Nord, Region Süd, Region Mitte,

- organisationsorientierte Kostenstellen, z. B. Werke, Niederlassungen, Abteilungen, Stellen,
- rechnungsorientierte Kostenstellen, z. B. Maschine A, Maschine B, Maschine C; Großkunde I, Großkunde II, Großkunde III; Projekt 1, Projekt 2, Projekt 3.

Die Erstellung eines Kostenstellenplans sollte drei Kriterien genügen:

1. Es sollten sich für jede Kostenstelle Maßstäbe der Kostenverursachung in Form von geeigneten Bezugsgrößen finden lassen. Ansonsten besteht durch die Wahl unkorrekter Gemeinkostensätze die Gefahr einer fehlerhaften Kalkulation, die zu falschen Entscheidungen führen würde. Eine nicht nachvollziehbare oder nicht beeinflussbare Zuordnung von Kosten führt bei Kostenstellenverantwortlichen zur Unzufriedenheit und damit zur mangelnden Akzeptanz der Kostenstellenrechnung.
2. Jede Kostenstelle muss ein eindeutig selbständiger Verantwortungsbereich sein, damit der Kontrollfunktion der Kostenrechnung genügt wird. Nur so ist eine sinngebende Überwachung der Verantwortungsträger, z. B. eines Abteilungsleiters, möglich.
3. Im Sinne des Wirtschaftlichkeitsprinzips muss jede Kostenstelle dahingehend gebildet werden, dass sich die jeweiligen Kostenbelege möglichst eindeutig zuordnen lassen.

Für die Aufstellung eines Kostenstellenplans gibt es keine ausdrücklichen Vorschriften. Dieser richtet sich vielmehr jeweils nach dem einzelnen Unternehmen und seinen speziellen Bedürfnissen im Rahmen einer KLR. Ein Kostenstellenplan könnte beispielhaft für einen Industriebetrieb wie in der Abbildung 8-4 gegliedert sein.

Neben den Absatz- und Lagerleistungen werden von dem Betrieb **innerbetriebliche Leistungen** erstellt, die für andere Kostenstellen erforderlich sind. Solche Leistungen sind die Leistungen der allgemeinen Kostenstellen wie Strom und Wasser. Dazu gehören auch die Dienstleistungen dieser Kostenstellen wie Leistungen einer Instandhaltung oder eines internen Transports. Von Hauptkostenstellen werden daneben Dienstleistungen (z. B. Servicestunden) oder Produkte (z. B. Computer, Werkzeugmaschinen) für den Eigengebrauch hergestellt. Auch diese müssen den jeweiligen Kostenstellen belastet werden. Welche Verrechnung jeweils vorgenommen wird, hängt von den Leistungsbeziehungen zwischen den Kostenstellen und von der gewünschten Genauigkeit des Verrechnungsverfahrens ab. Als Verfahren der innerbetrieblichen Leistungsverrechnung lassen sich die Verfahren auf der Basis von Verteilschlüsseln und die Verfahren der exakten Verrechnung unterscheiden. Das Beispiel in Abbildung 8-5 verdeutlicht die innerbetriebliche Leistungsverrechnung zwischen einer Instandhaltung (Ih) und drei Fertigungsabteilungen.

Die Verrechnung nach Schlüsseln ist relativ einfach mit einem Software-Programm vornehmbar. Während bei der Verrechnung nach Kostenstellen nur die Anzahl der belastenden Kostenstellen bekannt sein muss, sind bei den Anlagewerten bzw. Abschreibungen Informationen aus der Buchhaltung erforderlich. Dies kann als softwaretechnisch einfache Herausforderung gesehen werden. Die Verrechnung nach erhaltenen Leistungen erfordert, in dem konkreten Beispiel, das Festhalten von erhaltenen Stunden und von erhaltenen Instandhaltungsmaterialien je Kostenstelle. Hier kann ein höherer Aufwand für die Erfassung und für die Verrechnung unterstellt werden. Diesem höheren Aufwand steht jedoch auch eine höhere Genauigkeit in der internen Leistungsverrechnung gegenüber. Betriebsindividuell ist zu entscheiden, welchen Aufwand ein Unternehmen bereit ist zu betreiben, um die Genauigkeit in der internen Leistungsverrechnung zu erhöhen.

Abbildung 8-4: *Beispielhafter Kostenstellenplan*

1 ALLGEMEINER BEREICH

11 Gruppe Raum
111 Grundstücke und Gebäude
112 Heizung und Beleuchtung
113 Reinigung
...

12 Gruppe Energie
121 Wasserverteilung
122 Stromerzeugung und -verteilung
123 Gaserzeugung und -verteilung
...

13 Gruppe Transport
131 Schienenfahrzeuge und Gleisanlagen
132 Förderanlagen und Kräne
133 Fuhrpark LKW
...

14 Gruppe Sozial
141 Gesundheitsdienst
142 Kantine
143 Werksbücherei
...

2 MATERIALBEREICH

211 Einkaufsleitung
212 Einkaufsabteilungen
...
221 Lagerleitung
222 Warenannahme
223 Prüflabor
...

3 FERTIGUNGSBEREICH

31 Fertigungshilfsstellen
311 Technische Betriebsleitung
312 Arbeitsvorbereitung
313 Terminstelle
314 Werkzeugausgabe
315 Werkzeugmacherei
...

32 Fertigungsstellen
321 Dreherei
322 Fräserei
323 Schmiede
...

4 VERTRIEBSBEREICH

411 Verkaufsleitung Inland
412 Verkaufsabteilungen
...
441 Marktforschung
442 Werbung
...

5 VERWALTUNGSBEREICH

511 Geschäftsleitung
512 Betriebswirtschaftliche Abteilung
513 Interne Revision
514 Rechtsabteilung
521 Buchhaltung
...

Abbildung 8-5: *Interne Leistungsverrechnung am Beispiel Instandhaltung*

Instandhaltungskostenstelle		Fertigungsstelle 1		Fertigungsstelle 2		Fertigungsstelle 3	
Materialkosten	100.000	Anlagenwert	1.200.000	Anlagenwert	2.900.000	Anlagenwert	3.500.000
Personalkosten	100.000	Abschreibungsstd.	300.000	Abschreibungsstd.	580.000	Abschreibungsstd.	437.500
Sonstige Kosten	20.000	Erhaltene Ih-Std.	800	Erhaltene Ih-Std.	1.150	Erhaltene Ih-Std.	1.650
Summe	220.000	Erhaltenes Ih-Mat.	26.500	Erhaltenes Ih-Mat.	56.500	Erhaltenes Ih-Mat.	17.000
Instandhaltungsstunden	3.600						
Ih-Stundensatz „all in“	61,11						
Ih-Stundensatz Ohne Material	33,33						

	Fertigungsstelle 1	Fertigungsstelle 2	Fertigungsstelle 3
Verrechnung auf Basis von Schlüsseln			
• Zahl der Kostenstellen	73.333,33	73.333,33	73.333,33
• Anlagenwert	34.736,84	83.947,37	101.315,79
• Abschreibungssumme	50.094,88	96.850,09	73.055,03
Leistungsbezogene Verrechnung			
• Instandhaltung „all in“	48.888,89	70.277,78	100.833,33
• Instandhaltungsstunden und Materialkosten gesondert	53.166,67	94.833,33	72.000,00

8.2.3 Kostenträgerrechnung

Im Rahmen der **Kostenträgerrechnung** werden sämtliche Kosten den gesamten Leistungen einer Abrechnungsperiode zugerechnet (Kostenträgerstückrechnung) und den Verkaufserlösen gegenübergestellt (Kostenträgerzeitrechnung). Die **Kostenträgerstückrechnung** hat somit die Hauptaufgabe, für alle erstellten Güter und Dienstleistungen (Kostenträger) die Stückkosten zu ermitteln. In diesem Zusammenhang wird die Kostenträgerstückrechnung als Kalkulation, Selbstkostenrechnung oder Stückkostenrechnung bezeichnet. Die **Kostenträgerzeitrechnung** soll durch eine Gegenüberstellung der Kosten und Leistungen für eine Abrechnungsperiode das Betriebsergebnis ermitteln. Durch die Aufschlüsselung der Kosten und Leistungen nach Kostenträgern lassen sich die Ursachen für den Erfolg bzw. Misserfolg erkennen und kurzfristige Entscheidungen treffen. Die Frage, die im Rahmen der Kostenträgerrechnung beantwortet werden muss, lautet: Wofür sind welche Kosten in welcher Höhe pro Stück angefallen?

Die Kostenträgerstückrechnung liefert als Selbstkostenrechnung die Grundlage für eine genaue Preiskalkulation. Sie führt anhand der Kostenartenrechnung und Kostenstellenrechnung eine möglichst verursachungsgerechte Verteilung der anfallenden bzw. angefallenen Kosten auf die Güter und Dienstleistungen als Kostenträger durch. Diejenigen Kostenarten, die den Kostenträgern direkt, also ohne Schlüsselung nach dem Verursachungsprinzip, zuzurechnen sind, werden unmittelbar aus der Kostenartenrechnung übernommen und benötigen nicht den Einsatz einer Kostenstellenrechnung (Einzelkosten). Für die anderen Kostenarten (Gemeinkosten), die nicht als Einzelkosten erfassbar sind und damit den Kostenträgern nicht direkt zugerechnet werden können, erfolgt eine Erfassung der Gemeinkosten in den Kostenstellen. Nach Inanspruchnahme werden dann die Gemeinkosten von den Kostenstellen entlastet und den Kostenträgern belastet.

Kostenträger kann die **Absatzleistung** sein, die auftragsbestimmt (ein konkreter Kundenauftrag liegt vor) oder lagerbestimmt (es wird für den anonymen Markt produziert) ist. Daneben kann die **innerbetriebliche Leistung** Kostenträger sein, indem es sich z. B. um einen zu aktivierenden Anlagenauftrag (sog. in der Finanzbuchhaltung zu aktivierende Eigenleistung) handelt oder um einen nicht aktivierbaren Gemeinkostenauftrag (z. B. die o.g. Instandhaltungsdienstleistung für eine Fertigungskostenstelle).

Abbildung 8-6: Zusammenhang Kostenarten-, Kostenstellen- und Kostenträgerrechnung (Quelle: Weber, 2006, Einführung in das Rechnungswesen, S. 63)

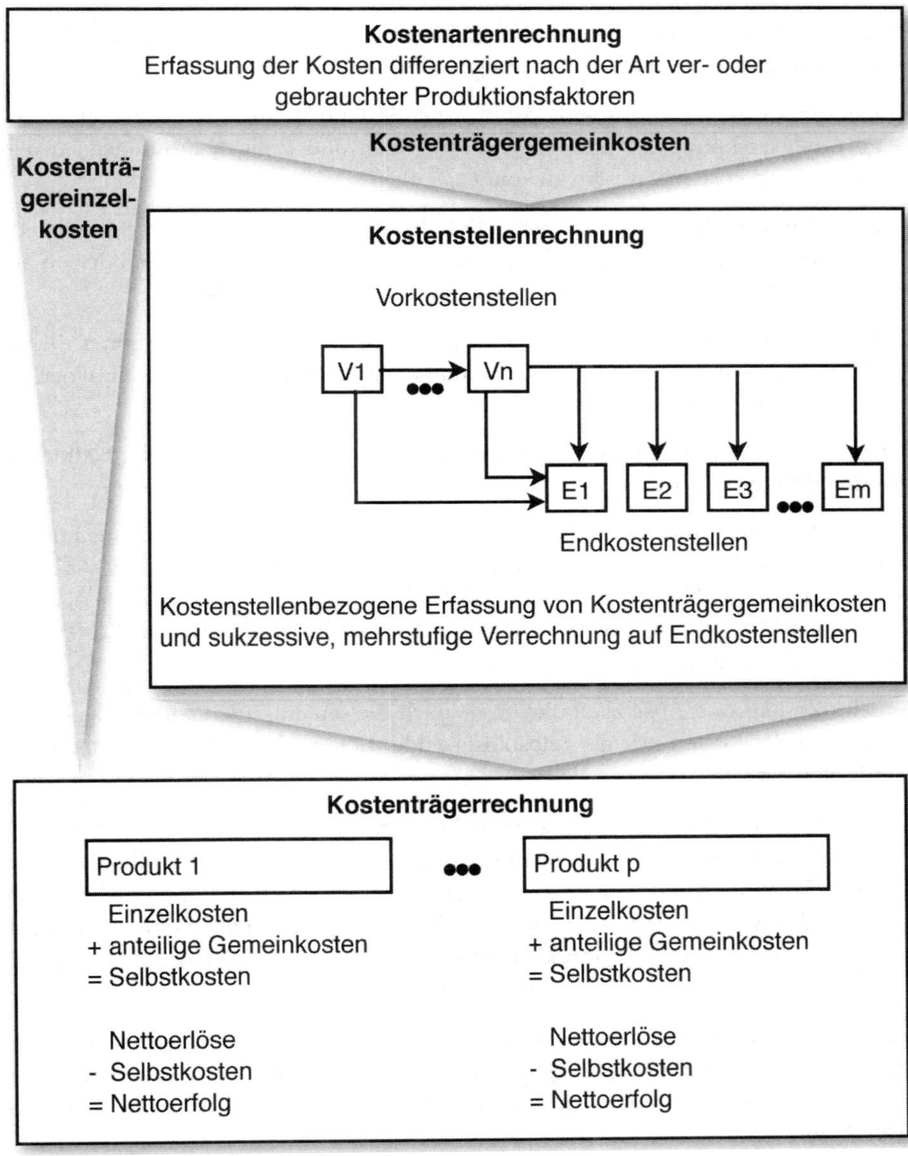

Die Kostenträgerstückrechnung hat folgende Aufgaben:

- Lieferung von Informationen für Kostenkontrollaufgaben, z. B. für die Beurteilung verschiedener Leistungserstellungsverfahren anhand von Vergleichskalkulationen,
- Lieferung von Daten für die Bildung interner Verrechnungspreise, z. B. für die Bewertung innerbetrieblicher Leistungen, die aktiviert werden sollen,
- Lieferung von Daten für die Bewertung von Beständen, um z. B. für die kurzfristige Erfolgsrechnung die Bestände an unfertigen und fertigen Produkten zu den Herstellungskosten bewerten zu können,
- Lieferung von Daten für kurzfristige Entscheidungen und Planungsrechnungen, z. B. ob ein Produkt aus dem Produktionsprogramm eliminiert werden oder ob ein Zusatzauftrag angenommen werden soll,
- Lieferung von Informationen für preispolitische Entscheidungen, wenn z. B. die Preisuntergrenze für ein Produkt bestimmt oder der Selbstkostenpreis für einen öffentlichen Auftrag ermittelt werden soll.

Die Kostenträgerstückrechnung kann als Kalkulation in unterschiedliche **Kalkulationsarten** differenziert werden.

- Vor-, Zwischen- und Nachkalkulation: Je nach Zeitpunkt lassen sich mit den unterschiedlichen Arten unterschiedliche Ziele verfolgen. So ist z. B. in der Nachkalkulation eine Gegenüberstellung der tatsächlich angefallenen Kosten für einen bestimmten Auftrag mit den geplanten Kosten vorzunehmen, um eine Kostenkontrolle dieses Auftrags durchzuführen.
- Selbstkosten- und Absatzkalkulation: Je nach Zielsetzung interessieren das Unternehmen die Kosten nur als Selbstkosten oder der Angebotspreis im Sinne einer Absatzkalkulation.
- Vorwärts- und Rückwärtskalkulation: Kann das Unternehmen auf dem Absatzmarkt den Preis bestimmen, kommt die Vorwärtskalkulation zum Einsatz (kein Wettbewerb aufgrund von Innovation oder Monopol). Muss das Unternehmen dagegen den Verkaufspreis als Datum des Marktes akzeptieren, ist eine Rückwärtskalkulation vorzunehmen (hoher Wettbewerb aufgrund von Marktsättigung). Die Marktsituation bestimmt die Richtung der Kalkulation.

In Abhängigkeit von den Kostenträgern und den Leistungserstellungsprozessen wird das einzusetzende **Kalkulationsverfahren** bestimmt. Dies hängt z. B. davon ab, ob es sich um ein Einprodukt- oder Mehrproduktunternehmen handelt. Typische Kalkulationsverfahren sind

- die Zuschlagskalkulation,
- die Divisionskalkulation,

- die Äquivalenzziffernkalkulation,
- die Kalkulation von Kuppelprodukten und
- die Maschinen-/Personenstundensatzkalkulation.

Die **Zuschlagskalkulation** wird in Unternehmen eingesetzt, in denen heterogene Güter oder Dienstleistungen angeboten werden. Die Verteilung der Gesamtkosten für die erstellten Güter oder Dienstleistungen über eine Division würde zu ungenauen Ergebnissen führen. Vielmehr sind zunächst die gesamten Kosten in Einzel- und Gemeinkosten aufzuspalten. Diese Aufgabe wird im Rahmen der Kostenartenrechnung vorgenommen. Nachdem die Gemeinkosten den Kostenstellen zugewiesen worden sind, können daraus Verrechnungssätze bzw. Zuschlagssätze für die Kostenträger abgeleitet werden. Die Zuschlagskalkulation findet einstufig und mehrstufig Anwendung. Bei einer einstufigen Zuschlagskalkulation werden die gesamten Gemeinkosten des Betriebs auf der Basis der Einzelkosten den Kostenträgern zugerechnet. In einem Produktionsbetrieb werden z. B. die Gemeinkosten auf der Basis der Material- oder der Fertigungskosten, in einem Handelsbetrieb auf der Basis der Einstandspreise und in einem Dienstleistungsbetrieb auf der Basis der für eine Dienstleistung zu erbringen Zeiteinheiten den Leistungen/Produkten zugeschlagen.

Ein Beispiel für einen Produktionsbetrieb mit einstufiger Zuschlagskalkulation wäre:

Materialeinzelkosten für dieses Produkt	50.000 EUR
+ Fertigungseinzelkosten (Löhne) für dieses Produkt	10.000 EUR
Summe der Einzelkosten	60.000 EUR
+ 50 % Gemeinkostenzuschlag auf die Einzelkosten	30.000 EUR
Selbstkosten	90.000 EUR

In kleineren Betrieben kann diese einfache Form der Zuschlagskalkulation angewendet werden, da sie keine Kostenstellenrechnung erfordert und der Zusammenhang zwischen den Einzelkosten und den Gemeinkosten i. d. R. noch offensichtlich ist. In größeren Betrieben führt dieses Verfahren jedoch zu vermeidbaren Ungenauigkeiten.

Bei der Anwendung der mehrstufigen Zuschlagskalkulation werden dem Produkt jeweils die verursachten Kosten in den verschiedenen beanspruchten Kostenstellen per Zuschlagssatz zugerechnet. Dieses Verfahren setzt also voraus, dass je Kostenstelle Zuschlagssätze differenziert ermittelt werden. In Produktionsunternehmen finden sich hier differenzierte Zuschlagssätze mindestens nach den Kostenstellen Material, Fertigung, Verwaltung und Vertrieb. In einem Dienstleistungsunternehmen würde statt Material und Fertigung die Art der Dienstleistung benannt. Das Kalkulationsschema einer mehrstufigen Zuschlagskalkulation ist in der folgenden Abbildung erläutert.

Abbildung 8-7: Mehrstufige Zuschlagskalkulation

(1) Materialeinzelkosten (MEK) (2) Materialgemeinkosten (MGK)	 (in % von 1)
(3) Materialkosten (MK)	(1 + 2)
(4) Fertigungseinzelkosten (FEK) (5) Fertigungsgemeinkosten (FGK) (6) Sondereinzelkosten der Fertigung (SEK)	 (in % von 4)
(7) Fertigungskosten (FK)	(4 + 5 + 6)
(8) Herstellkosten (HK)	(3 + 7)
(9) Verwaltungsgemeinkosten (VwGK) (10) Vertriebsgemeinkosten (VtGK) (11) Sondereinzelkosten des Vertriebs (SEVt)	(in % von 8) (in % von 8)
(12) Selbstkosten (SK) (13) Gewinnaufschlag (Gew)	(8 + 9 + 10 + 11) (in % von 12)
(14) Barverkaufspreis (BVP) (15) Kundenskonto (Ksk)	(12 + 13) (in % von 16)
(16) Zielverkaufspreis (ZVP) (17) Kundenrabatt (Krab)	(14 + 15) (in % von 18)
(18) Listenverkaufspreis netto (LVP) (19) Mehrwertsteuer (MWST)	(16 + 17) (in % von 18)
(20) Angebotspreis brutto (AP)	(18 + 19)

Eine weitere Differenzierung (Stufung) in diesem Kalkulationsschema wäre denkbar, wenn weitere Zuschlagssätze im Fertigungsbereich aufgeteilt würden. Je nach Maschinen oder Abteilungen in der Fertigung könnte der angeführte Fertigungsgemeinkostenzuschlagssatz in unterschiedliche Sätze aufgesplittet werden. Eine genauere Kalkulation des einzelnen Auftrags aufgrund seiner differenzierten Beanspruchung der einzelnen Maschinen bzw. Abteilungen in der Fertigung wäre damit möglich. Diese Form der Kalkulation findet aufgrund der Produktvielfalt auch im Handelsbetrieb und in Dienstleistungsbetrieben Anwendung. Dort ist der Ausgangspunkt der Zuschlagskalkulation statt der Herstellkosten der Einstands- bzw. der Bezugspreis einer Leistung.

Die **Divisionskalkulation** stellt das einfachste Verfahren der Kostenträgerstückrechnung dar, da bei ihr zur Ermittlung der Selbstkosten die angefallenen Gesamtkosten durch die Anzahl der Produkte dividiert wird. Sie ist insbesondere bei der Fertigung eines Produktes oder Erstellung einer Dienstleistung bzw. nur weniger homogener

Produkte oder Dienstleistungen geeignet. Nach der Anzahl der durchzuführenden Produktions-/Leistungsstufen kann zwischen der einstufigen und der mehrstufigen Divisionskalkulation unterschieden werden.

Die einfache und mehrfache Divisionsrechnung können dahingehend relativiert werden, dass auch die mehrfache Divisionsrechnung nur aus mehreren einfachen Divisionsrechnungen besteht. Dies kann darauf zurückgeführt werden, dass mehrere homogene Produkte auf voneinander unabhängigen Fertigungen produziert werden.

Die einstufige Divisionsrechnung nimmt für ihre Durchführung Annahmen vor:

1. Es handelt sich um einen Einprodukt-Betrieb (bzw. -bereich) und

2. es entsteht keine Bestandsveränderung an unfertigen oder fertigen Produkten.

Als Beispiel kann dafür das Elektrizitätswerk eines Energieversorgers genannt werden. Aufgrund der mangelnden Lagerhaltung gibt es hier keine Bestandsveränderungen. Wird die Beschränkung, dass Produktions- und Absatzmenge identisch sein müssen, aufgehoben, kommt das zweistufige Divisionskalkulationsverfahren zum Einsatz. Die Herstellkosten sowie die Vertriebs- und Verwaltungskosten werden getrennt ermittelt und entsprechend zweistufig die Divisionskalkulation vorgenommen. Die Herstellkosten werden durch die produzierten Einheiten dividiert, die Verwaltungs- und Vertriebskosten werden durch die abgesetzten Produkteinheiten dividiert. In der Summe ergeben sich daraus die Selbstkosten pro Produkteinheit.

Wird die Restriktion der mangelnden Bestandsveränderungen an unfertigen Produkten, also zwischen den Fertigungsstufen, darüber hinaus aufgehoben, kommt das Verfahren der mehrstufigen Divisionskalkulation zum Einsatz. Unter Anwendung einer entsprechend differenzierten Kostenstellenrechnung in den einzelnen Fertigungsstufen werden die Kosten jeder Stufe durch die jeweils bearbeiteten Mengen dividiert. Somit werden die Kosten ermittelt, die in jeder Stufe für die Produkte anfallen. Mit dieser Kostenermittlung kann eine Bestandsbewertung von Lagern mit den unfertigen Erzeugnissen vorgenommen werden.

Abbildung 8-8: *Beispiel einer mehrstufigen Divisionskalkulation*

$$k = \frac{K_{H1}}{x_{p1}} + \ldots + \frac{K_{Hm}}{x_{pm}} + \frac{K_{Vw} + K_{Vt}}{x_A}$$

k = Selbstkosten (€/Stück) K_{H1} = Herstellkosten (€/Periode)

K_{Vw} = Verwaltungskosten (€/Periode) K_{Vt} = Vertriebkosten (€/Periode)

x_p = Produzierte Menge (Stück/Periode) x_A = Abgesetzte Menge (Stück/Periode)

m = Anzahl unterschiedlicher Fertigungskostenstellen

Es wird eine Erzeugnisart hergestellt. Die Fertigung ist zweistufig. Die Daten beziehen sich auf eine Abrechnungsperiode:

Stufe I: 300 unfertige Erzeugnisse werden mit 6.000€ Herstellkosten erstellt

Stufe II: 250 unfertige Erzeugnisse werden mit 2.000€ Herstellkosten zu Fertigerzeugnissen weiterverarbeitet.

Die Verwaltungskosten betragen 600€ und die Vertriebskosten 400€. Der Absatz umfasst 100 Stück.

$$k = \frac{6.000}{300} + \frac{2.000}{250} + \frac{600 + 400}{100} = 38€ / Stück$$

Aus dieser Rechnung ergeben sich weiter:

Herstellkosten der fertigen Erzeugnisse

$$(6.000 - 50 \cdot 20) \div 250 + 2.000 \div 250 = 28€ / Stück$$

Herstellkosten der unfertigen Erzeugnisse

$$6.000 \div 300 = 20€ / Stück$$

Endbestand (wertmäßig) an fertigen Erzeugnissen

$$(250 - 100) \cdot 28 = 4.200€$$

Endbestand (wertmäßig) an unfertigen Erzeugnissen

$$(300 - 250) \cdot 20 = 1.000€$$

Ein weiteres Kalkulationsverfahren stellt die einstufige bzw. mehrstufige **Äquivalenzziffernkalkulation** dar. Dieses Verfahren findet insbesondere in der Sortenfertigung (z. B. Brauereien) und bei Unternehmen mit Dienstleistungsdifferenzierung (z. B.

Fluggesellschaften, Unterhaltungsbetriebe) Anwendung. Es wird davon ausgegangen, dass die Kosten der verschiedenen, jedoch artverwandten Produkte und Leistungen aufgrund fertigungstechnischer Ähnlichkeiten in einem bestimmten Verhältnis zueinander stehen. Die Äquivalenzziffer a eines Produktes i (auch Gewichtungsziffer, Wertigkeitsziffer oder Verhältniszahl) gibt das Verhältnis der Kosten, Qualitäten, Preise dieses Produktes zu denen eines Einheitsproduktes mit der Äquivalenzziffer 1 an. Äquivalenzziffern werden dabei aufgrund plausibler Zusammenhänge jeweils im Betrieb ermittelt. Als Beispiele können genannt werden: Obwohl in einem Flugzeug alle Economy-Plätze der Fluggesellschaft gleich viel Kosten verursachen, zahlt der Frühbucher weniger als der Spätbucher. Obwohl in einem Theater alle Plätze dem Betreiber gleich hohe Kosten verursachen, zahlt der Besucher je nach Sitzkategorie (Sicht, Lage) unterschiedliche Preise. Obwohl die Produktionskosten für verschiedene Sorten gleich hoch sind, differenziert der Produzent die Preise.

Ein weiteres Verfahren stellt die **Kuppelkalkulation** dar. Sie wird angewendet bei Leistungserstellungsprozessen, bei denen aus technischen Gründen verschiedene Produkte bzw. Leistungen gleichzeitig hergestellt werden bzw. anfallen. Beispiele dafür sind die chemische Industrie, die Stahlindustrie (Hochofenprozess: Roheisen, Gichtgas, Schlacke) oder die Mineralölindustrie (Raffinerie: Benzin, Öl, Gas). Im Rahmen der Kuppelkalkulation sollen die Gesamtkosten des Prozesses auf die einzelnen Kuppelprodukte verteilt werden. Eine verursachungsgerechte Verteilung ist nicht möglich, da sich nicht feststellen lässt, welchen Anteil welches Kuppelprodukt verursachungsgerecht übernehmen muss. Man behilft sich deshalb mittels der Anwendung des Tragfähigkeits- oder des Durchschnittsprinzips. Zwei Verfahren werden zur Anwendung bei der Kuppelproduktion unterschieden:

- Restwert- oder Subtraktionsmethode
- Verteilungs- / Schlüsselungs- oder Marktwertmethode.

Die **Restwertmethode** findet Anwendung, wenn ein Produkt eindeutig als Hauptprodukt aus dem Kuppelprozess hervorgeht. Die anderen Produkte werden als Nebenprodukte angesehen. Entsprechend ist das Kalkulationsverfahren. Die Erlöse der Nebenprodukte (abzüglich noch anfallender Weiterverarbeitungskosten) bzw. die Erträge aus der Verwertung bzw. Veräußerung der Nebenprodukte werden als Kostenminderung in der Kalkulation des Hauptproduktes betrachtet. Die sich aus dieser Subtraktion ergebenden Restkosten ergeben einen Restwert, der durch die Anzahl der gefertigten Hauptprodukte zu dividieren ist.

Bei Anwendung der **Verteilungsmethode** findet keine Unterscheidung in Haupt- und Nebenprodukte wie bei der Restwertmethode statt. Vielmehr werden alle aus dem Kuppelprozess entstehenden Produkte als gleichwertig betrachtet. Bei dieser Betrachtung werden die bereits bekannten Äquivalenzziffern verwendet, um das mögliche (Kosten)Verhältnis zwischen den Kuppelprodukten auszudrücken. Das Verfahren ist identisch mit dem der Äquivalenzziffernkalkulation.

Abbildung 8-9: *Beispiel einer Äquivalenzziffernkalkulation*

$$k_i = \frac{K}{a_1 x_1 + ... + a_n x_n} \cdot a_i$$

a = Äquivalenzziffer des Produktes i

k_i = Selbstkosten des Produktes i (€/Stück)

x_i = Menge des Produktes i (Stück/Periode)

n_i = Anzahl der Produkte (Stück/Periode)

Die Äquivalenzziffernkalkulation kann aber auch - ohne Verwendung der Formel - **tabellarisch** durchgeführt werden.

Beispiel: Drei Sorten eines Erzeugnisses sollen betrachtet werden, eine in minderer (A), eine in mittlerer (B) und eine in guter Qualität(C). Die Kosten stehen im Verhältnis 1(A) : 1,2(B) : 1,5(C) zueinander.

Es werden 600 kg von A, 400 kg von B und 100 kg von C hergestellt. Die Gesamtkosten betragen 3.800€.

Lösung nach Formel

$$k_A = \frac{3.800}{1 \cdot 600 + 1{,}2 \cdot 400 + 1{,}5 \cdot 100} \cdot 1{,}0 = 3{,}09€ / \mathit{Stück}$$

$$k_B = \frac{3.800}{1.230} \cdot 1{,}1 = 3{,}71€ / \mathit{Stück}$$

$$k_C = \frac{3.800}{1.230} \cdot 1{,}5 = 4{,}63€ / \mathit{Stück}$$

Eine **Verrechnungssatzkalkulation** stellt die Maschinen- / Personenstundensatzkalkulation dar. Es ist darauf hinzuweisen, dass in verschiedenen Bereichen eines Betriebes Verrechnungssätze zur verursachungsgenaueren Abbildung des Kostenanfalls ermittelt und auf die Kostenträger verrechnet werden können. Die Verrechnungssatzkalkulation stellt in vielen Fällen eine Verfeinerung der Zuschlagskalkulation dar. In den Bereichen, in denen die Zuschlagssätze zu Verrechnungsungerechtigkeiten führen, können Verrechnungssätze helfen. Die maschinenabhängigen Gemeinkosten werden der jeweiligen Maschine aufgrund ihrer Laufzeit zugerechnet. Dazu zählen z. B. Energiekosten, Instandhaltungskosten, Werkzeugkosten, kalkulatorische Abschreibung, kalkulatorische Zinsen und Raumkosten. Folgende Schritte sind zur Ermittlung eines Verrechnungssatzes für die Maschinenstunde erforderlich, was sich analog auch für die Ermittlung eines Personenstundensatzes durchführen lässt:

- Ermittlung der Maschinenlaufzeit
- Ermittlung des Maschinenstundensatzes
- Ermittlung der Fertigungskosten.

Die Laufzeit der Maschine bezogen auf eine Periode kann wie folgt ermittelt werden:

Gesamte Maschinenzeit (Std./Periode)

- Stillstandzeit der Maschine

- Instandhaltungszeit der Maschine

= Maschinenlaufzeit (Std./Periode)

Das folgende Beispiel macht die Ermittlung des Maschinenstundensatzes deutlich. Die Kosten, die nicht direkt den Maschinen im Fertigungsbereich zugeordnet werden können, bleiben weiterhin als (Rest-) Fertigungsgemeinkosten bestehen und werden anhand eines (Rest-) Fertigungsgemeinkostenzuschlagssatzes den Fertigungslöhnen zugeschlagen. Dieser Zuschlagssatz ist jedoch wesentlich geringer als bei einer Verteilung sämtlicher Fertigungskosten über einen Fertigungsgemeinkostenzuschlagssatz.

Neben der Kostenträgerstückrechnung wird im Rahmen der Trägerrechnung auch eine sog. **Kostenträgerzeitrechnung** vorgenommen. Sie wird synonym auch als kurzfristige Erfolgsrechnung oder **Betriebsergebnisrechnung** bezeichnet. Sie stellt die Kosten und Leistungen für eine Abrechnungsperiode, häufig monatlich, gegenüber und ermittelt so das periodenbezogene Betriebsergebnis. Darüber hinaus kann anhand einer sinnvollen Untergliederung der Kosten und Leistungen die Herkunft des Betriebserfolges aus der Produktion und dem Absatz eines Produktes transparent gemacht werden. Die Hauptaufgabe der kurzfristigen Erfolgsrechnung besteht in der permanenten Überwachung der Wirtschaftlichkeit eines Unternehmens. Diese Aufgabe macht es erforderlich, durch die Wahl kurzer Abrechnungszeiträume und zügiger Erfolgsermittlung ungünstige wirtschaftliche Entwicklungen frühzeitig aufzudecken.

Abbildung 8-10: *Beispiel einer Maschinenstundensatzkalkulation*

Kostenarten	Zahlen der Buchführung	Materialbereich	Fertigungsbereich – Maschinenabhängige Kosten			Restfertigungsgemeinkosten	Verwaltungsbereich	Vertriebsbereich
			A	B	C			
Zuschlagsgrundlagen		Fertigungsmaterial 185.500	Maschinenstunden 1.600	Maschinenstunden 1.600	Maschinenstunden 1.750	Fertigungslöhne 140.500	Herstellkosten des Umsatzes 740.000	Herstellkosten des Umsatzes 740.000
Gemeinkostenmaterial	150.100	25.700	0	0	0	160.400	0	18.000
Energiekosten	67.400	3.000	14.800	18.600	9.400	4.100	12.400	5.100
Hilfslöhne	45.800	5.800	0	0	0	25.100	0	14.900
Gehälter	185.200	19.200	0	0	0	28.300	121.000	16.700
Sozialkosten	34.000	2.200	0	0	0	15.100	13.200	3.500
Instandhaltungen	36.000	600	6.700	9.200	7.400	3.600	1.400	7.100
Steuer, Abgaben	22.000	2.300	0	0	0	0	17.000	2.700
Raumkosten	18.000	2.000	3.000	3.700	2.100	2.400	4.000	800
Verschiedene Bürokosten	45.800	4.100	0	0	0	3.800	32.000	5.900
Kalkulatorische Abschreibungen	65.400	5.200	11.000	12.000	8.200	6.000	13.000	10.000
Kalkulatorische Zinsen	38.200	4.100	6.500	8.500	5.100	1.900	8.000	4.100
	707.900	74.200	42.000	52.000	32.200	196.700	222.000	88.800
Gemeinkostenzuschläge		40 %	26,25 EUR	32,50 EUR	18,40 EUR	140 %	30 %	12 %

74.200 x 100 / 185.500	42.000 / 1.600	52.000 / 1.600	32.200 / 1.750	196.700 x 100 / 140.500	220.000 x 100 / 740.000	88.800 x 100 / 740.000
= 40 % EUR	**= 26,25 EUR**	**= 32,50 EUR**	**= 18,40 EUR**	**= 140 %**	**= 30 %**	**= 12 %**

Worin besteht der Unterschied der Betriebsergebnisrechnung und der Gewinn- und Verlustrechnung des Unternehmens?

- Die Betriebsergebnisrechnung wird auch unterjährig durchgeführt, um in kürzeren Abständen über das Betriebsergebnis informiert zu sein und steuernde Maßnahmen ergreifen zu können.
- Die Betriebsergebnisrechnung betrachtet nur den Erfolg des Betriebes und vernachlässigt die neutralen Aufwendungen und Erträge.
- Die Betriebsergebnisrechnung ist unabhängig von handels- und steuerrechtlichen Bewertungsansätzen.

- Die Betriebsergebnisrechnung ist unabhängig von der doppelten Buchführung. Sie kann die Rechnung auch in tabellarischer Form durchführen, um die Rechnungsdurchführung zu beschleunigen.

In der Kostenträgerzeitrechnung werden zwei Verfahren unterschieden:

- das Gesamtkostenverfahren und
- das Umsatzkostenverfahren.

Beide Verfahren führen zu einem identischen Betriebsergebnis. Dies ist nicht verwunderlich, da alle angefallenen Kosten auf die betrachtete Abrechnungsperiode aufgeteilt werden müssen. Die Leistungen verändern sich durch die Anwendung unterschiedlicher Verfahren ebenfalls nicht. Das Betriebsergebnis muss also gleich bleiben. Während bei der Betrachtung des Gesamtkostenverfahrens die Gesamtleistungen, einschließlich der Bestandsveränderungen, den Gesamtkosten gegenübergestellt werden, und damit die schnelle Ermittlung des Betriebsergebnisses im Vordergrund steht, sind beim Umsatzkostenverfahren die Kosten des Umsatzes (Selbstkosten der abgesetzten Menge) im Betrachtungsfokus. Beispielhaft wird nachfolgend die Ermittlung des Betriebsergebnisses anhand der Gegenüberstellung von Gesamtleistung und Gesamtkosten dargestellt.

Die Vollkostenrechnung schließt mit der Ermittlung des Betriebsergebnisses ab. Diese Ermittlung wird regelmäßig zur Einschätzung des betrieblichen Erfolgs durchgeführt.

Abbildung 8-11: *Beispielhafte Betriebsergebnisermittlung (Werte in EUR)*

Materialeinzelkosten (Rohstoffe)	500.000
Materialgemeinkosten	55.000
Fertigungseinzelkosten (Löhne)	450.000
Hilfslöhne	45.000
Gehälter	480.000
Abschreibungen	50.000
Sondereinzelkosten des Vertriebs	20.000
Anfangsbestand an fertigen Erzeugnissen	120.000
Endbestand an fertigen Erzeugnissen	85.000
Anfangsbestand an unfertigen Erzeugnissen	180.000
Endbestand an unfertigen Erzeugnissen	190.000
Umsatzerlösen	1.800.000
Erlösschmälerungen	24.500

Daraus ergibt sich

Umsatzerlöse	1.800.000
- Erlösschmälerungen	24.500
- Bestandsminderung an fertigen Erzeugnissen	35.000
+ Bestandserhöhung an unfertigen Erzeugnissen	10.000
= Gesamtleistung	1.750.500

Abschreibungen	50.000
+ Sondereinzelkosten des Vertriebs	20.000
+ Hilfslöhne	45.000
+ Gehälter	480.000
+ Materialeinzelkosten (Rohstoffe)	500.000
+ Materialgemeinkosten	55.000
+ Fertigungseinzelkosten (Löhne)	450.000
= Gesamtkosten	1.600.000

Daraus ergibt sich
Gesamtleistung (1.750.500 EUR) – Gesamtkosten (1.600.000 EUR)
= Betriebsergebnis (150.500 EUR)

8.3 Teilkostenrechnung

Als Kritikpunkte der Vollkostenrechnung sind die Proportionalisierung der Fixkosten und die Schlüsselung der Gemeinkosten anzusehen. Einen Ausweg kann die Teilkostenrechnung liefern.

In der **Teilkostenrechnung** wird, wörtlich genommen, nur ein Teil der Kosten den einzelnen Leistungen zugerechnet. Bei diesem Teil handelt es sich um die variablen bzw. direkt den Leistungen zurechenbaren Kosten. Die variablen Kosten bestehen aus den Einzelkosten und den variablen Gemeinkosten. Der andere Teil der Kosten, nämlich die fixen Kosten, bleiben als (Unternehmens-)Block bestehen oder werden in verschiedene Fixkostenschichten aufgeteilt. Im Fokus der Teilkostenrechnung steht der **Deckungsbeitrag**, der sich als Differenz aus Erlösen und variablen Kosten ermittelt.

Mit der Teilkostenrechnung werden folgende Ziele verfolgt:

1. Ermittlung von (kurzfristigen) Preisuntergrenzen
2. Entscheidungen über Eigen- oder Fremdfertigung
3. Aufzeigen der Auswirkungen von Produktprogrammveränderungen auf das Betriebsergebnis
4. Aufzeigen der Auswirkungen von Produktionsprozessveränderungen auf das Betriebsergebnis.

Als kurzfristige Preisuntergrenze eines Produktes wird ein Stückdeckungsbeitrag von 0 EUR angesehen. Ausgehend davon, dass mindestens die variablen Kosten gedeckt werden müssen, kann ein Unternehmen kurzfristig ein Produkt mit einem Deckungsbeitrag von 0 EUR mit dem entsprechenden Preis auf dem Markt anbieten. Langfristig muss jedoch jedes Produkt seinen Beitrag zur Deckung der fixen Kosten (und des Gewinns) beitragen. Denkbar wäre jedoch auch, dass der Deckungsbeitrag eines Produkts bei 0 EUR liegt, während andere Produkte einen höheren Deckungsbeitrag leisten, um die fixen Kosten zu decken. Im Rahmen von komplementären Produkten, d. h., dass zwei Produkte von einem Unternehmen parallel angeboten werden müssen, kann ein Unternehmen gezwungen sein, ein Produkt mit einem Deckungsbeitrag von 0 EUR anbieten zu müssen. Das andere Produkt muss in diesem Fall einen höheren Beitrag zur Deckung der fixen Kosten erwirtschaften. Beispiel: Im Markt der Computerdrucker herrscht ein starker Preiswettbewerb, so dass Unternehmen so knapp kalkulieren, dass kein Deckungsbeitrag erwirtschaftet wird. Der Deckungsbeitrag wird erst beim Verkauf einer (speziell für dieses Gerät erforderlichen) Druckerpatrone erwirtschaftet. Diese erscheint dann dem Kunden relativ teuer.

Hinsichtlich der Eigen- oder Fremdfertigung dient der Deckungsbeitrag als Entscheidungsgröße, ob selbst gefertigt werden sollte, oder ob es für das Unternehmen günstiger ist, die Fertigung an fremde Betriebe zu vergeben. In welchem Maß trägt der Deckungsbeitrag zur Fixkostendeckung bei? Lohnt es sich bei einem niedrigen Deckungsbeitrag noch selbst zu fertigen oder ist eine Fremdfertigung günstiger? Lassen sich damit möglicherweise auch die fixen Kosten senken? Die Beantwortung dieser Fragen entscheiden über die Fremdvergabe von Fertigungs- oder Dienstleistungsaufträgen.

Die Höhe der **Stückdeckungsbeiträge** entscheidet auch über das Produkt- bzw. Prozessprogramm. Je nach Höhe ist über die Veränderung im Produktprogramm nachzudenken. Lohnt es sich, Produkte mit einem niedrigen Deckungsbeitrag durch Produkte mit einem hohen Deckungsbeitrag zu substituieren bzw. aus dem Programm zu eliminieren? Was passiert mit den fixen Kosten? Lohnt es sich den Produktionsprozess zu verändern, um die Deckungsbeiträge einzelner Produkte zu erhöhen? Die unterschiedliche Höhe von Deckungsbeiträgen gibt erste Anhaltspunkte für Veränderungen im Produktprogramm oder im Prozessprogramm.

Im Rahmen der Verfolgung dieser Ziele lassen sich verschiedene Verfahren der Teilkostenrechnung einsetzen. Hierbei handelt es sich um die:

- einstufige Deckungsbeitragsrechnung (auch: direct costing),
- mehrstufige Deckungsbeitragsrechnung (auch: Fixkostendeckungsrechnung) und
- relative Deckungsbeitragsrechnung.

Je nach Zielsetzung und Aufwand kann damit auf unterschiedliche Verfahren zur Anwendung der Teilkostenrechnung zurückgegriffen werden.

8.3.1 Einstufige Deckungsbeitragsrechnung

Im Rahmen der einstufigen Deckungsbeitragsrechnung wird der Betriebserfolg über nur eine Fixkostenstufe ermittelt. Damit ist gemeint, dass die Fixkosten in einem Block/in einer Stufe als Unternehmensfixkosten bestehen bleiben. Um Deckungsbeiträge zu ermitteln, werden neben den Kosten auch die Erlöse in die Berechnungen einbezogen.

Der (Gesamt-)Deckungsbeitrag reduziert um die fixen Kosten ergibt somit den Betriebsgewinn (auch: Betriebserfolg / Nettoerfolg / Betriebsergebnis).

Abbildung 8-12: Beispiel einer einstufigen Deckungsbeitragsrechnung

	A1	A2	A3	B1	B2	B3	Gesamt
Nettoerlöse	92,85	97,25	166,10	172,10	174,20	193,00	
• Materialeinzelkosten	37,00	39,17	32,50	43,33	62,00	86,67	
• Variable Materialgemeinkosten	0,50	0,46	0,60	0,67	0,78	0,83	
• Variable Fertigungskosten (1)							
Fertigungseinzelkosten	18,00	20,83	30,00	15,83	13,80	17,00	
Variable Fertigungsgemeinkosten	3,90	4,00	5,00	1,83	9,00	10,67	
• Variable Fertigungskosten (2)							
Fertigungseinzelkosten	2,00	1,83	3,75	8,16	7,40	6,67	
Variable Fertigungsgemeinkosten	1,50	1,00	4,50	2,83	3,00	4,67	
• Variable Vertriebskosten	0,10	0,08	0,35	0,13	0,10	0,07	
Stückdeckungsbeitrag							
Absolut	29,85	29,88	89,40	99,30	78,12	66,43	
In % vom Nettoerlös	32 %	31 %	54 %	57,7 %	45 %	34 %	
Produktdeckungsbeitrag	29.850	35.850	17.880	59.580	39.060	19.930	202.150
• Fixkosten							187.400
Nettoergebnis							14.750

Im vorgenannten Beispiel werden sechs Produkte in zwei Produktgruppen (A und B) unterschieden, die jeweils unterschiedliche Nettoerlöse erwirtschaften und unterschiedliche variable Kosten verursachen. Damit ergeben sich je Produkt unterschiedliche Deckungsbeiträge. Der Deckungsbeitrag in % vom Nettoerlöse gibt die sog. **Deckungsbeitragsmarge** an: wie viel % an Deckungsbeitrag werden je Umsatz-Euro erzielt. Dies ist eine interessante Steuerungsgröße für das Produktprogramm des Unternehmens. Wird der Stückdeckungsbeitrag mit der Anzahl der verkauften Produkte multipliziert, ergibt sich der Produktdeckungsbeitrag. Die Summe der Produktdeckungsbeiträge muss die Unternehmensfixkosten decken und einen Ergebnisbeitrag leisten.

8.3.2 Mehrstufige Deckungsbeitragsrechnung

Die mehrstufige Deckungsbeitragsrechnung versucht den Fixkostenblock aus der einstufigen Deckungsbeitragsrechnung zur besseren Steuerung über Deckungsbeiträge weiter aufzuspalten. Die Zielsetzung ist, die Fixkosten besser zuordnen zu können und damit die Wirkungen von Entscheidungen, z.B. hinsichtlich der Produktprogrammbereinigung, besser prognostizieren und kontrollieren zu können. Voraussetzung dafür ist, dass sich der Fixkostenblock entsprechend aufteilen lässt.

Als Fixkostenschichten bzw. -stufen lassen sich beispielsweise differenzieren:

- Fixkosten einzelner Produkte
- Fixkosten einzelner Produktgruppen
- Fixkosten einzelner Kostenstellen
- Fixkosten einzelner Betriebsbereiche
- Fixkosten einzelner Betriebe
- Fixkosten der Gesamtunternehmung.

Die nachfolgende Abbildung 8-13 verdeutlicht den Zusammenhang anhand von drei Fixkostenschichten am bekannten Beispiel.

Die unterschiedliche Bildung von Fixkostenstufen ist von den Bedürfnissen und Möglichkeiten des jeweiligen Unternehmens abhängig und kann daher nicht allgemeingültig festgelegt werden. Je mehr Deckungsbeiträge in Stufenabhängigkeit gebildet werden können, umso differenzierter ist eine Steuerung über Deckungsbeiträge für das Unternehmen möglich. Je nach Anzahl der Stufen werden Deckungsbeitrag 1, 2, 3 usw. unterschieden. Deckungsbeitrag 1 ist jeweils immer der Stückdeckungsbeitrag. Danach sich beispielsweise der Produktbeitrag anführen, der sich aus dem Stückdeckungsbeitrag abzüglich der direkt dem Produkt zurechenbaren fixen Kosten ermittelt. Direkt **dem Produkt zurechenbare Fixkosten** wären z. B. eine ausschließlich für dieses Produkt benötigte Maschine oder ausschließlich für dieses Produkt beschäftigtes Personal. Der Produktbeitrag bildet den Beitrag dieses Produkt zur Deckung der noch verbleibenden Fixkosten ab. Die **einer Produktgruppe zurechenbaren Fixkosten** gleichen den einem Produkt zurechenbaren Fixkosten, nur dass diese auf eine Produktgruppe erweitert werden. Dies sind beispielsweise ausschließlich für eine Produktgruppe zur Fertigung eingesetzte Maschinen oder ausschließlich für eine Produktgruppe beschäftigtes Personal. So fortzufahren ist mit den weiteren Fixkostenschichten. Es müssen also jeweils direkt den Fixkostenschichten zurechenbare Fixkosten abgegrenzt und zugeordnet werden können. Nachdem sämtliche Schichten abgedeckt wurden, bleiben immer als letzte Schicht die Unternehmensfixkosten, wie z. B. die Geschäftsleitung oder der Empfang, die nicht direkt zugeordnet werden können. Nach der Abdeckung auch dieser Fixkosten verbleibt der Betriebserfolg.

Bei den beiden genannten Deckungsbeitragsrechnungen wird unterstellt, dass es keinen Engpass in der Fertigung der Unternehmung gibt. Dies kann jedoch häufig gerade nicht unterstellt werden. Einen Engpass kann z. B. eine Maschine, ein Mensch oder ein Raum darstellen. In diesem Fall ist auf die relative Deckungsbeitragsrechnung zurückzugreifen.

Abbildung 8-13: Beispiel einer mehrstufigen Deckungsbeitragsrechnung

	A1	A2	A3	Summe A	B1	B2	B3	Summe B	Gesamt
Nettoerlöse	92,85	97,25	166,10		162,40	174,20	193,00		
• Materialeinzelkosten	37,00	39,17	32,50		43,33	62,00	86,67		
• Variable Materialgemeinkosten	0,50	0,46	0,60		0,67	0,78	0,83		
• Variable Fertigungskosten (1)									
Fertigungseinzelkosten	18,00	20,83	30,00		15,83	13,80	17,00		
Variable Fertigungsgemeinkosten	3,90	4,00	5,00		1,83	9,00	10,67		
• Variable Fertigungskosten (2)									
Fertigungseinzelkosten	2,00	1,83	3,75		8,17	7,40	6,67		
Variable Fertigungsgemeinkosten	1,50	1,00	4,50		2,83	3,00	4,67		
• Variable Vertriebskosten	0,10	0,08	0,35		0,13	0,10	0,07		
Stückdeckungsbeitrag									
Absolut	29,85	29,88	89,40		89,60	78,12	66,43		
In % vom Nettoerlös	32 %	31 %	54 %		55 %	45 %	34 %		
Stückdeckungsbeitrag gesamt	29.850	35.850	17.880		53.760	39.060	19.930		
• Produktfixkosten	0	0	13.500		14.500	0	0		
Produktdeckungsbeitrag	29.850	35.850	4.380	70.080	39.260	39.060	19.930	98.250	
• Produktgruppenfixkosten				51.900				76.500	
Produktgruppendeckungsbeitrag				18.180				21.750	39.930
• Unternehmensfixkosten									31.000
Nettoergebnis									8.930

8.3.3 Relative Deckungsbeitragsrechnung

Mit dieser Deckungsbeitragsrechnung werden die Deckungsbeiträge in Relation zu einem Engpass in einem Betrieb gesetzt. Ausgehend davon, dass z. B. auf einer Maschine, die einen Engpass in einem Betrieb darstellt, Produkte mit verschiedenen Deckungsbeiträgen produziert werden, sollten die Produkte mit dem höchsten Deckungsbeitrag darauf produziert werden. Ziel ist die Ermittlung eines deckungsbeitragsoptimalen Produktionsprogramms auf der Engpasseinheit. Dazu ist es einerseits erforderlich, die Laufzeit dieser Maschine zu ermitteln. Andererseits ist der Deckungsbeitrag pro Zeiteinheit (z. B. als Deckungsbeitrag pro Minute) aus der Division des Stückdeckungsbeitrags durch die benötigte Fertigungszeit auf der Engpassmaschine festzustellen. Daraus ergeben sich pro Produkt unterschiedliche Deckungsbeiträge pro Minute. Ceteris paribus würden die Produkte vorzugsweise auf der Maschine gefertigt, die den höchsten Deckungsbeitrag pro Minute erwirtschaften.

Denkbar ist, dass weitere Restriktionen zur Begrenzung der Produktion des Gutes mit dem höchsten Minutendeckungsbeitrag vorliegen. Es ist etwa möglich, dass Lager- oder Absatzkapazitäten bei dem Produkt mit dem höchsten relativen Deckungsbeitrag begrenzt sind. Dies hat zur Folge, dass nicht sämtliche Kapazitäten zur Fertigung des Produktes mit dem höchsten relativen Deckungsbeitrag genutzt werden können.

Das Beispiel in Abbildung 8-14 verdeutlicht den Zusammenhang anhand von minimalen (z. B. aufgrund von Lieferverpflichtungen) und maximalen Absatzmengen (z. B. aufgrund von Marksättigung) jedes Produktes. Aus diesem Beispiel wird deutlich, dass das Instrument der relativen Deckungsbeitragsbeitragsrechnung bei betrieblich bedingten Engpässen die gewinn- bzw. deckungsbeitragsoptimale Auslastung zu ermitteln hilft.

Abbildung 8-14: *Beispiel einer relativen Deckungsbeitragsrechnung*

Produkte	A	B	C	D
Deckungsbeitrag (EUR/Stück)	7,00	0,30	9,60	5,00
Bearbeitungszeit (Minuten/ Stück)	5	3	12	10
Mindestabsatz (Stück)	1.000	5.500	-	1.150
Höchstabsatz (Stück)	10.000	18.000	6.000	6.000

Produkte	A	B	C	D	Gesamt
Deckungsbeitrag (EUR/Stück)	7,00	0,30	9,60	5,00	
Bearbeitungszeit (Minuten/Stück)	5	3	12	10	
Relativer Deckungsbeitrag (EUR/Min)	1,40	0,10	0,80	0,50	
Rangplatz	1	4	2	3	
Mindestmenge (Stück)	1.000	5.500	-	1.150	
Kapazitätsbedarf Mindestmenge	5.000	16.500	-	11.500	33.000
Zusatzmenge	9.000	-	6.000	3.000	
Kapazitätsbedarf Zusatzmenge	45.000	-	72.000	30.000	
Optimale Menge	10.000	5.500	6.000	4.150	
Deckungsbeitrag	70.000	1.650	57.600	20.750	150.000
Fixkosten					120.000
Max. Betriebsergebnis					30.000

Zusammenfassend betrachtet bietet die Teilkostenrechnung in den hier aufgeführten Formen der einstufigen, der mehrstufigen und der relativen Deckungsbeitragsrechnung einige wesentliche Vorteile gegenüber der Vollkostenrechnung. Dennoch kann damit kaum eine Vollkostenrechnung ersetzt werden. Bei der Auswahl eines Verfahrens der Teilkostenrechnung ist daher Nutzen und Aufwand für die Durchführung der einzelnen Rechnungen gegenüberzustellen. Da der Nutzen hier häufig größer als der Aufwand eingestuft wird, sind Teilkostenrechnungen in der Praxis verbreitet anzutreffen.

8.4 Moderne Kostenrechnungssysteme

8.4.1 Prozesskostenrechnung

Die Prozesskostenrechnung setzt die **Definition von Geschäftsprozessen** voraus. Kernprozesse und Unterstützungsprozesse sind seitens des Unternehmens zu identifizieren und abzubilden. Ziel dieser Prozessbetrachtung ist ein Prozessmanagement, bei dem die Durchlaufzeiten, die Ergebnisse und die Kosten von Prozessen in den Mittelpunkt rücken. Aus der Sicht der Kostenrechnung geht es um eine verursachungsgerechtere Verteilung der Gemeinkosten auf Kostenstellen und auf Kostenträger. Vereinfacht ist von einer Sichtweise auszugehen, dass ein Prozess Leistungen (als sog. Teilprozesse) von mehreren Kostenstellen erfordert, um sein Ergebnis zu erzielen.

Abbildung 8-15: *Schematischer Prozessverlauf*

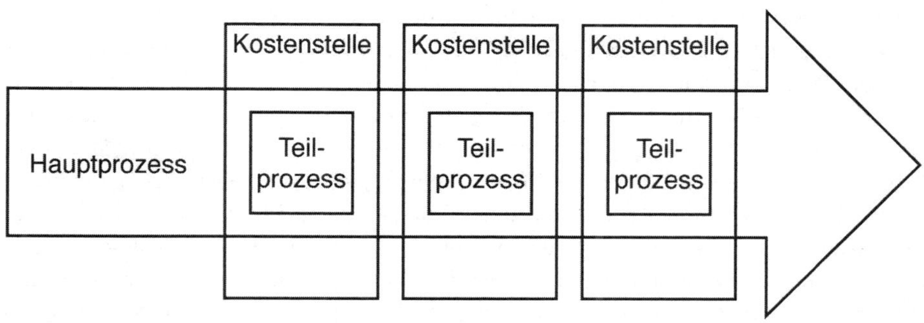

Um eine Prozesskostenrechnung durchzuführen, sind folgende Schritte erforderlich:

- Analyse der wesentlichen Prozesse einer Unternehmung
- Identifizierung der Kostentreiber
- Darstellung der Prozesskosten

- Feststellung der die Prozesse in Anspruch nehmenden Kostenträger
- Verteilung der Prozesskosten auf die Kostenträger.

Sind die Prozesse und die **Kostentreiber** identifiziert, werden die Prozesskosten ermittelt. Eine beispielhafte Darstellung (am Beschaffungsprozess) liefert Abbildung 8-16.

Abbildung 8-16: *Tabellarische Prozessdarstellung am Beispiel „Beschaffung"*

Haupt-prozesse	Cost driver	Teilprozesse	Prozess-menge	Kapazität		Prozesskosten		Prozesskostensätze gesamt
				lmi	lmn	lmi	lmn	
Beschaffen	Bestellungen	Disponieren						
		Angebote einholen						
		Lieferanten auswählen						
		Verhandeln und Vertrag						
		Bestellung überwachen						
		Summe						

Basis für diese Rechnung sind die Kostentreiber. Wie viele Bestellungen sind geplant (als Planrechnung) oder sind durchgeführt worden (als Ist-Rechnung)? Auf der Basis dieser Menge ist die Prozessmenge an Teilprozessen zu planen. Es stellt sich die Frage, wie viel Angebote sind für eine Bestellung einzuholen oder wie viel Überwachung einer Bestellung ist erforderlich. Bei diesen Teilprozessen gibt es einzusetzende Kapazitäten und davon abhängige Prozesskosten. Die erforderlichen Kapazitäten bzw. Prozesskosten, die von der Prozessmenge abhängig sind, sog. leistungsmengeninduzierte (lmi) Kosten, und Kapazitäten bzw. Prozesskosten, die von der Prozessmenge unabhängig sind, sog. Leistungsmengenneutrale (lmn) Kosten. Die leistungsmengenneutralen Kosten werden, ähnlich wie bei der oben vorgestellten internen Leistungsverrechnung, auf der Basis von Schlüsseln auf die Teilprozesse verteilt. Aus dem leistungsmengeninduzierten und –neutralen Kostenanteil eines Teilprozesses entsteht der Prozesskostensatz für den jeweiligen Teilprozess.

Das nachfolgende Beispiel aus dem Bereich der Dienstleistung verdeutlicht die Verteilung anhand eines Bauantragsverfahrens in einem Bauordnungsamt.

Abbildung 8-17: *Beispiel einer Prozesskostenrechnung im Bauordnungsamt*

Kostenstelle 1: Vorprüfung Mitarbeiter: 4,0

(1)	(2)	(3)	(4)	(5)	(6)	(7)	(8)	(9)	(10)
Nr.	Teilprozesse	Typ	Maßgröße	Mitarbeiter	Planprozessmenge (in Std. o. Stk.)	Prozesskosten in EUR	Teilprozesskostensatz (lmi) in EUR	Umlagesatz (lmn) in EUR	Erweit. Teilprozesskostensatz (lmi+lmn) in EUR
1.1	Registrierung eingehender Bauanträge	lmi	Anzahl der Bauanträge	2,00	2.980,00	127.000	42,62	14,21	56,82
1.2	Zurückweisung von unvollständigen Anträgen	lmi	Anzahl der Stunden	0,20	364,80	12.700	34,81	11,60	46,42
1.3	Nachfordern von Vorlagen	lmi	Anzahl der Stunden	0,80	1.462,00	50.800	34,75	11,58	46,33
Summe:						190.500			
Leitungsaufgaben durchführen		lmn		1,00		63.500			
Gesamte Kostenstellenkosten						254.000			

Werden diese Prozesse zur Erstellung einer Leistung in Anspruch genommen, müssen sie auf die in Anspruch nehmenden Kostenträger verrechnet werden.

Damit erfolgt eine genauere Verrechnung der Gemeinkosten auf die Kostenträger als auf der Basis von Zuschlagssätzen.

8.4.2 Target Costing

Das Target Costing ist als **Zielkostenrechnung** zu verstehen, dass sich grundsätzlich an einer Rückwärtskalkulation orientiert.

Die traditionelle Kostenrechnung stellt die Frage: Was wird ein Produkt kosten? Dies orientiert sich an Unternehmen, die keinem starken Wettbewerb ausgesetzt bzw. mit ihrer Marktleistung (noch) konkurrenzlos sind.

In Märkten mit starkem Wettbewerb lautet die Frage: Was darf ein Produkt kosten? Die Frage leitet sich daraus ab, was ein Kunde bereit ist, für eine Leistung zu bezahlen. Der Marktpreis wird in dieser Situation als Ziel- bzw. Target-Preis bezeichnet.

Zielpreis abzüglich der vom Unternehmen kalkulierten Gewinnspanne ergeben die vom Markt erlaubten Kosten (sog. **allowable costs**). Die allowable costs werden den drifting costs gegenübergestellt. Die **drifting costs** sind die unter „Aufrechterhaltung vorhandener Technologie- und Verfahrensstandards im Unternehmen erreichbaren Plankosten. Die drifting costs sind auf die Basis der target costs zu reduzieren. Langfristig sind die target costs auf die Höhe der allowable costs zu reduzieren.

Dies ist keine einfache Aufgabe, da Kostenreduktionspotenziale zu identifizieren und zu heben sind. Aus der nachfolgenden Abbildung wird deutlich, wo die Herausforderungen für die Unternehmen liegen.

Abbildung 8-18: *Vorgehensweise im Target Costing*

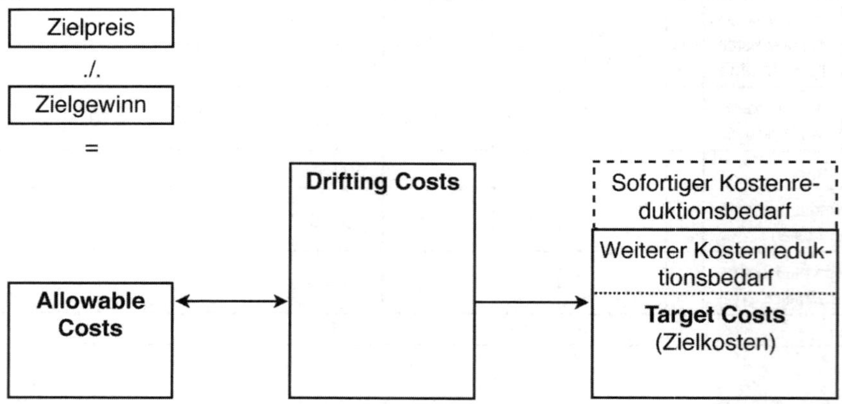

9 Controlling

9.1 Begriff, Einordnung und Bedeutung des Controllings

Die Globalisierung der Märkte, verbunden mit einer zunehmenden Dynamik der Umwelt, der steigende Kostendruck und die Begrenzung der Handlungsspielräume durch gesetzliche Bestimmungen stellen immer höhere Anforderungen an das Unternehmungsmanagement. Zur Sicherung der Existenz und steigender Gewinnen, müssen Planung, Steuerung und Kontrolle in der Unternehmung ständig verbessert werden. Dazu stellt das Controlling verschiedene Instrumente zur Verfügung.

Die Betriebswirtschaftslehre kennt diverse definitorische Ansätze, um den Inhalt des Controllings zu bestimmen. In der direkten Übersetzung von „**to control**" (aus dem englischen: steuern, lenken, überwachen) liegt der Grundstein der Definition. Hieraus abgeleitet wird unter **Controlling** die Entscheidungs- und Führungshilfe durch erfolgsorientierte Planung, Steuerung, Kontrolle und Koordination der Unternehmung in allen ihren Bereichen und auf allen Ebenen verstanden. Gegenstand des Controllings, als innerbetriebliche Service- bzw. Hilfsfunktion, ist die Bereitstellung aller erforderlichen Informationen. Die Hauptaufgabe des Controllings besteht in der Führungsunterstützung, zur Sicherung rationaler Entscheidungen und zur Erhöhung der Fähigkeit der Unternehmung, sich an veränderte Rahmenbedingungen anzupassen.

Die **Controllingverantwortung** lässt sich auf verschiedene Ebenen delegieren. So übernimmt jeder Mitarbeiter für seinen Verantwortungsbereich Controllingverantwortung. Auf Abteilungsebene kann, im Rahmen eines Abteilungscontrollings, für bestimmte Mitarbeiter das Controlling als zusätzliche Aufgabe festgelegt werden. Als eigenständiger und ausschließlicher Aufgabenbereich gilt das Controlling u.a. für das Personal-, das Produktions- und das Vertriebscontrolling. Als eigenständige Unternehmungseinheiten übernehmen Controllingabteilungen die Controllingverantwortung.

Controllingobjekte können einerseits Unternehmungsfunktionen sein. Andererseits handelt es sich hierbei um Kennzahlen (vgl. hierzu auch Kapitel 9.4). Beispiele für Unternehmungsfunktionen und ihre Controllingobjekte zeigt Abbildung 9-1.

Abbildung 9-1: *Unternehmungsfunktion – Controllingobjekte*

Unternehmungsfunktion	Controllingobjekte
Personal	Fluktuationsraten, Krankheitsstände, Personalbedarfe
Produktion	Ausschussquoten, Stillstandzeiten, Wartungsquoten, Produktivitäten
Lagerhaltung	Umschlagshäufigkeiten, Gebindegrößen, Verfallsdaten
Vertrieb	Stornoquoten, Beschwerdehäufigkeit, Auslieferungsgeschwindigkeit, Umsatzquoten
Verwaltung	Pro-Kopf-Verwaltungsaufwände, Durchlaufzeiten, Forderungsausfallquoten
IT	Systemverfügbarkeiten, „Rechnerabstürze", Entwicklungsqualität und –geschwindigkeit

Bei der Analyse von Controllingobjekten und ihren Kennzahlen stehen Kosten, Preise, Mengen und Zeiten (Kunden, Mitarbeiter, Lieferanten) im Fokus der Controllingaktivitäten.

9.2 Strategisches versus operatives Controlling

Hinsichtlich des zeitlichen Horizonts wird zwischen dem strategischen und dem operativen Controlling differenziert.

Strategisches Controlling bedeutet die Wahrnehmung spezieller Controllingaufgaben (vgl. hierzu Kapitel 9.3.2) zur Unterstützung der strategischen Unternehmungsführung. Es vollzieht sich in der Koordination von strategischer Planung und strategischer Kontrolle mit der strategischen Informationsversorgung. Konkret bedeutet dies die Wahrnehmung der Planungsmanagementaufgaben in Bezug auf die strategische Planung (vgl. Horváth 2006, S. 234 ff).

Der Zeithorizont des strategischen Controllings ist langfristig und beträgt i.d.R. 5 bis 12 Jahre. Es unterstützt z.B. die Bestimmung strategischer Zielgruppen, strategischer Marktpositionen und strategischer Organisationsstrukturen. Somit unterstützt das strategische Controlling die Entscheidungsfindung im Sinne, die richtigen Dinge zu tun', bei der Suche nach Erfolgspotentialen in Form von Chancen und Risiken.

Im Rahmen des strategischen Controllings stehen die strategische Planung mit den dort angewandten ‚weichen' (qualitativen) Planungs- und Kontrollaufgaben sowie die

Anpassung- und Innovationsfunktion im Mittelpunkt. Innerhalb der Unternehmungsrechnung werden Frühwarnsysteme, Systeme strategischer Erfolgsfaktoren, Sozialbilanzen und Humanvermögensrechnungen eingesetzt. Zugleich ist die Verbindung zum operativen Controlling herzustellen und aufrecht zu erhalten (vgl. Küpper 2005, S. 505 ff).

Für das **operative Controlling** sind Fragestellungen der taktischen und operativen Planung maßgeblich. Im Zentrum der Managementservicefunktion stehen somit Entwicklungen, die sich bereits in der Gegenwart durch Aufwand und Ertrag manifestieren. Die Ausrichtung erfolgt in erster Linie auf unternehmungsinterne Aspekte (vgl. Horváth 2006, S. 334 ff). Es geht somit darum, ‚Dinge richtig zu tun'. Der Zeithorizont beträgt 1 – 5 Jahre.

Den Ausgangpunkt für das operative Controlling bilden die Kosten- und Leistungsrechung sowie die operative Planung der Unternehmung. Diese Systeme werden im Rahmen des operativen Controllings koordiniert; dabei stehen quantitative Größen im Vordergrund. Über ‚harte' Daten wird Einfluss auf die Unternehmungsentwicklung genommen. Dies impliziert eine Orientierung an verschiedenen Gewinngrößen, als maßgebliche Zielsetzung.

Die Unterscheidung zwischen strategischem und operativem Controlling verdeutlicht Abbildung 9-2 (vgl. Horváth 2006, S. 236).

Abbildung 9-2: *Strategisches versus operatives Controlling*

C.-typen / Merkmale	Strategisches Controlling	Operatives Controlling
Orientierung	Umwelt und Unternehmung: Adaption	Unternehmung: Wirtschaftlichkeit betrieblicher Prozesse
Planungsstufe	Strategische Planung	Taktische und operative Planung, Budgetierung
Dimensionen	Chancen/Risiken, Stärken/Schwächen	Aufwand/Ertrag, Kosten/Leistungen
Zielgrößen	Existenzsicherung; Erfolgspotentiale	Wirtschaftlichkeit, Gewinn, Rentabilität, Wertschaffung

Wichtiger Bestandteil sowohl strategischer als auch operativer Controllingaktivitäten ist die Planung. Es bestehen jedoch erhebliche Unterschiede, wie in Abbildung 9-3 dargestellt (vgl. Baus 1996, S. 43).

Abbildung 9-3: Strategische versus operative Planung

Merkmale	Strategische Planung	Operative Planung
Planungsziel	Existenz der Unternehmung	Gewinn der Unternehmung
Zielinhalt	Aufbau von Erfolgspotentialen	Nutzung von Erfolgspotentialen
Zielbezug	SACHZIELE Neue Produkte und Märkte Neue Produktionsverfahren	FORMALZIELE Rendite – Gewinn Umsatz – Kosten
Planungsfunktion	Unternehmungsplanung	Ausführungsplanung
Planungshorizont	Langfristig > 3 Jahre	Kurzfristig (Monat, Quartal, Jahr)
Planungsebene	Unternehmungsleitung	Linienstellen
Informationsweg	Top-down	Bottom-up
Aggregationsgrad	Hoch	Niedrig
Differenzierung	Ein Gesamtplan	Mehrere Teilpläne
Detaillierung	Grober Rahmenplan	Verbindliche Einzelpläne
Formalisierung	Qualitativ – verbal	Quantitativ – zahlenmäßig
Philosophie	Umweltanpassung	Optimierung

9.3 Controllingkonzeption

Der Begriff der **Controllingkonzeption** bezeichnet den Bezugsrahmen, der die Rahmenbedingungen für die konkrete Ausgestaltung eines Controllingsystems festlegt. Die Controllingkonzeption trifft u.a. Aussagen bzgl. der Absichten, die mit der Implementierung eines **Controllingsystems** verfolgt werden. Sie enthält grundsätzliche entscheidungs- und informationsbezogene Elemente (vgl. Horváth/Reichmann 2003, S. 141 ff) und verkörpert somit die grundlegende Auffassung über das Controlling. Vergleichbar mit der Verfassung eines Staates umfasst sie alle Grundgedanken über Zweck, Funktionsweise und Zusammenwirken des Controllings mit anderen Systemen der Unternehmung und ihrer Umwelt.

Die Interdependenzen zwischen Controllingzielen, -aufgaben, -konzeption und –system als Inhalt der Controllingkonzeption verdeutlicht Abbildung 9-4 (vgl. Horváth/Reichmann 2002, S. 142 ff).

Abbildung 9-4: *Struktur des Controllings*

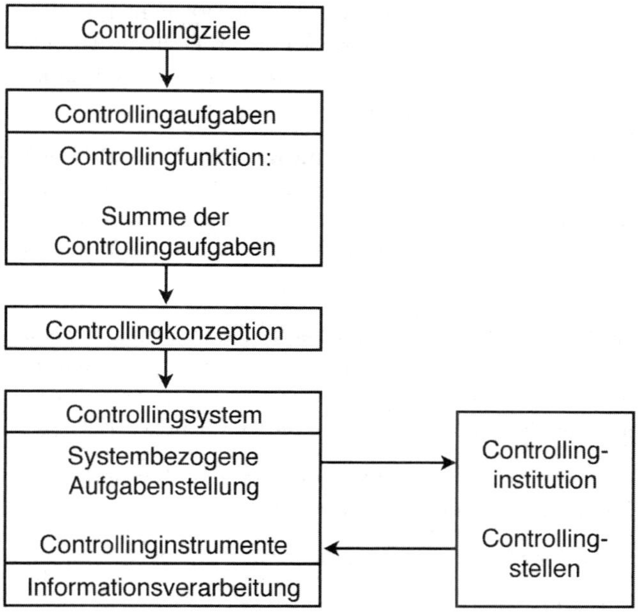

Das **Controllingsystem** ist ein Sub-System der Unternehmungsführung, das die Controllingfunktion wahrnimmt. Es integriert das Planungs- und Kontrollsystem mit dem Informationsversorgungssystem. Ein Controllingsystem wird über seine Ziele, Elemente und die Beziehungen zwischen den Elementen beschrieben. Die wichtigsten Elemente eines Controllingsystems sind:

- Controllingaufgaben,
- Organisation des Controllings und
- Controllinginstrumente (vgl. Horváth/Reichmann 2003, S. 147 f).

9.3.1 Controllingziele

Das Controlling verfolgt das generelle Ziel, einen Beitrag zur Sicherung der Lebensfähigkeit der Unternehmung zu erbringen. Dieses generelle Ziel lässt sich in die folgenden **Controllingziele** unterteilen:

- Sicherung der Antizipations- und Adaptionsfähigkeit,
- Sicherung der Reaktionsfähigkeit und

- Sicherung der Koordinationsfähigkeit.

Im Rahmen der **Sicherung der Antizipations- und Adaptionsfähigkeit** liefert das Controlling die, für Anpassungshandlungen erforderlichen Informationen. Es sorgt für Informationen über bereits eingetretene Veränderungen des Umfeldes (Adaptionsfähigkeit) bzw. für die Ermittlung relevanter Daten über mögliche künftige Umfeldveränderungen (Antizipationsfähigkeit).

Der Beitrag des Controllings zur **Sicherung der Reaktionsfähigkeit** besteht in der Implementierung eines Informations- und Kontrollsystems, welches den Entscheidungsträgern laufend das Verhältnis zwischen der geplanten und der tatsächlichen Entwicklung der Unternehmung aufzeigt und somit zielgerichtete Korrekturen ermöglicht.

Bei der **Sicherung der Koordinationsfähigkeit** kommt dem Controlling die Aufgabe zu, die Koordination im Führungssystem zu gewährleisten, indem es die führungstechnischen Voraussetzungen zur Abstimmung des Handelns der einzelnen Führungssubsysteme der Unternehmung schafft (vgl. Eschenbach 1996, S. 65 ff).

Ein aktives Controlling fördert die Erreichung strategischer und operativer Ziele. Zu den **strategischen Zielen** einer Unternehmung zählen u.a.:

- Erschließung neuer Märkte,
- Ausbau von Marktanteilen,
- Entwicklung neuer Produkte,
- Verwendung neuer (besserer) Technologien,
- Verbesserung der Produktionsprozesse und
- Erschließung neuer Vertriebswege.

Typische **operative Ziele** sind beispielsweise:

- Erhöhung der Umsatzrendite,
- Anhebung der Umschlagshäufigkeit der Lagerbestände,
- Reduzierung der Lagerdauer,
- Erhöhung des Umsatzes pro Mitarbeiter.

Diese klar formulierten Ziele erlauben den Einsatz geeigneter Controllinginstrumente insbesondere zur Planung, Steuerung und Kontrolle.

9.3.2 Controllingfunktion und -aufgaben

Die **Controllingfunktion** ist die Zusammenfassung der Controllingaufgaben einer Organisationseinheit. Diese Funktion besteht in erster Linie darin, die Bereiche Planung, Kontrolle und Informationsversorgung zu koordinieren.

Ein Grundpfeiler des Controllings ist die Informationsbereitstellung.

Controllingaufgaben umfassen alle Aktivitäten zur Realisierung der Controllingziele (vgl. Horváth/Reichmann 2003, S. 138). Zu den Koordinationsaufgaben des Controllings zählen nach Ziegenbein (2004, S. 168 ff) u.a. die strategische Planung, die Frühwarnung (strategische Kontrolle), das interne Berichtswesen, die Budgetierung (operative Planung) und die Budgetkontrolle. Detailliert lassen sich daraus die folgenden Aufgabenbereiche ableiten:

- Beitrag zur Steuerung von Erfolgspotentialen und Erfolgen,
- Aufbau und Betrieb eines Planungs- und Kontrollsystems,
- Entscheidungsvorbereitung,
- Beschaffung, Selektion und Aufbereitung von Informationen,
- Erstellung und Verteilung von Berichten mit Zusammenfassungen, Vorschauen, Erläuterungen und Handlungsempfehlungen.

Zu den Hauptaufgaben des operativen Controllings gehören die Durchführung der Planung (in Form der Vereinbarung von Unternehmungszielen), der Kontrolle (in Form von Soll-Ist-Vergleichen und Abweichungsanalysen) und der Steuerung (Unterstützung bei der Durchführung von Korrekturmaßnahmen).

9.3.3 Controllinginstrumente

Die **Controllinginstrumente** umfassen alle Hilfsmittel, die im Rahmen des Controllings zur Erfassung, Strukturierung, Auswertung und Speicherung von Informationen bzw. zur organisatorischen Gestaltung eingesetzt werden (vgl. Horváth 2006, S. 134 ff).

Abbildung 9-5 zeigt eine Aufstellung der wichtigsten strategischen und operativen Controllinginstrumente (vgl. Vollmuth 2002, S. 13 ff). Diese Liste kann nie vollständig sein, da ständig neue Instrumente entwickelt werden. Eine detaillierte Vorstellung aller Instrumente würde den Rahmen dieses Buches sprengen. Es werden daher im Folgenden einige, in der Praxis des Controllings besonders wichtige Instrumente selektiert und en détaille betrachtet.

Abbildung 9-4: Strategische und operative Controllinginstrumente

Strategische Controllinginstrumente	Operative Controllinginstrumente
Balanced Score Card	**ABC-Analyse**
Benchmarking	Auftragsgrößenanalyse
Erfahrungskurven	Bestellmengenoptimierung
Konkurrenzanalyse	Break-Even-Analyse
Portfoliotechnik	**Budgetierung**
Produktlebenszykluskurve	**Deckungsbeitragsrechnung**
Prozesskostenmanagement	Engpassanalyse
Outsourcing	Innerbetriebliches Vorschlagswesen
Qualitätsmanagement	Investitionsrechnungsverfahren
Shareholder Value	**Kennzahlen**
Stärken-Schwächen Analyse	Kurzfristige Erfolgsrechnung
Strategische Lücke	Losgrößen-Optimierung
Szenariotechnik	Nutzen-Provision
Zielkostenmanagement	Qualitätszirkel
	Rabattanalyse
	ROI (Gesamtkapitelrendite)-Analyse
	Verkaufsgebietsanalyse
	Wertanalyse
	XYZ-Analyse

Die **Balanced Scorecard** dient als Informationssystem den Unternehmungen dazu, erfolgskritische Leistungsindikatoren laufend zu erfassen, um die Unternehmungen erfolgreich zu führen. Im Rahmen dieses Konzeptes werden die meist finanzorientierten quantitativen Leistungsindikatoren durch nicht-finanzielle qualitative Führungsgrößen ergänzt. Hierbei handelt es sich um weiche Faktoren, deren Einsatz einen umfassenden Überblick über die Stärken und Schwächen der jeweiligen Unternehmung vermitteln soll. Es wird zwischen der Kunden-, der Finanz-, der Prozess- und der Mitarbeiter- bzw. Innovationsperspektive unterschieden.

Die Balanced Scorecard dient u.a. zur Strategieimplementation und –kommunikation. Dabei werden verbal formulierte strategische Aussagen in Ziele und Messgrößen für die einzelnen Geschäftsbereiche und Abteilungen und somit auch für die verantwortlichen Führungskräfte transformiert. Die Balanced Scorecard bietet diverse Ansatzpunkte für die Integration mit strategischen Anreiz- und Vergütungssystemen, wobei sog. Wertgeneratoren Berücksichtigung finden (vgl. Vollmuth 2002, S. 382 ff). Das strategische Controllinginstrument der **Balanced Scorecard** wird in Kapitel 10 näher vorgestellt.

Das **Benchmarking** (Leistungsvergleich), ein weiteres strategisches Controllinginstrument, ist ein kontinuierlicher Prozess, bei dem Produkte, Dienstleistungen und insbesondere betriebliche Funktionen über mehrere Unternehmungen hinweg miteinander verglichen werden (vgl. Horváth/Reichmann 2003, S. 48 f).

Bei dem Benchmarking geht es darum, die Erfolgsfaktoren, insbesondere der Erfolgreichsten festzustellen. Dahinter steht das Streben der Unternehmung, die Beste der Branche zu werden. Zur Hilfe werden sog. **Benchmarks** herangezogen. Dabei handelt es sich um Bezugsgrößen bzw. Vergleichsstandards für die eigene Unternehmung, die sich an den Standards anderer Unternehmungen oder der Gesamtbranche orientieren. Charakteristisch für das Benchmarking ist eine ausgesprochen starke Marktorientierung. I.d.R. wird die eigene Unternehmung mit dem sog. ‚Klassenbesten' verglichen. Dabei kann es sich nicht nur um den stärksten Mitbewerber sondern auch um eine branchenfremde Unternehmung handeln, die bestimmte Prozesse besonders hervorragend beherrscht.

Im Laufe des Benchmarkingprozesses werden die Leistungslücken der eigenen Unternehmung aufgedeckt und nach den entsprechenden Ursachen geforscht. Dabei werden die folgenden Bereiche untersucht:

- **Produkte**:
  Erfolgreiche Produkte anderer Unternehmungen.
- **Prozesse**:
  Wie machen es die anderen – die ‚Klassenbesten'? Im Zentrum der Vergleiche stehen Fertigungs-, Dienstleistungs- und interne Prozesse.
- **Organisation**:
  Wie sieht die Aufbau- und Ablauforganisationsstruktur der ‚Klassenbesten' aus?
- **Strategie**:
  Strategische Ausrichtung der ‚Klassenbesten'. Wo wollen sie hin? Auf welchen Märkten agieren sie besonders erfolgreich?

Diese Untersuchungen bilden die Grundlage dafür, von anderen Unternehmungen zu lernen. Im Anschluss werden Wege zur Erreichung von Zielvorgaben, die im Rahmen des Benchmarking erarbeitet und vereinbart wurden, gesucht. Ziel ist die Erkundung des sog. ‚best practice' (aus dem englischen: das optimale Verfahren). Schwierig gestaltet sich dabei regelmäßig das Ausfindigmachen des ‚Klassenbesten', denn keine Unternehmung kommuniziert offen ihre ganz spezifischen Erfolgsfaktoren. Mögliche

Informationsquellen sind Branchenexperten, Hochschulen, Datenbanken, Veröffentlichungen und Verbandsinformationen.

Die am meisten verbreitete Variante des Benchmarking ist das sog. **Cost Benchmarking**. Ziel dieses Prozesses ist die Reduktion der eigenen Kosten. Hierbei werden zunächst sog. **Kostentreiber** identifiziert, die die zu vergleichenden Aktivitäten abbilden. Diese Kostentreiber werden dann mit denen der Referenzunternehmung, i.d.R. des ‚Klassenbesten', verglichen. Es schließen sich die Abweichungsanalyse und die Erstellung eines entsprechenden Maßnahmenkataloges an. Das Benchmarking weißt Ähnlichkeiten zur Prozesskostenrechnung auf. Beide Instrumente ergänzen sich im Rahmen eines strategischen Kostenmanagements (vgl. Horváth/Reichmann 2003, S. 48).

Das operative Controllinginstrument der **ABC-Analyse** dient in erster Linie der Bildung von Schwerpunkten in der Unternehmung und der Festlegung von Prioritäten. Mit ihrer Hilfe können komplexe Themenbereiche strukturiert und deren quantitative Strukturen sichtbar gemacht werden (vgl. Horváth/Reichmann 2003, S. 1 f). Sie vergleicht Mengen und Werte. Dabei stellt sich heraus, dass in vielen Unternehmungen kleine Mengen große Werte repräsentieren. Dies bedeutet, dass ein intensives Controlling dieser kleinen Mengen schnell große Wirkungen erzeugen kann (vgl. Vollmuth 2002, S. 15 ff).

Das Prinzip der ABC-Analyse, die überwiegend in den Bereichen Produktion, Materialwirtschaft, Zulieferer, Produktgruppen, Verkaufsgebiete und Kundengruppen eingesetzt wird, besteht darin, eine Klassenbildung (A, B und C-Klasse) zu erzeugen. Dadurch wird das gegenläufige Verhalten von Mitteleinsatz und Zielerreichung sichtbar. Allgemein lassen sich die folgenden Klassen bilden:

A-Klasse: Effizientester Bereich: Mit ca. 5-20% des Mitteleinsatzes werden ca. 70-80% des Zieles erreicht bzw. Werte geschaffen.

B-Klasse: Weniger effizienter Bereich: Mit ca. 20-50% des Mitteleinsatzes werden (nur) 20-30% des Zieles erreicht.

C-Klasse: Ineffizienter Bereich: Für nur 10-20% Zielerreichung werden 50-80% der Mittel eingesetzt (vgl. Horváth/Reichmann 2003, S. 1).

Konkret zeigt diese Klassifizierung zum Beispiel, dass 20% der Kunden (A-Kunden) etwa 80% des Unsatzes der Unternehmung repräsentieren. Diese Kunden bedürfen einer besonders intensiven Betreuung. C-Kunden verursachen i.d.R. zu hohe Kosten und sollten daher beispielsweise nicht persönlich besucht sondern telefonisch betreut werden.

Ähnliches gilt für die Priorisierung von Aufgaben innerhalb der Unternehmung. A-Aufgaben können i.d.R. nur vom Management selbst erledigt werden. Diese nicht delegierbaren Aufgaben sind oft sehr anspruchsvoll und komplex und sie haben starke Wechselwirkungen mit anderen Aufgaben. B-Aufgaben sind wichtige Aufgaben, die aber an kompetente Mitarbeiter delegiert werden können. Tägliche Routineaufgaben fallen in die Kategorie C und tragen somit nur zu einem geringen Anteil zur Zielerreichung bei. Diese Aufgaben sollten generell delegiert werden (vgl. Vollmuth 2002, S. 28 ff). Für größere Unternehmungen bietet sich für C-Aufgaben neben der internen Delegation das externe Outsourcing an.

Ein weiteres wichtiges Controllinginstrument ist die **Budgetierung**. Die Aufstellung und Verabschiedung von Budgets ist Bestandteil des operativen Controllingprozesses. Im Rahmen der formalzielorientierten Budgetierung werden monetäre Größen, wie Erlöse, Kosten und Vermögen festgelegt (vgl. Ziegenbein 2004, S, 423 ff). Objekt der Budgetierung ist das **Budget** – ein in wertmäßigen Größen formulierter Plan, der einer Entscheidungseinheit für einen bestimmten Zeitraum mit einem bestimmten Verbindlichkeitsgrad vorgegeben bzw. mit ihr vereinbart wird (vgl. Horváth/Reichmann 2003, S. 97 f). Bzgl. der Wertdimension werden u.a. Ausgaben-, Kosten-, Deckungsbeitrags- und Umsatzbudgets unterschieden.

Der **Budgetierungsprozess** umfasst die Aufstellung, Kontrolle und Abweichungsanalyse von Budgets. Im Rahmen dieses Prozesses werden i.d.R. verbal formulierte Aktionspläne in wertmäßige Größen (Budgets) überführt. Die traditionelle Budgetierung erfolgt auf Jahresbasis, kann aber theoretisch sowohl in der strategischen als auch in der operativen Planungsstufe ansetzen und somit eine langfristige oder kurzfristige Planungsfristigkeit haben. Mit Hilfe von Budgetierungssystemen lassen sich alle Unternehmungsaktivitäten auf ein Gesamtziel – den Gesamtunternehmungserfolg - ausrichten.

Ein **Budgetierungssystem** ist die geordnete Gesamtheit aller aufeinander abgestimmten Einzelbudgets einer Unternehmung (vgl. Horváth/Reichmann 2003, S. 104 ff). Der Ablauf der Budgetplanung ist so gestaltet, dass Einzelbudgets nach einem modularen Prinzip in einer sachlich zweckmäßigen Reihenfolge erstellt und auf einander abgestimmt werden. Den Zusammenhang zwischen den Einzelbudgets verdeutlicht Abbildung 9-6.

Die Budgetierung unterstützt die Durchsetzung von Plänen und führt durch die Benennung von Budgetverantwortlichen zu einer Verhaltensbeeinflussung u.a. in der Ausprägung einer Motivationsfunktion. Da die Einhaltung von Budgetvorgaben häufig mit einem Anreizsystem verknüpft ist, kann es im Rahmen der Jahresbudgetierung u.U. zu einem kurzfristigen Gewinndenken der Budgetverantwortlichen kommen, das den langfristigen Unternehmungszielen entgegenwirkt. Dieses Risiko muss von der Unternehmungsleitung erkannt und vermieden werden. Gleiches gilt für das sog. **„Budget wasting"** (Dt.: Budgetmittelverschwendung). Der Grund für Mittelverschwendung liegt in der Tatsache begründet, dass die Neubewilligung von Kostenbudgets oft von der Ausschöpfung zuvor bewilligter Budgets abhängt. Ein auf Dauer wirksames Mittel zur Lösung dieses Problems ist das sog. **Zero Base Budgeting**. Im Rahmen dieses Verfahrens müssen sämtliche Aktivitäten und die damit verbundenen Kosten in der Unternehmung jährlich neu begründet werden. Dies geschieht so, als ob die Unternehmung jährlich neu gegründet wird (vgl. Horváth/Reichmann 2003, S. 835 f).

Auch die **Deckungsbeitragsrechnung** dient als operatives Controllinginstrument. Sie unterstützt die betriebswirtschaftliche Entscheidungsfindung, wobei die einer Entscheidungsalternative direkt zurechenbaren Erlöse, den direktzurechenbaren Kosten gegenübergestellt werden. Der sich durch diese Berechnung ergebende Deckungsbeitrag kennzeichnet den Betrag, den die Handlungsalternative zur Deckung ohnehin anfallender (d.h. nicht von der Entscheidung betroffener) Kosten beträgt. Ein positiver Deckungsbeitrag bedeutet, dass die betrachtete Handlungsalternative bei ihrer Realisierung ceteris paribus zu einer Steigerung des Unternehmungserfolges führt.

Abbildung 9-6: *Budgetzusammenhang*

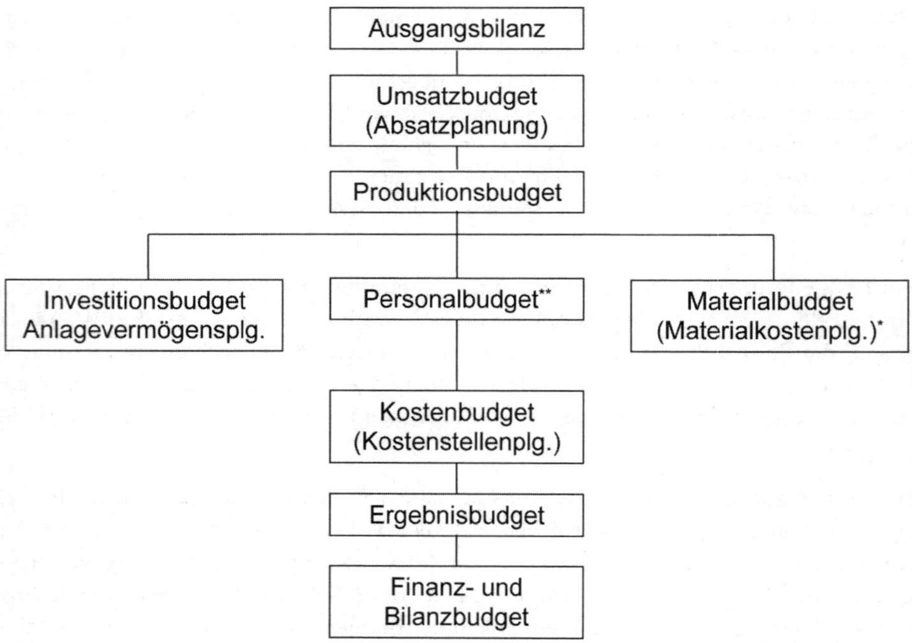

* Beinhaltet die Erzeugnislager- und die Materiallagerplanung
** Beinhaltet die Fertigungslohnkosten- und die Kostenstellenplanung

Ein einfaches Beispiel für eine Ausgangsbilanz, ein Umsatzbudget und die damit verbundenen Erzeugnislager- und Materiallagerplanung zeigt Abbildung 9-7.

Abbildung 9-7: *Von der Ausgangsbilanz zur Materiallagerplanung*

Ausgangsbilanz

Anlagevermögen	20.000	Kapital und Rücklagen	16.000
Fertigungsmaterial	1.060	Rückstellungen	5.468
Fertigungserzeugnisse	3.187		
Zukauferzeugnisse	700	Darlehen	6.000
Forderungen	5.972	Verbindlichkeiten	5.532
Liquide Mittel	2.081		
Gesamtvermögen	33.000	Gesamtvermögen	33.000

Absatzplanung

Artikelart	Absatz (Stück)	Planpreis	Umsatz			
A1	3.500	8,-	28.000			
A2	2.500	12,-	30.000			
A3	2.000	11,-	22.000			
Summe			80.000			

Erzeugnislagerplanung

Artikelart	Absatz (Stück)	Planend-bestand	Anfangs-bestand	Planzugang (Stück)	Bestands-aufbau	
A1	3.500	350	450	3.400	- 100	Produktion
A2	2.500	250	150	2.600	+ 100	Produktion
A3	2.000	200	100	2.100	+ 100	Zukauf
Summe				8.100		

Materiallagerplanung

Materialart	Verbrauch (Stück)	Planend-bestand	Anfangs-bestand	Planzugang (Stück)	Bestands-aufbau	
M1	12.800	1.280	2.400	11.680	- 1.120	Material
M2	14.600	1.460	800	15.260	+ 660	Material
M3	11.200	1.120	2.200	10.120	- 1.080	Material
Summe				37.060		

Die Deckungsbeitragsrechnung, auch als **Direct Costing** bezeichnet, ist eine Teilkostenrechnung und unterstützt i.d.R. die kurzfristige Erfolgsrechnung und –planung, in deren Rahmen sowohl Einzelkosten als auch Gemeinkosten berücksichtigt werden. Systemkomponenten sind neben der kurzfristigen Erfolgsrechnung die Kostenartenrechnung, die Kostenstellenrechnung und die Kostenträgerrechnung. Abbildung 9-8 fasst die wichtigsten Aussagen zur Deckungsbeitragsrechnung zusammen.

Das Problem einer evtl. gegebenen zu kurzfristigen Sichtweise der Deckungsbeitragsrechnung liegt in einem zu sorglosen Umgang mit dem Begriff Einzelentscheidung. Da in der Praxis eine derartige Einzelentscheidungsbasis i.d.R. nicht vorliegt, sondern eine Entscheidung immer durch vor- und nachgelagerte Entscheidungen flankiert wird, werden die Grenzen der Einsetzbarkeit der Deckungsbeitragsrechnung relativ schnell deutlich. Auch der sog. Nachfrageverbund (‚treuer Kundenstamm') und Verbunde zwischen unterschiedlichen Produkten und Dienstleistungen werden im Rahmen der Deckungsbeitragsrechnung nicht ins Kalkül gezogen. Dies könnte in praxi zu folgenschweren Fehlentscheidungen führen. Ist das Ergebnis der Deckungsbeitragsrechnung zum Beispiel, dass die Unternehmung ein Produkt, eine Dienstleistung oder eine Sparte komplett aufgeben soll, so kann die Befolgung dieser Handlungsempfehlung die schlechtere Möglichkeit darstellen. Es muss daher erhebliche Sorgfalt darauf verwand werden, dass nicht nur auf der Kostenseite, sondern auch auf der Erlösseite auftretende Verbundbeziehungen erfasst und zur Entscheidung und Steuerung entsprechend transparent gemacht werden.

Abbildung 9-8: *Deckungsbeitragsrechnung*

Kurzcharakterisierung

- Instrumente zur Bewertung kurzfristiger Handlungsalternativen
- allein monetäre Größen verwendende Bewertungsverfahren

Prämissen

- Entscheidungsrelevanz allein von Kosten bzw. von Kosten und Erlösen
- kurzfristiger Entscheidungshorizont, d.h. Gegebene Kapazitäten
- hinreichende Planungssicherheit

Lösungsweg

- Ermittlung der entscheidungsrelevanten Kosten
- Auswahl der Alternative mit den geringsten Kosten
- Ermittlung der entscheidungstelevanten Kosten und Erlöse
- Bildung von Deckungsbeiträgen
- Auswahl der Alternative mit den höchsten Deckungsbeiträgen

Kurzbeurteilung

+	-
• direkte Abbildung des dominanten Unternehmensziels • methodisch einfaches Vorgehen	• Notwendigkeit zur einzelentscheidungsbezogenen Festlegung der relevanten Kosten (und Erlöse) (Informationskosten, Manipulierbarkeit, mögliche Informationsdefekte bei Verwendung von Daten der laufenden Kostenrechnung)

Auf das in der Praxis der Unternehmensführung wichtigste Controllinginstrument der **Kennzahlen und Kennzahlensysteme** wird in Kapitel 9.4 detailliert eingegangen.

9.3.4 Controllingorganisation

Jede Controllingaktivität bedarf einer entsprechenden **Controllingorganisation**. Unter dem Begriff Controllingorganisation werden in der Regel aufbau- und ablauforganisatorische Gesichtspunkte des Controllingprozesses zusammengefasst.

Im Rahmen der Aufbauorganisation gilt es die folgenden Fragen zu beantworten:

- An welchen Stellen der Unternehmungsorganisation sollen die Controllingaufgaben wahrgenommen werden?
- Welche Aufgabenbereiche sind der Controllingabteilung zugeordnet?
- Mit welchen Entscheidungskompetenzen ist der Controllingbereich bzw. der Controller ausgestattet?
- Welche persönlichen Anforderungen muss ein Controller erfüllen?

In der Controllingpraxis bestehen Auffassungsunterschiede darüber, ob es sich bei dem Controlling schwerpunktmäßig um eine Linienstelle, deren Inhaber anordnen kann, oder ob es sich um eine Stabsstelle handelt, deren Inhaber empfiehlt und berät.

Im Rahmen der Ablauforganisation des Controllings werden die Arbeitsbeziehungen innerhalb und zwischen den organisatorischen Einheiten des Controllings sowie zwischen dem Controlling und anderen organisatorischen Einheiten der Unternehmung geregelt. Die spezifische Ausgestaltung der Controllingorganisation wird maßgeblich durch die Unternehmungsorganisation beeinflusst. Es gibt eine Vielzahl weiterer unternehmensinterner und –externer Einflussfaktoren, die die Ausgestaltung der Controllingorganisation beeinflussen. Hierzu zählen u.a. die Unternehmungsgröße, das Leistungsprogramm, die eingesetzte Technologie sowie die Eigentumsverhältnisse und die Rechtsform. Zu den umweltbezogenen Einflussfaktoren gehören die gesamtwirtschaftliche Situation, der Arbeits- und Kapitalmarkt, die Konkurrenzverhältnisse, der Beschaffungs- und Absatzmarkt sowie die technologische Dynamik. Personale Einflussfaktoren bilden der Ausbildungsstand und die fachliche Erfahrung, die Fähigkeit der Mitarbeiter zu unternehmerischem Denken und die Bereitschaft zur Übernahme von Verantwortung und letztlich die Bindung an das Unternehmen

9.3.5 Aufgaben und Profil des Controllers

Der **Controller** ist der Träger des Controllings, also die Person, die die Controllingaufgaben durchführt. Seine Hauptaufgabe besteht darin, eine optimale ergebnisorientierte Unternehmensführung sicherzustellen. Gleichzeitig ist er kompetenter betriebswirtschaftlicher Berater des Managements und der Mitarbeiter. Die Ausübung der Controllingfunktion stellt hohe Anforderungen an die Fähigkeiten des Stelleninhabers. Der Controller muss u.a. die folgenden Rollen übernehmen (vgl. Ziegenbein 2004, S. 101 ff):

- **Innovator**, der zu Veränderungen anregt und Lernprozesse in Gang setzt.
- **Agent**, der innerhalb der lernenden Organisation für Transparenz und Diffusion von Wissen sorgt.
- **Lotse**, der engpassorientiert arbeitet.
- **Verkäufer**, der Mitarbeiter motiviert.
- **Makler**, der die zu Problemlösungen relevanten Methoden und spezifischen Informationen bereitstellt.
- **Trainer**, der berät und betreut und dann erfolgreich ist, wenn andere im Unternehmungen Erfolg haben.

Die wichtigsten originären Aufgaben des Controllers verdeutlicht Abbildung 9-9 (vgl. Weber 2006, S. 291 ff).

Abbildung 9-9: *Aufgaben des Controllers*

Planungsaufgaben	**Kontrollaufgaben**	**Informations-Aufgaben**	**Sonstige Aufgaben**
Prozessual: • Aufstellung der ergebnisbezogenen Einzelpläne • Verdichtung der Einzelpläne zu einem Gesamtplan *Inhaltlich:* • Planentstehungskontrolle	*Prozessual:* • Ermittlung der Plan-Ist-Abweichungen • Erklärung und Kommunikation der Abweichungen *Inhaltlich:* • *Abweichungsanalyse*	*Prozessual:* • Durchführung des Berichtswesens • Betreiben der Kostenrechnung (optional) *Inhaltlich:* • Gestaltung der ergebnisbezogenen Informationsversorgung	• Interne Unternehmensberatung • Andere Aufgaben
Prozessual: • Erfahrungs- und Kosteneffekte *Inhaltlich:* • Kognitive Be grenzungen • Machtbalance	*Prozessual:* • Erfahrungs- und Kosteneffekte *Inhaltlich:* • Erfahrungs- und Kosteneffekte	*Gegenüber Management:* • Erfahrungs- und Kosteneffekte *Gegenüber Informationsspezialisten:* • Verbundeffekte zu Anderen Controlleraufgaben	• Unabhängigkeit (Linienungebun denheit) • Verbundeffekte zu Anderen Controlleraufgaben

In entwickelten und modernen Controllingsystemen hat der Controller neben seinen Serviceaufgaben auch Entscheidungskompetenzen um ggf. die Geschäftsleitung einschalten zu können. Nur unter Einhaltung des organisatorischen Kongruenzprinzips (Deckung von Aufgabe, Kompetenz und Verantwortung) wird der Controller in die Lage versetzt, seine unternehmensweite Querschnittsfunktion wahrzunehmen.

9.4 Betriebswirtschaftliche Kennzahlen und Kennzahlensysteme

9.4.1 Kennzahlen und ihre Aussagen im Überblick

Kennzahlen zählen zu den wichtigsten Instrumenten insbesondere des operativen Controllings. Nach statisch-methodischen Gesichtspunkten wird zwischen absoluten Kennzahlen (z.B. Umsatz, Gewinn) und Verhältniskennzahlen (Beziehungszahlen, Gliederungszahlen, Indexzahlen) unterschieden. Betriebswirtschaftliche Kennzahlen sind Kennzahlen, die sich auf wichtige betriebswirtschaftliche Tatbestände beziehen, diese in konzentrierter Form widerspiegeln und somit die Lage und Entwicklung von Unternehmungen erkennen lassen.

In der Betriebswirtschaftslehre wird zwischen beschreibenden, erklärenden und vorhersagenden Kennzahlen unterschieden. Beschreibende Kennzahlen besitzen lediglich einen unselbständigen Erkenntniswert, daher gestattet erst ein inner- und/oder zwischenbetrieblicher Vergleich eine wertende Einordnung der eigenen Ergebnisse. Eine Erkenntnis über die Gründe der Ergebnisse wird mit einem Vergleich nicht gewonnen. Erklärende und vorhersagende Kennzahlen besitzen hingegen eine eigene Aussagekraft.

Nach ihrem betriebswirtschaftlichen Inhalt können Kennzahlen wie folgt eingeteilt werden:

- Kennzahlen zur Planung, Steuerung und Kontrolle der Unternehmung als Ganzes (Erfolgsanalyse, z.B. Gewinn, Kapitalrentabilität, Wirtschaftlichkeit; Finanzlage, z.B. Cash Flow, Liquidität).

- Kennzahlen einzelner Funktionsbereiche (z.B. Beschaffung, Marketing, Service).

- Besonders interessant für das Controlling sind sog. **Rentabilitätskennzahlen**, bei deren Berechnung der Gewinn (= Ertrag – Aufwand) ins Verhältnis zum eingesetzten Kapital (Gesamt-, Eigen- oder Fremdkapital) gesetzt wird. Dabei gibt die Rentabilität (Synonym: Rendite) Auskunft über die Verzinsung des eingesetzten Kapitals.

Eine Auswahl der wichtigsten betriebswirtschaftlichen Kennzahlen fasst Abbildung 9-10 zusammen.

Abbildung 9-10: Betriebswirtschaftliche Kennzahlen

Kennzahl	Bedeutung	Berechnung
Direct Costing	Deckungsbeitrag (DB)[34]	Umsatz – variable Kosten
Return on Sales (RoS)	Umsatzrentabilität	Gewinn / Umsatz
Return on Investment (RoI)	Gesamtkapitalrentabilität	(Gewinn + Fremdkapitalzinsen) / Gesamtkapital
Return an Equity (RoE)	Eigenkapitalrentabilität	Gewinn / Eigenkapital
Shareholder Value (S.V.)	Marktwert des Eigenkapitals	Siehe unten
Cash Flow	Einzahlungsüberschuss	Einzahlungen – Auszahlungen

Der **Return on Sales (RoS)** zählt zu den Rentabilitätskennzahlen. Sein Wert errechnet sich als der Quotient aus dem Gewinn (nach Zinsaufwand und Steuern) zuzüglich des Zinsaufwands und des Umsatzes. Somit stellt der RoS die, auf den Umsatz bezogene Gewinnspanne nach Steuerzahlung dar. Auf Basis des RoS werden Aussagen über den Erfolg je Einheit Umsatz möglich. Diese Kennzahl ist ein Spiegelbild der markt- und kostenseitigen Erfolgskraft der Unternehmung, denn er bringt zum Ausdruck, wie gut die Unternehmung seine Leistungen am Markt verkaufen und wie kostengünstig sie sie herstellen kann. Gemeinsam mit der Größe der Kapitalumschlagshäufigkeit (Umsatzerlöse / Kapital), bildet der Return on Sales die Basis zur Berechnung der Kapitalrentabilität.

Der **Return on Investment (RoI)** (**Gesamtkapitalrentabilität**) wird berechnet als der Quotient aus dem Gewinn (nach Zinsaufwand und nach Steuern) und dem Gesamtkapital. Der RoI gilt auch als sog. mehrstufiges Zielsystem des Value Based Managements (vgl. hierzu Kapitel 9.4.2). Die Berechnung des Return on Investment gehört zu den statischen Verfahren der Investitionsrechnung, der die zeitliche Verzinsung eines Investitionsprojektes misst. Bestimmt wird der (ordentliche) Eigenkapitalzuwachs (vor und nach Steuern), der durch das überlassene Vermögen erwirtschaftet werden konnte. Somit zeigt der RoI den Nutzen, den das Unternehmen aus der nachhaltigen betriebsbedingten und betriebsfremden Tätigkeit erwirtschaftet. Es erfolgt keine Unterscheidung zwischen Eigen- und Fremdkapital. Die den RoI bestimmenden Komponenten, und somit auch potentielle Steuerungsgrößen sind die Umsatzrendite und der Kapitalumschlag. Weitere ‚Werttreiber' zeigt Abbildung 9-9 in Kapitel 9.4.2.

Der **Return on Equity (RoE)**, auch als **Eigenkapitalrentabilität** oder **Eigenkapitalrendite** bezeichnet, errechnet sich aus dem Verhältnis von betrieblichem Ergebnis (Gewinn) und dem eingesetzten Eigenkapital. Er fällt umso höher aus, je höher der Ge-

[34] Vgl. hierzu auch Kapitel 9.3.3.

winn oder je geringer das eingesetzte Eigenkapital ist. Die Eigenkapitalrendite ist i.d.R. auf Jahresbasis zu ermitteln. Eine Maximierung dieser Größe entspricht dem Ziel der Gewinnmaximierung. Somit ist der RoE eine zentrale Führungsgröße für das Management und das Controlling, denn sie liefert u.a. den Vergleichsmaßstab, anhand dessen die Vorteilhaftigkeit einer Investition gemessen an deren Investitionsalternativen beurteilt werden kann. Somit ist diese Kennzahl insbesondere für Investoren (Aktionäre, Shareholder) von großem Interesse.

Der **Shareholder Value** bezeichnet das sog. **Aktionärsvermögen**. Sein Wert entspricht dem Marktwert des Eigenkapitals (auch **Unternehmenswert** genannt). Der Shareholder Value-Ansatz ist ein betriebswirtschaftliches Konzept, welches das Unternehmungsgeschehen als eine Reihe von Zahlungsströmen (Cash Flows) betrachtet. Die Bewertung der Unternehmung erfolgt anhand der freien Cash Flows. Der Shareholder Value ergibt sich dabei aus den auf den Bewertungszeitpunkt diskontierten freien Cash Flows abzüglich des Marktwertes des Fremdkapitals.

Zur **Ermittlung des Shareholder Value** werden zunächst die freien Cash-Flows (Einzahlungsüberschüsse) der betrachteten Jahre (t) mit (1+WACC)[35] abgezinst und anschließend summiert. Diese Summe wird zu der, nach gleichem Verfahren abgezinsten, Summe der geschätzten freie Cash-Flows für die Zeit *nach* den betrachteten Jahren sowie dem Wert des nicht-betriebsnotwendigen Vermögens (Maschinen, Immobilien, Fuhrpark...) addiert. In einem letzten Schritt wird hiervon das Fremdkapital der Unternehmung subtrahiert. Das Ergebnis ist der Shareholder Value.

Wie gezeigt, wird der Wert einer Unternehmung durch Diskontierung des zukünftigen freien Cash Flows mit den gewichteten Kapitalkosten ermittelt. Der **Cash Flow** stellt dabei die Differenz zwischen den betrieblichen Einzahlungen und Auszahlungen dar. Der freie Cash Flow errechnet sich wie folgt:

Operatives Ergebnis vor Zinsen und Steuern
\- Ertragssteuern
\+ Abschreibungen
+/- Dotierung / Auflösung von Rückstellungen
= **Brutto-Crash--flow**
\- Investitionen in das Anlagevermögen
\- Erhöhung des Netto-Umlaufvermögens
= **Netto Cash Flow oder Freier Cash Flow**

9.4.2 Aufbau, Funktion und Aufgaben von Kennzahlensystemen

Da die Aussagekraft singulärer Kennzahlen nur begrenzt ist, ist eine systematische Verknüpfung von Kennzahlen in **Kennzahlensystemen** erforderlich. Die überwiegend pyramidenförmigen Kennzahlensysteme enthalten als sog. **Spitzenkennzahl** hoch

35 WACC = Weighted Average Costs of Capital: Gewichtete durchschnittliche Kapitalkosten.

aggregierte Werte, die zentrale Kenngrößen wie Rentabilität (Bsp. RoI oder RoE) oder Liquidität darstellen. Kennzahlensysteme eignen sich nicht nur zur laufenden Steuerung von Unternehmungen, sondern sie können auch zu einem Instrument des Krisenmanagements ausgebaut werden.

Betriebswirtschaftliche Kennzahlensysteme umfassen mindestens zwei betriebswirtschaftliche Kennzahlen, die in rechnerischer Verknüpfung oder in einem Systematisierungszusammenhang zueinander stehen und die Informationen über einen oder mehrere betriebswirtschaftliche Tatbestände beinhalten. In diesem Zusammenhang wird von sog. **Rechensystemen** gesprochen, wenn sich eine Kennzahl durch rechnerische Methoden aus mindestens zwei Kennzahlen entwickeln lässt. Eine weitere Art von Kennzahlensystemen sind die sog. **Ordnungssysteme**[36]. In der praktischen Anwendung sind auch Kombinationen aus beiden Systemarten vorhanden.

In Kennzahlensystemen werden die Kennzahlen so zusammengestellt, dass sie sich gegenseitig ergänzen, erklären, in einer sinnvollen Beziehung zueinander stehen und dabei als Gesamtheit den Analysegegenstand möglichst ausgewogen und vollständig erfassen. Es handelt sich somit um **Optimierungsmodelle**, mit denen die Zielwirksamkeit mehrerer Faktoren gleichzeitig ermittelt wird. Kennzahlensysteme werden überwiegend als Führungssysteme des Managements eingesetzt und dienen primär der Planung, der Festlegung von Zielen für künftige Planungszeiträume, der Steuerung koordinierter Handlungen sowie der Kontrolle zur Beurteilung von Handlungsergebnissen. Sie sollen die Konzentration auf das Wesentliche fördern.

Ein Beispiel ist das **DuPont-Kennzahlensystem of Financial Control**. Grundüberlegung dieses Systems ist, dass nicht die Gewinnmaximierung, als absolute Größe, als Unternehmungsziel anzustreben ist, sondern die relative Größe des Return on Investment (RoI). Der RoI, als Spitzenkennzahl, die das Unternehmungsziel repräsentiert, wird im DuPont-System in ihre Elemente aufgespalten. Diese sind durchgängig rechentechnisch mit einander verknüpft. Die rechnerische Auflösung der obersten Zielgröße erlaubt eine systematische Analyse und Steuerung der Haupteinflussfaktoren (Werttreiber) des Unternehmungsergebnisses. Das DuPont-Kennzahlensystem verbindet kosten- und finanzwirtschaftliche Aspekte miteinander und wird zur Planung, Steuerung und Kontrolle einzelner Geschäftsbereiche eingesetzt. Es hat einen unselbständigen Erkenntniswert. Das heißt, zur Beurteilung der Kennzahlen ist ein Vergleich mit anderen vergangenheitsorientierten Zahlen oder mit Vorgabewerten (Budget- und/oder Sollwerten) erforderlich.

Da dieses System ein Rechensystem ist, wirkt sich jeder quantifizierbare und berücksichtigte Sachverhalt auch tatsächlich auf das Ergebnis aus und kann bei Planungs-, Steuerungs- und Kontrollüberlegungen kaum übersehen werden. Gleiches gilt für das **RoI-Kennzahlensystem** (vgl. Abbildung 9-12).

---

[36] Ordnungssysteme definieren eine bestimmte Ordnung und beschreiben das entsprechende Ordnungsprinzip.

Den Zusammenhang der einzelnen Kennzahlen und Werttreiber des DuPont-Systems veranschaulicht Abbildung 9-11.

Abbildung 9-11: *Das DuPont-Kennzahlensystem of Financial Control*

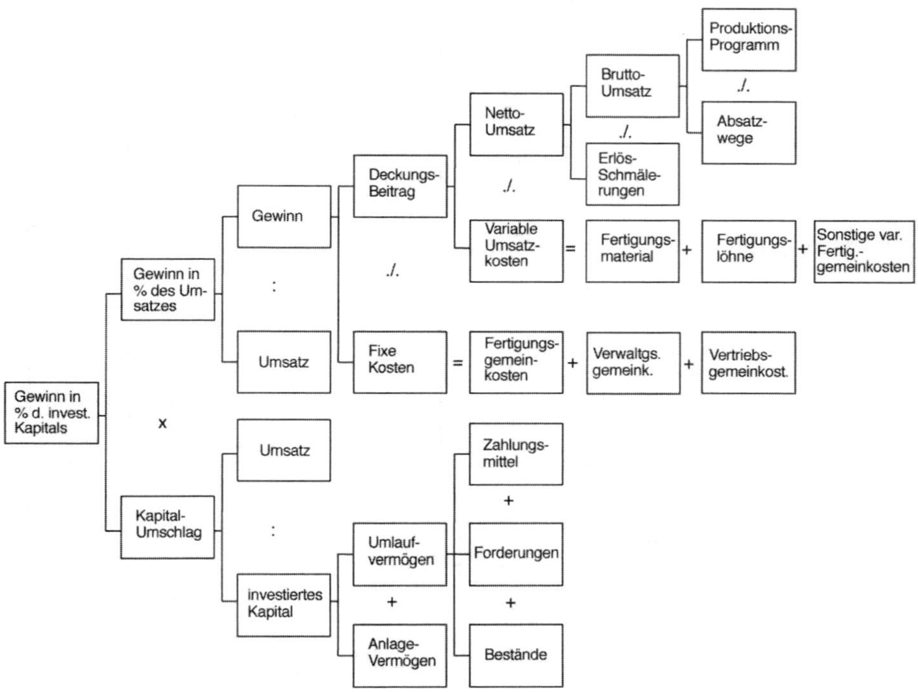

Ein weiteres Beispiel ist das **Return on Investment (RoI) Kennzahlensystem** (vgl. Abbildung 9-12, in Anlehnung an Ziegenbein 2004, S. 32 ff).

Abbildung 9-12: Return on Investment Kennzahlensystem

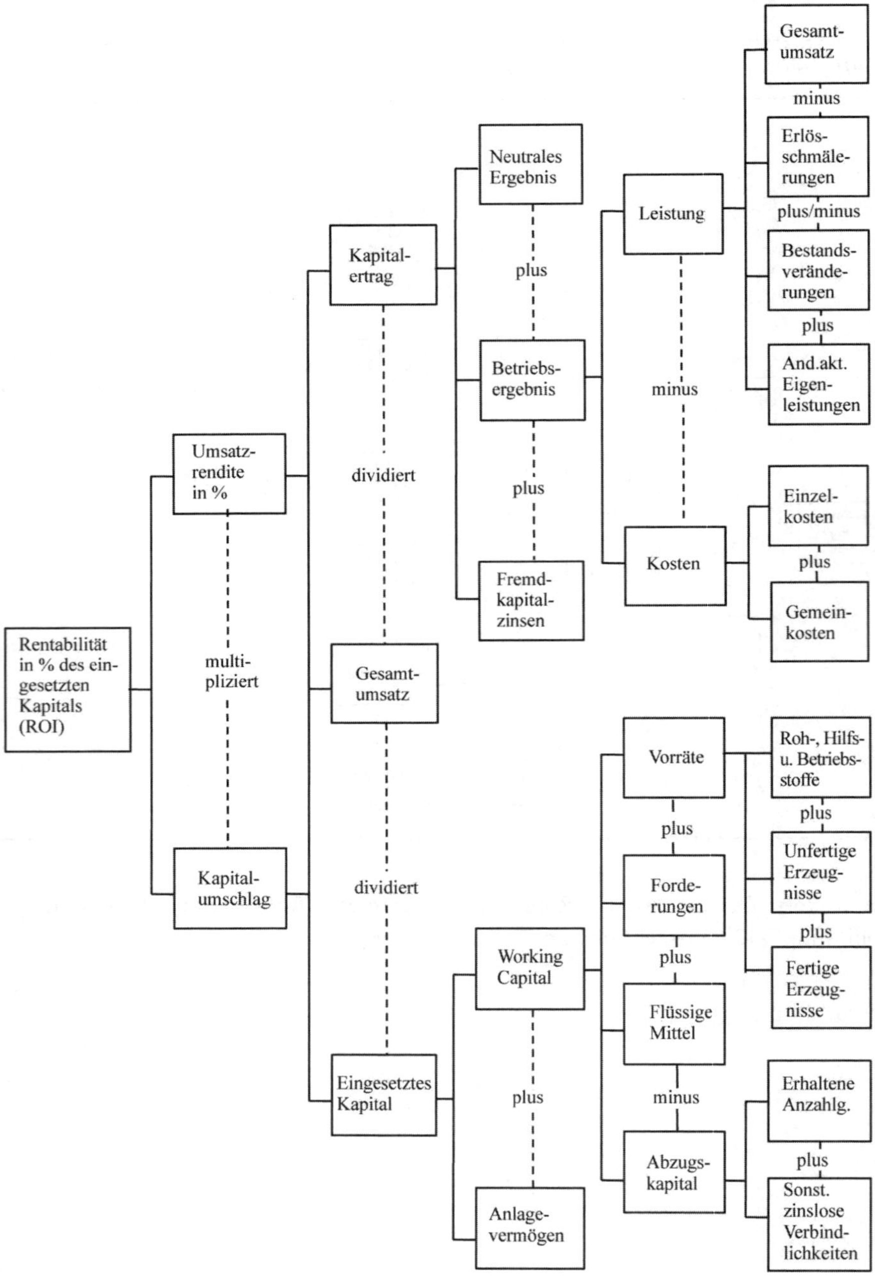

10 Unternehmensführung und Organisation

10.1 Grundlagen und Grundbegriffe

Einen wichtigen Beitrag für den Unternehmenserfolg leistet die integrierende Lenkung der Leistungs- und Finanzprozesse im Unternehmen durch das Management. Unter **Unternehmensführung**[37] wird die zielgerichtete Gestaltung, Steuerung und Entwicklung eines Unternehmens verstanden.

In der Unternehmensführungslehre wird die **institutionelle** und die **funktionale Perspektive** unterschieden (vgl. Steinmann/Schreyögg 2005, S. 6).

Die institutionelle Sicht beschäftigt sich mit den Personen, die Führungsaufgaben wahrnehmen. Zum Management gehören danach alle Organisationsmitglieder, die Vorgesetztenfunktionen ausüben. Es werden grundsätzlich drei Managementebenen unterschieden:

- **Top-Management** (oberste Führungsebene: Geschäftsführer, Vorstände)
- **Middle-Management** (mittlere Führungsebene: Abteilungs- und Bereichsleiter)
- **Lower-Management** (untere Führungsebene: Meister, Gruppen- und Teamleiter)

Im Fokus der funktionalen Perspektive stehen die Aufgaben, die zur Steuerung des Leistungsprozesses zu erfüllen sind. Zu den wichtigsten Managementfunktionen gehören danach:

- Planung und Steuerung
- Strategisches Management
- Organisation
- Personalführung

---

37 Die Begriffe Unternehmensführung und Management werden im folgenden synonym verwendet.

10.2 Planung und Steuerung

Der **Managementprozess** lässt sich idealtypisch in die Phasen Planung, die primär der Willensbildung dient, und Steuerung, die die Willensdurchsetzung unterstützt, unterteilen (siehe Abbildung 10-1).

Abbildung 10-1: *Die Phasen des Managementprozesses*

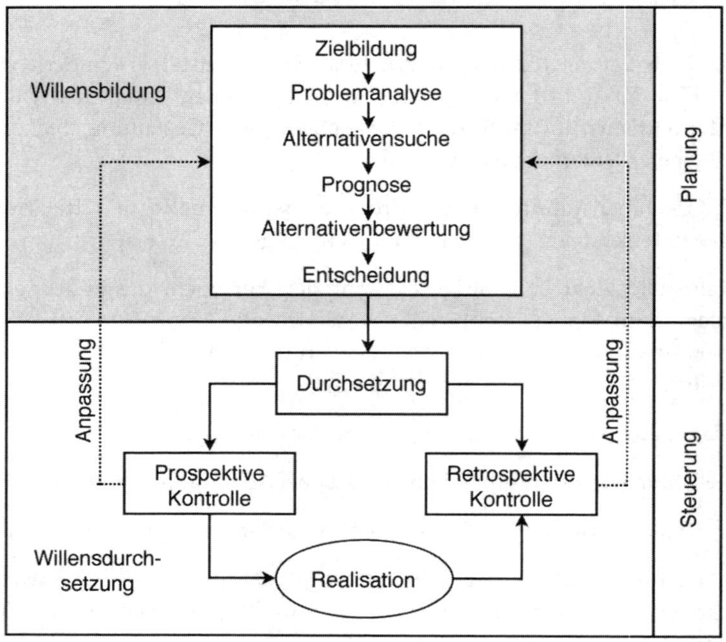

10.2.1 Planung

Die **Planung** ist ein systematisch-methodischer Prozess der Erkenntnis und Lösung von Zukunftsproblemen. Sie bildet die Grundlage für alle anderen Managementfunktionen. Das Ergebnis der Planung ist ein Plan oder ein System von Plänen (Plansystem).

Die Planung kann durch die nachstehenden Merkmale charakterisiert werden (vgl. Hentze/Heinecke/Kammel 2001, S. 192):

- **Zukunftsbezogenheit**

  Die Planung erfolgt im Hinblick auf Sachverhalte, die in der Zukunft liegen. Sie findet daher in einem Zustand unvollkommener Information statt. Planung trägt daher immer das Risiko des Irrtums in sich.[38]

- **Systematik**

  Die Planung ist ein rationaler Vorgang, der ein methodisch-systematisches Denken und Vorgehen erfordert. Sie grenzt sich hierdurch von der Intuition (Bauchgefühl) und Improvisation (ad-hoc-Entscheidungen) ab.

- **Prozesscharakter**

  Die Planung ist ein sich ständig wiederholender, mehrstufiger Prozess (Planungsprozess), der die Phasen Zielbildung, Problemanalyse, Alternativensuche und –bewertung sowie Entscheidung umfasst.

- **Gestaltungscharakter**

  Durch die Planung wird verändernd in die Zukunftsgestaltung eingegriffen, da Handlungsoptionen zur Problemlösung entwickelt werden.

- **Informationscharakter**

  Im Planungsprozess werden zur Versorgung der Entscheidungsträger in vielfältiger Form Informationen gewonnen, gespeichert und verarbeitet.

Die Planung lässt sich in verschiedene Kategorien unterteilen (siehe Abbildung 10-2).

38 Auch wenn bei sorgfältiger Planung ein Risiko der Fehleinschätzung bleibt, ist sie doch keinesfalls entbehrlich, wie ein Bonmot Albert Einsteins belegt: „Planung ersetzt den Zufall durch den Irrtum".

Abbildung 10-2: Kategorien der Planung

Planungsgegenstände	• Potentiale (Leistungsvermögen) • Programme (Produktbezogene Fertigungs- und Absatzprogramme) • Prozesse (Erfüllungshandlungen)
Bezugszeitraum	• Langfristige Planung (> 5 Jahre) • Mittelfristige Planung (1-5 Jahre) • Kurzfristige Planung (< 1 Jahr)
Planungshierarchie	• Strategische Planung (Unternehmensleitung) • Taktische Planung (mittlere Führungsebene) • Operative Planung (untere Führungsebene)
Leitungshierarchie	• Unternehmenspläne • Bereichspläne • Stellenpläne
Funktionsbereiche	• Beschaffungsplanung • Lagerhaltungsplanung • Produktionsplanung • Absatzplanung • Finanzplanung • Investitionsplanung • Personalplanung
Koordination	• Retrograde Verfahren (Top-Down-Planung) • Progressive Verfahren (Bottom-Up-Planung • Zirkuläre Verfahren (Top-Down-Vorlauf und Bottom-Up-Rücklauf-Planung)

10.2.1.1 Zielbildung

Die Zielbildung ist die erste Phase des Planungsprozesses. **Ziele** beschreiben einen anzustrebenden Sollzustand. Sie bilden die Beurteilungsmaßstäbe, an denen künftiges Handeln gemessen werden kann. Ziele geben dem Handeln der Akteure eine Richtung.

Unternehmen streben eine Vielzahl von Zielen an, die sich anhand eines Zielsystems koordinieren lassen. Auf der obersten Ebene dieses Zielsystems werden vom Top-Management Unternehmensziele formuliert, die dann in Bereichs- und Abteilungsziele detailliert werden, um schließlich zu individuellen Zielvorgaben für einzelne Teams oder Mitarbeiter zu gelangen. Da die Ziele von der obersten bis zur untersten Unternehmensebene kaskadiert werden, entsteht ein hierarchisches System zusammenhängender Ziele, welches analog der Aufbauorganisation im Unternehmen strukturiert ist.

Es lassen sich grob drei Zielränge unterteilen:

- **Oberziele** (Unternehmensleitung: z.B. Gewinnerhöhung um 3% bis 31.12.07)
- **Zwischenziele** (Produktionsleitung: z.B. Senkung der Produktionskosten je produziertem Fahrzeug um 1.200,- EUR)
- **Unterziele** (Gruppenleitung: z.B. Senkung der Fertigungskosten des Motorenbaus um 4%)

In der Betriebswirtschaftlehre wird allgemein von einem Primat der ökonomischen Ziele des Unternehmens ausgegangen (vgl. Schierenbeck 2003, S. 62). Dies wird damit begründet, dass ein Unternehmen in erster Linie ein Wirtschaftsbetrieb sei. Deutlich wird diese Vorrangstellung bei der Einteilung der Ziele in **Sachziele** und **Formalziele** (siehe Abbildung 10-3). Die Sachziele beziehen sich auf das konkrete unternehmerische Handeln der einzelnen betrieblichen Funktionen. Sie haben sich an den Formalzielen auszurichten, die die Grundlinie des unternehmerischen Handelns bestimmen. In den Formalzielen, die auch Erfolgsziele genannt werden, kommt der geplante Erfolg unternehmerischen Handelns zum Ausdruck.

Abbildung 10-3: *Sach- und Formalziele (Thommen/Achleitner 2006, S. 113)*

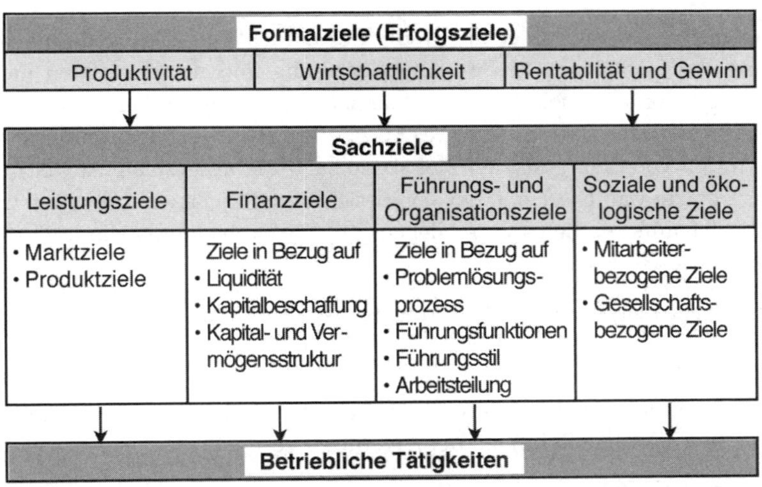

Zu berücksichtigen ist, dass in einem Unternehmen gleichzeitig mehrere Ziele verfolgt werden müssen, wobei die Ziele untereinander in einer bestimmten, häufig hierarchischen Beziehung stehen. Erforderlich ist daher die Etablierung eines Zielsystems, das unterschiedliche Ansprüche zu erfüllen hat:

- **Realisierbarkeit**

  Ziele sollten mit den zur Verfügung stehenden Mitteln erreichbar sein.

- **Operationalisierbarkeit**

  Ziele sollten nach Zielinhalt, Zielausmaß, Zeitbezug und Zuständigkeit so genau wie möglich formuliert werden.

- **Ordnung**

  Die Beziehungen der Ziele untereinander im Sinne einer Über-, Unter- bzw. Gleichordnung und in Bezug auf eine Priorisierung sind festzulegen.

- **Widerspruchsfreiheit**

  Ziele sollten untereinander möglichst kompatibel sein. Zielkonflikte sind zu vermeiden.

- **Akzeptanz**

  Die Ziele sollten so beschaffen sein, dass sie von den zuständigen Stellen nicht nur akzeptiert, sondern ihre Erreichung aktiv angestrebt wird.

10.2.1.2 Problemfeststellung

Die **Problemfeststellung** bildet die zweite Phase im Planungsprozess. Sie kann als Ermittlung der Lücke zwischen der Zielvorstellung und der erwarteten Lage bzw. Entwicklung (ohne zielführende Maßnahmen) verstanden werden (vgl. Bea/Dichtl/Schweitzer 2001, S. 52). Weicht eine Prognose für einen bestimmten Planungszeitraum von dem gesetzten Ziel ab, so stellt die festgestellte Abweichung das Planungsproblem dar. Die Höhe der voraussichtlichen Zielabweichung kennzeichnet die sog. Problemlücke, die es zu schließen gilt. Die Problemfeststellung lässt sich in drei Schritten beschreiben:

1. Schritt - Lageanalyse zur Beschreibung der aktuellen Situation
2. Schritt - Lageprognose zur Bestimmung der zukünftigen Auswirkungen
3. Schritt - Feststellung des Ausmaßes der Problemlücke durch Vergleich des Soll-Zustandes (Zielvorstellung) mit der Lageprognose

Zur **Problemanalyse** kann z.B. die **Wertanalyse** eingesetzt werden. Hierbei werden einzelne Produktelemente auf ihre Funktionen und Kosten überprüft. Das Ziel der

Wertanalyse ist die Kostensenkung, die etwa durch Einsparungen bei den Materialkosten oder durch Beschränkungen auf wesentliche Funktionen erreicht werden kann.

10.2.1.3 Alternativensuche

Die **Alternativensuche** ist die dritte Phase des Planungsprozesses. Als Alternative kann eine Handlungsmöglichkeit angesehen werden, die geeignet erscheint, das identifizierte Problem zu lösen. Eine Alternative besteht zumeist aus einer Kombination von Entscheidungsvariablen, die als Maßnahmen bezeichnet werden können. Die Alternativen müssen auf ihre Realisierbarkeit hin überprüft werden. Die Menge der realisierbaren Alternativen macht den zulässigen Bereich (Lösungsraum) aus. Zum Aufspüren von Alternativen sind häufig zunächst Ideen zur Problemlösung zu entwickeln. Hierzu können verschiedene Kreativitätstechniken eingesetzt werden. Zu diesen gehören u.a.:

- **Brainstorming**

  Hierbei werden in einer Gruppe von sechs bis max. zwölf Personen neue Ideen in freier Assoziation produziert. Die Teilnehmer sollen ohne Angst vor Kritik ihrer Phantasie freien Lauf lassen, um viele und möglichst kühne Ideen zu erhalten.

- **Brainwriting Technik: Methode 635**

  Bei dieser Methode, die eher für komplexe Probleme geeignet ist, notieren 6 Personen auf verschiedenen Formularen 3 Ideen innerhalb von 5 Minuten. Nach fünf Minuten werden die Blätter an ein anderes Teammitglied weitergegeben. Die vorhandenen Ideen werden daraufhin so weiterentwickelt, dass drei neue Ideen entstehen. Dieses Verfahren wird so lange fortgesetzt, bis jeder Teilnehmer sechsmal drei Vorschläge entwickelt hat.

10.2.1.4 Prognose

Als vierte Phase des Planungsprozesses schließt sich die **Prognose** an. Prognosen sind Wahrscheinlichkeitsaussagen über zukünftige Entwicklungen, Ereignisse, Tatbestände, Zustände und Verhaltensweisen (vgl. Hentze/Heinecke/Kammel 2001, S. 193). Eine Prognose dient der Gewinnung derjenigen zukunftsorientierten Informationen, die eine Bewertung der zuvor ermittelten Handlungsalternativen erst ermöglicht. Eine Vorhersage lässt sich als Prognose qualifizieren, wenn sie wissenschaftlich begründet ist. Prognosen beruhen entweder auf einer Beobachtung (diese bedürfen einer empirischen Fundierung) oder einer Theorie (diese bedürfen einer sachlogischen Begründung). Prognosen können wegen ihrer Zukunftsbezogenenheit nicht mit Sicherheit abgegeben werden.

Zur Durchführung von Prognosen stehen verschiedene quantitative und qualitative Methoden zur Verfügung.

- **Quantitative Prognose-Konzepte**

  Zu den quantitativen Methoden zählt z.B. die Trendextrapolation, bei der Zahlenreihen unter der Annahme fortgeschrieben werden, dass sich die Gesetzmäßigkeiten der Vergangenheit auch in der Zukunft fortsetzen. Die Regressionsanalyse ist ein statistisches Verfahren, bei dem die Beziehungen zwischen einem beeinflussenden Merkmal (unabhängige Variable) und einem beeinflussten Merkmal (abhängige Variable) untersucht werden. So wird die Regressionsanalyse z.B. im Marketing zur Schätzung des Zusammenhangs zwischen der Absatzmenge und dem Preis eines Produktes eingesetzt.

- **Qualitative Prognose-Konzepte**

  Hierzu gehört u.a. die Dephi-Methode, bei der Experten befragt werden. Im Rahmen mehrerer Befragungsrunden werden durch die Experten schriftliche Einzelschätzungen abgegeben, die dann in der Gruppe zusammengeführt werden. Auch Repräsentativbefragungen (z.B. von Kunden) fallen hierunter.

10.2.1.5 Alternativenbewertung und Entscheidung

Die Planung mündet in der **Bewertung** der Alternativen und der **Entscheidung**, welche der erarbeiteten Handlungsalternativen realisiert werden sollen. Die Bewertung ist die Zuordnung der erwarteten quantitativen und qualitativen Zielwirkungen zu einer Handlungsalternative. Von besonderer Relevanz für die Bewertung einer Handlungsalternative ist die Wirkungsprognose, da durch sie die Haupt- und alle Nebenwirkungen einer Alternative erkennbar werden (vgl. Bea/Dichtl/Schweitzer 2001, S. 59). Die Entscheidung erfolgt zugunsten derjenigen Alternative, welche die optimale Erreichung des gewählten Zieles (Planzieles) erwarten lässt.

Als Planungsinstrument kann für die Bewertung die **Nutzwertanalyse** eingesetzt werden. Bei diesem Verfahren werden zunächst Beurteilungskriterien festgelegt, denen dann Gewichtungswerte (Punktwerte) zugeordnet werden. Hierauf erfolgt die Beurteilung der Alternativen anhand der Kritieren. Pro Kriterium wird der gewichtete Punktwert ermittelt und anschließend werden die Einzelwerte addiert. Die Alternative mit der höchsten Gesamtpunktzahl weist den höchsten Nutzwert auf. Falls zwischen den Alternativen Kostenunterschiede bestehen, ist eine Gesamtwürdigung vorzunehmen, bei der Kosten- und Nutzenunterschiede der Alternativen gegenüber zu stellen sind. Bei nur geringen Kostennachteilen kann es gerechtfertigt sein, sich für eine Alternative mit einem signifikant höheren Nutzen zu entscheiden.

10.2.2 Steuerung

Im Anschluss an die Planung folgt die Planrealisierung. Diese bedarf regelmäßig der **Steuerung**, da Pläne in der Regel nicht reibungslos umgesetzt werden können. Es können zahlreiche Störungen auftreten, wie etwa die Stornierung von Kundenaufträgen, der Ausfall von Maschinen oder steigende Rohstoffpreise. Diesen Störungen muss durch steuernde Eingriffe begegnet werden. Während die Planung als Instrument der Schließung der Problemlücke anzusehen ist, dient die nachfolgende Steuerung der Sicherung, dass die Planvorgaben durch Realisationsprozesse soweit wie möglich erreicht werden (vgl. Bea/Dichtl/Schweitzer 2001, S. 20, S. 65). Der Steuerungsprozess lässt sich in die Phasen Durchsetzung und Kontrolle unterteilen.

10.2.2.1 Durchsetzung

Nach der Entscheidung ist dafür zu sorgen, dass die beschlossenen Maßnahmen auch umgesetzt, also realisiert werden. Sind die Entscheidungsträger nicht selbst mit der Realisierung befasst, gilt es die betroffenen Mitarbeiter zur Planrealisierung zu veranlassen. Um eine ausreichende Akzeptanz bei den Mitarbeitern zu erreichen, kann ihre Beteiligung an der Planerstellung sinnvoll sein. Zur Sicherstellung des Planungserfolgs müssen in personeller Hinsicht drei Voraussetzungen erfüllt sein (vgl. Schierenbeck 2003, S. 102):

- **Kennen**

  Die ausführenden Mitarbeiter müssen ausreichende Kenntnis über die beschlossenen Maßnahmen haben.

- **Können**

  Sie müssen über die zur Ausführung erforderlichen Qualifikationen verfügen und es müssen ihnen rechtzeitig alle notwendigen Ressourcen und Kompetenzen zugewiesen werden.

- **Wollen**

  Sie müssen entsprechend motiviert sein bzw. werden, damit sie die notwendige Leistungsbereitschaft aufweisen.

10.2.2.2 Kontrolle

Der Durchsetzung folgt im Steuerungsprozess die **Kontrolle.** Unter Kontrolle wird die Ermittlung und Ursachenanalyse von Abweichungen zwischen Plangrößen und Vergleichsgrößen verstanden.[39] Durch die fortlaufende Kontrolle der Planrealisierung lassen sich Störungen zeitnah erkennen und analysieren. Es ist eine jederzeitige Rückkopplung in die vorgelagerten Phasen des Managementprozesses möglich, um dort ggf. Anpassungen (z.B. Zielkorrekturen) vornehmen zu können.

Die Phase der Kontrolle lässt sich in eine prospektive und eine retrospektive unterteilen (siehe Abbildung 10-1). Die prospektive Kontrolle (**Feedforward-Kontrolle**) setzt

[39] Kontrolle kann nicht mit Controlling gleichgesetzt werden, da die Kontrolle nur eine Teilfunktion des Controlling darstellt (siehe Kapitel 9 Controlling)

vor der Realisierung ein und soll störende Veränderungen in der Umwelt frühzeitig erkennen, bevor sie sich auf das geplante Ergebnis negativ auswirken können. Zur Früherkennung werden u.a. Prognoseverfahren, wie etwa die Szenariotechnik[40] eingesetzt. Im Rahmen der retrospektiven Kontrolle (**Feedback-Kontrolle**) werden die Auswirkungen einer Veränderung auf das Ergebnis analysiert (Soll-/Ist-Vergleich).

10.3 Strategisches Management

Die **Unternehmenspolitik** determiniert das unternehmerische Leistungsspektrum, die langfristigen Unternehmensziele und die Verhaltensgrundsätze gegenüber den maßgeblichen Anspruchsgruppen (Stakeholder). Das **strategische Management** hat die Aufgabe, die Unternehmenspolitik zu formulieren und durchzusetzen. Ausgangspunkt der strategischen Überlegungen ist die Festlegung genereller Ziele, Absichten und Wertorientierungen (vgl. Staehle 1999, S. 615 f.). Das zukünftige Bild des Unternehmens kann in einer Unternehmensvision gezeichnet und die Verhaltensgrundsätze gegenüber den entsprechenden Anspruchsgruppen in einem Unternehmensleitbild niedergelegt werden. Der strategische Managementprozess (siehe Abbildung 10-4) beinhaltet als nächsten Schritt eine Situationsanalyse von Unternehmen und Umwelt, um die informatorischen Voraussetzungen für die weitere Zielbildung, Strategieentwicklung und die sich anschließende Strategieumsetzung zu schaffen. Begleitet wird der gesamte Prozess durch die strategische Kontrolle.

Abbildung 10-4: *Ablauf des strategischen Managementprozesses*

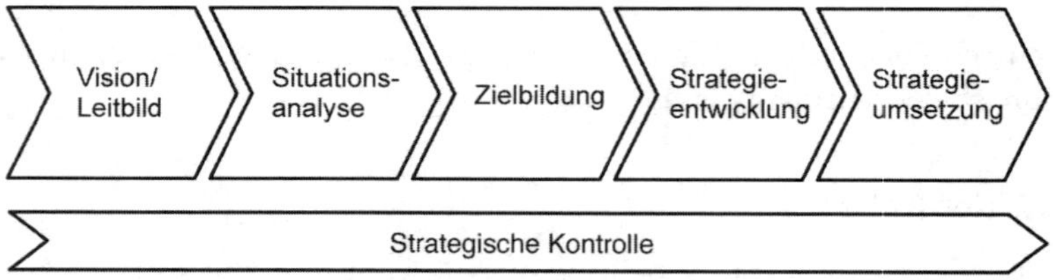

10.3.1 Unternehmensvision

Eine **Unternehmensvision** ist eine auf die Zukunft gerichtete Leitidee, die als zentrales Ziel dem unternehmerischen Handeln eine Richtung gibt[41]. Als Instrument der

---

[40] Bei der Szenario-Technik werden unter Berücksichtigung zu erwartender Änderungen der Umweltbedingungen verschiedene Zukunftsbilder bzw. Szenarien entworfen.

[41] Wahrlich zukunftsweisend ist die Vision der US-Raumfahrtbehörde NASA:"To improve life here, to extend life to there, to find life beyond" (www.nasa.gov)

Unternehmenspolitik dient sie der Ausrichtung und Kanalisierung der Unternehmensentwicklung. Sie muss einen klaren Realitätsbezug aufweisen, in dem sie ein ambitioniertes, aber erreichbares, zukünftiges Bild des Unternehmens, dessen Märkten und der Produkte zeichnet. Die Unternehmensvision soll unterschiedliche Funktionen erfüllen:

- **Sinngebungsfunktion** (Verdeutlichung des Sinns unternehmerischen Handelns)
- **Orientierungsfunktion** (Handlungsanleitung für alle Einzelaktivitäten)
- **Kohäsionsfunktion** (Förderung der sozialen Integration und des Zusammenhalts)
- **Motivationsfunktion** (Förderung der Motivation, den angestrebten Zustand zu erreichen)

Die Unternehmensvision erstreckt sich zumeist auf mehrere Dimensionen, wie das Beispiel des Automobilindustrie-Zulieferers Hella verdeutlicht:

Abbildung 10-5: *Unternehmensvision der Hella KGaA Hueck & Co. (Geschäftsbericht 2004/05)*

Wir entwickeln Hella bis zum Jahr 2012 zur „Top Company – second to none". Als unabhängiger, globaler und profitabler Zulieferer übernehmen wir – in unseren Kompetenzfeldern Licht, Elektronik und Handel – klar die Führerschaft bei Qualität, Technologie, Kosten und Service. Dazu optimieren wir gezielt unsere Konzernorganisation im Hinblick auf weltweite Präsenz und Wertschöpfung. Schlanke zentrale Hella-Steuerungseinheiten unterstützen die Produktionen, den Service und den Vertrieb vor Ort effizient bei ihren lokalen Aufgaben. So bieten wir unseren weltweiten Kunden einzigartigen Mehrwert und sichern zugleich unser langfristig profitables Wachstum.

10.3.2 Unternehmensleitbild

Das **Unternehmensleitbild** (**Mission-Statement**) bildet einen Handlungsrahmen, wie sich die Mitarbeiter verhalten sollen, um die langfristigen Ziele zu erreichen.[42] In ihm werden die Grundsätze des Unternehmens für die Wertschöpfung, den Umgang mit Kunden und Mitarbeitern, die strategische Ausrichtung und die gewünschte Fremdwahrnehmung niedergelegt. Es enthält relevante Aussagen zur angestrebten Unternehmenskultur (Werte, Normen, Regelungen des Umgangs miteinander etc.). Während das Unternehmensleitbild den angestrebten Soll-Zustand formuliert, drückt die Unternehmenskultur den derzeitigen Ist-Zustand aus. Gleichzeitig fördert das Leitbild auch die Bewusstmachung der Unternehmenskultur bei den Mitarbeitern. Das Ziel des Unternehmensleitbilds ist die Vereinheitlichung des Verhaltens und der Einstellungen aller Unternehmensangehörigen sowie eine Verbesserung des Unternehmensimages. Die Leitbilder werden dementsprechend sowohl nach innen als auch nach außen – etwa über die Unternehmens-Homepage - kommuniziert, wie das Beispiel des Haushaltsgeräteherstellers Fissler (Abbildung 10-6) zeigt.

---

[42] Weitere Verhaltensregeln werden auch durch die Corporate Governance eines Unternehmens bestimmt. Corporate Governance bedeutet wörtlich „Unternehmensregierung". Durch die Befolgung von Corporate Governance-Grundsätzen soll eine gute und verantwortungsvolle Unternehmensführung und –kontrolle gewährleistet werden. In Deutschland werden die Rahmenbedingungen der Corporate Governance durch die geltenden Gesetze festgelegt (z.B. Transparenz- und Publizitätsgesetz) sowie durch die Empfehlungen und Anregungen des Deutschen Corporate Governance Kodex gepägt. Im Deutschen Corporate Governance Kodex sind Regelungen zur Leitung und Überwachung deutscher börsennotierter Gesellschaften enthalten. Das Ziel des Kodex ist es, das Vertrauen der internationalen und nationalen Anleger, der Kunden, der Mitarbeiter und der Öffentlichkeit in die Leitung und Überwachung dieser Unternehmen zu stärken. Gemäß § 161 AktG haben Vorstand und Aufsichtsrat einer börsennotierten Gesellschaft jährlich zu erklären (Entsprechungserklärung), ob dem Kodex entsprochen wurde und wird. Dass diese Erklärungen häufig nur ein Feigenblatt sind, zeigen die (Schmiergeld- bzw. Veruntreuungs-)Affären in jüngerer Zeit.

Abbildung 10-6: *Unternehmensleitbild der Fissler GmbH (www.fissler.de)*

UNTERNEHMENSLEITBILD

Kunde

Im Mittelpunkt unserer Arbeit steht das Streben, dem Endverbraucher Produkte und Dienstleistungen mit einzigartigen Vorteilen anzubieten.

Strategie

Wir arbeiten konstruktiv und partnerschaftlich mit unseren Lieferanten und Kunden zusammen. Wir wollen von Ihnen lernen und in der Bewertung zu den Besten im Wettbewerbsvergleich gehören.

Selbständigkeit

Wir wollen ein selbständiges, unabhängiges Unternehmen bleiben.

Organisation

Wir wollen soviel dezentrale Organisation wie möglich, sehen aber die Notwendigkeit bestimmter zentraler Funktionen.

Führung

Wir betonen die Eigenverantwortlichkeit des Mitarbeiters. Wir führen mittels Gespräch, Zielvereinbarung und Erfolgskontrolle.

Mitarbeiter

Wir wollen gut ausgebildete, motivierte und engagierte Mitarbeiter; Sie sollen zu den Besten im Wettbewerbsvergleich gehören..

Kommunikation

Wir sprechen offen und ehrlich miteinander. Wir gehen mit Informationen innerhalb unseres Unternehmens freizügig und verantwortungsbewusst um.

Kreativität

Wir wollen ein Umfeld, in dem Ideen und Fortschritt gedeihen. Wir fördern die Kreativität unserer Mitarbeiter.

Gewinn

Wir bejahen den Gewinn und sehen in ihm die treibende Kraft zur Unternehmenssicherung.

10.3.3 Analyse der strategischen Ausgangsposition

Die **strategische Analyse** bildet den Ausgangspunkt der **strategischen Planung**, da die informatorischen Voraussetzungen für die Zielbildung und die Strategieentwicklung geschaffen werden. Sie setzt sich aus zwei Teilen zusammen, der Umwelt- und der Unternehmensanalyse (vgl. Steinmann/Schreyögg 2005, S. 173, S. 176 ff.).

10.3.3.1 Umweltanalyse

Die **Umweltanalyse** dient der Informationsgewinnung über das gegenwärtige und zukünftige Umfeld des Unternehmens. Ein wichtiger Aspekt ist hierbei die Identifizierung von Chancen und Risiken, die sich dem Unternehmen bieten. Die Umwelt setzt einerseits die Grenzen (z.B. rechtliche Beschränkungen) für den strategischen Spielraum. Andererseits wird aber auch der Raum geschaffen für neue strategische Programme (z.B. Erschließung neuer Märkte nach dem EU-Beitritt einiger osteuropäischer Staaten).

Die Umweltanalyse umfaßt die allgemeinen Umweltbedingungen etwa in makroökonomischer, technologischer, sozio-kultureller, politischer und rechtlicher Hinsicht. Die Analyse dieser Einflusskräfte bildet den Rahmen für eine Analyse der speziellen Wettbewerbsbedingungen des Unternehmens. Ein besonderes Augenmerk liegt hierbei auf der Entwicklung der für das Unternehmen wichtigen Märkte (Beschaffungs-, Absatz-, Arbeits- und Kapitalmärkte).

10.3.3.2 Unternehmensanalyse

Die **Unternehmens-** bzw. **Ressourcenanalyse** dient der Identifizierung und Bewertung der eigenen Stärken und Schwächen des Unternehmens im Vergleich zur Konkurrenz. Das Ziel ist hierbei, Ansatzpunkte für die Schaffung strategischer Wettbewerbsvorteile aufzuzeigen.

Die Stärken- und Schwächenanalyse kann in zwei Teilperspektiven aufgegliedert werden.

Bei der **wertschöpfungszentrierten Analyse** erfolgt eine von innen nach außen gerichtete Betrachtung der Unternehmensressourcen und ihrer Potentiale. Zu beachten sind hierbei nicht nur die materiellen Vermögenswerte (tangible Assets) wie etwa Kapital, Gebäude und Maschinen, sondern auch die immateriellen Vermögenswerte (intangible Assets), zu denen das Humankapital, Kunden- und Lieferantenbeziehungen sowie Schutzrechte wie Patente und Marken gehören. Die Bewertung der Unternehmensressourcen erfolgt im Vergleich zu den Konkurrenten. Eine konkurrenzbezogene Ressourcenbewertung kann mittels **Benchmarking**[43] erfolgen, worunter ein systematischer Abgleich von Ressourcen und Fähigkeiten u.a. mit den Branchenführern (Klassenbesten) verstanden wird.

Bei der **kundenzentrierten Analyse** erfolgt eine Betrachtung von außen nach innen, also aus der Sicht des Marktes. Im Fokus stehen hierbei nicht die Ressourcen und Fähigkeiten des Unternehmens, sondern vorwiegend Kaufentscheidungsfaktoren wie Preis, Qualität, Image und Service. Die hierfür benötigten Informationen lassen sich u.a. anhand von Kundenbefragungen gewinnen.

---

[43] vgl. Kapitel 9.3.3

Aus den Erkenntnissen der Unternehmensanalyse kann unter Einbeziehung der wichtigsten Wettbewerber ein Stärken-Schwächen-Profil erstellt werden:

10.3.4 Zielbildung

Aus der Unternehmensvision leiten sich direkt oder indirekt die strategischen Unternehmensziele ab. Durch die Festlegung der strategischen Unternehmensziele erfolgt eine Präzisierung der eher vage formulierten Vision. Die strategischen Ziele sind längerfristig angelegt. Sie haben grundsätzliche Bedeutung und sind erfolgskritisch für die Unternehmensentwicklung.

Die konkrete Zielbildung im Unternehmen stellt sich als komplexer Prozess dar , da es eine eindimensionale Zielsetzung (z.B. Gewinnmaximierung) nicht gibt. Ein Unternehmen ist nicht autonom in der Zielfindung, sondern wird durch verschiedene Interessengruppen beeinflusst. Eine anhaltende Diskussion ist über die Shareholder Value- vs. Stakeholder Value-Ansätze entstanden (vgl. Wöhe 2002, S. 72 ff.).

Beim **Shareholder Value-Ansatz**[44] stehen die finanziellen Interessen der Anteilseigner (=Shareholder) im Fokus des unternehmerischen Handelns. Das Unternehmensziel besteht entsprechend allein in der Steigerung des Marktwertes der Beteiligung der Eigenkapitalgeber. Um das Management zu entsprechend zielkonformen Handlungen zu bewegen, haben Aktienkaufoptionen als Shareholder Value-konformes Anreizsystem eine zunehmende Bedeutung erlangt. Der **Stakeholder-Ansatz** sieht demgegenüber die Berücksichtigung aller Anspruchsgruppen (Stakeholder) bei der Formulierung von Unternehmenszielen vor. Neben den ökonomischen Zielen der Eigenkapitalgeber, sind auch die Arbeitnehmerinteressen (soziale Ziele) sowie die Interessen der Öffentlichkeit an einer umweltverträglichen Produktionsweise bzw. an umweltverträglichen Produkten (ökologische Ziele) zu berücksichtigen (siehe Abbildung 10-7).

Abbildung 10-7: *Ökonomische, soziale und ökologische Ziele (Wöhe 2002, S. 96)*

Ökonomische Ziele (Eigenkapitalgeber)	**Soziale Ziele** (Arbeitnehmer)	**Ökologische Ziele** (Öffentlichkeit)

• Gewinnmaximierung
• Shareholder Value
• Rentabilität
• Unternehmens-
  • sicherung
  • wachstum
	• Gerechte Entlohnung
	• Gute Arbeitsbedingungen
	• Betr. Sozialleistungen
	• Arbeitsplatzsicherheit
	• Mitbestimmung
		• Ressourcenschonung
		• Begrenzung von Schadstoffemissionen
		• Abfallvermeidung
		• Abfallrecycling

44 vgl. hierzu auch Kapitel 9.3.3

10.3.5 Strategieentwicklung

Die **Strategien** beschreiben den Weg, die zuvor festgelegten Ziele zu erreichen. Sie können als Entscheidungs-, Maßnahmen- und Verhaltensbündel angesehen werden, das der langfristigen Sicherung des Unternehmenserfolgs dient (vgl. Vahs/Schäfer-Kunz 2002, S. 394). Die wesentlichen Merkmale einer Strategie sind danach:

- **Hohe Komplexität** (Vielzahl von Einzelentscheidungen)
- **Kontinuität** (langfristige Orientierung)
- **Top-Managemnt-Aufgabe** (zentrale Bedeutung für die Unternehmensentwicklung)
- **Strikte Zielorientierung** (Ableitung aus den Unternehmenszielen)
- **Flexibilität** (Strategieanpassungen häufig erforderlich)

Differenziert nach den Unternehmensebenen lassen sich drei Strategiekategorien unterscheiden:

- **Konzern- oder Unternehmensstrategie** (corporate strategy)
- **Geschäftsbereichsstrategie** (business strategy)
- **Funktionsbereichsstrategie** (functional strategy)

Zu den am weitesten verbreiteten Strategiekonzepten zählen die **Wettbewerbsstrategien nach Porter** und die **Produkt-Portfolio-Analyse** der Boston Consulting Group:

10.3.5.1 Wettbewerbsstrategien nach Porter

Nach Porter können drei in sich geschlossene Strategiegruppen unterschieden werden.

- **Kostenführerschaft**

  Diese Strategie beruht darauf, gegenüber der Konkurrenz einen dauerhaften Kostenvorsprung zu realisieren (z.B. Ryanair). Die Kostenführerschaft kann durch verschiedene Maßnahmen, wie etwa Größenvorteile von Produktionsanlagen, Nutzung billiger Beschaffungsquellen, eingeschränktes Produktspektrum oder eingeschränkte Serviceleistungen erreicht werden. Die Kostenvorteile ermöglichen den Unternehmen bei gleichbleibenden Preisen den Gewinn zu steigern oder durch Preissenkungen den Umsatz zu erhöhen.

- **Differenzierung**

  Mit dieser Strategie wird versucht, einen einzigartigen Kundennutzen (Unique Selling Proposition) zu generieren, um sich von den Mitbewerbern abzuheben. Möglichkeiten der Differenzierung ergeben sich z.B. durch die Produkteigenschaften, wie etwa Innovationsgrad (z.B. BMW) oder Design (z.B. iPod). Durch eine einzigartige Produktsituation kann sich ein Unternehmen gegen Preissenkungen der Konkurrenz schützen.

- **Konzentration**

  Bei dieser Strategie konzentriert sich ein Unternehmen auf Marktnischen, d.h. auf wenige Marktsegmente (z.B. Smart). Als Marktnische kommen z.B. bestimmte Kundengruppen, ein Teil des Produktionsprogramms oder ein geografisch abgegrenzter Markt in Betracht.

Diese drei Strategien werden den Wettbewerbsstrategien zugerechnet. Sie können isoliert oder in Kombination verfolgt werden (sog. Hybridstrategien).

10.3.5.2 Produkt-Portfolio-Analyse

Die Produkt-Portfolio-Analyse wurde von der Boston Consulting Group bereits in den sechziger Jahren entwickelt. Aufgrund ihrer Einfachheit und Anschaulichkeit ist sie trotz starker Kritik[45] weiterhin sehr verbreitet. Unternehmen, die in verschiedenen Geschäftsfeldern tätig sind (Diversifikation), können diese in ein zweidimensionales Raster, der Marktwachstum-Marktanteil-Matrix einordnen (siehe Abbildung 10-8).

Je nach Einordnung in einen der vier Quadranten ergeben sich für das Unternehmen empfohlene Normstrategien (vgl. Steinmann/Schreyögg 2005, S. 247 ff.).

- **Stars**

  Dies sind Geschäftsfelder, die einen relativ hohen Marktanteil in schnell wachsenden Märkten aufweisen. Im Rahmen der vier Quadranten ist dies die günstigste Position. Um die Marktstellung zu sichern, muss sich das interne Wachstum am Marktwachstum orientieren. Die hohen erwirtschafteten Gewinne sind daher zu reinvestieren.

  Normstrategie: investieren

- **Fragezeichen**

  Diese Geschäftsfelder sind in wachsenden, attraktiven Märkten nur mit einem geringen relativen Marktanteil vertreten. Zur Erhöhung des Marktanteils sind erhebliche Investitionen erforderlich. Das Unternehmen muss entscheiden, welche der Produkte den erforderlichen Mitteleinsatz rechtfertigen und welche vom Markt genommen werden sollten.

  Normstrategie: selektieren

45 Ein Hauptkritikpunkt ist die Vernachlässigung der Zentralkategorie Synergien (vgl. Steinmann/Schreyögg 2005, S. 248).

Abbildung 10-8: *Produkt-Portfolio-Analyse*

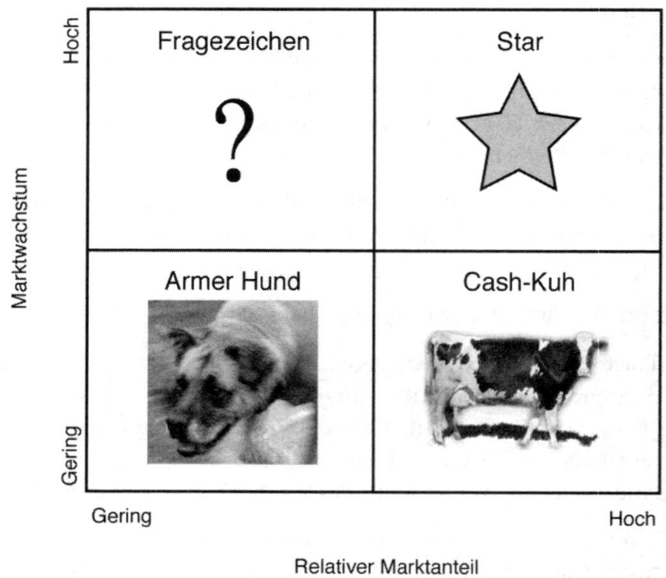

- **Cash-Kühe**

  Mit den Cash-Kühen werden aufgrund der guten Marktpostion in reifen Märkten gute Gewinne erzielt. Sie sind die tragenden Säulen des Unternehmens. Wegen der geringen Wachstumsrate des Marktes sollen keine neuen Investitionen mehr getätigt, sondern nur noch Gewinne realisiert werden.

  Normstrategie: abschöpfen

- **Arme Hunde**

  Die „armen Hunde" bekleiden die schlechteste der vier möglichen Positionen in der Matrix, da sie eine ungünstige Wettbewerbsposition in unattraktiven Märkten aufweisen. Aufgrund dieser negativen Konstellation lassen sich mögliche Investitionen regelmäßig nicht amortisieren. Das Unternehmen sollte daher einen Marktaustritt erwägen.

  Normstrategie: deinvestieren

Aus den möglichen strategischen Alternativen ist eine Auswahl der geeigneten Strategie(n) vorzunehmen. Kriterien für die Auswahl sind hierbei nicht nur die prognostizierte Profitabilität und die Unternehmenswertsteigerung, sondern auch Randbedingungen wie Machbarkeit, Akzeptanz und ethische Vertretbarkeit (vgl. Steinmann/Schreyögg 2005, S. 263 f.).

10.3.6 Strategieumsetzung

Die konkrete Umsetzung der gewählten Strategien (**Strategieimplementierung**) gilt als besonders anspruchsvolle Aufgabe im Rahmen den Managementprozesses, da hierzu nicht nur die Entwicklung strategischer Programme erforderlich ist, sondern auch organisatorische und personelle Voraussetzungen geschaffen werden müssen. Die Strategieimplementierung umfasst daher drei Planungsschritte, wie Abbildung 10-9 zeigt:

Abbildung 10-9: *Planungsschritte zur Strategieumsetzung*

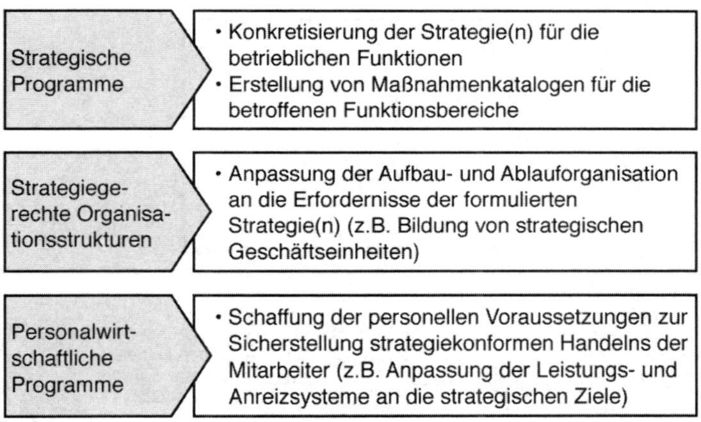

Durch die Entwicklung der strategischen Programme und des Maßnahmenkatalogs wird die Strategie auf die betrieblichen Funktionen heruntergebrochen. Es gilt als kritischer Erfolgsfaktor der Strategieimplementierung, dass möglichst viele Mitarbeiter in diesen Transformationsprozess umfassend einbezogen werden (vgl. Breisig 2006, S. 208). Hierzu gehört auch die möglichst breite Kommunikation der Unternehmensstrategie und der Implementierungsschritte, die durch die Nutzung der sog. Balanced Scorecard unterstützt werden kann.

Die **Balanced Scorecard** ist ein Managementsystem, das der Umsetzung der Unternehmensstrategie mit Hilfe eines Kennzahlensystems dient. Die Leistung eines Unternehmens wird hierbei als Gleichgewicht (Balance) zwischen der Finanzwirtschaft, den

Kunden, der Geschäftsprozesse und der Mitarbeiter[46] (vier Perspektiven) gesehen, die auf einem Berichtsbogen (Scorecard) dargestellt werden (siehe Abbildung 10-10). Für jede Perspektive wird ein strategischer Handlungsrahmen entworfen, von dem dann strategische Einzelziele, deren Messgrößen (Kennzahlen), operative Zielwerte und Aktionsprogramme abgeleitet werden. Die Balanced Scorcard ermöglicht einen ganzheitlichen Ansatz der Unternehmenssteuerung. Mit ihr können nicht nur die „harten" finanzwirtschaftlichen Steuerungsgrößen, sondern auch „weiche", besonders wichtige Aspekte der Wertschöpfung wie Kundenbeziehungen, Innovationskraft oder Mitarbeitermotivation gemessen werden. Wie das nachfolgende Beispiel der Mitarbeiterperspektive der Balanced Scorecard der Deutschen Lufthansa AG zeigt (siehe Abbildung 10-11), werden zur Reduzierung der Komplexität innerhalb der jeweiligen Perspektive zumeist nur wenige, relevante Kennzahlen erhoben.

Abbildung 10-10: *Standardmodell der Balanced Scorecard (Kaplan/Norton 1997, S. 9)*

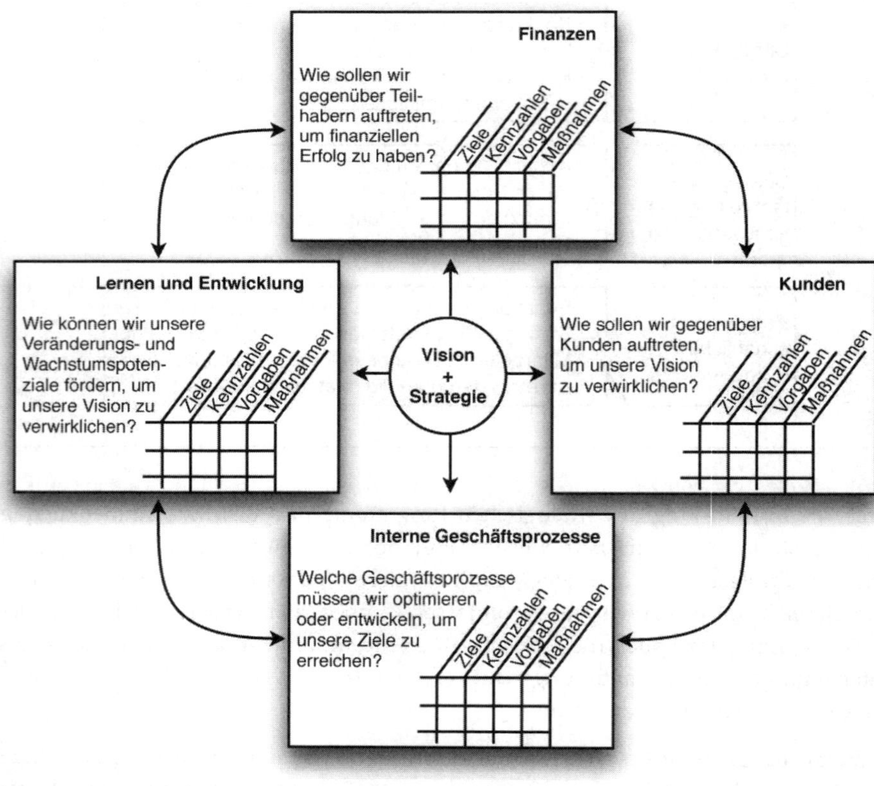

46 Nach dem klassischen Modell von Kaplan/Norton als Lern- und Entwicklungsperspektive bezeichnet.

Abbildung 10-11: Mitarbeiterperspektive der BSC der Deutschen Lufthansa AG (Wunderer/Jaritz 2002, S. 346)[47]

	Strategische Ziele	Messgrößen	Operative Ziele	Strategische Initiativen
Mitarbeiter	• Mitarbeiterengagement • Führungsqualität • Dienstleistungskultur	• Employee Commitment Index • Führungspotenzial • Branchenweiter Vergleich aus Kundensicht	• Steigerung des ECI um X Prozentpunkte p.a. • X-%ige Erweiterung d. dezentralen Führungskompetenz in 3 Jahren • Unter den 5 Anbietern mit der höchsten Dienstleistungsorientierung	• Projekt „Mitarbeiter im Fokus" • Hierarchieübergreifendes Job-Rotation-Programm • Verankerung dienstleistungsbezogener Einstellungsverfahren und -kriterien

10.3.7 Strategische Kontrolle

Die **strategische Kontrolle**[48] hat die Aufgabe, die Einhaltung der strategischen Ziele und Pläne zu überwachen. Hierzu reicht es unter zeitlichen und sachlichen Gesichtspunkten nicht aus, lediglich eine Feedback-Kontrolle (ex-post) durchzuführen (vgl. Steinmann/Schreyögg 2005, S. 274 ff.):

- **Zeitlicher Aspekt**

  Die Kontrollinformationen, die aus den Ergebnissen der bereits realisierten Maßnahmen gewonnen werden, kommen zu spät, so dass der richtige Zeitpunkt für die Anpassung der Pläne versäumt wird.

- **Sachlicher Aspekt**

  Positive Kontrollergebnisse (Soll-/Ist-Übereinstimmung) können trügerisch sein, da eventuell bereits eingetretene Änderungen der der Planung zugrundeliegenden Faktoren unentdeckt bleiben.

47 Unter Employee Commitment wird die Identifikation der Mitarbeiter mit ihrem Unternehmen oder mit Unternehmensteilen verstanden. Ein hohes Commitment der Mitarbeiter korreliert mit einem überdurchschnittlichen Engagement und ist daher ein wichtiger Leistungsindikator.

48 Siehe hierzu auch Kapitel 9.2 (strategisches Controlling)

Erforderlich ist vielmehr eine den gesamten Planungs- und Realisierungsprozess begleitende Kontrolle. Sinnvoll ist ein System der strategischen Kontrolle, welches drei Kontrolltypen beinhaltet (siehe Abbildung 10-12)

Abbildung 10-12: *Strategischer Kontrollprozess (Steinmann/Schreyögg 2005, S. 280)*

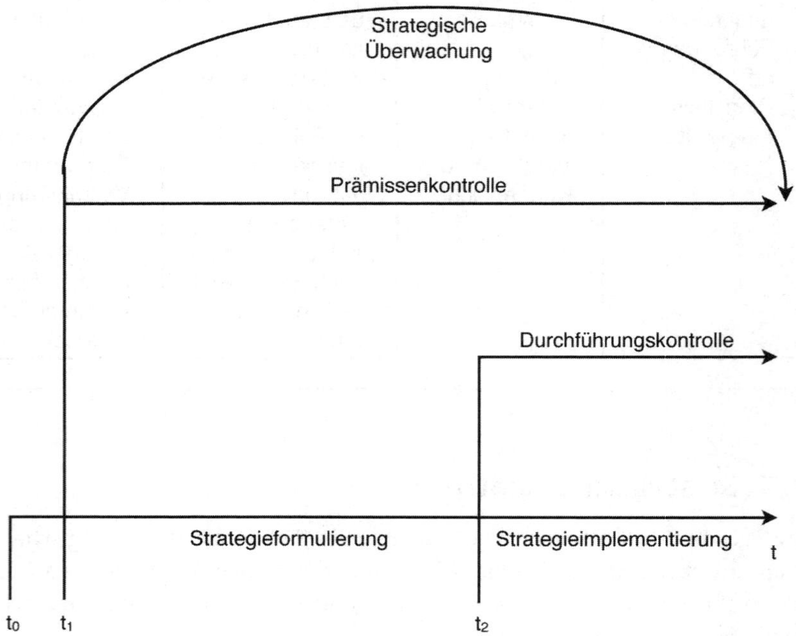

- **Prämissenkontrolle**

  In t_0 beginnt der strategische Planungsprozess. In t_1 ist das Setzen von Prämissen (Annahmen) erforderlich, um die Entscheidungssituation zu strukturieren. Diese Annahmen können sich z.B. auf Produktionsverfahren oder Marktkapazitäten beziehen. Mit der strategischen Prämissenkontrolle werden die Planungsannahmen laufend auf ihre Gültigkeit hin überprüft. Die Prämissenkontrolle begleitet den strategischen Planungsprozess vom Beginn der Strategieformulierung bis zum Abschluss der Strategieimplementierung.

- **Durchführungskontrolle**

  Die strategische Durchführungskontrolle setzt zu Beginn der Strategieimplementierung (t_2) ein und überwacht fortlaufend die Wirkungen der realisierten Planungsschritte. Als Maßstab dienen strategische Zwischenziele (Meilensteine).

- **Strategische Überwachung**

  Die strategische Überwachung soll als ungerichtete Gesamtkontrolle die externe und interne Umwelt auf bisher vernachlässigte bzw. unvorhergesehene Ereignisse absuchen (scannen), um Bedrohungen für die gewählte strategische Orientierung zu identifizieren. Als „strategisches Radar" ist sie nicht auf ein bestimmtes Kontrollobjekt bezogen.

10.4 Organisation

Ein Unternehmen ist ein komplexes, sozio-technisches System, welches Regeln und Ordnungen benötigt, um ein zielführendes Zusammenwirken der betrieblichen Akteure zu ermöglichen. In der betriebswirtschaftlichen Organisationslehre wird **Organisation** als ein dauerhaftes arbeitsteiliges System verstanden, in dem die personalen (menschlichen) und/oder sachlichen (technischen) Aufgabenträger als Systemelemente zur Erfüllung der Unternehmensaufgabe untereinander verbunden sind.

Es werden drei Formen der Organisation unterschieden:

- **Aufbauorganisation** (Die hierarchischen Strukturen eines Unternehmens)
- **Projektorganisation** (Die Strukturierung von Systemen als Einzelvorhaben)
- **Prozess- bzw. Ablauforganisation** (Die Prozesse der Leistungserstellung)

10.4.1 Aufbauorganisation

Die **Aufbauorganisation** dient der Schaffung grundlegender Strukturen und Ordnungen. Mit ihr wird der institutionelle Rahmen eines Unternehmens geschaffen. Zur Gestaltung der Aufbauorganisation wird die Gesamtaufgabe des Unternehmens in einzelne Bestandteile zerlegt (**Aufgabenanalyse**). Hierzu dient u.a. die Verrichtungsanalyse, bei der jeder Handgriff im Produktionsprozess (z.B. der Motorenfertigung eines Automobilherstellers) erfasst wird. Die so identifizierten Einzelaufgaben sind den Stellen, als den kleinsten Organisationseinheiten zuzuordnen (**Aufgabensynthese**). Da einer Stelle jeweils nur einzelne (Teil-) Aufgaben zugeordnet werden können, müssen diese in größere Leistungseinheiten, wie etwa Abteilungen und Bereiche zusammengeführt werden. Hieraus ergeben sich die Organisationsstrukturen eines Unternehmens, welche sich in Organigrammen visualisieren lassen.

Es werden grob drei Organisationsformen unterscheiden:

10.4.1.1 Funktionale Organisation

Bei der **funktionalen Organisation**, die sich vor allem in kleinen und mittleren Unternehmen findet, erfolgt der Aufbau nach Verrichtungen bzw. Funktionen. Hierbei wird zumeist von den Kernfunktionen des Unternehmens ausgegangen: Beschaffung, Forschung und Entwicklung, Produktion, Absatz und Personal usw..

Abbildung 10-13: *Funktionale Organisation*

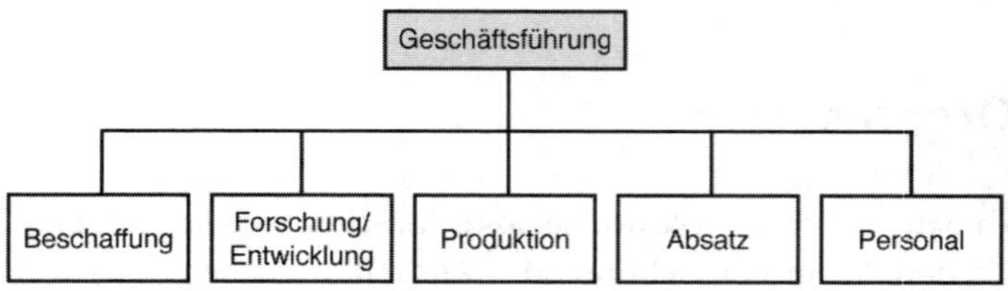

10.4.1.2 Divisionale Organisation

Die **divisionale Organisation**, die auch Geschäftsbereichs- oder Spartenorganisation genannt wird, zeichnet sich durch eine Gliederung nach Objekten aus. Häufig erfolgt eine Aufteilung nach Produkten oder Produktgruppen. Zumeist sind größere Unternehmen mit einem heterogenen Produktprogramm divisional organisiert. Die einzelnen Geschäftsbereiche (Divisions) sind hierbei häufig für die entstehenden Kosten (Cost-Center) und/oder für das ihnen zurechenbare wirtschaftliche Ergebnis (Profit-Center) verantwortlich.

Abbildung 10-14: *Divisionale Organisation*

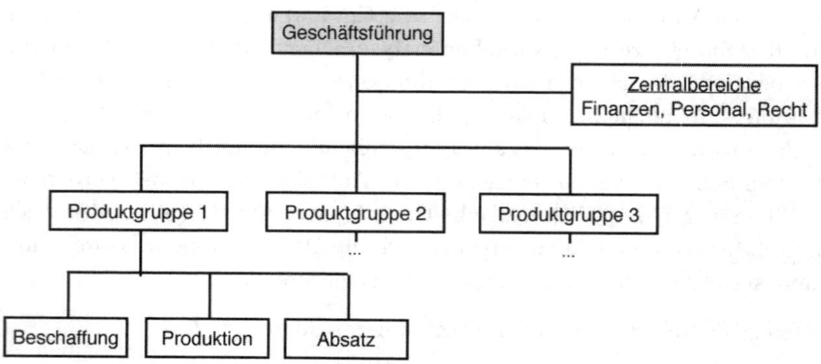

10.4.1.3 Matrix-/Tensororganisation

Die Matrixorganisation zeichnet sich durch eine gleichzeitige Verrichtungs- und Objektorientierung aus. Zumeist bildet eine funktionale Organisation die vertikale Grunddimension, über die eine z.B. nach Produkten oder Produktgruppen gegliederte Objektdimension gelegt wird. Während die funktionale und die divisionale Organisation zumeist sog. Einlinienorganisationen sind, bei der Stellen und Abteilungen in einem einheitlichen Instanzenweg eingegliedert sind, zählt die Matrixorganisation zu den sog. Mehrliniensystemen. Hierbei weisen Objekte und Funktionen gleichberechtigte Weisungsbefugnisse auf, so dass ein System sich kreuzender Weisungslinien entsteht (siehe Abbildung 10-15). Kommt noch mindestens eine dritte Dimension (z.B. Kunden oder Regionen) hinzu, so spricht man von einer Tensororganisation.

Abbildung 10-15: *Matrixorganisation*

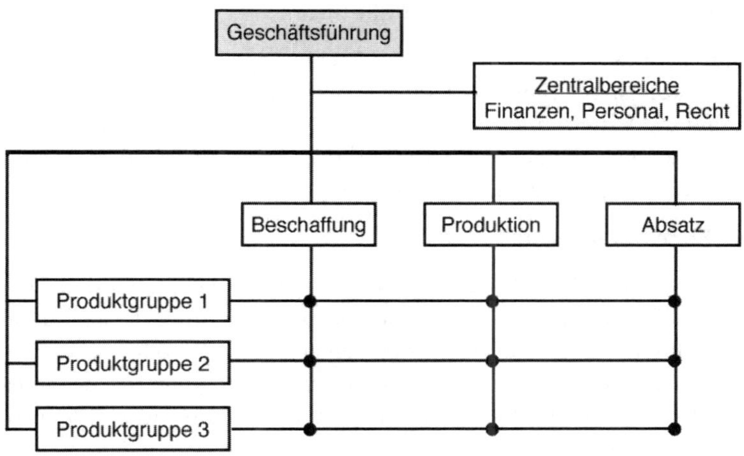

10.4.2 Projektorganisation

Die Schaffung dauerhafter Strukturen in einem Unternehmen (sog. Primärorganisationen) dient vor allem der Bearbeitung der Daueraufgaben. Daneben sind in einem Betrieb zahlreiche Spezialaufgaben zu bearbeiten, die durch Neuartigkeit und Komplexität gekennzeichnet sind. Im Hinblick auf die Einmaligkeit der Aufgaben werden zumeist temporäre Projektorganisationen (sog. Sekundärorganisationen) gebildet.

Die DIN 69901 definiert ein **Projekt** als "Vorhaben, das im Wesentlichen durch die Einmaligkeit der Bedingungen in ihrer Gesamtheit gekennzeichnet ist, wie z.B. Zielvorgabe, zeitliche, finanzielle, personelle und andere Begrenzungen, Abgrenzung gegenüber anderen Vorhaben, projektspezifische Organisation."

Unter **Projektorganisation** wird die Organisation verstanden, innerhalb derer das Projekt realisiert wird. Sie lässt sich grob in drei Aufgaben- und Verantwortungsbereiche untergliedern:

- **Projektleitung**

  Die Projektleitung ist für die operative Planung und Steuerung des Projektes verantwortlich.

- **Projektteam**

  Das Projektteam übernimmt die eigentliche Projektarbeit.

- **Lenkungsausschuss**

  Der Lenkungsausschuss ist zumeist als übergeordnetes Gremium ausgestaltet, welches der Projektförderung und –kontrolle dient.

Die Projektorganisation hat dem Umstand Rechnung zu tragen, dass Projekte häufig in ihrem Wirkungsgeschehen die Grenzen definierter Unternehmensbereiche überschreiten und die Mitwirkung verschiedener Spezialisten sowie auch die gemeinsame Nutzung vorhandener Ressourcen erfordern (vgl. Schreyögg 2003, S. 192 ff.). Diesen Anforderungen genügen insbesondere zwei Organisationsformen:

- **Matrix-Projektorganisation**

  Bei der Matrix-Projektorganisation wird die Primärorganisation (z.B. Funktional- oder Divisionalorganisation) von einer horizontalen Projektorganisation überlagert. Hierdurch wird ein hohes Maß an gemeinsamer Ressourcennutzung gewährleistet. Wie generell bei Matrixorganisationen, liegt ein Hauptnachteil dieser Organisationsform in der problematischen Kompetenzabgrenzung zwischen Projekt- und Primärorganisation.

- **Reine Projekt-Organisation**

  Bei der reinen Projektorganisation wird für jedes Projekt eine neue, eigenständige Abteilung geschaffen, die nur für dieses eine Projekt zuständig ist. Diese Organisationsform wird häufig bei langfristigen und komplexen Projekten gewählt (z.B. Entwicklung eines neuen Verkehrsflugzeuges).

Die Festlegung der Projektorganisation ist eine Teilaufgabe des Projektmanagements, welches sämtliche Tätigkeiten erfasst, die für die erfolgreiche Abwicklung eines Projektes erforderlich sind. Die DIN 69901 definiert entsprechend **Projektmanagement** als die „Gesamtheit von Führungsaufgaben, -organisation, -techniken und -mittel für die Abwicklung eines Projektes".

Zu den zentralen Aufgaben des Projektmanagements zählt die Steuerung des Projektprozesses, der die Phasen Projektvorbereitung, -planung, -auslösung, -durchführung und -abschluss umfasst (siehe Abbildung 10-16). In jeder dieser Phasen ist eine Projektkontrolle im Sinne eines Soll-/Ist-Vergleichs notwendig, um bei festgestellten Abweichungen zeitnah Anpassungs- bzw. Korrekturmaßnahmen vornehmen zu können.

Abbildung 10-16: *Wichtige Phasen des Projektprozesses*

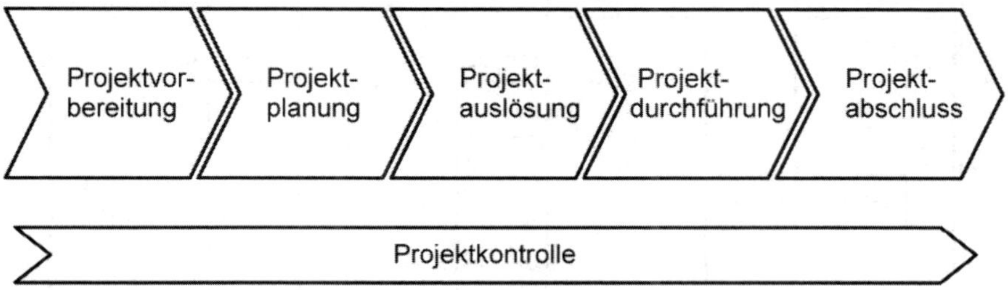

10.4.3 Prozess-/Ablauforganisation

Im Zentrum der prozessorientierten Unternehmensgestaltung steht die Prozessorganisation. Die **Prozessorganisation** befasst sich mit der Koordination der personellen, zeitlichen und räumlichen Aspekte der Aufgabendurchführung (wer macht was wann und womit). Sie kann als Weiterentwicklung der **Ablauforganisation** angesehen werden, wonach die Arbeitsabläufe innerhalb der bestehenden Aufbauorganisation zu gestalten waren. Aufgrund der zunehmenden Anforderungen an Unternehmen, möglichst flexibel und schnell auf z.B. Marktveränderungen zu reagieren, ist es sinnvoll, zunächst die Prozesse eines Unternehmens zu identifizieren und zu optimieren (vgl. Bea/Dichtl/Schweitzer 2001, S. 158 f.). Diese bilden dann die Basis für die Gestaltung der Aufbauorganisation („structure follows process").

Die Prozessorganisation lässt sich anhand von drei Merkmalen charakterisieren:

- **Strategische Ausrichtung** (Gestaltung der Unternehmensprozesse ist strategiegeprägt)
- **Prozesse prägen Aufbaustrukturen** (Aufbaurorganisation orientiert sich an den Kernprozessen)
- **Prozesse sind zumeist bereichsübergreifend** (wie der funktionsübergreifende Prozess der Auftragsabwicklung in Abbildung 10-17 zeigt)

Abbildung 10-17: *Funktionsübergreifender Prozess der Auftragsabwicklung (Bea/Dichtl/Schweitzer 2001, S. 163)*

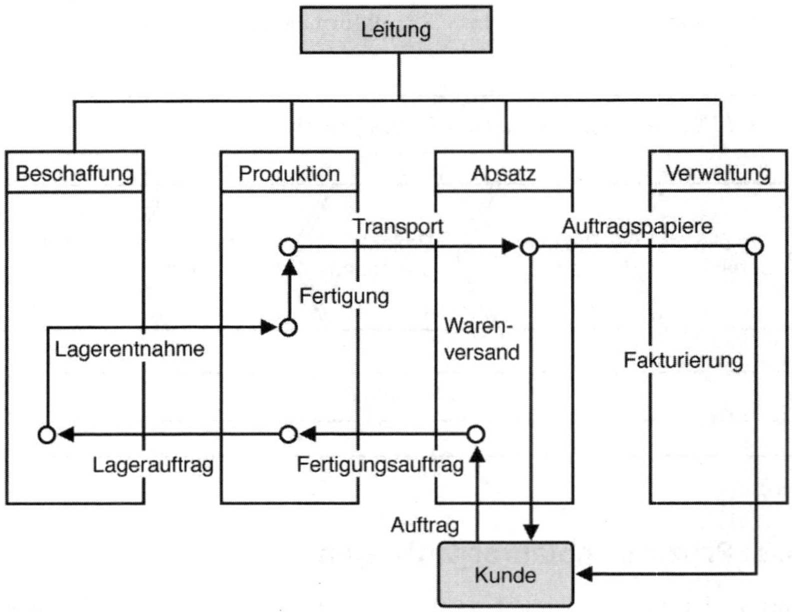

Die Konzentration auf die Prozessorganisation findet sich in verschiedenen Unternehmenskonzepten, wie etwa dem **Supply Chain Management** wieder. Es beinhaltet die unternehmensübergreifende Steuerung und Optimierung der Beschaffungs-, Produktions- und Logistikprozesse, die für die Erstellung eines Produktes oder einer Dienstleistung erforderlich sind. Die aktive Gestaltung der Kundenbeziehungen ist das zentrale Anliegen des **Customer Relationship Management**. Ein wichtiges Ziel ist hierbei die Verbesserung der Kundenbindung bzw. -rückgewinnung. Ein vollständiges Redesign aller Unternehmensprozesse wird mit dem Ansatz des sog. **Business Reengineering** verfolgt. Ein wichtiger Aspekt ist hierbei die Ausrichtung aller Prozesse auf die Kunden.

Die Aufgabe des **Prozessmanagements** ist die Planung, Entwicklung, Lenkung und Gestaltung (Verbesserung) von Prozessen. Die Zielsetzung des Prozessmanagements ist die Verbesserung der Prozessqualität sowie die Reduzierung von Zeit und Kosten.

Eine Aufgabe lässt sich in Aktivitäten unterteilen, welche die Grundbestandteile eines (Arbeits-)prozesses bilden. Ein **Prozess (Geschäftsprozess)** ist danach die inhaltlich abgeschlossene, zeitliche und sachlogische Folge von Aktivitäten, die direkt oder indirekt der Erstellung von Gütern oder Dienstleistungen dienen (vgl. Becker/Kahn 2002,

S. 6). Ein Geschäftsprozess ist z.B. die Kreditvergabe einer Bank. Die Prozesse, die für den Unternehmenserfolg von entscheidender Bedeutung sind, werden auch als **Kernprozesse** bezeichnet.

Zur (Neu-)Gestaltung der Kernprozesse ist zunächst eine **Prozessanalyse** vorzunehmen, worunter die Ermittlung und Beurteilung der Arbeitsabläufe zu verstehen ist. Im Rahmen der Prozessanalyse werden die Ebenen der Makro- und der Mirkoanalyse unterschieden (siehe Bea/Dichtl/Schweitzer 2001 S. 165). Während sich die Makroanalyse mit der unternehmensübergreifenden Prozessarchitektur sowie den Schnittstellen zwischen den identifizierten Kernprozessen befasst, stehen bei der Mirkoanalyse die jeweiligen Prozesse und Teilprozesse im Fokus der Betrachtung. Die Analyse erfolgt im Hinblick auf die logische Abfolge der Aktivitäten sowie deren zeitlicher und räumlicher Struktur.

Bei der **Prozessgestaltung** steht die Ausrichtung der Prozesse an den Kundenbedürfnissen im Vordergrund. (Prozess-)Kunden können hierbei sowohl externe als auch interne Kunden sein. Die Gestaltung (Optimierung) der Prozesse kann in organisatorischer, technischer und personeller Hinsicht erfolgen.

Um Prozesse zielorientiert entwickeln, lenken und gestalten zu können, bedarf es verschiedener Prozessebenen, wie Abbildung 10-18 zeigt. Die Managementprozesse führen die Hauptprozesse, die wiederum von den Supportprozessen (z.B. Informationsversorgung) unterstützt werden.

Abbildung 10-18: *Zusammenwirken verschiedener Prozessebenen*

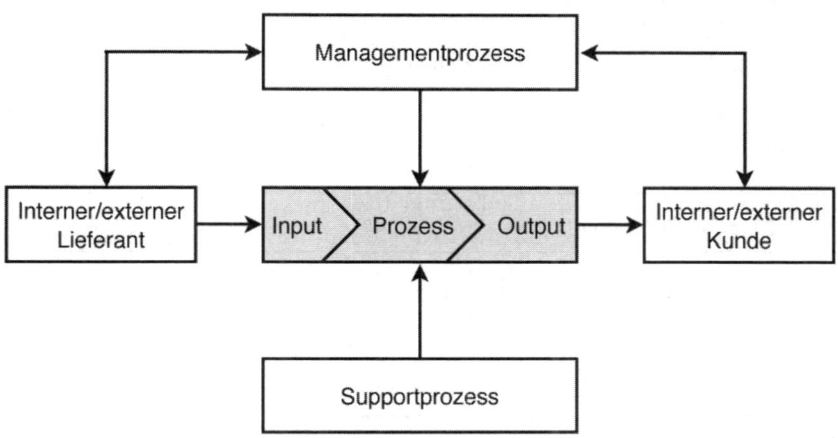

10.5 Personalführung

Die **Personalführung** ist der personenbezogene Teil der Unternehmensführung. Sie dient dazu, dass Verhalten der Mitarbeiter eines Unternehmens zielorientiert zu beeinflussen.

Es lassen sich grob zwei Arten der Einflussnahme unterscheiden:

- **Führung durch Strukturen**

  Die zielbezogene Beeinflussung erfolgt hierbei indirekt durch Strukturen, die Aktivitäten steuern und koordinieren. Zu diesen Strukturen gehören Organigramme, Stellenbeschreibungen und Verfahrensvorschriften. Auch Anreizsysteme, wie leistungsorientierte Vergütungssysteme zählen hierzu. Am Beispiel der Fließbandarbeit wird deutlich, wie umfangreich das Verhalten der Mitarbeiter durch Strukturen vorgegeben werden kann. Durch die Gestaltung der Technik wird genau festgelegt, wie und wann jeder einzelne Handgriff auszuführen ist.

- **Führung durch Menschen**

  Bei der direkten Personalführung erfolgt die Beeinflussung durch Kommunikation zwischen Personen bzw. Gruppen. Die zielbezogene Beeinflussung erfolgt nicht einseitig, sondern wechselseitig (interaktiv) zwischen Vorgesetztem und Mitarbeiter.

10.5.1 Führungserfolg

Der **Führungserfolg** lässt sich am Verhalten und den Einstellungen der geführten Mitarbeiter (z.B. Zufriedenheit, Commitment, Engagement bzw. Loyalität) sowie betriebswirtschaftlicher Effektivität und Effizienz bestimmen.

Wie Abbildung 10-19 zeigt, wird der Führungserfolg von der Person des Führenden, seinem Führungsverhalten und der Führungssituation beeinflusst.

Abbildung 10-19: *Beeinflussung des Führungserfolgs*

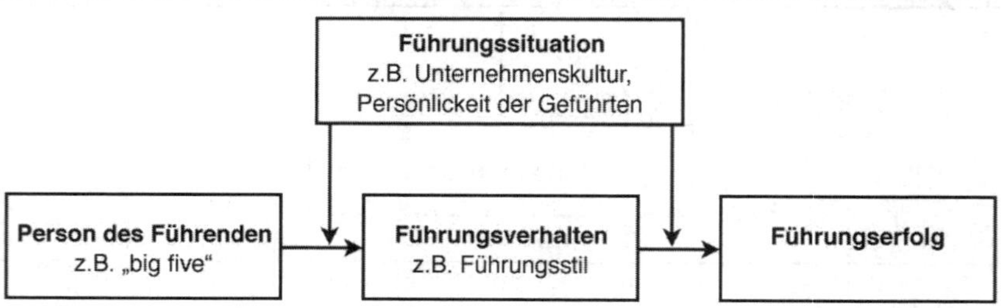

10.5.2 Die Person des Führenden

Die Vertreter der sog. „Eigenschaftstheorie" sind davon ausgegangen, dass es allein bestimmte Eigenschaften des Führenden sind, die den Führungserfolg bedingen. Trotz einhelliger Kritiken an diesem monokausalen Modell (vgl. v. Rosenstiel 2003, S. 7 ff.), hat insbesondere die Diskussion um die **charismatische Führung** die Person des Führenden wieder stärker in den Blickpunkt gerückt. Die Verunsicherungen, die durch die tiefgreifenden Veränderungen etwa im Zuge der Globalisierung ausgelöst wurden, haben den Ruf nach einer charismatischen Führungspersönlichkeit, die durch ihre persönliche Ausstrahlung Motivation und Zuversicht vermittelt, lauter werden lassen (vgl. Wunderer 2006, S. 25 f.). Auch wenn die charismatische Führung insbesondere in Krisensituationen durchaus positive Effekte zeigen kann, ist sie nicht als Führungskonzept auf breiter Basis geeignet. Dafür dürfte bereits der Anteil der Charismatiker unter der Erwerbsbevölkerung zu gering sein.

Bei aller Kritik an der Überbetonung der Führungsperson ist zu konstatieren, dass der Führungserfolg *auch* von den Eigenschaften der Führenden abhängt. Fraglich ist, welche Eigenschaften ausschlaggebend sind. Nach einer über 60 Länder umfassenden Studie besteht international große Einigkeit über die gewünschten Führungseigenschaften (vgl. Wunderer 2006, S. 23 f.). So konnten Integrität, Vision, Inspiration, Leistungs- und Teamorientierung als Merkmale herausragender Führungspersönlichkeiten identifiziert werden. Demgegenüber wurde narzisstischen, autokratischen und rücksichtslosen Personen generell nur eine geringe Führungskompetenz zugeschrieben.

In den neueren Studien der Führungsforschung konnten fünf abstrakte Faktoren nachgewiesen werden, die einen korrelativen Bezug zum Führungserfolg aufweisen (sog. „big five", siehe Wunderer 2006, S. 139):

- **Emotionale Stabilität** (unbekümmert, mutig, optimistisch, gelassen)
- **Extraversion** (aktiv, impulsiv, gesellig, dominant, überzeugend, gesprächig)
- **Offenheit für Erfahrungen** (einfallsreich, vielseitig, aufgeschlossen, intellektuell)
- **Verträglichkeit** (freundlich, flexibel, vertrauensvoll, kooperativ)
- **Gewissenhaftigkeit** (verlässlich, sorgfältig, organisiert, ausdauernd)

10.5.3 Führungsverhalten

Die Vertreter der sog. Verhaltenstheorien sehen nicht die Eigenschaften einer Führungskraft als erfolgsbestimmend an, sondern sein Verhalten. Ein bestimmtes, regelmäßig wiederkehrendes Verhaltensmuster einer Führungskraft gegenüber seinen Mitarbeitern wird als **Führungsstil** bezeichnet. Die Frage nach dem „richtigen" Führungsstil hat lange Zeit die Diskussion in der Führungsforschung dominiert.

10.5.3.1 Autoritärer versus kooperativer Führungsstil

Nach dem sog. **Kontinuum** von Tannenbaum/Schmidt (vgl. Tannenbaum/Schmidt 1958, S. 96) kann eine Unterteilung der Führungsstile nach dem Grad der Beteiligung der unterstellten Mitarbeiter am Einscheidungsprozess vorgenommen werden (siehe Abbildung 10-20).

Abbildung 10-20: *Kontinuum nach Tannenbaum/Schmidt*

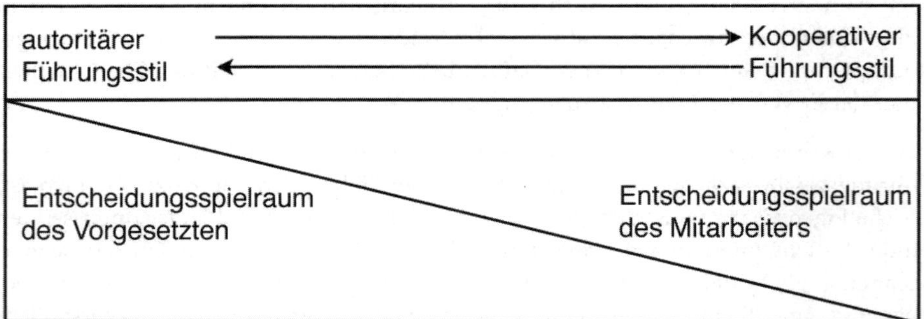

1.	2.	3.	4.	5.	6.	7.
Vorgesetzter entscheidet und teilt seine Entscheidung mit	Vorgesetzter leistet Überzeugungsarbeit, bevor er anordnet	Vorgesetzter gestattet Fragen, um Akzeptanz zu erreichen, danach entscheidet er allein	Vorgesetzter präsentiert eine vorläufige Entscheidung, Mitarbeiter können ihre Meinung äußern, dann entscheidet allein der Vorgesetzte	Vorgesetzter zeigt das Problem auf, erhält von den Mitarbeitern Lösungsvorschläge und entscheidet sich für den seiner Meinung nach besten Vorschlag	Vorgesetzter definiert den Entscheidungsspielraum und fordert die Mitarbeiter auf, die Entscheidung selbst zu treffen	Vorgesetzter gestattet den Mitarbeitern in systembedingten Grenzen frei zu entscheiden und zu handeln

Der autoritäre und der kooperative Führungsstil bilden hierbei die Extreme, während zwischen den Polen je nach Abstufung unterschiedlich viele Führungsstile differenziert werden können. Der **autoritäre Führungsstil** ist dadurch geprägt, dass dem Vorgesetzten die alleinige Entscheidungskompetenz zusteht und die Entscheidungen durch Anordnungen (Befehle) umgesetzt werden. Der **kooperative Führungsstil** bildet hierzu den Gegenpol, da hier der jeweilige Mitarbeiter entscheidet und der Vorgesetzte als Koordinator fungiert.

10.5.3.2 Verhaltensgitter (Managerial Grid)

Studien an der Ohio State University (USA) aus den 50er Jahren haben ergeben, dass jeder Führungsstil durch die Dimensionen Mitarbeiterorientierung und Aufgabenorientierung gekennzeichnet werden kann.

- **Mitarbeiterorientierung**

  Hierunter ist ein Verhalten der Führungskraft gegenüber dem Mitarbeiter zu verstehen, welches von Vertrauen, Respekt, Mitgefühl und Unterstützung getragen ist. Im Vordergrund steht also die soziale Beziehung zwischen der Führungskraft und seinem Mitarbeiter.

- **Aufgabenorientierung**

  Die Aufgabenorientierung umfasst diejenigen Verhaltensweisen, die auf Sachziele, wie etwa Produktionszahlen und Gewinngrößen, ausgerichtet sind.

Aufgaben- und Mitarbeiterorientierung sind danach zwei Dimensionen, die unabhängig voneinander bestehen können. Eine Führungskraft kann also sowohl aufgaben- als auch mitarbeiterorientiert führen.

Blake/Mouton (vgl. Blake/Mouton 1978, S. 6) haben ein Koordinatensystem entwickelt, das beide Dimensionen abbildet (**Verhaltsensgitter** bzw. **Managerial Grid** genannt). Es enthält auf der horizontalen Achse neun Grade der Aufgabenorientierung und auf der vertikalen Achse neun Grade der Mitarbeiterorientierung (siehe Abbildung 10-21).

Rechnerisch ließen sich danach 81 Kombinationen und damit 81 Führungsstile differenzieren. Als Ideal betrachten Blake/Mouton den Führungsstil 9.9, bei dem sowohl die menschliche als auch die aufgabenorientierte Ausrichtung jeweils die höchste Ausprägung erreicht. Erwartet wird hierbei eine hohe Arbeitsleistung von engagierten Mitarbeitern.

Abbildung 10-21: *Verhaltensgitter nach Blake/Mouton*

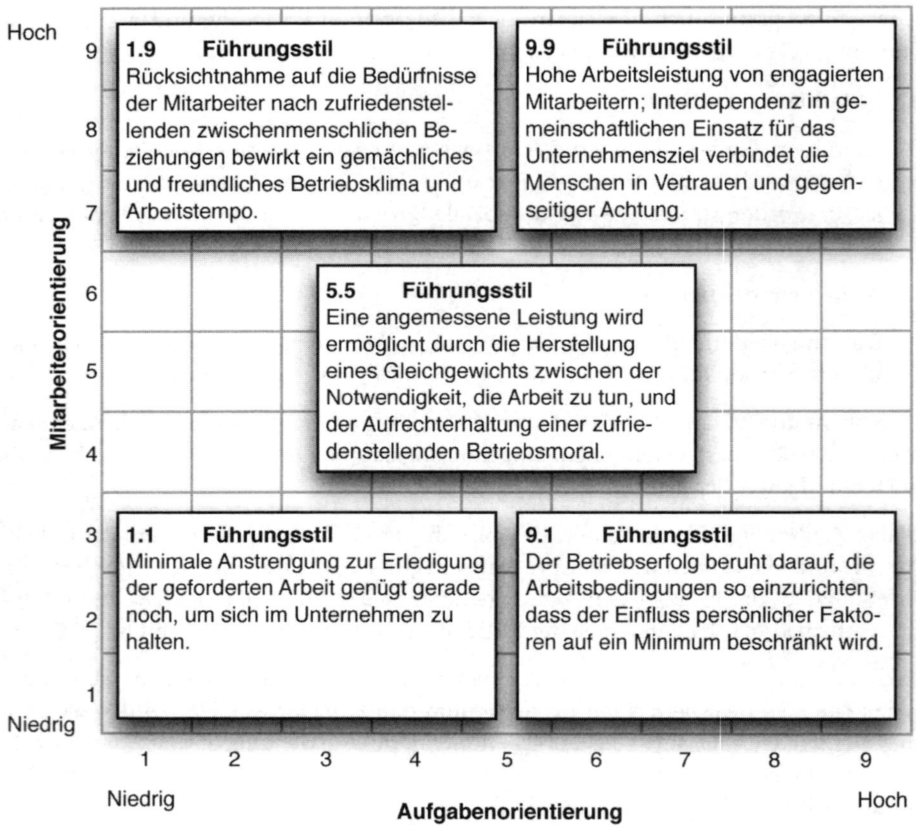

10.5.3.3 Transaktionale und transformationale Führung

In jüngerer Zeit ist ein Führungskonzept im Vordringen, das einen transaktionalen und einen transformationalen Führungsstil unterscheidet.

Dem **transaktionalen Führungsstil** liegt ein klarer Austauschprozess von Leistung und Gegenleistung zu Grunde. Jeder Mitarbeiter erhält für geforderte Leistungen eine faire, definierte Gegenleistung (sog. bedingte Belohnung). Leistung und Gegenleistung können z.B. in Form von **Zielvereinbarungen** festgelegt werden, wie es aus dem Managementkonzept „Management by Objectives" bekannt ist. Bei der Festlegung der Belohnung sollen die Ziele und Bedürfnisse des Mitarbeiters berücksichtigt werden. Der Mitarbeiter soll seine Aufgaben autonom erledigen, während die Führungskraft nur im Ausnahmefall eingreift. Dieser Aspekt ist dem Managementkonzept „Management by Exception" entlehnt.

Der **transformationale Führungsstil** ist dadurch gekennzeichnet, dass die Führungskraft die Werte und Motive ihrer Mitarbeiter auf eine höhere Ebene „transformiert" und hierdurch die Bedürfnisse und Präferenzen im unternehmerischen Sinne verändert (vgl. Wunderer 2006, S. 243 ff.). Der Fokus dieses Ansatzes liegt darauf, die emotionalen Energien aller Organisationsmitglieder zur Erreichung der unternehmerischen Ziel freizusetzen und zu bündeln. Es werden vier Komponenten dieser transformationalen Führung unterschieden:

- **Charisma**[49] (u.a. Enthusiasmus vermitteln, als Identifikationsperson wirken)
- **Inspirierende Motivierung** (u.a. über eine fesselnde Vision motivieren)
- **Intellektuelle Stimulierung** (u.a. neue Einsichten vermitteln)
- **Individuelle Wertschätzung** (u.a. Mitarbeiter individuell fördern und unterstützen)

Nach dem von Bass/Avolio (vgl. Bass 1985) entwickelten Führungskonzept schließen sich diese beiden Führungsstile nicht etwa aus, sondern ergänzen einander. Die transformationale Führung soll danach auf der transaktionalen Führung aufbauen, wie Abbildung 10-22 zeigt.

Abbildung 10-22: *Erfolgsbeeinflussung durch transaktionale und transformationale Führung*

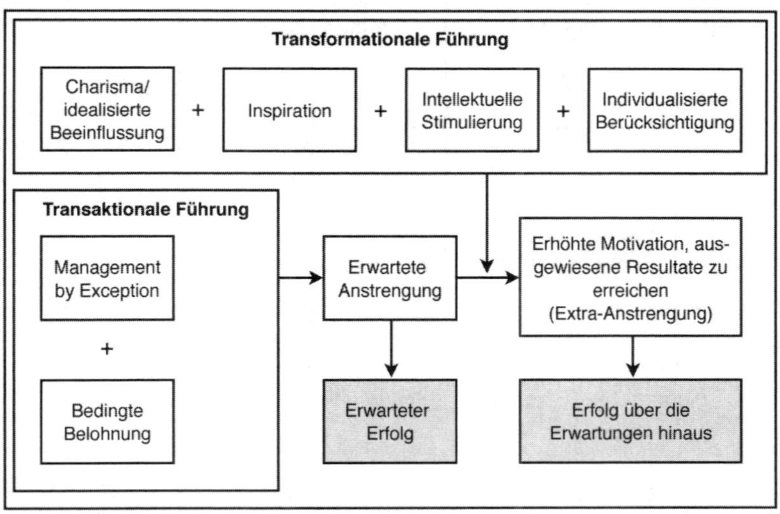

49 Die Kritik zur charismatischen Führung ist auch im Rahmen dieses Konzeptes zu erneuern. Allerdings ist Charisma hier nur eine von vier Komponenten.

Nach der These von Bass/Avolio, die in empirischen Analysen bestätigt wurde (vgl. v. Rosenstiel 2003, S. 23), kann der durch die transaktionale Führung zu erwartende Erfolg durch die transformationale Führung gesteigert werden.

10.5.4 Führungssituation

Der Führungserfolg hängt nicht nur von der Person des Führenden und seinem Führungsverhalten ab, sondern auch von der jeweiligen Führungssituation.

Es gibt keinen „one best way" der Führung, sondern unterschiedliche Gruppen- und Führungssituationen erfordern ein jeweils angepasstes Führungsverhalten. Die Führungsforschung hat versucht zu eruieren, in welchen Situationen welcher Führungsstil geeignet ist.

Nach der **situativen Führungstheorie** von Hersey/Blanchard (vgl. Hersey /Blanchard/Dewey 1996) soll der Reifegrad des jeweiligen Mitarbeiters die entscheidende Situationsvariable sein (siehe Abbildung 10-23).

Abbildung 10-23: *Das situative Führungsmodell von Hersey/Blanchard*

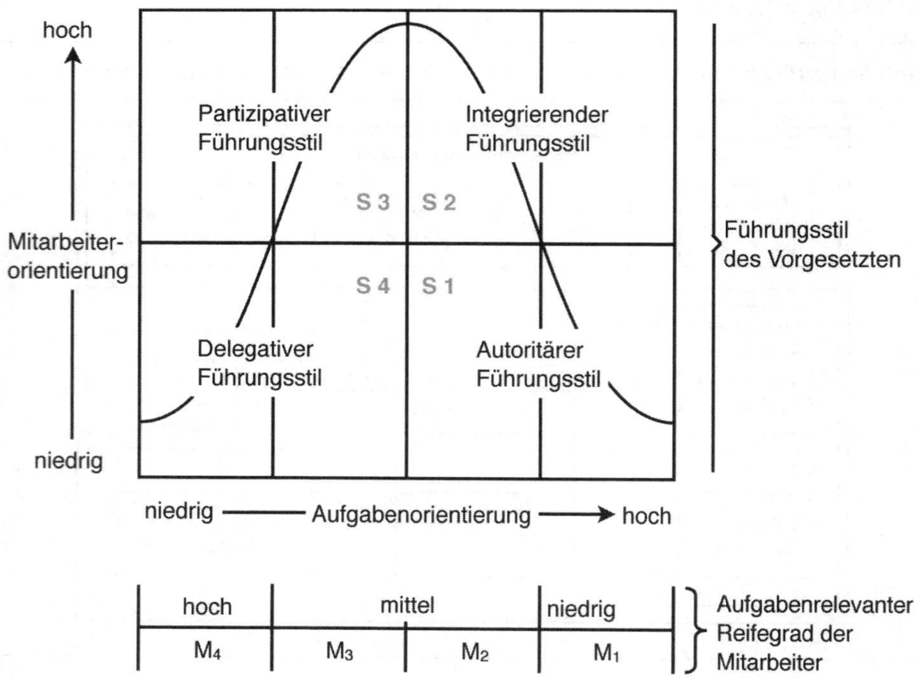

Der Reifegrad des Mitarbeiters (M1 – M4) soll von seinem Wissen, seinen Fähigkeiten und seiner Motivation abhängen. Hersey/Blanchard differenzieren danach vier Führungsstile, die mit S 1 – S 4 gekennzeichnet sind (vgl. Staehle 1999, S. 845):

- **S 1 - Autoritärer Führungsstil**

  Vorgesetzter definiert die Rollen seiner Mitarbeiter und sagt ihnen, wann sie was, wie und wo zu tun haben (geringe Mitarbeiter- und hohe Aufgabenorientierung).

- **S 2 - Integrierender Führungsstil**

  Vorgesetzter versucht über eine Zwei-Weg-Kommunikation, rationale Argumente und sozio-emotionale Unterstützung die Mitarbeiter zur Akzeptanz der Aufgabe zu bringen (hohe Mitarbeiter- und hohe Aufgabenorientierung).

- **S 3 - Partizipativer Führungsstil**

  Gemeinsame Entscheidung von Vorgesetztem und Mitarbeiter; nur noch sozio-emotionale Unterstützung notwendig (hohe Mitarbeiter- und geringe Aufgabenorientierung).

- **S 4 - Delegativer Führungsstil**

  Vorgesetzter delegiert und beschränkt sich auf gelegentliche Kontrolle (geringe Mitarbeiter- und geringe Aufgabenorientierung).

10.5.5 Managementtechniken

Die **Managementtechniken** umfassen bestimmte Gestaltungs- und Verhaltensvorschriften, die der Bewältigung der Führungsaufgaben in einem Unternehmen dienen. Diese Managementtechniken beschreiben das Führungssystem eines Unternehmens, welches für alle Mitarbeiter verbindlich ist. Die Beeinflussung des Verhaltens der Mitarbeiter soll hierbei hauptsächlich über verbindliche Regeln und festgelegte Strukturen erfolgen (indirekte Führung). In der Praxis haben die sog. „Management-by-Techniken" eine starke Verbreitung gefunden, von denen drei kurz vorgestellt werden sollen:

- **Management by Exception (MbE)**

  Hiernach handelt der Mitarbeiter im Rahmen eines zuvor definierten Aufgabenbereichs vollkommen selbständig. Die Führungskraft greift nur im Ausnahmefall ein.

- **Management by Delegation (MbD)**

  Kernbestandteil dieses Prinzips ist die möglichst weitgehende Übertragung von Aufgaben, Entscheidungen und Verantwortung auf untere Hierarchieebenen.

- **Management by Objectives (MbO)**

  Hierunter wird die Führung durch Ziele bzw. Zielvereinbarungen verstanden, die in der Praxis eine besonders starke Verbreitung gefunden hat. Aus den Unternehmenszielen abgeleitete Mitarbeiterziele werden zwischen der Führungskraft und seinen Mitarbeitern vereinbart, die innerhalb einer festen Zeitvorgabe erreicht werden sollen. Häufig wird in Abhängigkeit vom jeweiligen Zielerreichungsgrad ein sog. Zielbonus als variable Vergütungskomponente gewährt.

10.6 Risikomanagement

Eine zunehmende Bedeutung im Rahmen der Unternehmensführung erfährt das **Risikomanagement**. Es hat den planvollen Umgang mit Risiken zur Aufgabe. Unter Risiko ist allgemein die Möglichkeit ungünstiger zukünftiger Entwicklungen zu verstehen. Das Risiko ist unter Beachtung von Eintrittswahrscheinlichkeiten und Wirkungszusammenhängen monetär zu bewerten. Es lassen sich grob vier Risikoarten unterscheiden:

- **Finanzrisiken**

  Zu den Finanzrisiken gehören die Marktrisiken (z.B. Aktienkursrisiko, Zinsänderungsrisiko und Fremdwährungsrisiko), Kreditrisiken (z.B. Risiko der Bonitätsveränderung einer Vertragspartei) und Liquiditätsrisiken (z.B. Risiko der Unternehmensliquidität).

- **Operationale Risiken**

  Hierzu zählen die betrieblichen Risiken, die aus der Geschäftsabwicklung herrühren. Operative Risiken entstehen aus fehlerhafter Geschäftsabwicklung, technischen Fehlern, menschlichem Fehlverhalten oder aufgrund externer Einflüsse.

- **Strategische Risiken**

  Die strategischen Risiken umfassen die Umfeldrisiken wie Technologie und Wettbewerb. Auch die Risiken im Rahmen von Kooperationen und Unternehmensfusionen/-übernahmen werden hierzu gerechnet.

- **Rechtsrisiken**

  Hierzu gehören die Vertragsrisiken (z.B. Gewährleistungshaftung und Konventionalstrafen) sowie die Risiken der Produkt- und der Umwelthaftung.

Das Risikomanagement hat zum Ziel, bestehende Risiken frühestmöglich zu identifizieren, durch geeignete Maßnahmen geschäftliche Einbußen zu begrenzen sowie die Bestandsgefährdung des Unternehmens zu vermeiden.

10.6.1 Der Risikomanagementprozess

Der **Risikomanagementprozess** beinhaltet im Rahmen des Risikomanagements alle Aktivitäten der systematischen Behandlung von Risiken in einem Unternehmen. Er lässt sich in die Phasen Identifikation, Bewertung, Risikooptimierung und Risikoüberwachung unterteilen (siehe Abbildung 10-24).

Abbildung 10-24: *Phasen des Risikomanagements*

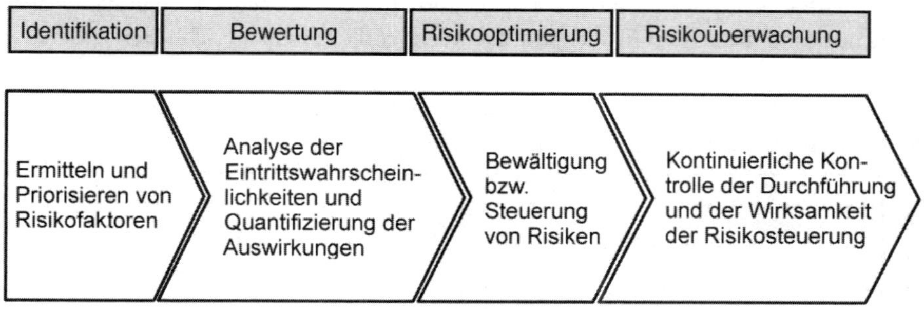

Die **Risikooptimierung** hat zum Ziel, das Gesamtrisiko des Unternehmens auf ein akzeptables Restrisiko zu begrenzen. Eine vollkommene Risikoausschließung ist nicht möglich. Vielmehr ist die Risikotragfähigkeit des Unternehmens im Sinne einer optimalen Chancennutzung auszuschöpfen. So kann es sinnvoll sein, eine innovative Werbemaßnahme durchzuführen, auch wenn rechtliche Risiken darin liegen, dass möglicherweise noch keine wettbewerbsrechtliche Rechtsprechung zu dieser Maßnahme existiert.

Zur Risikooptimierung können grundsätzlich die Instrumente Vermeiden, Vermindern, Transferieren und Akzeptieren bzw. Tragen eingesetzt werden (siehe Abbildung 10-25)

- **Vermeiden**

  Zur Minderung des unternehmerischen Gesamtrisikos kann es sinnvoll sein, bestimmte Risiken nicht einzugehen (z.B. durch Verzicht auf ein Geschäft). Die Risikovermeidung ist allerdings nicht das oberste Ziel des Risikomanagements.

- **Vermindern**

  Die nicht vollständig vermeidbaren Risiken sind durch optimale Prozesse zu vermindern. Hierzu können organisatorische Maßnahmen wie der Erlass eines Rauchverbotes zur Reduzierung des Feuerrisikos oder auch technische Maßnahmen wie die Nutzung eines Streamers zur Datensicherung gehören.

- **Transferieren**

  Risiken, die sich nicht vermeiden oder mindern lassen, können teilweise transferiert werden. Bestimmte Risiken können etwa auf Versicherungen übertragen werden. Zu den „Alternativen Formen des Risikotransfers" (ART) zählen die sog. Captives. Dies sind Versicherungsgesellschaften, die vollständig einem nicht in der Versicherungsbranche tätigen Unternehmen gehören und versicherungstechnisch Risiken innerhalb einer Konzernfamilie versichern.

- **Akzeptieren**

  Das verbleibende Restrisiko ist vom Unternehmen zu tragen. Es beinhaltet auch die nicht identifizierten Risiken, die sich nicht vollkommen ausschließen lassen.

Abbildung 10-25: *Instrumente zur Risikooptimierung (v. Campenhausen 2006, S. 43)*

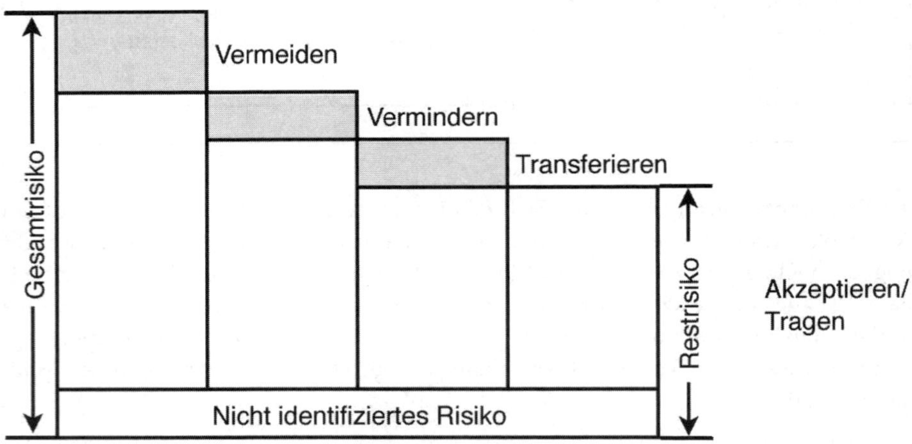

10.6.2 Gesetzliche Vorgaben

Das Gesetz zur Kontrolle und Transparenz im Unternehmensbereich (KonTraG) verpflichtet Aktiengesellschaften zum Risikomanagement. § 91 Abs. 2 AktG verlangt: „Der Vorstand hat geeignete Maßnahmen zu treffen, insbesondere ein Überwachungssystem einzurichten, damit den Fortbestand der Gesellschaft gefährdende Entwicklungen früh erkannt werden." Diese allgemein gehaltene Vorgabe, die den Unternehmen in der Umsetzung einen großen Handlungsspielraum einräumt, birgt ein erhöhtes Haftungsrisiko des Vorstandes bei Organisationsverschulden oder unrichtiger Berichterstattung (vgl. v. Campenhausen 2006, S. 62). Eine weitere flankierende Regelung enthalten die §§ 289 Abs. 1, 315 Abs. 1 HGB, die bei der Darstellung des Geschäftsverlaufs und der Lage (Lagebericht/Konzernlagebericht) verlangen, dass auch auf die Risiken der künftigen Entwicklung einzugehen ist. Die Darstellung der Risiken im Lagebericht ist vom Wirtschaftsprüfer zu prüfen (§ 317 Abs. 2 HGB). Die Prüfung des nach dem KonTraG einzuführenden Risikofrüherkennungssystems gemäß § 317 Abs. 4 HGB orientiert sich im wesentlichen an dem Prüfungsstandard 340 des Instituts der Wirtschaftsprüfer e.V. (IDW PS 340). Die Prüfungsgebiete umfassen danach die Festlegung der Risikofelder, die Risikoerkennung und –analyse, die Zuordnungen der Verantwortlichkeiten und Aufgaben, die Einrichtung eines Überwachungssystems sowie die Dokumentation.

11 Personalmanagement

11.1 Ziele und Aufgaben des Personalmanagements

Das **Personal**[50] wird in der betrieblichen Praxis zunehmend als entscheidende Ressource in einem sich verschärfenden globalen Wettbewerb gesehen (vgl. Vahs/Schäfer-Kunz 2002, S. 139 ff.). Die Produktionsfaktoren Betriebsmittel und Werkstoffe bieten hinsichtlich ihrer Leistungsfähigkeit kaum noch Differenzierungsmöglichkeiten. Sie können zudem von jedem Marktteilnehmer zu jeder Zeit erworben werden. Demgegenüber können gut ausgebildete, motivierte und innovative Mitarbeiter als entscheidender Wettbewerbsfaktor wesentlich zum Unternehmenserfolg beitragen.[51]

Diese Sichtweise spiegelt sich auch in der gewachsenen Bedeutung des **Personalmanagements**[52] in den Unternehmen wieder. Während bis Mitte der sechziger Jahre noch die reine Personalverwaltung im Vordergrund stand, ist die Personalarbeit heute vorwiegend durch gestalterische und steuernde Aktivitäten geprägt. Das Human Resource Management wird zunehmend als strategischer Partner der Unternehmensleitung betrachtet.

Das Personalmanagement hat sowohl **wirtschaftliche** (**unternehmensbezogene**) als auch **soziale** (**mitarbeiterbezogene**) **Ziele** zu verfolgen (siehe Abbildung 11-1).

---

50 Das Personal ist die Gesamtheit der Arbeitnehmer eines Unternehmens (Synonyme: Belegschaft, Arbeitnehmer, Mitarbeiter).

51 Als theoretischer Bezugsrahmen für diese Sichtweise kann vor allem der Human-Resource-Management-Ansatz herangezogen werden (vgl. Oechler 2006, S. 24 ff.).

52 Die Bezeichnungen Personalwirtschaft, Personalwesen und Human Resource Management werden synonym verwendet.

Abbildung 11-1: *Wirtschaftliche und soziale Ziele des Personalmanagements*

Anzustreben ist eine Zielharmonisierung, bei der die Verfolgung sozialer Ziele der Erreichung wirtschaftlicher Ziele dient. Eine solche Harmonisierung wird bspw. mit der Einführung von erfolgsorientierten Vergütungselementen intendiert. Häufig besteht allerdings aufgrund unterschiedlicher Interessenlagen eine Zielkonkurrenz. Konfliktträchtig sind etwa arbeitgeberseitige Forderungen nach der Ausweitung der Arbeitszeit ohne Lohnausgleich, denen durch Androhung einer Produktionsverlagerung ins Ausland Nachdruck verliehen wird. Hier ist möglichst ein Ausgleich zwischen den widerstreitenden Zielvorstellungen herbeizuführen, wie im Rahmen von sog. betrieblichen Bündnissen zur Beschäftigungssicherung z.B. bei Siemens, DaimlerChrysler und Opel in jüngerer Zeit geschehen.

Das **Personalmanagement** umfasst alle Tätigkeiten, die dazu dienen, die Beschaffung und den zielgerichteten und effizienten Einsatz der Mitarbeiter eines Unternehmens sicherzustellen. Die Aktivitäten lassen sich anhand nachstehender Aufgabenfelder zusammenfassen und systematisieren:

- Personalbedarfsplanung
- Personalbeschaffung
- Personalauswahl
- Arbeitsgestaltung
- Personalmotivation
- Personalvergütung

- Personalentwicklung
- Personalfreisetzung

11.2 Personalbedarfsplanung

Die **Personalbedarfsplanung** dient der Festlegung, wie viele Mitarbeiter mit welcher Qualifikation zu welchen Zeitpunkten zur Realisation des vorgesehenen Produktions- bzw. Leistungsprogramms erforderlich sind (vgl. Scholz 2000, S. 251). Die Berechnung des Personalbedarfs lässt sich in drei Schritten vollziehen, wie Abbildung 11-2 zeigt.

Abbildung 11-2: *Vorgehensweise bei der Personalbedarfsplanung (Oechsler 2006, S. 165)*

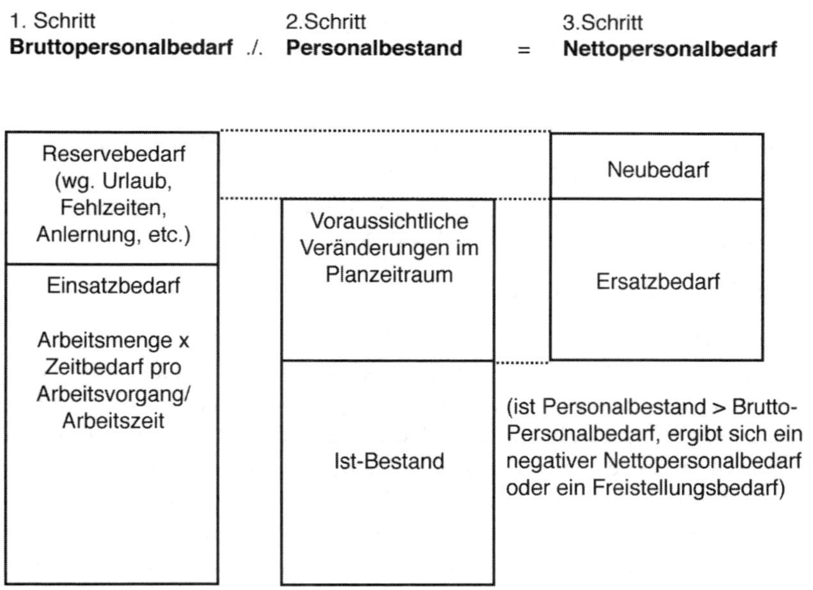

Zunächst erfolgt die Bestimmung des **Bruttopersonalbedarfs**, der sich aus dem **Einsatzbedarf** und dem **Reservebedarf** zusammensetzt. Im zweiten Schritt wird der zukünftige **Personalbestand** bestimmt. Hierzu ist unter Berücksichtigung von zu erwartenden Veränderungen (Ab- und Zugängen) die Entwicklung des Bestandes zu schätzen. Im letzten Schritt erfolgt ein Vergleich zwischen zukünftigem Bruttopersonalbedarf und künftigem Bestand, woraus sich der **Nettopersonalbedarf** errechnet. Dieser Nettopersonalbedarf lässt sich in den **Ersatzbedarf**, der durch die voraussichtlichen Abgänge entsteht, und den **Neubedarf**, der sich z.B. durch die Ausweitung der

Kapazitäten bilden kann, unterteilen. Ist der zukünftige Personalbestand größer als der zukünftige Bruttopersonalbedarf entsteht ein Personalüberhang (negativer Personalbedarf) und daraus folgend ggf. ein Freistellungsbedarf.

Die Personalbedarfsermittlung ist in quantitativer und qualitativer Hinsicht vorzunehmen.

11.2.1 Quantitative Personalbedarfsermittlung

Zur **quantitativen Personalbedarfsermittlung** stehen u.a. folgende Verfahren zur Verfügung:

- **Schätzverfahren**

  Bei einfachen Schätzungen, die in Klein- und Mittelunternehmen sehr verbreitet sind, befragt die Personalabteilung die jeweiligen Führungskräfte nach dem quantitativen und qualitativen Personalbedarf ihrer Abteilung für das folgende Jahr. Bei Expertenschätzungen werden z.T. externe Berater hinzu gezogen.

- **Kennzahlen**

  Soweit stabile Beziehungen zwischen dem Personalbedarf und weiteren Bezugsgrößen bestehen, können hieraus zukünftige Bedarfe abgeleitet werden. Ist z.B. einem Handelsunternehmen bekannt, welche Verkaufsfläche ein Verkäufer betreuen kann, lässt sich hieraus eine entsprechende Kennzahl bestimmen.

- **Personalbemessungsmethoden**

  Hierbei wird der Zeitaufwand ermittelt, der zur Erledigung einzelner Teilaufgaben notwendig ist. Bei standardisierten Tätigkeiten, etwa im Rahmen der Fertigung, lassen sich so Vorgabezeiten pro Arbeitsvorgang ermitteln. Bekannte Methoden sind das **REFA-Verfahren** und die **Methods of Time Measurement (MTM)**, bei denen jede zu verrichtende Tätigkeit in kleinste Grundbewegungen zerlegt wird. Zur Ermittlung des Personalbedarfs sind die Arbeitszeiten aller Teilaufgaben zu addieren und mit den Produktionsmengen zu multiplizieren. Der so ermittelte Kapazitätsbedarf wird durch die betriebsübliche Arbeitszeit je Mitarbeiter dividiert. Das Ergebnis wird um einen Zuschlag für den benötigten Reservebedarf korrigiert.

- **Stellenpläne**

  Bei diesem Verfahren wird der Personalbedarf unmittelbar aus den Stellenplänen abgeleitet. In einem **Stellenplan** werden die benötigten und genehmigten Stellen ausgewiesen. Er ist laufend zu aktualisieren.

- **Monetäre Verfahren**

  Bei der **Budgetierung** wird das zur Verfügung stehende **Personalkostenbudget** Top-Down[53] vorgegeben. Es wird also nicht der zur Leistungserstellung benötigte Bedarf ermittelt, sondern der finanziell zulässige Rahmen bestimmt. Eine Sonderform bildet die sog. **Zero-Base-Budgetierung**, bei der die vorherige Budgetierung jeweils in Frage gestellt wird. Der Budgetierungsprozess startet jeweils von der Basis Null und die Notwendigkeit jeder Tätigkeit muss ggf. erneut begründet werden.

11.2.2 Qualitative Bedarfsermittlung

Der Personalbedarf ist nicht nur in quantitativer, sondern auch in qualitativer Hinsicht zu ermitteln. Zur detaillierten Erfassung der Anforderungen einer Stelle bieten sich sog. **Stellenbeschreibungen** an, welche die wesentlichen Informationen über den Aufgaben,- Kompetenz- und Verantwortungsbereich einer Stelle sowie deren Verkehrsbeziehungen zu anderen Stellen in der Unternehmensorganisation inkludieren. Aus der Stellenbeschreibung kann ein **Anforderungsprofil** abgeleitet werden. Es beinhaltet die positionsspezifischen Anforderungen und deren Gewichtung. Neben allgemeinen Grundvoraussetzungen, wie etwa Berufsausbildung und Studienabschluss, enthält es u.a. Kenntnis- und Persönlichkeitsmerkmale. Das Anforderungsprofil kann mit dem **Eignungsprofil** des Stelleninhabers verglichen werden, woraus sich bei Abweichungen ein Personalentwicklungsbedarf ergeben kann. Es kann weiterhin mit dem Eignungsprofil eines Bewerbers verglichen werden, um dessen Geeignetheit für die betreffende Position abzuklären.

Die Personalbedarfsplanung nimmt im Rahmen der Personalplanung eine zentrale Stellung ein, da sich aus den Ergebnissen weitere Teilplanungen wie etwa die **Personalbeschaffungsplanung**, die **Personalentwicklungsplanung** und die **Personalfreisetzungsplanung** ableiten lassen.

Dem Betriebsrat steht ein Unterrichtungs-, Beratungs- und Vorschlagsrecht im Hinblick auf die Personalplanung des Arbeitgebers zu (§ 92 BetrVG).

11.3 Personalbeschaffung

Der **Personalbeschaffung** kommt die Aufgabe zu, den im Rahmen der Personalbeschaffungsplanung ermittelten Personalbedarf nach Anzahl (quantitativ), Art (qualitativ), Zeitpunkt und Dauer (zeitlich) sowie Einsatzort (örtlich) zu decken. Grundsätzlich kann zwischen **interner** und **externer Personalbeschaffung** unterschieden werden. Wie Abbildung 11-3 zeigt, lassen sich jeweils zahlreiche Beschaffungswege differenzieren.

---

53 Vorgabe durch das Top Management (Top Down – von oben nach unten).

Abbildung 11-3: *Interne und externe Personalbeschaffungswege*

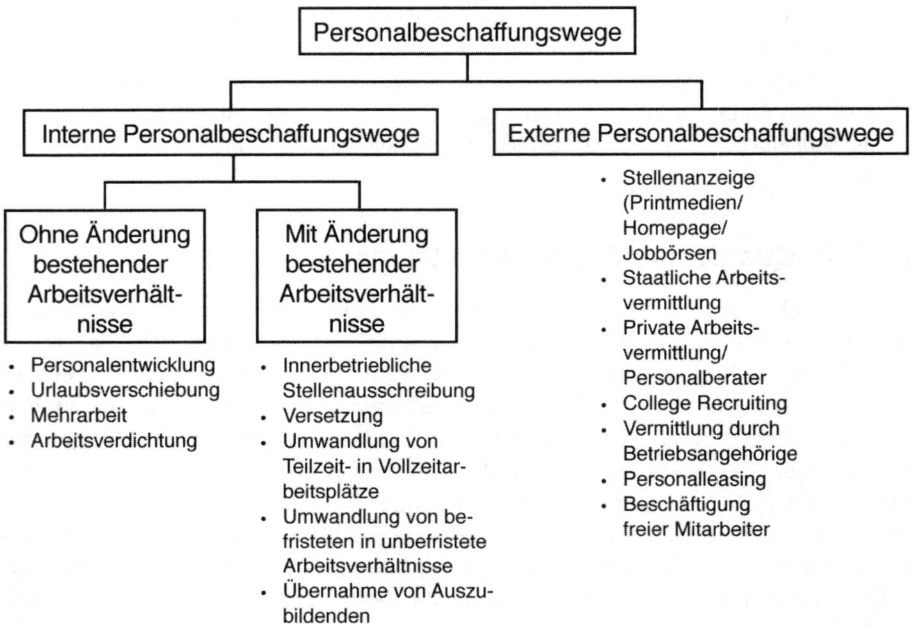

Die interne und die externe Stellenbesetzung ist jeweils mit zahlreichen Vor- und Nachteilen verbunden, die in Abbildung 11-4 zusammengefasst werden. Vorbehaltlich der jeweiligen Unternehmens- bzw. Bewerbersituation dürfte allgemein der internen Beschaffung der Vorzug einzuräumen sein. Die Existenz von internen Aufstiegs- und Karrieremöglichkeiten ist motivationsfördernd und erhöht die Mitarbeiterbindung (vgl. Breisig 2006, 152 ff.). Durch Potentialanalysen, gezielten Personalentwicklungsmaßnahmen und eine systematische Karriere- bzw. Nachfolgeplanung lassen sich die Voraussetzungen für die internen Beschaffungsmaßnahmen schaffen.

Der Betriebsrat kann nach § 93 BetrVG verlangen, dass einzelne oder alle vakanten Stellen zunächst innerbetrieblich ausgeschrieben werden. Dies gilt gem. § 5 Abs. 3 BetrVG nicht für leitende Angestellte. Nach § 99 Abs. 2 Nr. 5 BetrVG kann der Betriebsrat die Zustimmung zur Einstellung eines Bewerbers verweigern, wenn keine innerbetriebliche Ausschreibung stattgefunden hat. Es besteht für den Arbeitgeber allerdings keine Verpflichtung, einem innerbetrieblichen Bewerber den Vorzug zu geben.

Abbildung 11-4: Vor– und Nachteile der internen und externen Personalbeschaffung (Nicolai 2006, S. 60)

	Interne Personalbeschaffung	Externe Personalbeschaffung
(ökonomische) Vorteile	• Geringe Informationskosten • Geringe Verhandlungskosten • Geringe Einarbeitungskosten • Schnelle Bedarfsdeckung • Geringeres Risiko • Einhaltung d. internen Entgeltniveaus • Betriebskenntnis	• Größere Auswahlmöglichkeiten • Geringere Personalentwicklungskosten, da Bewerber die notwendige Qualifikation bereits mitbringen • Direkte Deckung des Bedarfs • Keine „Betriebsblindheit“
Motivations- und Qualifikationswirkung	**Motivationswirkung:** • Geringe Frustrationsgefahr wegen bekannter Anforderungen • Freie Stellen für Nachwuchskräfte • Transparente Personalpolitik • Anreiz zur Profilierung, um Aufstiegschancen zu erhalten **Qualifikationswirkung:** • Qualifikation unmittelbar betriebsspezifisch nutzbar • Erhaltung und Steigerung interner Qualifikation • Mitarbeiterpotenziale bekannt • Unabhängigkeit von der Qualifikation Externer	**Motivationswirkung:** • Höhere Leistungsbereitschaft, da die Arbeitsplatzsicherheit geringer eingeschätzt wird • Verhinderung von Beförderungsautomatismus und Cliquenbildung • Aufbrechen bestehender Denk- und Wertmuster • Schnellere Anerkennung eines von außen kommenden Vorgesetzten **Qualifikationswirkung:** • Know-how-Zufluss • Informationen über Konkurrenzverhalten und mögliche Kooperationspartner
Nachteile	• Geringere Auswahlmöglichkeiten • Rückgang der Leistungsbereitschaft wegen fehlender externer Konkurrenz • Gefahr der Qualifikationsveralterung wegen geringem Anreiz zur Weiterbildung • Betriebsblindheit • Kostenintensive Weiterbildung • Spannungen und Rivalitäten wegen eines aufgestiegenen Kollegen • Sachentscheidungen werden „verkumpelt“, da der neue Vorgesetzte früher ein Kollege war • Beförderungsautomatismus • Indirekte Bedarfsdeckung, da neue Vakanzen entstehen	• Demotivierung der Mitarbeiter wegen mangelnder Aufstiegschancen • Höhere Beschaffungskosten • Längere Einarbeitungszeit • Höhere Gehaltsvorstellungen bei externem Stellenwechsel • Mangelnde Betriebskenntnis • Höhere Fluktuation und damit Qualifikationsverluste wegen geringerer Aufstiegschancen

11.4 Personalauswahl

Das Ziel der **Personalauswahl** ist es, denjenigen Bewerber zu ermitteln, der am besten für die ausgeschriebene Stelle geeignet ist. Für jeden zu beurteilenden Stellenbewerber kann ein Eignungsprofil angefertigt werden, welches zum Vergleich dem Anforderungsprofil gegenüber gestellt werden kann. Aus dem Vergleich der Profile lässt sich ermittelt, welcher Kandidat die Anforderungen am besten erfüllt.

Es lassen sich die folgenden Auswahlinstrumente unterscheiden:

11.4.1 Analyse der Bewerbungsunterlagen

Die Sichtung der **Bewerbungsunterlagen** dient regelmäßig der Vorauswahl und damit bereits der Bewerberselektion. Zu den Bewerbungsunterlagen gehören u.a. das Bewerbungsschreiben, einen Lebenslauf, ein Lichtbild, Schul- , Ausbildungs- und Abschlusszeugnisse sowie Arbeitszeugnisse. Den Bewerbungsunterlagen haben eine unterschiedliche Aussagekraft, wie Abbildung 11-5 verdeutlicht:

Abbildung 11-5: *Beurteilung von Bewerbungsunterlagen (Nicolai 2006, S. 66)*

Bewerbungsunterlagen	Beurteilungskriterien	Aussagekraft		
		groß	mittel	gering
Anschreiben	Form, Inhalt		X	
	Struktur		X	
	Berufliche Aussagen	X		
	Berufliche Erwartungen	X		
Lebenslauf	Form		X	
	Inhalt	X		
Foto	Größe, Alter, Farbe, Herstellungsart			X
Abschluss- und Ausbildungszeugnisse	Ausbildungsdauer		X	
	Noten		X	
	Interessenschwerpunkte		X	
Weiterbildungszeugnisse	Fachgebiete	X		
	Bewertung	X		
Arbeitszeugnisse	Bisherige Tätigkeiten	X		
	Leistung	X		
	Führung	X		
Referenzen			X	
Arbeitsproben		X		
Personalbogen			X	

11.4.2 Vorstellungsgespräch

Nach der Analyse der Bewerbungsunterlagen wird regelmäßig entschieden, welche der Bewerber zu einem **Vorstellungsgespräch** eingeladen werden. Vorstellungsgespräche sind nach der Auswertung der Bewerbungsunterlagen die verbreitetste Methode in deutschen Unternehmen (vgl. Schuler 2003, S. 163). Im Rahmen dieses Gesprächs können Erkenntnisse über das Sozialverhalten des Bewerbers, seine sprachlichen Fähigkeiten und seine Motivationslage gewonnen werden.

Vorstellungsgespräche bedürfen einer genauen Vorbereitung, um auf jeden Bewerber individuell eingehen zu können. Die höchste prognostische **Validität**[54] weisen sog. **teilstrukturierte Interviews** auf, bei denen der Gesprächsrahmen und die wesentlichen Gesprächsinhalte zuvor zwar festgelegt werden, jedoch noch Raum für das individuelle Eingehen auf den einzelnen Bewerber bleibt (Weuster 2004, S. 197). Sie bilden einen Mittelweg zwischen den **freien Vorstellungsgesprächen**, bei denen weder Gesprächsverlauf noch –inhalt festgelegt sind, und den **standardisierten Bewerbungsgesprächen**, bei denen alle Bewerber identische Fragen in der gleichen Reihenfolge erhalten.

Zu beachten ist, dass dem Arbeitgeber lediglich ein beschränktes **Fragerecht** eingeräumt wird. Nur soweit der Arbeitgeber ein schutzwürdiges, billigenswertes und überwiegendes Interesse an der Beantwortung der Frage hat, ist der Bewerber zu einer wahrheitsgemäßen Beantwortung der Frage verpflichtet (vgl. ErfK-Preis, Rn 333 zu § 611 BGB m.w.N.). So wird bspw. die Frage nach einer bestehenden Schwangerschaft einer Bewerberin als grundsätzlich unzulässig angesehen (vgl. BAG v. 6.2.2003 AP BGB § 611 a Nr. 21).[55]

11.4.3 Testverfahren

Psychologische Eignungsuntersuchungen dienen der Erfassung individueller Verhaltensmerkmale, um daraus auf Eigenschaften bzw. Befähigungen des Bewerbers zu schließen. Sie sind nur mit Einwilligung des Probanden zulässig, soweit die Verhältnismäßigkeit zum konkret zu besetzenden Arbeitsplatz gewahrt bleibt (vgl. Schaub 2005, S. 186 f. m.w.N.).

- **Intelligenztests**

  Mit Ihnen wird die allgemeine Intelligenz, d.h. die Begabung zum Denken untersucht. Zu den gemessenen Faktoren zählen z.B. sprachliches Verständnis, Assoziationsfähigkeit, Rechengewandtheit, räumliches Denken, Gedächtnis und Auffassungsgabe. Die Intelligenz wird als Intelligenzquotient bestimmt. **Intelligenztests**

54 Die Validität kennzeichnet die Gültigkeit eines Messverfahrens. Sie beschreibt, inwieweit das Messverfahren die charakteristischen Eigenschaften des Messobjektes erfasst.

55 Zur Zulässigkeit einzelner Fragen siehe Schaub 2005, S. 197 ff..

eigenen sich vor allem zur Auswahl von Auszubildenden. In Bezug auf die Ausbildungsleistung weisen sie eine hohe Validität auf (vgl. Schuler 2003, S. 167).

- **Persönlichkeitstests**

Persönlichkeitstests dienen dazu, die Ausprägung bestimmter Persönlichkeitsmerkmale oder die Persönlichkeitsstruktur von Bewerbern zu ermitteln. Sie können etwa dazu eingesetzt werden, Interessen, Neigungen, charakterliche Eigenschaften und innere Einstellungen eines Bewerbers zu ergründen. In jüngerer Zeit sind einige berufsbezogene Persönlichkeitstests entwickelt worden, zu denen auch das **Bochumer Inventar zur berufsbezogenen Persönlichkeitsbeschreibung (BIP)** gehört. Wie Abbildung 11-6 zeigt, erfasst dieser Test im Berufsleben relevante Facetten der Persönlichkeit (210 Fragen zu 14 Dimensionen).

Abbildung 11-6: *Die 14 Dimensionen des Bochumer Inventars zur berufsbezogenen Persönlichkeitsbeschreibung (BIP)*

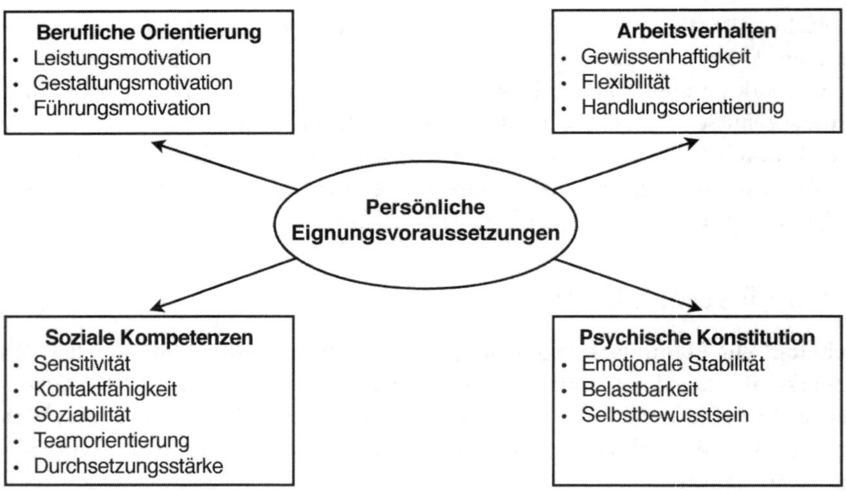

11.4.4 Assessment Center

Das **Assessment Center (AC)** zeichnet sich durch den multiplen Einsatz von Personalauswahlinstrumenten aus. Es werden mehrere Kandidaten (meist 6 – 12) von mehreren geschulten Beobachtern über einen längeren Zeitraum (meist 1 – 3 Tage) in einer Vielzahl von Beobachtungssituationen beurteilt. Dieses aufwendige Verfahren, welches eine hohe Validität aufweist (vgl. Scholz 2000, S. 485), wird zumeist bei Führungs- und Führungsnachwuchskräften eingesetzt. Für ein Assessment Center gibt es keinen verbindlichen Kanon an Einzelmaßnahmen. Die nachstehenden Einzelverfahren werden in der Praxis jedoch häufig eingesetzt (siehe Abbildung 11-7).

Abbildung 11-7: *Einzelverfahren und beobachtbare Merkmale beim Assessment Center*

Aktivität	Beobachtbare Merkmale u.a.
Postkorbübung Hierbei wird eine Situation simuliert, bei der ein Bewerber unter Zeitdruck die Eingangspost einer Führungskraft bearbeiten muss	• Analysefähigkeit • Entscheidungsfähigkeit • Organisationsfähigkeit • Delegationsfähigkeit • Belastbarkeit
Gruppendiskussion Die Teilnehmer diskutieren - meist führerlos - über ein vorgegebenes Thema (z.B. eine zu lösende Problemstellung)	• Kooperationsfähigkeit • Einfühlungsvermögen • Überzeugungsfähigkeit • Durchsetzungsfähigkeit • Tatkraft und Dynamik
Rollenspiel Hierbei wird eine praxistypische Gesprächssituation simuliert, z.B. ein kritisches Mitarbeitergespräch	• Kooperationsfähigkeit • Überzeugungsfähigkeit • Durchsetzungsfähigkeit • Konfliktfähigkeit • Beharrlichkeit und Ausdauer
Präsentation Die Teilnehmer bereiten ein vorgegebenes Thema auf und präsentieren im Anschluss ihre Ergebnisse	• Ausdrucksfähigkeit • Überzeugungsfähigkeit • Analytisches Denken • Organisationsfähigkeit • Kreativität
Fallstudie Die Teilnehmer bearbeiten ein komplexes Problem aus der betrieblichen Praxis	• Analysefähigkeit • Problemlösungsfähigkeit • Kreativität • Entscheidungsfähigkeit • Organisationsfähigkeit

11.5 Arbeitsgestaltung

Die **Arbeitsgestaltung** verfolgt das Ziel, durch eine zweckmäßige Organisation von Arbeitssystemen ein optimales Zusammenwirken der arbeitenden Menschen, der Betriebsmittel (z.B. Geräte, Werkzeuge) und der Arbeitsgegenstände (Arbeitsstoffe) zu erreichen. Zu berücksichtigen sind hierbei die Leistungsfähigkeit und die Bedürfnisse der Mitarbeiter. Die Arbeitsgestaltung muss danach zugleich menschengerecht und für das Unternehmen produktivitäts- bzw. ertragsfördernd sein.

Wesentliche Aspekte der Arbeitsgestaltung sind die **Arbeitsstrukturierung**, die **Arbeitsplatzgestaltung** sowie die **Arbeitszeitgestaltung**.

11.5.1 Arbeitsstrukturierung

Die im Unternehmen zu erfüllenden Aufgaben müssen auf die einzelnen Mitarbeiter verteilt werden. Dies erfordert eine Arbeitsstrukturierung in Form einer **Arbeitsteilung** (vgl. Olfert 2006, S. 179 ff.). Bis vor einigen Jahren war insbesondere im Bereich der Fertigung das von Taylor geprägte Scientific Management vorherrschend, welches einen hohen Grad an Arbeitsteilung vorsah und die traditionelle Fließbandarbeit hervorbrachte. Jeder Mitarbeiter führte danach nur wenige Handgriffe aus und dies pro Schicht ggf. hundertfach. Den Vorteilen der schnellen Einarbeitung und der hohen Arbeitsgeschwindigkeit standen jedoch erhebliche Nachteile gegenüber. Hier sind die Verkümmerung der geistigen Fähigkeiten der Mitarbeiter, die Reduzierung der Anpassungs- und Umstellungsfähigkeit und Ermüdungs- und Verschleißerscheinungen durch einseitige Belastungen hervorzuheben. In den Unternehmen wurde zunehmend erkannt, dass die starke Spezialisierung der Mitarbeiter deren Potentiale weitgehend ungenutzt lässt. Die fortschreitende technologische Dynamik, die sich auch in immer kürzeren Produktzyklen abzeichnet, erfordert hingegen mitdenkende, flexible Mitarbeiter.

Als Konsequenz aus dieser Entwicklung werden zunehmend Arbeitsstrukturierungen vorgenommen, die den Handlungsspielraum des einzelnen Mitarbeiters erweitern. Der Handlungsspielraum bezieht sich auf den Tätigkeitsspielraum, den Entscheidungs- und Kontrollspielraum sowie den Kooperations- und Kommunikationsspielraum der Mitarbeiter (vgl. Thommen/Achleitner 2006, S. 704 ff.). Zur Erweiterung des Handlungsspielraums wurden verschiedene Methoden entwickelt, die in Abbildung 11-8 dargestellt werden.

Abbildung 11-8: *Maßnahmen zur Vergrößerung des Handlungsspielraums*

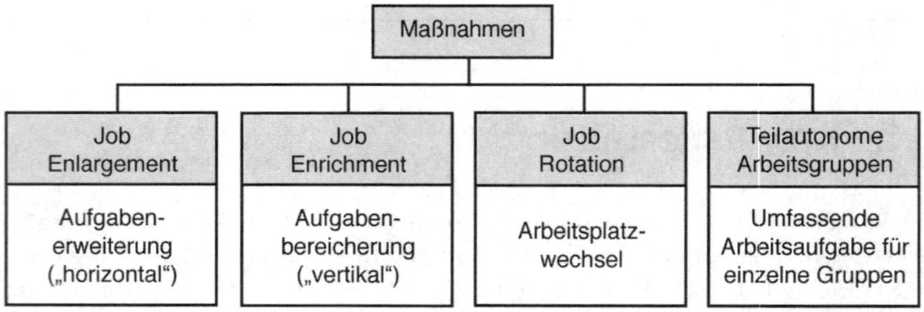

Der steigenden Bedeutung der **Gruppenarbeit** in der Unternehmenspraxis hat der Gesetzgeber bei der Novellierung des Betriebsverfassungsgesetzes im Jahr 2001 Rechnung getragen und ein Mitbestimmungsrecht des Betriebsrats bezüglich der „Grundsätze zur Durchführung von Gruppenarbeit" eingeführt (§ 87 Abs. 1 Nr. 13 BetrVG).

11.5.2 Arbeitsplatzgestaltung

Die **Arbeitsplatzgestaltung** dient dem Ziel, den Mitarbeitern optimale Leistungsbedingungen zu ermöglichen. Es lassen sich folgende Teilgebiete der Arbeitsplatzgestaltung unterscheiden:

- **Anthropometrische Gestaltung**

  Die anthropometrische[56] Arbeitsplatzgestaltung dient dem Ziel, eine optimale räumliche und förmliche Anpassung der Elemente des Arbeitsplatzes an den arbeitenden Menschen zu ermöglichen (z.B. mitarbeitergerechte Schreibtischhöhen).

- **Arbeitsphysiologische Gestaltung**

  Bei der arbeitsphysiologischen[57] Arbeitsplatzgestaltung erfolgt eine Anpassung der Arbeitsmethoden und Arbeitsbedingungen an die Bedürfnisse des menschlichen Körpers (z.B. Gestaltung der Beleuchtung und Entlüftung).

- **Bewegungstechnische Gestaltung**

  Die bewegungstechnische Arbeitsplatzgestaltung dient der Optimierung von Bewegungsabläufen zur Vermeidung körperlicher Belastungen (z. B. durch den Einsatz von Greifhilfen für Bauteile in der Fertigung).

- **Sicherheitstechnische Gestaltung**

  Die sicherheitstechnische Arbeitsplatzgestaltung umfasst alle technischen Maßnahmen, die der Unfallverhütung und der Vermeidung von Berufskrankheiten dienen. Eine wesentliche Grundlage der Arbeitsgestaltung ist dabei das Arbeitssicherheitsgesetz (ASiG).

11.5.3 Arbeitszeitgestaltung

Die **Arbeitszeit** ist die Zeit vom Beginn bis zum Ende der Arbeit ohne die Ruhepausen (§ 2 ArbZG). Die Gestaltung der Arbeitszeit hat unter Berücksichtigung der Dimensionen Dauer, Lage und Verteilung zu erfolgen. Die **Dauer der Arbeitszeit** betrifft das Volumen der vom Arbeitnehmer geschuldeten Zeit (z.B. 40 Std./Woche). Die **Lage der**

---

56 Anthropometrie ist die Lehre von der Ermittlung und Anwendung der Körpermaße des Menschen

57 Arbeitsphysiologie ist die Berücksichtigung der Körperfunktionen bei der Arbeit, damit sie im Sinne der Arbeitsaufgabe optimal eingesetzt werden können

Arbeitszeit betrifft die **Verteilung der Arbeitszeit** auf die einzelnen Tage, Wochen und Monate.

Bei der Arbeitszeitgestaltung ist ein anhaltender Trend hin zu **flexiblen Arbeitszeitmodellen** erkennbar. Im Vordergrund steht hierbei die Entkopplung der Betriebs- und Öffnungszeiten von der individuellen Arbeitszeit, um eine höhere Kapazitätsausnutzung (z.B. Vollkontinuierliche Schichtmodelle) und eine Anpassung an Kapazitätsschwankungen (z.B. Jahresarbeitszeitkonten) zu erreichen. Ein weiterer Grund ist in einer verstärkten Kundenorientierung zu sehen (z.B. verlängerte Kundenservicezeiten). Auch die Zeitwünsche und –bedürfnisse der Mitarbeiter können eine Flexibilisierung erforderlich machen (z.B. Gleitzeit).

Bei der Flexibilisierung der Arbeitszeit ist das **Arbeitszeitgesetz** zu beachten, welches eine tägliche Höchstarbeitszeit von 8 Stunden vorsieht (§ 3 Satz 1 ArbZG). Sie kann auf bis zu 10 Stunden verlängert werden, wenn innerhalb von sechs Kalendermonaten oder innerhalb von 24 Wochen im Durchschnitt 8 Stunden werktäglich nicht überschritten werden (§ 3 Satz 2 ArbZG). Die wöchentliche Höchstarbeitszeit, die im Gesetz nicht explizit geregelt ist, ergibt sich mittelbar aus der durchschnittlichen Höchstarbeitszeit von 8 Stunden, die mit der Anzahl der wöchentlichen Werktage zu multiplizieren ist (8 Stunden x 6 Werktage = 48 Stunden/Woche). Der Betriebsrat hat gemäß § 87 Abs. 1 Nr. 2 und 3 BetrVG ein erzwingbares Mitbestimmungsrecht. Bereits die Anordnung von Überstunden bei nur einem Mitarbeiter kann ein Mitbestimmungsrecht begründen (vgl. ErfK-Kania, Rn 34 zu § 87 BetrVG).

11.5.3.1 Traditionelle Gestaltungsformen

Zu den traditionellen Gestaltungsformen zählen die Normalarbeitszeit, Mehrarbeit, Schichtarbeit und die Kurzarbeit:

- **Normalarbeitszeit**

  Hierunter wird ein Vollzeitarbeitsverhältnis mit gleichmäßiger Verteilung der Arbeitszeit auf Wochen, Monate bzw. Jahre verstanden. Bereits Mitte der 80er-Jahre haben in Deutschland nur noch 27% aller Beschäftigten in einem Arbeitsverhältnis mit festen wöchentlichen Regelarbeitszeiten und einer Verteilung auf fünf Werktage gearbeitet (Oechsler 2006, S. 259 m.w.N.). Auch wenn keine neueren Erhebungen zur Verfügung stehen, kann aktuell aufgrund der fortschreitenden Flexibilisierung von einer noch geringeren Quote ausgegangen werden.

- **Mehrarbeit**

  Die Anordnung oder Duldung von Mehrarbeit (Überstunden) über die arbeitsvertragliche oder tarifvertragliche Arbeitszeit hinaus wird häufig in den Unternehmen genutzt, um Arbeitsspitzen abzufangen. In 2006 leisteten die Arbeitnehmer in Deutschland nach Mitteilungen des Instituts für Arbeitsmarkt- und Berufsforschung insgesamt 1,45 Mrd. bezahlte Überstunden (Welt-Online v. 5.3.2007). Danach hat jeder Mitarbeiter in Deutschland in 2006 durchschnittlich 41,9 bezahlte Überstunden erbracht. Überstunden sind nur zuschlagspflichtig, wenn dies arbeitsvertraglich oder tarifvertraglich vorgesehen ist.

- **Schichtarbeit**

Unter Schichtarbeit wird die Aufteilung der betrieblichen Arbeitszeit in mehrere Zeitabschnitte mit versetzten Anfangszeiten bzw. unterschiedlicher zeitlicher Lage verstanden. Mit ihr wird das Ziel verfolgt, die Betriebszeit über die individuelle Arbeitszeit der Mitarbeiter auszudehnen, so dass Produktions-, Service- oder Ansprechzeiten unabhängig von den Anwesenheitszeiten der Arbeitnehmer verlängert werden können. In Deutschland ist der Anteil der Erwerbstätigen, die Schichtarbeit leisten, nach Angaben des Statistischen Bundesamtes von 9,7% in 1993 auf 15,5% in 2003 gestiegen .

- **Kurzarbeit**

Kurzarbeit ist die vorübergehende Herabsetzung der betriebsüblichen Arbeitszeit unter entsprechender Kürzung des Entgelts. Die Bundesagentur für Arbeit gewährt den betroffenen Mitarbeitern ein Kurzarbeitergeld in Höhe von 60% bzw. 67% der Vermögenseinbußen (Nettoentgeltdifferenz), wenn die in § 170 SGB III genannten Voraussetzungen (u.a. werden wirtschaftliche Gründe gefordert) vorliegen. Die Kurzarbeit kann vom Arbeitgeber nicht einfach angeordnet werden, sofern ihm nicht arbeits- oder tarifvertraglich das Recht hierzu eingeräumt wurde. Dem Betriebsrat steht gem. § 87 Abs. 1 Nr. 3 BetrVG ein Mitbestimmungsrecht zu. In der Praxis wird daher zumeist eine Betriebsvereinbarung über die Kurzarbeit abgeschlossen, soweit sich hierdurch betriebsbedingte Kündigungen vermeiden lassen.

11.5.3.2 Flexible Gestaltungsformen

Zu den flexiblen Gestaltungsformen zählen u.a. die Teilzeitarbeit, die Gleitzeit, die kapazitätsorientierte variable Arbeitszeit sowie Zeitkonten:

- **Teilzeitarbeit**

Teilzeitbeschäftigt ist ein Arbeitnehmer, dessen regelmäßige Wochenarbeitszeit kürzer ist als die eines vergleichbaren vollzeitbeschäftigten Arbeitnehmers (§ 2 TzBfG). Teilzeitbeschäftigte dürfen wegen der Teilzeitarbeit nicht schlechter gestellt werden als vergleichbare vollzeitbeschäftigte Arbeitnehmer (Verbot der Diskriminierung - § 4 TzBfG). Ein Arbeitnehmer, dessen Arbeitsverhältnis länger als 6 Monate bestanden hat, hat Anspruch auf Teilzeitarbeit, soweit der Arbeitgeber mehr als 15 Arbeitnehmer beschäftigt (§ 8 Abs. 7 TzBfG). Der Arbeitgeber muss der Verringerung der Arbeitszeit zustimmen und ihre Verteilung entsprechend den Wünschen des Arbeitnehmers festlegen, soweit betriebliche Gründe nicht entgegenstehen (§ 8 Abs. 1 u. 4 TzBfG). Eine besondere Form der Teilzeitarbeit stellt das Job

Sharing dar, bei dem sich mehrere Arbeitnehmer die Arbeitszeit an einem Arbeitsplatz teilen (§ 13 Abs. 1 TzBfG).

- **Gleitzeit**

  Bei der einfachen **Gleitzeit** kann der Arbeitnehmer über Beginn und Ende der täglichen Arbeitszeit innerhalb der sog. Gleitspannen selbst bestimmen. Bei der qualifizierten Gleitzeit ist nicht nur die Lage, sondern auch die Dauer variabel, meist unter Einhaltung von Kernarbeitszeiten.

- **Kapazitätsorientierte variable Arbeitszeit**

  Bei der **kapazitätsorientierten variablen Arbeitszeit (KAPOVAZ)** steht die Lage der Arbeitszeit, nicht jedoch ihre Dauer zur Disposition des Arbeitgebers. Der Arbeitgeber ist berechtigt, im Rahmen des vereinbarten Arbeitszeitdeputats die Arbeitsleistung des Arbeitnehmers dem tatsächlichen Arbeitsanfall angepasst abzurufen (Arbeit auf Abruf). KAPOVAZ findet sich vor allem im Handel. Um zu verhindern, dass sich die Mitarbeiter ständig abrufbereit halten müssen und ihre Freizeit nicht mehr planen können, muss der Arbeitgeber die in § 12 TzBfG normierten Schutzbestimmungen beachten:

- **Arbeitszeitkonten**

  Ein **Arbeitszeitkonto** ermöglicht es, die stetige Arbeitszeit eines Mitarbeiters bei fester monatlicher Entlohnung innerhalb eines bestimmten Rahmens zu variieren und längerfristig über einen definierten Ausgleichszeitraum (Monat, Jahr, Leben) mittels Zeitguthaben und Zeitschulden auszugleichen. Auf dem Arbeitszeitkonto werden demnach Abweichungen der tatsächlichen Arbeitszeit von der vertraglich vereinbarten Arbeitszeit festgehalten. Die Zeitkonten werden regelmäßig mit bestimmten zeitlichen Obergrenzen versehen (z.B. +/- 320 Stunden – Continental AG). Die stärkste Verbreitung hat bisher das sog. **Jahresarbeitszeitkonto** gefunden, welches in 40% der deutschen Betriebe zur Anwendung kommt (DIHK-Umfrage zur Arbeitszeitgestaltung 2004). Beim Jahresarbeitszeitkonto muss das Zeitkonto nach einem Jahr ausgeglichen werden.

11.5.3.3 Selbststeuerung der Arbeitszeit

Um den Anforderungen an eine zugleich kunden- und mitarbeiterorientierte sowie wirtschaftliche Arbeitszeitgestaltung zu entsprechen, ist ein Trend hin zu einer zunehmenden aufgabenbezogenen **Selbststeuerung der Arbeitszeit** durch die Mitarbeiter festzustellen (vgl. Hoff 2003, S. 24 ff.). Wie Abbildung 11-9 zeigt, lässt sich eine Entwicklung der selbstgesteuerten Arbeitszeit nachzeichnen, die als höchste Entwicklungsstufen die Vertrauensarbeitszeit und die Arbeitszeitautonomie hervorgebracht hat.

Abbildung 11-9: Entwicklungsstufen selbstgesteuerter Arbeitszeit (Hoff 2003, S. 25)

	Lage und Verteilung der Arbeitszeit	Dauer der Arbeitszeit
Festarbeitszeit	fix	fix
Gleitzeit	fix/flexibel	fix
Flexible Arbeitszeit (Zeitkonten)	flexibel	fix
Vertrauensarbeitszeit	flexibel	fix/flexibel
Arbeitszeitautonomie	flexibel	flexibel

- **Vertrauensarbeitszeit**

  Die Vertrauensarbeitszeit ist dadurch gekennzeichnet, das auf eine Arbeitszeiterfassung verzichtet wird. Die Dauer der Arbeitszeit ist zwar noch vertraglich geregelt; ihre Einhaltung wird aber nicht kontrolliert (Dauer der Arbeitszeit: fix/flexibel). Weiterhin können die Mitarbeiter die Lage und Verteilung der Arbeitszeit zumeist aufgabenbezogen selbst bestimmen (Lage und Verteilung der Arbeitszeit: flexibel).

- **Arbeitszeitautonomie**

  Bei der Arbeitszeitautonomie, die sich vor allem bei leitenden Angestellten findet, spielt die Arbeitszeit keine Rolle mehr (Lage, Verteilung und Dauer der Arbeitszeit: flexibel). Sie ist häufig nicht einmal mehr vertraglich geregelt (vgl. Pletke/Wieczoreck-Haubus 2003, S. 59 ff.). Im Vordergrund stehen allein die Leistung und die Arbeitsergebnisse der Beschäftigten. Bei diesen Mitarbeitern sind daher auch Vergütungssysteme üblich, die eine hohe variable Leistungs- bzw. Erfolgskomponente beinhalten.

11.6 Personalmotivation

11.6.1 Beeinflussung des Leistungsverhaltens

Die Personalführung hat zur Aufgabe, das (Leistungs-)Verhalten der Mitarbeiter so zu beeinflussen, dass diese bestmöglich zur Erreichung der Unternehmensziele beitragen. Der Fokus liegt hierbei auf der **Mitarbeitermotivation**, die durch eine entsprechende Anreizgestaltung positiv beeinflusst werden soll. Die Verhaltenssteuerung einer Person ist allerdings überaus komplex und lässt sich nicht allein durch Motivation hinreichend erklären (vgl. v. Rosenstiel 2003, S. 196). Vielmehr ist das konkrete Verhalten einer Person sowohl von der Situation als auch seinen personalen Eigenschaften abhängig, wie Abbildung 11-10 zeigt.

Abbildung 11-10: *Bedingungen des Verhaltens (in Anlehnung an v. Rosenstiel 2003, S. 79)*

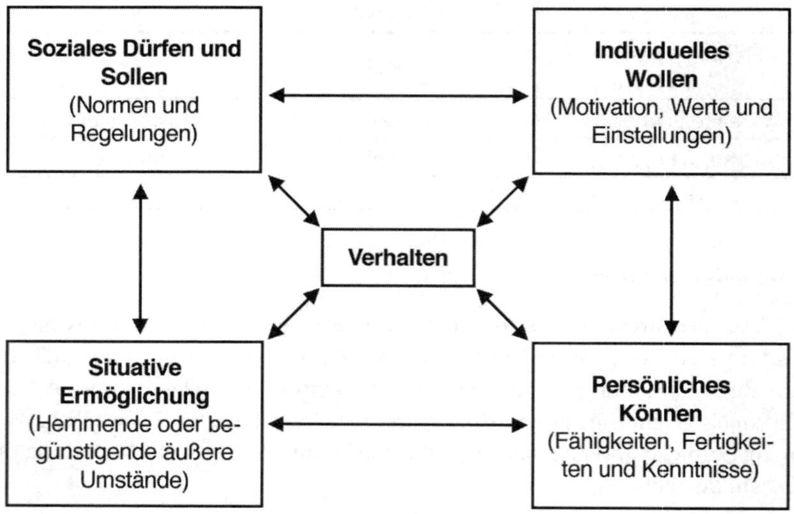

Das Leistungsverhalten hängt danach von den folgenden vier Faktoren ab:

- **Individuelles Können**

  Das individuelle Können umfasst die Fähigkeiten, Fertigkeiten und Kenntnisse eines Mitarbeiters. Diese können durch gezielte Personalentwicklungsmaßnahmen positiv beeinflusst werden.

- **Persönliches Wollen**

  Das persönliche Wollen wird durch die Faktoren Motivation, Werte und Einstellungen geprägt. Die Motivation kann durch Motivationsmaßnahmen (Anreize) gefördert werden.

- **Soziales Dürfen**

  Gesetze, Normen und Regelungen bestimmen das soziale Dürfen eines Mitarbeiters. Im Rahmen von Organisationsentwicklungsmaßnahmen kann dieses verändert und z.B. der Handlungsspielraum des Mitarbeiters erweitert werden.

- **Situative Bedingungen**

  Situative Einflussfaktoren können das Verhalten fördern, behindern oder sogar unmöglich machen. In Betracht kommen hier inner- oder außerbetriebliche Umstände, wie etwa eine lapidare Reifenpanne bei einem Verkaufsfahrer.

Die genannten Faktoren sind nicht isoliert zu betrachten, sondern beeinflussen sich gegenseitig. Ein Mitarbeiter, der für eine Aufgabe besonders befähigt ist, wird hierzu regelmäßig auch entsprechend motiviert sein.

11.6.2 Motivation und Anreize

In der Motivationspsychologie werden **Motive** (**Bedürfnisse**) als richtungsgebende, leitende und antreibende Ursache des Handelns beschrieben. Die **Motivation** ist der Zustand des motiviert seins und stellt die Gesamtheit aller in einer Handlung wirksamen Motive dar, die das Verhalten einer Person aktivieren und steuern. Unter Motivation wird die Bereitschaft verstanden, in einer konkreten Situation eine bestimme Handlung auszuführen. Es werden zwei Formen der **Arbeitsmotivation** unterschieden:

- **Intrinsische Motivation**

  Die intrinsische Motivation ist die Motivation, die eine Person aus einer Tätigkeit selbst erhält (z.B. Neugier, Interesse, Bewältigung von Herausforderungen).

- **Extrinsische Motivation**

  Bei der extrinsischen Motivation wird die Motivation nicht durch die Tätigkeit selbst, sondern durch deren äußere Begleitumstände ausgelöst (z.B. Entlohnung, Sonderurlaub, Status).

Die Aufgabe der **Personalmotivation** besteht insbesondere darin, die **Teilnahmemotivation**, d.h. die Bereitschaft in das Unternehmen einzutreten und dort zu bleiben, sowie die **Leistungsmotivation**, also die Bereitschaft eine Aufgabe besonders gut oder gar am besten zu erledigen, der Mitarbeiter durch Anreize zu steigern (vgl. Thommen/Achleitner 2006, S. 709 f.). Unter Anreizen versteht man verhaltensbeeinflussende äußere und innere Reize. Nimmt eine Person diese Reize war und liegen bei dieser Person entsprechende Bedürfnisse (Motive) vor, können sie diese zu einem bestimmten Verhalten veranlassen.

Es lassen sich **materielle** (monetäre) und **immaterielle** (nichtmonetäre) **Anreize** unterscheiden (siehe Abbildung 11-11).

Abbildung 11-11: Anreizarten (Thommen/Achleitner 2006, S. 710)

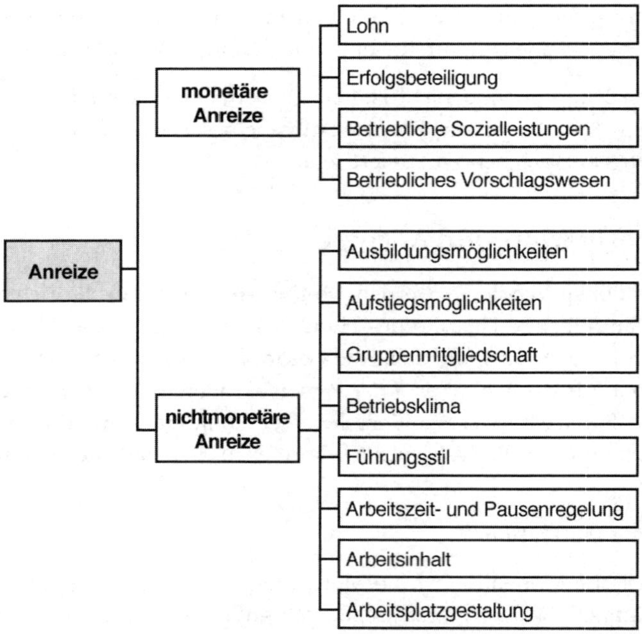

11.7 Personalvergütung

Die **Vergütung**[58] ist gem. § 611 BGB die Hauptleistungspflicht des Arbeitsgebers und zugleich die Gegenleistung für die erbrachte Arbeitsleistung des Mitarbeiters. Da es an einem objektiven Beurteilungsmaßstab fehlt, welches Gehalt für welche Tätigkeit angemessen ist, kann es auch keine absolute **Lohngerechtigkeit** geben. Es kann lediglich versucht werden, eine relative Lohngerechtigkeit zu erzeugen, wobei die nachstehenden Teilgerechtigkeiten unterschieden werden:

- Die **Qualifikationsgerechtigkeit** berücksichtigt, welche Qualifikationen ein Mitarbeiter aufweist.
- Die **Anforderungsgerechtigkeit** stellt auf den Schwierigkeitsgrad der Arbeit ab.

[58] Die klassische Unterscheidung zwischen Arbeitern (Lohnempfängern) und Angestellten (Gehaltsempfängern) wird insbesondere auch in den Tarifverträgen (z.B. der Metall- und Elektroindustrie) zunehmend aufgegeben, weshalb hier die Begriffe Vergütung, Gehalt, Lohn und Entgelt synonym verwendet werden.

- Die **Leistungsgerechtigkeit** nimmt den vom Arbeitnehmer erbrachten Leistungsbeitrag in den Fokus.
- Die **Marktgerechtigkeit** orientiert sich an den Gegebenheiten des externen Personal- bzw. Arbeitsmarktes.
- Die **Sozialgerechtigkeit** berücksichtigt soziale Faktoren wie z.B. Kinderzahl oder Altersvorsorge.

Bei der **Lohngestaltung** ist der Arbeitgeber durch verschiedene rechtliche Restriktionen in seinen Gestaltungsmöglichkeiten beschränkt. So enthalten einige Gesetze die Personalentlohnung betreffende Regelungen (z.B. Entgeltfortzahlungsgesetz, Arbeitnehmerentsendegesetz). Weiterhin haben Tarifverträge starke Auswirkungen auf die Personalentlohnung. Bei rückläufiger Tendenz wurden im Jahr 2003 noch 62% der Beschäftigten in Westdeutschland und 43% der Arbeitnehmer in Ostdeutschland von den jeweiligen Branchentarifverträgen erfasst (IAB-Betriebspanel 2003). Auf betrieblicher Ebene sind die Mitbestimmungsrechte des Betriebsrates gem. § 87 Abs. 1 Ziff. 10 und 11 BetrVG zu beachten, die sich auf Fragen der betrieblichen Lohngestaltung sowie auf die Festsetzung von Akkord- und Prämiensätze und vergleichbarer leistungsbezogener Entgelte beziehen.

Ein wesentlicher Aspekt der **Vergütungsgestaltung** ist die Anreiz- bzw. Motivationswirkung, die insbesondere von variablen, an die Leistung des Mitarbeiters anknüpfenden Vergütungselementen erwartet wird. Insbesondere die im Vordringen befindliche Zielvergütung soll Anreize für die betreffenden Mitarbeiter bieten, die Unternehmensziele zu erreichen. Gleichzeitig gewinnt die Flexibilisierung der Vergütung aus unternehmerischer Sicht an Bedeutung (vgl. Oechsler 2006, S. 382). Die Personalkosten sollen in Abhängigkeit von der wirtschaftlichen Lage des Unternehmens variabel gehalten werden. Diesen Anforderungen genügen insbesondere erfolgsabhängige Entgeltsysteme, die etwa an den Unternehmensgewinn anknüpfen.

Bei der Bemessung der Vergütung lassen sich grundsätzlich input- und outputorientierte Systeme unterscheiden (siehe Abbildung 11-12).

Abbildung 11-12: Bemessungsgrundlagen der Vergütung

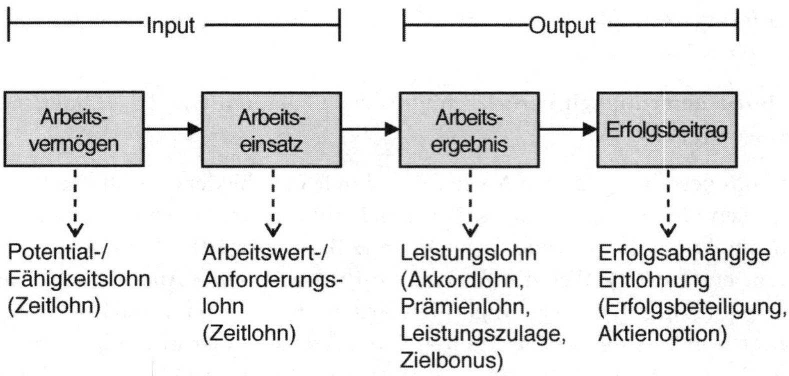

Bei einer **inputorientierten Vergütung** wird auf die Fähigkeiten bzw. Qualifikationen des Mitarbeiters oder die Anforderungen, die mit einer Arbeitsstelle verbunden sind, abgestellt. Für die **outputorientierte Vergütung** steht das konkrete Arbeitsergebnis des Mitarbeiters bzw. der Betriebserfolg im Mittelpunkt. Die inputorientierte Vergütung bildet zumeist den Grundlohn (Zeitlohn) des Mitarbeiters. Eine outputorientierte Komponente (z.B. eine Prämie) wird häufig zusätzlich als variabler Vergütungsbestandteil gezahlt. In der Regel nehmen die variablen Bestandteile der Vergütung in Abhängigkeit von der hierarchischen Position des Mitarbeiters zu. Auch zahlreiche Entgelt-Tarifverträge sehen inzwischen (in geringem Umfang) leistungsabhängige Vergütungsbestandteile vor (z.B. der Tarifvertrag über das Entgelt-Rahmenabkommen – ERA – der Metall- und Elektroindustrie).

11.7.1 Potential-/Fähigkeitslohn

Der **Potentiallohn** wird als festes Entgelt pro Periode gezahlt (Zeitlohn). Er orientiert sich an der vom Arbeitnehmer angebotenen und für das Unternehmen relevanten Qualifikation des Mitarbeiters. Die Unternehmen schaffen damit Anreize für die Weiterbildung ihrer Beschäftigten, um diese flexibel und innovationsorientiert einsetzen zu können.

11.7.2 Arbeitswert-/Anforderungslohn

Bei der **Arbeitsbewertung** wird unabhängig von der Person und Qualifikationen des jeweiligen Stelleninhabers auf die Anforderungen (Arbeitsschwierigkeit) eines Arbeitsplatzes abgestellt. Zur Ermittlung des Arbeitswertes stehen zahlreiche Methoden zur Verfügung. Bei allen Verfahren wird von der sog. Normalleistung eines Mitarbeiters ausgegangen. Das ist die Leistung, die von jedem geeigneten und eingearbeiteten Mitarbeiter auf Dauer erbracht werden kann. Es werden die analytische und die summarische Arbeitsbewertung unterschieden:

Bei der **analytischen Arbeitsbewertung** erfolgt eine Zerlegung, Einordnung und Bewertung eines Arbeitsplatzes nach Anforderungsarten (z.B. Geschicklichkeit, Verantwortung, Kenntnisse).

Bei der **summarischen Arbeitsbewertung** erfolgt der Vergleich, die Einordnung und die Bewertung des Arbeitsplatzes als Ganzes (z.B. Lohngruppen in Tarifverträgen).

11.7.3 Leistungslohn

Die **leistungsorientierte Vergütung** trägt dem Umstand Rechnung, dass zwischen den Mitarbeitern individuelle Leistungsunterschiede bestehen. Sie fördert die Lohngerechtigkeit und bietet einen Leistungsanreiz für die Mitarbeiter. Es haben sich in der Praxis zahlreiche leistungsorientierte Vergütungssysteme herausgebildet:

- **Akkordlohn**

  Beim **Akkordlohn** wird der Mitarbeiter nach der von ihm geleisteten Arbeitsmenge entlohnt. Ausgangspunkt für die Festlegung der Akkordkonditionen ist die Normalleistung eines Arbeitnehmers, mit deren Hilfe der sog. Akkordrichtsatz festgelegt wird. Der Akkordrichtsatz setzt sich aus einer Grundvergütung (Mindestlohn) und einem Akkordzuschlag zusammen (6% bis 25% des Mindestlohns). Überschreitet der Mitarbeiter die Normalleistung, erhält er (in der Regel proportional zur Leistungssteigerung) einen höheren Zuschlag bis zu einer definierten Kappungsgrenze. Unterschreitet der Akkordarbeiter die Normalleistung, erhält er den garantierten Mindestlohn. Die Verbreitung des Akkordlohns ist aufgrund der zunehmenden Automatisierung in der industriellen Fertigung rückläufig.

- **Prämienlohn**

  Der **Prämienlohn** bezeichnet ein Lohnsystem, bei dem neben einer Grundvergütung besondere Prämien, z.B. für den Gütegrad der hergestellten Produkte oder den Nutzungsgrad einer Maschine gezahlt werden. Die Messgrößen, die für die Ermittlung der Prämie herangezogen werden, müssen quantifizierbar sein (z.B. Prozentsatz der fehlerfrei hergestellten Produkte).

- **Leistungszulage**

  Bei der **Leistungszulage** wird ebenfalls eine Grundvergütung gezahlt. Die Höhe der Zulage ist an das Ergebnis einer Leistungsbeurteilung gekoppelt. Leistungszulagen eignen sich für Tätigkeiten, bei denen die Leistung nicht direkt messbar ist. Bei der Leistungsbeurteilung, die zumeist in Form einer Vorgesetztenbeurteilung erfolgt, werden für jede Stelle Leistungskriterien festgelegt.

Zielbonus

Zielvereinbarungssysteme werden häufig mit einem leistungsorientierten Vergütungssystem kombiniert, bei dem neben einem Grundentgelt ein **Zielbonus** in Höhe des jeweiligen individuellen Zielerreichungsgrades gezahlt wird. Zumeist werden die Ziele zwischen dem Mitarbeiter und seiner Führungskraft vereinbart, die dann innerhalb einer festgelegten Periode (i.d.R. ein Jahr) erreicht werden sollen. Teilweise werden gleichzeitig mehrere Ziele vereinbart, die sich auf unterschiedliche Dimensionen beziehen können. Die festgelegten Ziele müssen herausfordernd und gleichzeitig aber auch erreichbar sein. Die Erreichbarkeit muss vom Mitarbeiter konkret beeinflusst werden können. Wichtig ist, dass die Ziele operationalisiert werden, um später den Zielerreichungsgrad feststellen zu können. Die Erhöhung der Kundenzufriedenheit kann z.B. dadurch operationalisiert werden, dass als Zielgröße die Zahl der Kundenbeschwerden herangezogen wird (Das Ziel ist erreicht, wenn die Zahl der Kundenbeschwerden im Jahr 2008 im Vergleich zum Geschäftsjahr 2007 um 15% sinkt). Nach Ablauf der Zielperiode stellen Mitarbeiter und Führungskraft gemeinsam den jeweiligen Zielerreichungsgrad fest, der dann die Grundlage für den Zielbonus bildet. Derartige Zielbonussysteme finden sich regelmäßig im AT-Bereich, da die meisten Tarifverträge keine entsprechenden Leistungskomponenten beinhalten. Aber auch hier gibt es mittlerweile Ausnahmen, so etwa bei der AOK und der Telekom Tochter T-Systems. In beiden Fällen ist mit der Gewerkschaft Ver.di jeweils ein Zielbonussystem vereinbart worden, wobei bei T-Systems der variable Anteil bis 20 % der Gesamtvergütung ausmachen kann.

11.7.4 Erfolgsbeteiligung

Bei der **Erfolgsbeteiligung** (**Tantieme**) partizipieren die Mitarbeiter am Unternehmenserfolg. Sie wird grundsätzlich neben einer Grundvergütung gezahlt. Als Bemessungsgrundlagen lassen sich **Ertragsbeteiligungen**, **Gewinnbeteiligungen** sowie **Leistungsbeteiligungen** unterscheiden (siehe Abbildung 11-13). Eine weitere Form der Erfolgsbeteiligung stellen gewährte Optionen auf die Unternehmensaktien dar. Eine solche **Aktienoption** (**Stock Option**) verbrieft das Recht, eine bestimmte Anzahl von Aktien zu einem festgelegten Preis innerhalb eines definierten Zeitraumes zu erwerben. Der Mitarbeiter partizipiert an den Kursanstiegen der Aktie, da er diese durch sein Bezugsrecht unter Marktpreis erwerben kann. Fällt der Aktienkurs, wird die Option nicht ausgeübt und sie verfällt nach dem entsprechenden Zeitablauf. Aktienoptionen werden insbesondere Führungskräften gewährt, um diese zu einem shareholder-orientierten Handeln zu veranlassen. Nach Platzen der Internet-Spekulationsblase und längerfristig sinkenden Aktienkursen hatten Aktienoptionen zunächst an Bedeutung verloren. In jüngerer Zeit haben sie jedoch aufgrund der wieder steigenden Kurse eine Renaissance erfahren.[59]

Abbildung 11-13: *Formen der Erfolgsbeteiligung (Oechsler 2006, S. 437)*

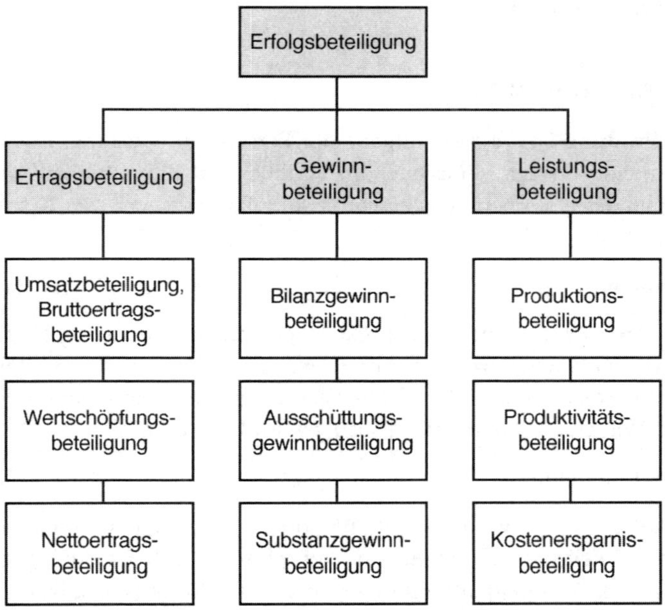

11.8 Personalentwicklung

Die **Personalentwicklung** umfasst allgemein sämtliche Maßnahmen zur Erhaltung und Verbesserung der Qualifikation der Mitarbeiter. Sie hat in den vergangenen Jahren aus verschiedenen Gründen an Bedeutung gewonnen:

- Die Qualifikation der Mitarbeiter ist ein wesentlicher Wettbewerbsfaktor
- Die rasche technologische und wirtschaftliche Entwicklung stellt die Mitarbeiter ständig vor neue Herausforderungen, die den Erwerb neuer Kenntnisse und Fähigkeiten erfordern.

[59] Es haben sich noch weitere, ähnliche marktindizierte Anreizsysteme herausgebildet (vgl. Oechsler 2006, S. 462 ff.). Hierzu gehören z.B. die sog. Phantom Stock Plans, bei denen die Mitarbeiter fiktive Aktien erhalten. Bei einem Kursanstieg erfolgt zumeist eine Auszahlung des entsprechenden Mehrwertes in bar.

- In einem sich verschärfenden Wettbewerb um qualifizierte Mitarbeiter kommt der Entwicklung des eigenen Personals eine besondere Bedeutung zu.
- Die Personalentwicklung dient der Personalbindung besonders leistungsfähiger und karriereorientierter Mitarbeiter.

Die Personalentwicklung kann in die Bereiche Personalbildung und Personalförderung untergliedert werden.

11.8.1 Personalbildung

Die **Personalbildung** ist die Kernaufgabe der Personalentwicklung. Das Ziel ist hierbei, die Kompetenzen der Mitarbeiter im Hinblick auf die aktuellen und künftigen Anforderungen des Unternehmens zu verbessern. Es lassen sich vier Kompetenzbereiche unterscheiden:

- **Fachkompetenz**

  Allgemein wird hierunter die Fähigkeit verstanden, tätigkeitstypische Aufgaben und Sachverhalte den jeweiligen Anforderungen entsprechend selbständig und eigenverantwortlich zu bewältigen. Die Fachkompetenz beinhaltet die Fähigkeit, erworbenes Wissen anzuwenden, zu vertiefen und zu verknüpfen.

- **Methodenkompetenz**

  Sie umfasst die Fähigkeit, Informationen und Fachwissen zu beschaffen, aufzubereiten und zu verwerten, um neue und komplexe Aufgaben bewältigen zu können. Auch der situationsadäquate Einsatz von Problemlösungstechniken (z.B. Projektmanagement) wird von der Methodenkompetenz erfasst.

- **Sozialkompetenz**

  Hierunter ist ein Bündel von Fertigkeiten zu verstehen, der für die soziale Interaktion und damit für die Zusammenarbeit mit anderen notwendig ist. Hierzu gehören u.a. Empathie, Menschenkenntnis, Kommunikationsfähigkeit, Teamfähigkeit sowie Konfliktfähigkeit.

- **Persönlichkeitskompetenz**

  Sie beinhaltet die Fähigkeit zur Selbstwahrnehmung und Selbstbehauptung. Ihr lassen sich u.a. die Eigenschaften Selbständigkeit, Kritikfähigkeit, Zuverlässigkeit, Unternehmerisches Denken, Leistungsmotivation, Belastbarkeit, Verantwortungs- und Pflichtbewusstsein zuordnen.

Diese vier Kompetenzen sind erforderlich, um **Handlungskompetenz** zu erwerben (siehe Abbildung 11-14). Hierunter wird im beruflichen Kontext die Fähigkeit verstanden, in der jeweiligen Situation sachgerecht, vernünftig und verantwortungsvoll zu handeln.

Abbildung 11-14: Komponenten der Handlungskompetenz

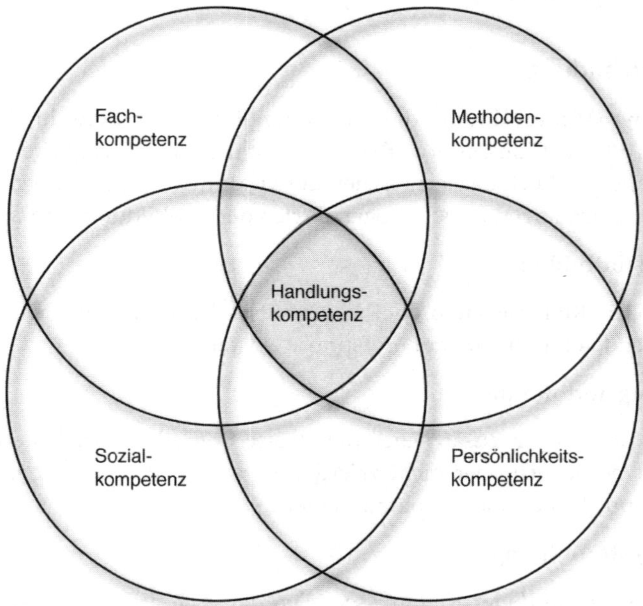

In einer zunehmend komplexeren und dynamischen Berufswelt reichen die eher statischen, einmal erworbenen Fachkenntnisse allein nicht aus, um neuartige, komplexe Situationen und Aufgaben bewältigen zu können. Hieraus erklärt sich die zunehmende Bedeutung der Methoden-, Sozial- und Persönlichkeitskompetenz, die auch als Schlüsselqualifikationen bezeichnet werden. Der Erwerb von Schlüsselqualifikationen verbessert die dauerhafte **Beschäftigungsfähigkeit** (**Employability**) eines Mitarbeiters.

Im Hinblick auf die Personalbildung stehen dem Betriebsrat verschiedene Beratungs-, Vorschlags- und Mitbestimmungsrechte zu (§§ 96-98 BetrVG).

Innerhalb der Personalbildung lassen sich die Bereiche Ausbildung und Fortbildung (Weiterbildung) unterscheiden.

11.8.1.1 Ausbildung

Die **berufliche Erstausbildung** erfolgt in Deutschland zumeist im Rahmen des dualen Systems, welches die betriebliche Ausbildung und den begleitenden Berufsschulunterricht umfasst. In den vergangenen Jahren haben sich zahlreiche neue Ausbildungsberufe etabliert, wie etwa Medienkaufmann/-frau, IT-System-Elektroniker/-in oder Sport- und Fitnesskaufmann/-frau. Wesentliche Vorgaben für die **Berufsausbildung** enthält das Berufsbildungsgesetz (BBiG).

11.8.1.2 Fortbildung

Die **Fortbildung (Weiterbildung)** dient in wesentlichen dazu, die durch die Ausbildung bzw. berufliche Tätigkeit erworbenen Kenntnisse und Fertigkeiten zu erhalten, zu erweitern und z.B. auch der technischen Entwicklung anzupassen (vgl. Olfert 2006, S. 385). Es lassen sich folgende zielbezogene Arten der Fortbildung unterscheiden:

- **Erhaltungsfortbildung**

  Mit ihr sollen Kenntnis- und/oder Fertigkeitsverluste ausgeglichen werden, die durch fehlenden Einsatz in der Berufspraxis entstanden sind.

- **Erweiterungsfortbildung**

  Hier wird der Erwerb zusätzlicher Kenntnisse und/oder Fertigkeiten angestrebt, die derzeit betrieblich aber nicht erforderlich sind (z.B. Erlernen einer weiteren Computersprache bei einem Programmierer).

- **Anpassungsfortbildung**

  Die Fähigkeiten und/oder Kenntnisse sollen den sich ändernden Anforderungen am Arbeitsplatz angepasst werden (z.B. Anschaffung einer neuen EDV-Software)

- **Aufstiegsfortbildung**

  Es sollen Fähigkeiten und/oder Kenntnisse vermittelt werden, die für eine Aufstiegsposition erforderlich sind (z.B. erstmalige Übernahme von Führungsverantwortung).

11.8.2 Prozess der systematischen Personalentwicklung

Die Personalentwicklung kann als systematischer Prozess aufgefasst werden, wobei sich vereinfacht die Phasen Bedarfsanalyse, Planung und Durchführung der Personalentwicklungsmaßnahmen sowie Kontrolle unterscheiden lassen.

11.8.2.1 Bedarfsanalyse

Zur Feststellung des **Entwicklungsbedarfs** ist es notwendig, einen Vergleich zwischen den Arbeitsplatzanforderungen und den Qualifikationen des betreffenden Mitarbeiters vorzunehmen. Zur Abklärung der aktuellen Mitarbeiterqualifikation können u.a. Leistungsbeurteilungen, Entwicklungsgespräche und verschiedene Tests (z.B. Assessment Center) eingesetzt werden. Soweit ein Mitarbeiter für weiterführende Aufgaben vorgesehen ist, können auch Potentialbeurteilungen herangezogen werden.

11.8.2.2 Durchführung der Personalentwicklungsmaßnahmen

Der ermittelte Fortbildungsbedarf ist in geeigneter Weise zu decken. Im Hinblick auf den Ausbildungsträger, den Ort der Ausbildung, den Ausbildungsinhalt und die Zielpersonen der Ausbildung lassen sich verschiedene Instrumente zur Qualifikationsvermittlung unterscheiden (Abbildung 11-15).

Abbildung 11-15: *Instrumente der Qualifikationsvermittlung (Thommen/Achleitner 2006, S. 753)*

Konzept	Maßnahmen
Into-the-Job	Vorbereitung auf die Übernahme einer neuen Aufgabe oder Position (z.B. Berufsausbildung, Einarbeitung, Trainee-Programm
On-the-Job	Neue Arbeitsstrukturierung, wird unmittelbar am Arbeitsplatz umgesetzt (z.B. Job Enlargement, Job Enrichment, Projektarbeit)
Near-the-Job	Maßnahmen, die in enger räumlicher, zeitlicher und inhaltlicher Nähe zur Arbeit stehen (z.B. Qualitätszirkel)
Off-the-Job	Maßnahmen, die in räumlicher, oft auch in zeitlicher und inhaltlicher Distanz zur Arbeit durchgeführt werden (z.B. Interne oder externe Seminare, Kongresse, Outdoor-Training)
Along-the-Job	Festlegung des zeitlichen, örtlichen und aufgabenbezogenen Einsatzes, wobei sich der Planungshorizont meist auf zwei bis fünf Jahre erstreckt (Laufbahnplanung)
Out-of-the-Job	Maßnahmen, die den Übergang in den Ruhestand vorbereiten sollen (z.B. gleitender Ruhestand, interne Consulting-Tätigkeit)
Parallel-to-the-Job	Maßnahmen, die den Mitarbeitenden bei der Erfüllung seiner Aufgaben in Form qualifizierter Beratung unterstützen und motivieren (z.B. Coaching, Mentoring)

11.8.2.3 Kontrolle der Personalentwicklung

Die Personalbildung stellt einen erheblichen Kostenfaktor dar. Die Aufwendungen der deutschen Wirtschaft belaufen sich allein für die Fortbildung der Mitarbeiter auf jährlich rund 100 Mrd. EUR (vgl. Olfert 2006, S. 407). Die Personalentwicklungsabteilungen stehen daher unter einem hohen Legitimationsdruck, die Investitionen in das Humankapital zu rechtfertigen. Die **Kontrolle der Personalentwicklung** ist daher unerlässlich. Es lassen sich drei Kontrollarten unterscheiden:

- **Kostenkontrolle**

  Zu den Aufgaben der Kostenkontrolle gehört die Kostenerfassung und die Zuordnung zu den verursachenden Bereichen (Kostenstellen). Die Kostenkontrolle dient weiterhin als Grundlage für die Budgetplanung.

- **Rentabilitätskontrolle**

  Hierbei erfolgt eine Betrachtung der Relation zwischen Kosten (Aufwendungen für die Bildungsmaßnahme) und Nutzen (Wert der Bildungsmaßnahme).

- **Erfolgskontrolle**

  Im Rahmen der Erfolgskontrolle soll festgestellt werden, inwieweit die Bildungsmaßnahme für das Unternehmen einen greifbaren zielorientierten Effekt gehabt hat. Es können zwei Arten der Erfolgskontrolle unterschieden werden:

  1. Die Lernerfolgskontrolle dient nach Abschluss der Entwicklungsmaßnahme der Überprüfung, inwieweit die vorgegebenen Lernziele erreicht wurden.
  2. Die Anwendererfolgskontrolle (Transfererfolgskontrolle) dient der Überprüfung, ob eine Übertragung vom Lern- ins Funktionsfeld gelungen ist und der Mitarbeiter in der Lage ist, das Gelernte in der Praxis anzuwenden.

11.8.3 Personalförderung

Der **Personalförderung** kommt die Aufgabe zu, die persönliche Entwicklung der Mitarbeiter im Unternehmen zu unterstützen. Im Rahmen der **Laufbahnplanung** wird festgelegt, welche Positionen der Mitarbeiter im Unternehmen durchlaufen könnte und sollte. Es lassen sich drei Arten von Laufbahnen unterscheiden:

- **Führungslaufbahn** (mit direkter Personalverantwortung)
- **Fachlaufbahn** (ohne direkte Personalverantwortung)
- **Projektlaufbahn** (zeitlich befristete und beschränkte Übernahme von Personalverantwortung)

Die Laufbahnplanung ist mit der **Nachfolgeplanung** abzustimmen, die der Ermittlung eines geeigneten Nachfolgers für einen ausscheidenden Stelleninhaber dient.

Die persönliche Entwicklung der Mitarbeiter im Unternehmen wird häufig durch weitere Maßnahmen unterstützt. Zu nennen sind hier das **Coaching**, welches Beratungs- und Betreuungsleistungen durch einen Coach beinhaltet, sowie das **Mentoring**, bei dem eine Nachwuchskraft durch eine erfahrene Führungskraft (Mentor) über einen längeren Zeitraum begleitet wird.

11.9 Personalfreistellung

Die **Personalfreistellung** dient der Beseitigung einer personellen Überdeckung in quantitativer, qualitativer, zeitlicher und/oder örtlicher Hinsicht. Eine personelle Überdeckung kann verschiedene Ursachen haben wie etwa Absatz- und Produktionsrückgänge, Rationalisierungen oder Betriebsstillegungen.

Wie in Abbildung 11-16 ersichtlich ist, lassen sich die interne sowie die externe Personalfreistellung unterscheiden. Bei der **internen Personalfreistellung** wird die personelle Kapazität durch Änderung bestehender Arbeitsverhältnisse angepasst, ohne dass es zu einem Personalabbau kommt. Demgegenüber wird bei der **externen Personalfreistellung** die personelle Kapazität durch die Beendigung bestehender Arbeitsverhältnisse angeglichen.

Abbildung 11-16: *Manahmen der internen und externen Personalfreistellung*

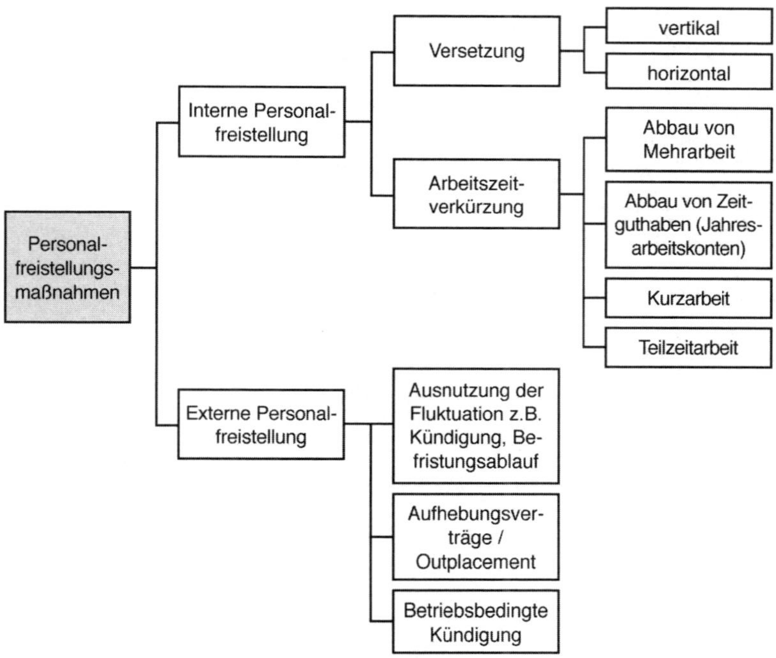

Literaturverzeichnis

Bass, B.M., Leadership and Performance beyond Expectations, New York et. al. 1985

Ballwieser, W., Unternehmensbewertung – Prozess, Methoden und Probleme, Stuttgart 2004

Bartone, R./Kalpdor, R., Die Europäische Aktiengesellschaft, Berlin 2005

Bea, F.X./Dichtl, E./Schweitzer, M. (Hrsg.), Allgemeine Betriebswirtschaftslehre, Bd. 2: Führung, 8. Aufl., Stuttgart 2001

Becker, J., Marketing-Konzeption, 7. Aufl., München 2001

Benzel, W./Wolz, E., Bilanzanalyse für Aktionäre, Regensburg 2000

Blake, R./Mouton, J.S., Besser führen mit GRD, Düsseldorf/Wien 1978

Blohm, H./Lüder, K./Schäfer, C., Investition, 9. Aufl., München 2006

Bornhofen, M., Steuerlehre 1, Rechtslage 2006. Allgemeines Steuerrecht, Abgabenordnung, Umsatzsteuer, 27. Aufl., Wiesbaden 2006

Brecht, U., BWL für Führungskräfte, Wiesbaden 2005

Breisig, Th., Betriebliche Organisation, Herne/Berlin 2006

Breisig, Th., Personal, Herne/Berlin 2005

Bruhn, M., Marketing, 7. Aufl., Wiesbaden 2004

Däumler, K.-D., Grundlagen der Investitions- und Wirtschaftlichkeitsrechnung, 11. Aufl., Herne/Berlin 2007

Dietrich, Th. u.a. (Hrsg.), Erfurter Kommentar zum Arbeitsrecht, 5. Aufl., München 2005

Drukarczyk, J. / Schüler, A., Unternehmensbewertung, 5. Aufl., München 2007

Eilenberger, G., Betriebliche Finanzwirtschaft, 7. Auflage, München/Wien 2002

Eschenbach, R. (Hrsg), Controlling, Stuttgart 1996

Froemer, E., Praxisleitfaden Einnahmen-Überschuss-Rechnung, Rinteln 2006

Grefe, C, Unternehmenssteuern, 10. Auflage, Ludwigshafen 2006

Haberstock, L./Breithecker, V., Einführung in die Betriebswirtschaftliche Steuerlehre, 13. Auflage, Berlin 2004

Hentze, J./Heinecke, A./Kammel, A., Allgemeine Betriebswirtschaftslehre, Bern u.a. 2001

Hersey, P./Blanchard, K.H./Dewey, E.J., Management of Organizational Behaviour, 6. Aufl., Englewood Cliffs 1996

Hinz, H./Behringer, S., Unternehmensbewertung, in: Wirtschaftswissenschaftliches Studium, Nr. 1, 29. Jahrgang, S. 21-27

Hoff, A., Zeitkonto-Vertrauensarbeitzeit-Arbeitszeit-Freiheit: die drei Alternativen bei selbstgesteuerter Arbeitszeit, in: CoPers 2003, S. 59 ff.

Horváth & Partner, Das Controllingkonzept, 6. Auflage, München 2006

Horváth, P. / Reichmann, T. (Hrsg.), Vahlens Großes Controlling Lexikon, München 2003

Horváth, P., Controlling, 10. Auflage, München 2006

Horváth, P./Reichmann, T., Vahlens Großes Controlling Lexikon, 2. Auflage, München 2003

Korts, P./Korts, Die kleine Aktiengesellschaft, 4. Auflage, Heidelberg 2005

Küpper, H.-U., Controlling, 4. Auflage, Stuttgart 2005

Kuß, A., Marketing-Einführung, 2. Auflage, Wiesbaden 2003

Küting, K. / Weber, C.-P. / Dürr, U., Der Konzernabschluss. Praxis der Konzernrechnungslegung nach HGB, IFRS und US-GAAP, Stuttgart 2006

Meffert, H., Marketing – Grundlagen marktorientierter Unternehmensführung, 9. Auflage, Wiesbaden 2000

Müller, D., Grundlagen der Betriebswirtschaftslehre für Ingenieure, Berlin u.a. 2006

Nicolai, Ch., Personalmanagement, Stuttgart 2006

Oechsler, W.A., Personal und Arbeit, 8. Auflage, München 2006

Olfert K./Rahn H.-J., Einführung in die Betriebswirtschaftslehre, 8. Auflage, Ludwigshafen, August 2005

Olfert, K. / Reichel, C., Finanzierung, 13. Auflage, Ludwigshafen 2005

Olfert, K., Kostenrechnung, 14. Auflage, Ludwigshafen 2005

Olfert, K., Personalwirtschaft, 12. Auflage, Ludwigshafen/Rhein 2006

Peemöller, V. H., Praxishandbuch der Unternehmensbewertung, 3. Auflage, Herne/Berlin 2004

Pellens, B. / Fülbier, R. U. / Gassen, J., Internationale Rechnungslegung, Stuttgart 2006

Perridon, L. / Steiner, M., Finanzwirtschaft der Unternehmen, 14. Auflage, München 2007

Pletke, M./Wieczoreck-Haubus, M., Arbeitszeit ohne Kontrolle, in: Personalwirtschaft 2003, S. 59 ff.

Roth, A./Behme, W. (Hrsg.), Organisation und Steuerung dezentraler Unternehmenseinheiten, Wiesbaden 1997

Sarges, W. (Hrsg.), Management-Diagnostik, 3. Aufl., Göttingen 2000

Schaub, G., Arbeitsrechts-Handbuch, 11. Aufl., München 2005

Schierenbeck, H., Grundzüge der Betriebswirtschaftslehre, 16. Auflage, München u.a. 2003

Schmidt, A., Kostenrechnung: Grundlagen der Vollkosten-, Deckungsbeitrags- und Plankostenrechnung sowie des Kostenmanagements, 4. Auflage, Stuttgart 2005

Schnobrich, S./Barz, M., Die Business AG – Aktiengesellschaft für den Mittelstand, Wiesbaden 2001

Scholz, Ch., Personalmanagement, 5. Aufl., München 2000

Schreyögg, G., Organisation – Grundlagen moderner Organisationsgestaltung, 4. Aufl., Wiesbaden 2003

Schultz, V., Basiswissen Rechnungswesen. Buchführung, Bilanzierung, Kostenrechnung, Controlling, München 2006

Siemens, Geschäftsbericht 2006, Berlin/München 2006

Staehle, W.H., Management: Eine verhaltenswissenschaftliche Perspektive, 8. Aufl., München 1999

Steinmann, H./Schreyögg, G., Management: Grundlagen der Unternehmensführung, 6. Aufl., Wiesbaden 2005

Stobbe, T., Steuern kompakt, Sternenfels 2002

Tannenbaum, R./Schmidt, W.H., How to Choose a Leadership Pattern, in: Harvard Business Review 1958, S. 95 ff.

Thommen, J.P./Achleitner, A.K., Allgemeine Betriebswirtschaftslehre, 5. Aufl., Wiesbaden 2006

v. Camphausen, C., Risikomanagement, Zürich 2006

v. Rosenstiel, L./Regnet, E./Domsch, M., Führung von Mitarbeitern, 5. Aufl., Stuttgart 2003

Vahs, D./Schäfer-Kunz, J. Einführung in die Betriebswirtschaftslehre, 3. Aufl., Stuttgart 2002

Vollmuth, H. J., Controllinginstrumente von A-Z, 6. Auflage, Planegg, Dezember 2002

Weber, J. / Weißenberger, B. E., Einführung in das Rechnungswesen. Kostenrechnung und Bilanzierung, 7. Auflage, Stuttgart 2006

Weber, J., Einführung in das Controlling, 11. Auflage, Stuttgart 2006

Weuster, A., Personalauswahl, Wiesbaden 2004

Wöhe, G., Einführung in die allgemeine Betriebswirtschaftslehre, 22. Auflage, München 2005
Wolf, J., Grundwissen Bilanz und Bilanzanalyse, München 2002
Wunderer, R., Führung und Zusammenarbeit – Eine unternehmerische Führungslehre, 6. Aufl., München 2006
Ziegenbein, K., Controlling, 8. Auflage, Ludwigshafen 2004

Stichwortverzeichnis

D

E

F

G